建筑施工关键岗位管理人员上岗指南丛书

建筑安全员上岗指南

——不可不知的500个关键细节

本书编写组　编

中国建材工业出版社

图书在版编目(CIP)数据

建筑安全员上岗指南：不可不知的 500 个关键细节 /
《建筑安全员上岗指南：不可不知的 500 个关键细节》编
写组编 . —北京：中国建材工业出版社，2012.5
（建筑施工关键岗位管理人员上岗指南丛书）
ISBN 978 - 7 - 5160 - 0138 - 7

Ⅰ．①建… Ⅱ．①建… Ⅲ．①建筑工程-工程施工-
安全管理-指南 Ⅳ．①TU714-62

中国版本图书馆 CIP 数据核字(2012)第 066295 号

建筑安全员上岗指南——不可不知的 500 个关键细节
本书编写组 编

出版发行：中国建材工业出版社
地　　址：北京市西城区车公庄大街 6 号
邮　　编：100044
经　　销：全国各地新华书店
印　　刷：北京紫瑞利印刷有限公司
开　　本：710mm×1000mm　1/16
印　　张：19.5
字　　数：451 千字
版　　次：2012 年 5 月第 1 版
印　　次：2012 年 5 月第 1 次
定　　价：49.00 元

本社网址：www. jccbs. com. cn
本书如出现印装质量问题，由我社发行部负责调换。电话：(010)88386906
对本书内容有任何疑问及建议，请与本书责编联系。邮箱：dayi51@sina.com

内 容 提 要

本书结合《建筑施工安全检查标准》（JGJ 59—2011）及现行其他安全管理规程规范，参考工程建设中新材料、新技术、新设备、新工艺的应用方法，适时穿插建筑工程安全员上岗工作不可不知的关键细节，有主有次地阐述了建筑工程安全员必须掌握的工作技能和专业知识，并对其上岗工作进行了方便有效的指导。本书主要内容包括建筑施工安全管理概述、分部分项工程施工安全技术管理、建筑施工现场机械设备安全管理、建筑施工各工种安全操作、高处作业及季节性施工安全管理、施工现场临时用电安全管理、施工现场防火安全管理、施工现场文明施工与环境卫生管理、施工现场安全检查验收与评定、工伤事故管理、职业卫生与劳动保护等。

本书体例新颖，内容通俗易懂，可作为建筑安全员上岗培训的教材，也可供建筑工程施工监理及相关管理人员使用。

建筑安全员上岗指南

——不可不知的 500 个关键细节

编 写 组

主　编：许斌成

副主编：范　迪　徐梅芳

编　委：孙邦丽　李　慧　秦礼光　何晓卫

　　　　葛彩霞　汪永涛　王刚领　郭　靖

　　　　侯双燕　伊　飞　杜雪海　王　冰

　　　　马　静　梁金钊

前　言

　　建筑施工现场管理人员处在工程建设的第一线，是工程建设的直接参与者，肩负着建设好工程的重要职责，其专业技术水平及管理能力的高低，将直接对工程能否顺利开展、竣工产生重要影响。

　　近年来，随着我国建筑业的迅速发展，各种建筑施工新技术、新材料、新设备、新工艺的广泛应用，一些标准规范已不能与之相适应，为此，国家正对建筑工程设计与施工质量验收、工程材料、工程造价等一系列标准规范进行修订与完善。

　　为了使广大建筑施工现场管理人员了解最新行业动态，掌握最新施工技术、材料、工艺标准，提高自身业务水平；为了使有意愿加入建筑施工管理行业的读者，以及刚步入建筑施工管理行业需要进一步深入学习与自身工作相关的业务技能的读者充分了解、掌握建筑工程各关键岗位的职责与技能，我们组织建筑工程领域的相关专家、学者，结合建筑工程施工现场管理人员的工作实际以及现行国家标准，编写了《建筑施工关键岗位管理人员上岗指南丛书》。本套丛书共有以下分册：

　　1.《建筑施工员上岗指南——不可不知的 500 个关键细节》

　　2.《建筑监理员上岗指南——不可不知的 500 个关键细节》

　　3.《建筑质检员上岗指南——不可不知的 500 个关键细节》

　　4.《建筑测量员上岗指南——不可不知的 500 个关键细节》

　　5.《建筑资料员上岗指南——不可不知的 500 个关键细节》

　　6.《建筑安全员上岗指南——不可不知的 500 个关键细节》

　　7.《建筑材料员上岗指南——不可不知的 500 个关键细节》

　　8.《建筑预算员上岗指南——不可不知的 500 个关键细节》

　　9.《安装预算员上岗指南——不可不知的 500 个关键细节》

　　10.《项目经理上岗指南——不可不知的 500 个关键细节》

　　11.《现场电工上岗指南——不可不知的 500 个关键细节》

　　12.《甲方代表上岗指南——不可不知的 500 个关键细节》

　　与市面上同类书籍相比，本套丛书具有下列特点：

　　(1) 本套丛书紧密联系建筑施工现场关键岗位管理人员工作实际，对各岗位人员应具备的基本素质、工作职责及工作技能做了详细阐述，具有一定的可操作性。

（2）本套丛书以指点建筑施工现场管理人员上岗工作为编写目的，编写语言通俗易懂，编写层次清晰合理，编写方式新颖易学，以关键细节的形式重点指导管理人员处理工作中的问题，提醒管理人员注意工作中容易忽视的安全问题。

（3）本套丛书针对性强，针对各关键岗位的工作特点，紧扣"上岗指南"的编写理念，有主有次，有详有略，有基础知识，有细节拓展，图文并茂地编述了各关键岗位不可不知的关键细节，方便读者查阅、学习各种岗位知识。

（4）本套丛书注意结合国家最新标准规范与工程施工的新技术、新方法、新工艺，有效地保证了丛书的先进性和规范性，便于读者了解行业最新动态，适应行业的发展。

丛书编写过程中，得到了有关部门和专家的大力支持与帮助，在此深表谢意。限于编者的水平，丛书中错误与疏漏之处在所难免，敬请广大读者批评指正

编 者

目 录

第一章　建筑施工安全管理概述

第一节　安全管理基本知识

一、安全管理的相关概念

安全,指没有危险,不出事故,没有造成人身伤亡或资产损失。它是预知人类在生产和生活各个领域存在的固有或潜在的危险,并且为消除这些危险所采取的各种方法、手段和行动的总称。

安全生产是指在劳动生产过程中,通过努力改善劳动条件,克服不安全因素,防止伤亡事故发生,使劳动生产在保障劳动者安全健康和国家财产及人民生命财产不受损失的前提下顺利进行。

安全生产管理是指经营管理者对安全生产工作进行的策划、组织、指挥、协调、控制和改进的一系列活动,目的是保证在生产经营活动中的人身安全、财产安全,促进生产的发展,保持社会的稳定。

工程项目安全管理指工程项目在施工过程中组织安全生产的全部管理活动。通过对生产要素过程进行控制,使生产要素的不安全行为和状态减少或消除,达到减少一般事故,杜绝伤亡事故,从而保证安全管理目标的实现。

长期以来,安全生产一直是我国的一项基本国策,是保护劳动者安全健康和发展生产力的重要工作,必须贯彻执行;同时也是维护社会安定团结,促进国民经济稳定、持续、健康发展的基本条件,社会文明程度。

二、建筑施工安全的特点

(1)施工作业场所的固化使安全生产环境受到局限。建筑产品坐落在一个固定的位置上,产品一经完成就不可能再进行搬移,这就导致了必须在有限的场地和空间上集中大量的人力、物资机具来进行交叉作业,因而容易产生物体打击等伤亡事故。

(2)施工周期长和露天的作业使劳动者作业条件十分恶劣。由于建筑产品的体积特别庞大,施工周期长,从基础、主体、屋面到室外装修等整个工程的 70% 均需露天作业,劳动者要忍受春夏秋冬的风雨交加、酷暑严寒的气候变化,环境恶劣、工作条件差,容易导致伤亡事故的发生。

(3)施工场地窄小,建筑施工为多工种立体作业,人员多,工种复杂。施工人员多为季节工、临时工等,没有受过专业培训,技术水平低,安全观念淡薄,施工中由于违反操作规程而引发的安全事故较多。

(4)施工生产的流动性要求安全管理举措必须及时、到位。当一建筑产品完成后,施工队伍就必须转移到新的工作地点去,即要从刚熟悉的生产环境转入另一陌生的环境重新开始工作,脚手架等设备设施、施工机械又都要重新搭设和安装,这些流动因素时常孕育着不安全因素,是施工项目安全管理的重点和难点。

(5)生产工艺的复杂多变要求有配套和完善的安全技术措施予以保证,且建筑安全技术涉及面广,涉及高危作业、电气、起重、运输、机械加工和防火、防爆、防尘、防毒等多工种、多专业,组织安全技术培训难度较大。

三、安全生产方针

"安全第一、预防为主"是我国的安全生产方针。加强安全生产管理,必须坚持"安全第一、预防为主"的安全生产方针。"安全第一"是安全生产方针的基础;"预防为主"是安全生产方针的核心和具体体现,是实现安全生产的根本途径;生产必须安全,安全促进生产。

《中华人民共和国安全生产法》第三条明确规定:"安全生产管理,坚持'安全第一,预防为主'的方针";《中华人民共和国建筑法》第三十六条明确规定:"建设工程安全生产管理必须坚持'安全第一,预防为主'的方针"。以法律形式确立的这个方针,是整个安全生产活动的指导原则。

四、安全管理要求

做好建筑施工安全管理工作,实现安全目标,必须做到"六个坚持",同时还要正确处理安全的五种关系。

1. 六个坚持

(1)坚持生产与安全同时管。安全对生产发挥促进与保证作用,因此,安全与生产虽有时会出现矛盾,但安全与生产管理的目标却表现出高度的一致和统一。安全管理是生产管理的重要组成部分。安全与生产在实施过程中,存在着密切的联系,存在着进行共同管理的基础。管生产同时管安全,不仅是对各级领导人员明确的安全管理责任,同时,也向一切与生产有关的机构、人员明确了业务范围内的安全管理责任。由此可见,一切与生产有关的机构、人员,都必须参与安全管理,并在管理中承担责任。

(2)坚持目标管理。安全管理的内容是对生产中的人、物、环境因素状态的管理,在于有效地控制人的不安全行为和物的不安全状态,消除或避免事故,达到保护劳动者的安全与健康的目标。没有明确目标的安全管理是一种盲目行为。盲目的安全管理,往往劳民伤财,危险因素依然存在。在一定意义上,盲目的安全管理,只能纵容威胁人的安全与健康的状态,向更为严重的方向发展或转化。

(3)坚持预防为主。预防为主,首先是端正对生产中不安全因素的认识和消除不安全因素的态度,选准消除不安全因素的时机。在安排与布置生产经营任务的时候,针对施工生产中可能出现的危险因素,采取措施予以消除是最佳选择;在生产过程中,经常检查,及时发现不安全因素,采取措施,明确责任,尽快地、坚决地予以消除,是安全管理应有的鲜明态度。

(4)坚持全员管理。安全管理不是少数人和安全机构的事,而是一切与生产有关的机构、人员共同的事,缺乏全员的参与,安全管理不会有生机,也不会出现好的管理效果。当然,这并非否定安全管理第一责任人和安全监督机构的作用。单位负责人在安全管理中的作用固然重要,但全员参与安全管理更加重要。安全管理涉及生产经营活动的方方面面,涉及从开工到竣工交付的全部过程、生产时间和生产要素。因此,生产经营活动中必须坚持全员、全方位的安全管理。

(5)坚持过程控制。在安全管理的主要内容中,虽然都是为了达到安全管理的目标,但是对生产过程的控制,与安全管理目标关系更直接,因此,对生产中人的不安全行为和物的不安全状态的控制,必须列入过程安全管理的重点。事故发生往往是由于人的不安全行为运动轨迹与物的不安全状态运动轨迹的交叉所造成的,从事故发生的原因看,也说明了对生产过程的控制,应该作为安全管理的重点。

(6)坚持持续改进。安全管理是在变化着的生产经营活动中的管理,是一种动态管理。这种管理就意味着是不断改进发展的、不断变化的,以适应变化的生产活动,消除新的危险因素。它需要的是不间断地摸索新的规律,总结控制的办法与经验,指导新的变化后的管理,从而不断提高安全管理水平。

2. 正确处理安全的五种关系

(1)安全与危险的关系。安全与危险在同一事物的运动中是相互对立的,也是相互依赖而存在的。安全与危险并非等量并存、平静相处,随着事物的运动变化,安全与危险每时每刻都在变化,彼此进行斗争。事物的发展将向斗争的胜方倾斜。可见,在事物的运动中,都不会存在绝对的安全或危险。保持生产的安全状态,必须采取多种措施,以预防为主。

(2)安全与生产的统一。生产是人类社会存在和发展的基础,如生产中的人、物、环境都处于危险状态,则生产无法顺利进行,因此,安全是生产的客观要求。当生产完全停止,安全也就失去意义。就生产目标来说,组织好安全生产就是对国家、人民和社会最大的负责。有了安全保障,生产才能持续稳定健康发展。若生产活动中事故不断发生,生产势必陷于混乱甚至瘫痪;当生产与安全发生矛盾并危及员工生命或资产时,只有停止生产经营活动进行整治、消除危险因素以后,生产经营形势才会变得更好。

(3)安全与质量同步。质量和安全工作交互作用,互为因果。安全第一,质量第一,两个第一并不矛盾。安全第一是从保护生产经营的角度提出的,而质量第一则是从关心产品成果的角度而强调的。安全为质量服务,质量需要安全保证。生产过程哪一头都不能丢掉,否则就将陷于失控状态。

(4)安全与速度互促。生产中违背客观规律,盲目蛮干、乱干,在侥幸中求得的进度,缺乏真实与可靠的安全支撑,往往容易酿成不幸,不但无速度可言,而且会延误时间,影响生产。速度应以安全做保障,安全就是速度,应追求安全加速度,避免安全减速度。安全与速度成正比关系。一味强调速度而置安全于不顾的做法是极其有害的。当速度与安全发生矛盾时,暂时减缓速度,保证安全才是正确的选择。

(5)安全与效益同在。安全技术措施的实施,会不断改善劳动条件,调动职工的积极性,提高工作效率,带来经济效益,从这个意义上说,安全与效益完全是一致的,安全促进了效益的增长。在安全措施的实施过程中,投入要精打细算、统筹安排。既要保证安全生产,又要经济合理,还要考虑力所能及。为了省钱而忽视安全生产,或追求资金盲目高投入,都是不可取的。

五、安全管理的内容

建筑施工现场存在着较多不安全因素,属于事故多发的作业现场。安全管理是建筑施工企业安全系统管理的关键,是保证施工企业处于安全状态的重要基础。在建筑工程施工中多单位、多工种集中在一个场地,而且人员、作业位置流动性较大,因此,加强对施工现场各种要素的管理和控制,对减少安全事故的发生非常重要。同时,随着我国经济改革的发展,施工企业迅速发展壮大,难免良莠不齐,为了规范建设市场,必须加强建筑施工安全管理。

建筑施工安全管理的内容包括安全组织管理、安全制度管理、施工人员操作规范化管理、施工安全技术管理、施工现场安全设施管理五个部分。

◎关键细节 1　安全组织管理

为保证国家有关安全生产的政策、法规及建筑工程施工现场安全管理制度的落实,施工企业应建立健全的安全管理机构,并对安全管理机构的构成、职责及工作模式作出规定。施工企业还应重视安全档案管理工作,及时整理、完善安全档案与安全资料,对预防、预测、预报安全事故提供依据。

◎关键细节 2　安全制度管理

工程项目确立以后,建筑施工单位就要根据国家及行业有关安全生产的政策、法规、规范和标准,建立一整套符合项目特点的安全管理制度,包括安全生产责任制度、安全生产教育制度、安全生产检查制度、现场安全管理制度、电气安全管理制度、防火防爆安全管理制度、高处作业安全管理制度、劳动卫生安全管理制度等。要用制度约束施工人员的行为,达到安全生产的目的。

◎关键细节 3　施工人员操作规范化管理

施工单位要严格按照国家及行业的有关规定,按各工种操作规程及工作条例的要求规范施工人员的行为,坚决贯彻执行各项安全管理制度,杜绝由于违反操作规程而引发的工伤事故。

◎关键细节 4　施工安全技术管理

在施工生产过程中,为了防止和消除伤亡事故,保障职工安全,企业应根据国家及行业的有关规定,针对工程特点、施工现场环境、使用机械以及施工中可能使用的有毒有害材料,提出安全技术和防护措施。安全技术措施在开工前应根据施工图编制。施工前必须以书面形式对施工人员进行安全技术交底,对不同工程特点和可能造成的安全事故,从技术上采取措施,消除危险,保证施工安全。施工中对各项安全技术措施要认真组织实施,经常进行监督检查。对施工中出现的新问题,技术人员和安全管理人员要在调查分析的基础上,提出新的安全技术措施。

◎关键细节 5　施工现场安全设施管理

根据《建设施工现场消防安全技术规范》(GB 50720—2011)对施工现场的运输道路,

附属加工设施,给排水、动力及照明、通信等管线,临时性建筑(仓库、工棚、食堂、水泵房、变电所等),材料、构件、设备及工器具的堆放点,施工机械的行进路线,安全防火设施等一切施工所必需的临时工程设施进行合理的设计、有序摆放和科学管理。

第二节　安全生产责任制

一、安全生产责任制的含义

安全生产责任制是各项安全管理制度的核心,是企业岗位责任制的一个重要组成部分,是企业安全管理中最基本的制度,是保障安全生产的重要组织措施。

安全生产责任制是根据"管生产必须管安全"、"安全生产,人人有责"的原则,明确规定各级领导、各职能部门、各岗位、各工种人员在生产活动中应负安全职责的管理制度。

建立并健全以安全生产责任制为中心的各项安全管理制度,是确保施工项目安全生产的重要组织手段。没有规章制度,就没有准绳,无章可循就会出问题。安全生产关系到施工企业全员、全方位、全过程,因此,一定要实行具有制约性的安全生产责任制。

二、各级人员安全生产责任制

实施安全生产责任制,是为了把管生产必须管安全的原则在制度上固定下来,把安全与生产从组织领导上统一起来,从而增强各级管理人员的安全责任心,使安全管理纵向到底、横向到边,专管成线,群管成网,责任明确,协调配合,共同努力,真正把安全生产工作落到实处。

◎关键细节6　企业法人代表安全生产责任

(1)企业法人代表要严格落实安全生产责任制,使安全生产真正成为企业的一项自觉行动。

(2)认真贯彻执行国家有关安全生产的方针政策和法规、规范,掌握本企业安全生产动态,定期研究安全工作,对本企业安全生产负全面领导责任。

(3)领导编制和实施本企业中、长期整体规划及年度、特殊时期安全工作实施计划。建立健全和完善本企业的各项安全生产管理制度及奖惩办法。

(4)建立健全安全生产的保证体系,保证安全技术措施经费的落实。

(5)领导并支持安全管理人员或部门的监督检查工作。

(6)在事故调查组的指导下,领导、组织本企业有关部门或人员,做好特大、重大伤亡事故调查处理的具体工作,监督防范措施的制定和落实,预防事故重复发生。

◎关键细节7　企业主管生产负责人安全生产责任

(1)企业主管生产负责人要对本企业的劳动保护及安全生产负全面领导责任。

(2)协助法定代表人认真贯彻执行安全生产方针、政策、法规,落实本企业各项安全生产管理制度,对本企业安全生产工作负直接领导责任。

(3)组织实施本企业中长期、年度、特殊时期安全工作规划、目标及实施计划,组织落实安全生产责任制。

(4)参与编制和审核施工组织设计、特殊复杂工程项目或专业性工程项目施工方案。审批本企业工程生产建设项目中的安全技术管理措施,制定施工生产中安全技术措施经费的使用计划。

(5)领导组织本企业的安全生产宣传教育工作,确定安全生产考核指标。领导、组织外包工队长的培训、考核与审查工作。

(6)领导组织本企业定期和不定期的安全生产检查,及时解决施工中的不安全生产问题。

(7)认真听取、采纳安全生产的合理化建议,保证本企业安全生产保障体系的正常运转。

(8)在事故调查组的指导下,组织特大、重大伤亡事故的调查、分析及处理中的具体工作。

关键细节8 企业技术负责人安全生产责任

(1)企业技术负责人(总工程师)要对本企业劳动保护及安全生产的技术工作负领导责任。

(2)贯彻执行国家和上级的安全生产方针、政策,协助法定代表人做好安全方面的技术领导工作,在本企业施工安全生产中负技术领导责任。

(3)领导制定年度和季节性施工计划时,要确定指导性的安全技术方案。

(4)组织编制和审批施工组织设计、特殊复杂工程项目或专业性工程项目施工方案时,应严格审查安全技术措施是否具有可行性,并提出决定性意见。

(5)领导安全技术攻关活动,确定劳动保护研究项目,并组织鉴定验收。

(6)对本企业使用的新材料、新技术、新工艺从技术上负责,组织审查其使用和实施过程中的安全性,组织编制或审定相应的操作规程,重大项目应组织安全技术交底工作。

(7)参加特大、重大伤亡事故的调查,从技术上分析事故原因,制定防范措施。

关键细节9 项目经理安全生产责任

(1)项目经理是工程项目安全生产的第一责任人,对工程项目经营生产全过程中的安全负全面领导责任。

(2)项目经理必须经过专门的安全培训考核,取得项目管理人员安全生产资格证书,方可上岗。

(3)贯彻落实各项安全生产规章制度,结合工程项目特点及施工性质,制定有针对性的安全生产管理办法和实施细则,并落实实施。

(4)在组织项目施工、聘用业务人员时,要根据工程特点、施工人数、施工专业等情况,按规定配备一定数量和具有一定素质的专职安全员,确定安全管理体系;明确各级人员和分承包方的安全责任和考核指标,并制定考核办法。

(5)健全和完善用工管理手续,录用外协施工队伍必须及时向人事劳务部门、安全部门申报,必须事先审核注册、持证等情况,对工人进行三级安全教育后,方准入场上岗。

(6)负责施工组织设计、施工方案、安全技术措施的组织落实工作,组织并督促工程项目安全技术交底制度、设施设备验收制度的实施。

(7)领导、组织施工现场每旬一次的定期安全生产检查,发现施工中的不安全问题,组织制定整改措施及时解决;对上级提出的安全生产与管理方面的问题,要在限期内定时、定人、定措施予以解决;接到政府部门安全监察指令书和重大安全隐患通知单,应立即停止施工,组织力量进行整改。隐患消除后,必须报请上级部门验收,合格后才能恢复施工。

(8)在工程项目施工中,采用新设备、新技术、新工艺、新材料,必须编制科学的施工方案,配备安全可靠的劳动保护装置和劳动防护用品,否则不准施工。

(9)发生因工伤亡事故时,必须做好事故现场保护与伤员的抢救工作,按规定及时上报,不得隐瞒、虚报和故意拖延不报。积极组织配合事故的调查,认真制定并落实防范措施,吸取事故教训,防止发生重复事故。

◎关键细节 10　项目技术负责人安全生产责任

(1)对工程项目生产经营中的安全生产负技术责任。

(2)贯彻落实国家安全生产方针、政策,严格执行安全技术规程、规范、标准;结合工程特点,进行项目整体安全技术交底。

(3)参加或组织编制施工组织设计。在编制、审查施工方案时,必须制定、审查安全技术措施,保证其可行性和针对性,并认真监督实施情况,发现问题要及时解决。

(4)主持制定技术措施计划和季节性施工方案的同时,必须制定相应的安全技术措施并监督执行,及时解决执行中出现的问题。

(5)应用新材料、新技术、新工艺,要及时上报,经批准后方可实施,同时必须对上岗人员进行安全技术的培训、教育;认真执行相应的安全技术措施与安全操作工艺要求,预防施工中因化学药品引起的火灾、中毒或在新工艺实施中可能造成的事故。

(6)主持安全防护设施和设备的验收。严格控制不符合标准要求的防护设备、设施投入使用;使用中的设施、设备,要组织定期检查,发现问题要及时处理。

(7)参加安全生产定期检查。对施工中存在的事故隐患和不安全因素,要从技术上提出整改意见和消除办法。

(8)参加或配合工伤及重大未遂事故的调查,要从技术上分析事故发生的原因,提出防范措施和整改意见。

◎关键细节 11　项目安全员安全生产责任

(1)在项目经理领导下,负责施工现场的安全管理工作。

(2)组织好安全生产、文明施工达标活动,做好安全生产的宣传教育工作,应经常开展安全检查。

(3)掌握施工进度和生产情况,研究解决施工中的安全隐患,且须提出改进意见及措施。

(4)根据施工组织设计方案中的安全技术措施,监督相关人员贯彻执行。

(5)配合相关部门做好新工人、特种作业人员、变换工种人员的安全技术、安全法规和安全知识的培训、考核、发证工作。

(6)阻止违章指挥、违章作业的现象,如遇危及人身安全或财产损失险情时,有权暂停生产,并立即向相关领导报告。

(7)组织进入施工现场的劳保用品防护设施、器具、机械设备的检验检测及验收工作。

(8)参与本工程发生的伤亡事故调查、分析、整改方案(或措施)的制订以及事故登记和汇报工作。

⊙关键细节 12 项目施工员安全生产责任

(1)施工员是所管辖区域范围内安全生产的第一责任人,对所管辖范围内的安全生产负直接领导责任。

(2)认真贯彻落实上级有关规定,监督执行安全技术措施及安全操作规程,针对生产任务特点,向班组(外协施工队伍)进行书面安全技术交底,履行签字手续,并对规程、措施、交底要求的执行情况经常检查,随时纠正违章作业。

(3)负责组织落实所管辖施工队伍的三级安全教育、常规安全教育、季节转换及针对施工各阶段特点等进行的各种形式的安全教育,负责组织落实所管辖施工队伍特种作业人员的安全培训工作和持证上岗的管理工作。

(4)经常检查所管辖区域的作业环境、设备和安全防护设施的安全状况,发现问题及时纠正解决。对重点或特殊部位施工,必须检查作业人员及各种设备和安全防护设施的技术状况是否符合安全标准要求,认真做好书面安全技术交底,落实安全技术措施,并监督其执行,做到不违章指挥。

(5)负责组织落实所管辖班组(外协施工队伍)开展各项安全活动,学习安全操作规程,接受安全管理机构或人员的安全监督检查,及时解决其提出的不安全问题。

(6)对工程项目中应用的新材料、新工艺、新技术严格执行申报、审批制度,发现不安全问题,及时停止施工,并上报领导或有关部门。

(7)发生因工伤亡及未遂事故必须停止施工,保护现场,立即上报,对重大事故隐患和重大未遂事故,必须查明事故发生原因,落实整改措施,经上级有关部门验收合格后方准恢复施工,不得擅自撤除现场保护设施,强行复工。

⊙关键细节 13 施工工长安全生产责任

(1)对所管单位工程或分部工程的安全生产负直接领导责任。

(2)向作业班组进行书面的分部分项工程安全技术交底,工长、安全员、班组长在交底书上签字。

(3)组织实施安全技术措施。

(4)参加所管工程施工现场的脚手架、物料提升机、塔式起重机、外用电梯、模板支架、临时用电设备线路的检查验收,合格后方准使用。

(5)参加每周的安全检查,边查边改。

(6)有权拒绝使用无特种作业操作证人员上岗作业。

(7)经常组织职工学习安全技术操作规程,随时纠正违章作业和违纪行为。

(8)有权拒绝使用伪劣防护用品。

(9)发生工伤事故立即组织抢救和向项目经理报告,并保护好现场。

(10)负责实施文明施工。

🎯关键细节 14　外包承包队负责人安全生产责任

(1)外包承包队负责人是本队安全生产的第一责任人,对本单位安全生产负全面领导责任。

(2)认真执行安全生产的各项法规、规定、规章制度及安全操作规程,合理安排组织施工班组人员上岗作业,对本队人员在施工生产中的安全和健康负责。

(3)严格履行各项劳务用工手续,做到证件齐全,特种作业持证上岗。做好本队人员的岗位安全培训、教育工作,经常组织学习安全操作规程,监督本队人员遵守劳动、安全纪律,做到不违章指挥,制止违章作业。

(4)必须保持本队人员的相对稳定,人员变更须事先向用工单位有关部门报批,新进场人员必须按规定办理各种手续,并经入场和上岗安全教育后,方准上岗。

(5)组织本队人员开展各项安全生产活动,根据上级的交底向本队各施工班组进行详细的书面安全交底,针对当天的施工任务、作业环境等情况,做好班前安全讲话。施工中发现安全问题,应及时解决。

(6)定期和不定期组织检查本队施工的作业现场安全生产状况,发现不安全因素,及时整改,发现重大事故隐患应立即停止施工,并上报有关领导,严禁冒险蛮干。

(7)发生因工伤亡或重大未遂事故,组织保护好事故现场,做好伤者抢救工作和防范措施,并立即上报,不准隐瞒、拖延不报。

🎯关键细节 15　班组长安全生产责任

(1)班组长是本班组安全生产的第一责任人,对本班组人员在施工生产中的安全和健康负直接责任,要认真执行安全生产规章制度及安全技术操作规程,合理安排班组人员的工作。

(2)经常组织班组人员开展各项安全生产活动和学习安全技术操作规程,监督班组人员正确使用个人劳动防护用品和安全设施、设备,不断提高安全自保能力。

(3)认真落实安全技术交底要求,做好班前交底,严格执行安全防护标准,不违章指挥,不冒险蛮干。

(4)经常检查班组作业现场的安全生产状况和工人的安全意识、安全行为,发现问题及时解决,并上报有关领导。

(5)发生因工伤亡及未遂事故,保护好事故现场,并立即上报有关领导。

🎯关键细节 16　操作工人安全生产责任

(1)认真学习,严格执行安全操作规程,遵守安全生产规章制度。

(2)积极参加各项安全生产活动,认真执行安全技术交底要求,不违章作业,不违反劳动纪律,虚心服从安全生产管理人员的监督、指导。

(3)发扬团结友爱精神,在安全生产方面做到互相帮助、互相监督,维护一切安全设施、设备,做到正确使用,不准随意拆改,对新工人有传、带、帮的责任。

(4)对不安全的作业要求要提出意见,有权拒绝违章指令。

(5)发生因工伤亡事故,要保护好事故现场并立即上报。

(6)在作业时要严格做到"眼观六面、安全定位;措施得当、安全操作"。

三、各职能部门安全生产责任制

为了更好地贯彻落实党和国家有关安全生产的政策法规,不仅要明确施工企业各级人员安全生产责任,而且需要明确企业各职能部门安全生产责任,保证施工生产过程中的人身安全和财产安全。因此,施工企业应根据国家及上级有关规定,制定本企业各职能部门安全生产责任制。

关键细节 17　生产计划部门安全生产责任

(1)在编制年、季、月生产计划时,必须树立"安全第一"的思想,组织均衡生产,保障安全工作与生产任务协调一致。对改善劳动条件、预防伤亡事故的项目必须视同生产任务,纳入生产计划优先安排,在检查生产计划完成情况时,一并检查。对施工中重要的安全防护设施、设备的实施工作(如支拆脚手架、安全网等)也要纳入计划,列为正式工序,并给予时间保证。

(2)在检查生产计划实施情况的同时,要检查安全措施项目的执行情况。

(3)坚持按合理施工顺序组织生产,要充分考虑职工的劳逸结合,认真按施工组织设计组织施工。

(4)在生产任务与安全保障发生矛盾时,必须优先安排解决安全工作的实施。

关键细节 18　技术部门安全生产责任

(1)负责编制项目施工组织设计中安全技术措施方案,编制特殊、专项安全技术方案。

(2)参加项目安全设备、设施的安全验收,从安全技术角度进行把关。

(3)检查施工组织设计和施工方案的实施情况的同时,检查安全技术措施的实施情况,对施工中涉及的安全技术问题,提出解决办法。

(4)对项目使用的新技术、新工艺、新材料、新设备,制定相应的安全技术措施和安全操作规程,并负责工人的安全技术教育。

关键细节 19　安全管理部门安全生产责任

(1)贯彻执行安全生产和劳动保护方针、政策、法规、条例及企业的规章制度。

(2)做好安全生产的宣传教育和管理工作,总结交流推广先进经验。

(3)经常深入基层,指导下级安全技术人员的工作,掌握安全生产情况,调查研究生产中的不安全问题,提出改进意见和措施。

(4)组织安全活动和定期安全检查,及时向上级领导汇报安全情况。

(5)参加审查施工组织设计(施工方案)和编制安全技术措施计划,并对贯彻执行情况进行督促检查。

(6)与有关部门共同做好新工人、转岗工人、特种作业人员的安全技术训练、考核、发证工作。

(7)进行工伤事故统计、分析和报告,参加工伤事故的调查和处理。

(8)制止违章指挥和违章作业,遇有严重险情,有权暂停生产,并报告领导处理。

关键细节 20　机械设备部门安全生产责任

(1)负责制定施工机械设备安全措施,保证机、电、起重设备、锅炉、受压容器安全运行。对所有现用的安全防护装置及一切附件,经常检查其是否齐全、灵敏、有效,并督促操作人员进行日常维护。

(2)对严重危及职工安全的机械设备,应会同技术部门提出技术改进措施,并付诸实施。

(3)新购进的机械、锅炉、受压容器等设备的安全防护装置必须齐全、有效。出厂合格证及技术资料必须完整,使用前要制定安全操作规程。

(4)负责对机、电、起重设备的操作人员以及锅炉、受压容器的运行人员定期培训、考核并签发作业合格证。

(5)对违章作业人员要严肃处理,发生机、电设备事故要认真调查分析。

🎯关键细节 21　材料供应部门安全生产责任

(1)提供施工生产使用的一切机具和附件等,在购入时必须有出厂合格证明,发放时必须符合安全要求,回收后必须检修。

(2)采购的劳动保护用品必须符合规格标准。

(3)负责采购、保管、发放和回收劳动保护用品,并向本单位劳动部门提供使用情况。

(4)对批准的安全设施所用材料应纳入计划,及时供应。

(5)对所属职工经常进行安全意识和纪律教育。

🎯关键细节 22　劳动部门安全生产责任

(1)负责监督检查劳动保护用品的发放标准的执行情况,并根据上级的相关规定,修改并制定劳保用品发放标准实施细则。

(2)为保证职工劳逸结合和身体健康,应严格审查及控制上报职工加班、加点和营养补助。

(3)协助有关部门对新工人做好入场安全教育,对职工进行定期安全教育和培训考核。

(4)对违反劳动纪律、影响安全生产者应加强教育,说服无效或屡教不改的须提出处理意见。

(5)参加伤亡事故调查处理,应认真执行对责任者的处理决定,并且将处理材料归档。

四、总包与分包单位安全生产责任制

在几个施工单位联合施工实行总承包制度时,总包单位要统一领导和管理分包单位的安全生产。分包单位行政领导对本单位的安全生产工作负责,应认真履行承包合同规定的安全生产责任。

🎯关键细节 23　总包单位安全生产责任

(1)项目经理是项目安全生产的第一负责人,必须认真贯彻执行国家和地方的相关安全法规、规范、标准,严格按文明安全工地标准组织施工生产,确保实现安全控制指标和文明安全工地达标计划。

(2)建立、健全安全生产保证体系,根据安全生产组织标准和工程规模设置安全生产机构,配备安全检查人员,并设置5~7人(含分包)的安全生产委员会或安全生产领导小组,定期召开会议(每月不少于一次),负责对本工程项目安全生产工作的重大事项及时做出决策,组织督促检查实施,并将分包的安全人员纳入总包管理,统一活动。

(3)在编制、审批施工组织设计或施工方案和冬雨期施工措施时,必须同时编制、审批安全技术措施,如改变原方案时必须重新报批,并经常检查措施、方案的执行情况,对于无措施、无交底或针对性不强的,不准组织施工。

(4)工程项目经理部的有关负责人、施工管理人员、特种作业人员必须经当地政府安全培训、年审取得资格证书、证件的才有资格上岗,凡在培训、考核范围内未取得安全资格的施工管理人员、特种作业人员不准直接组织施工管理和从事特种作业。

(5)强化安全教育,除对全员进行安全技术知识和安全意识教育外,要强化分包新入场人员的"三级安全教育",教育覆盖面必须达到100%。经教育培训考核合格,做到持证上岗,同时要坚持转场和调换工种的安全教育,并做好记录、登记建档工作。

(6)根据工程进度情况除进行不定期、季节性的安全检查外,工程项目经理部每半月由项目执行经理组织一次检查,每周由安全部门组织各分包进行专业(或全面)检查。对查到的隐患,责成分包和有关人员立即或限期进行消项整改。

(7)工程项目部(总包方)与分包方应在工程实施之前或进场的同时及时签订含有明确安全目标和职责条款划分的经营(管理)合同或协议书,当不能按期签订时,必须签订临时安全协议。

(8)根据工程进展情况和分包进场时间,应分别签订年度或一次性的安全生产责任书或责任状,做到总分包在安全管理上责任划分明确,有奖有罚。

(9)项目部实行"总包方统一管理,分包方各负其责"的施工现场管理体制,负责对发包方、分包方和上级各部门或政府部门的综合协调管理工作。工程项目经理对施工现场的管理工作负全面领导责任。

(10)项目部有权限期责令分包将不能尽责的施工管理人员调离本工程,重新配备符合总包要求的施工管理人员。

◎关键细节24 分包单位安全生产责任

(1)分包的项目经理、主管副经理是安全生产管理工作的第一责任人,必须认真贯彻执行总包在执行的有关规定、标准和总包的有关决定和指示,按总包的要求组织施工。

(2)建立、健全安全保障体系。根据安全生产组织标准设置安全机构,配备安全检查人员。每50人要配备一名专职安全人员,不足50人的要设兼职安全人员,并接受工程项目安全部门的业务管理。

(3)分包在编制分包项目或单项作业的施工方案或冬雨期方案措施时,必须同时编制安全消防技术措施,并经总包审批后方可实施;如改变原方案时必须重新报批。

(4)分包必须执行逐级安全技术交底制度和班、组长班前安全讲话制度,并跟踪检查管理。

(5)分包必须按规定执行安全防护设施、设备验收制度,并履行书面验收手续,建档存查。

(6)分包必须接受总包及其上级主管部门的各种安全检查并接受奖罚。在生产例会上应先检查、汇报安全生产情况。在施工生产过程中切实把好安全教育、检查、措施、交底、防护、文明、验收等七关,做到预防为主。

(7)强化安全教育,除对全体施工人员进行经常性的安全教育外,对新入场人员必须进行三级安全教育培训,做到持证上岗,同时要坚持转场和调换工种的安全教育;特种作业人员必须经过专业安全技术培训考核,持有效证件上岗。

(8)分包必须按总包的要求实行重点劳动防护用品定点厂家产品采购、使用制度,对个人劳动防护用品实行定期、定量供应制,并严格按规定要求佩戴。

(9)凡因分包单位管理不严而发生的因工伤亡事故,所造成的一切经济损失及后果由分包单位自负。

(10)各分包方发生因工伤亡事故,要立即用最快捷的方式向总包方报告,并积极组织抢救伤员,保护好现场,如因抢救伤员必须移动现场设备、设施者要做出记录或拍照。

(11)对安全管理纰漏多,施工现场管理混乱的分包单位除进行罚款处理外,对问题严重、屡禁不止,甚至不服管理的分包单位,应予以解除经济合同。

五、交叉施工(作业)安全生产责任制

(1)总包和分包的工程项目负责人,对工程项目中的交叉施工(作业)负总的指挥、领导责任。总包对分包、分包对分项承包单位或施工队伍,要加强安全消防管理,科学组织交叉施工;在没有针对性的书面技术交底、方案和可靠防护措施的情况下,要禁止上下交叉施工作业,防止和避免发生事故。

(2)总包与分包、分包与分项外包的项目工程负责人,除在签署合同或协议中明确交叉施工(作业)、各方的责任外,还应签订安全消防协议书或责任状,划分交叉施工中各方的责任区和各方的安全消防责任,同时应建立责任区及安全设施的交接和验收手续。

(3)交叉施工作业上部施工单位应为下部施工人员提供可靠的隔离防护措施,确保下部施工作业人员的安全,在隔离防护设施未完善之前,下部施工作业人员不得进行施工;隔离防护设施完善后,经过上下方责任人和有关人员进行验收合格后才能施工作业。

(4)工程项目或分包的施工管理人员在交叉施工之前对交叉施工的各方做出明确的安全责任交底,各方必须在交底后组织施工作业。安全责任交底中应对各方的安全消防责任、安全责任区的划分、安全防护设施的标准、维护等内容做出明确要求,并经常检查执行情况。

(5)交叉施工作业中的隔离防护设施及其他安全防护设施由安全责任方提供;当安全责任方因故无法提供防护设施时,可由非责任方提供,责任方负责日常维护和支付租赁费用。

(6)交叉施工作业中的隔离防护设施及其他安全防护设施的完善和可靠性由责任方负责;由于隔离防护设施或安全防护存在缺陷而导致的人身伤害及设备、设施、料具的损失责任,由责任方承担。

(7)工程项目或施工区域出现交叉施工作业安全责任不清或安全责任区划分不明确时,总包和分包应积极主动地进行协调和管理。各分包单位之间进行交叉施工,其各方应积极主动配合,在责任不清、意见不统一时由总包的工程项目负责人或工程调度部门出面协调、管理。

(8)在交叉施工作业中防护设施完善验收后,非责任方不经总包、分包或有关责任方同意不准任意改动(如电梯井门、护栏、安全网、坑洞口盖板等),因施工作业必须改动时,写出书面报告,需经总、分包和有关责任方同意,才准改动,但必须采取相应的防护措施。工作完成或下班后必须恢复原状,否则非责任方负一切后果责任。

(9)电气焊割作业严禁与油漆、喷漆、防水、木工等进行交叉作业,在工序安排上应先进行焊割等明火作业。如果必须先进行油漆、防水作业,施工管理人员在确认排除有燃爆可能的情况下,再安排电气焊割作业。

(10)凡进总包施工现场的各分包单位或施工队伍,必须严格遵照总包所执行的标准、规定、条例、办法,按标准化文明安全工地组织施工,对于不按总包要求组织施工,现场管理混乱、隐患严重、影响文明安全工地整体达标的或给交叉施工作业的其他单位造成不安全问题的分包单位或施工队伍,总包有权给予经济处罚或终止合同,并清出现场。

第三节　安全管理体系

一、安全管理体系的含义

安全管理体系是对建筑施工企业环境的安全卫生状态作了具体的要求和限定,通过科学管理使工作环境符合安全卫生标准的要求。安全管理体系是项目管理体系中的一个子系统,其循环是整个管理系统循环的一个子系统。

安全管理体系的运行主要依赖于逐步提高、持续改进,是一个动态的、自我调整和完善的管理系统,同时,也是职业安全卫生管理体系的基本内容。

建立安全管理体系具有十分重要的意义,可归纳为以下几个方面:

(1)提高项目安全管理水平的需要。改善安全生产规章制度不健全、管理方法不适应、安全生产状况不佳的现状。

(2)适应市场经济管理体制的需要。随着我国经济体制的改革,安全生产管理体制确立了企业负责的主导地位,企业要生存发展,就必须推行"职业安全卫生管理体系"。

(3)顺应全球经济一体化趋势的需要。建立职业安全卫生管理体系,有利于抵制非关税贸易壁垒。因为世界发达国家要求把人权、环境保护和劳动条件纳入国际贸易范畴,将劳动者权益和安全卫生状况与经济问题挂钩,否则,将受到关税的制约。

二、安全管理体系的原则

(1)要适用于建设工程施工项目全过程的安全管理和控制。

(2)依据《中华人民共和国建筑法》、《职业安全卫生管理体系标准》,国际劳工组织167号公约及国家有关安全生产的法律、行政法规和规程进行编制。

(3)建立安全管理体系必须包含的基本要求和内容。项目经理部应结合各自的实际情况加以充实,建立安全生产管理体系,确保项目的施工安全。

(4)建筑业施工企业应加强对施工项目的安全管理,指导、帮助项目经理部建立、实施并保持安全管理体系。施工项目安全管理体系必须由总承包单位负责策划建立,分包单位应结合分包工程的特点,制定相适宜的安全保证计划,并纳入接受总承包单位安全管理体系的管理。

关键细节 25   安全管理基本术语

(1)安全策划。确定安全以及采用安全管理体系条款的目标和要求的活动。

(2)安全体系。为实施安全管理所需的组织结构、程序、过程和资源。安全体系的内容应以满足安全目标的需要为准。

(3)安全审核。确定安全活动和有关结果是否符合计划安排,以及这些安排是否有效实施并适合于达到预定目标的、系统的、独立的检查。

(4)安全事故隐患。可能导致伤害事故发生的人的不安全行为,物的不安全状态或管理制度上的缺陷。

(5)业主。以协议或合同形式,将其拥有的建设项目交与建筑企业承建的组织。业主的含义包括其授权,是标准定义中的采购方。

(6)项目经理部。受建筑企业委托,负责实施管理合同项目的一次性组织机构。

(7)分包单位。以合同形式承担总包单位分部分项工程或劳务的单位。

(8)供应商。以合同或协议形式向建筑业企业提供安全防护用品、设施或工程材料设备的单位。

(9)标识。采用文字、印鉴、颜色、标签及计算机处理等形式表明某种特征的记号。

关键细节 26   安全管理职责

(1)安全管理目标。工程项目实施施工总承包的,由总承包单位负责制定施工项目的安全管理目标并确保以下内容。

1)项目经理为施工项目安全生产第一责任人,对安全生产应负全面的领导责任,实现重大伤亡事故为零的目标。

2)有适合于工程项目规模、特点的应用安全技术。

3)应符合国家安全生产法律、行政法规和建筑行业安全规章、规程及对业主和社会的承诺。

(2)安全管理组织。

1)职责和权限。施工项目对从事与安全有关的管理、操作和检查人员,特别是需要独立行使权力开展工作的人员,规定其职责、权限和相互关系,并形成文件。

2)资源。项目经理部应确定并提供充分的资源,以确保安全生产管理体系的有效运行和安全管理目标的实现。

关键细节 27   安全生产策划

(1)对工程项目的规模、结构、环境、技术含量、施工风险和资源配置等因素进行安全生产策划,策划内容应包括以下几方面。

1)配置必要的设施、装备和专业人员,确定控制和检查的手段、措施。

2)确定整个施工过程中应执行的文件、规范。如脚手架工作、高处作业、机械作业、临时用电、动用明火、沉井、深挖基础施工和爆破工程等作业规定。

3)冬期、雨期、雪天和夜间施工时安全技术措施及夏季的防暑降温工作。

4)确定危险部位和过程,对风险大和专业性较强的工程项目进行安全论证。

5)因本工程项目的特殊需求所补充的安全操作规定。

6)制定施工各阶段具有针对性的安全技术交底文本。

7)制定安全记录表格,确定搜集、整理和记录各种安全活动的人员及其职责。

(2)根据安全生产策划结果,单独编制安全保证计划,也可在项目施工组织设计中独立体现。

(3)安全保证计划实施前,按要求报项目业主或企业确认审批。

(4)确认要求。

1)项目业主或企业有关负责人主持安全计划的审核。

2)执行安全计划的项目经理部负责人及相关部门参与确认。

3)确认安全计划的完整性和可行性。

4)各级安全生产岗位责任制得到确认。

5)任何与安全计划不一致的事宜都应得到解决。

6)项目经理部有满足安全保证的能力并得到确认。

7)记录并保存确认过程。

8)经确认的项目安全计划,应送上级主管部门备案。

三、安全管理策划的原则

(1)预防性。施工项目安全管理策划必须坚持"安全第一、预防为主"的原则,体现安全管理的预防和预控作用,针对施工项目的全过程制定预警措施。

(2)全过程性。项目的安全策划应包括由可行性研究开始到设计、施工,直至竣工验收的全过程策划,施工项目安全管理策划要覆盖施工生产的全过程和全部内容,使安全技术措施贯穿施工生产的全过程,以实现系统的安全。

(3)科学性。施工项目的安全策划应能代表最先进的生产力和最先进的管理方法,遵守国家的法律法规,遵照地方政府的安全管理规定,执行安全技术标准和安全技术规范,科学指导安全生产。

(4)可操作性。施工项目安全策划的目标和方案应尊重实际情况,坚持实事求是的原则,其方案具有可操作性,安全技术措施具有针对性。

(5)实效的最优化。施工项目安全策划应遵循实效最优化的原则,既不可盲目地扩大项目投入,也不可以取消和减少安全技术措施经费来降低项目成本,而应在确保安全目标的前提下,在经济投入、人力投入和物资投入上坚持最优化的原则。

安全管理策划的基本内容包括设计策划依据、工程概述、建筑及场地布置、生产过程中危险因素的分析、主要安全防范措施、预期效果评价、安全措施经费。

🎯**关键细节 28　安全管理策划依据**

(1)国家、地方政府和主管部门的有关规定。

(2)采用的主要技术规范、规程、标准和其他依据。

◎关键细节 29　安全管理策划中工程概述应描述的内容

(1)本项目设计所承担的任务及范围。

(2)工程性质、地理位置及特殊要求。

(3)改建、扩建前的职业安全与卫生状况。

(4)主要工艺、原料、半成品、成品、设备及主要危害概述。

◎关键细节 30　建筑及场地布置

(1)根据场地自然条件预测的主要危险因素及防范措施。

(2)工程总体布置中如锅炉房、氧气、乙炔等易燃易爆、有毒物品造成的影响及防范措施。

(3)临时用电变压器周边环境。

(4)对周边居民出行是否有影响。

◎关键细节 31　生产过程中危险因素的分析

(1)安全防护工作,如脚手架作业防护、洞口防护、临边防护、高空作业防护和模板工程、起重及施工机具机械设备防护。

(2)关键或特殊工序,如洞内作业、潮湿作业、深基开挖、易燃易爆品、防尘、防触电。

(3)特殊工种,如电工、电焊工、架子工、爆破工、机械工、起重工、机械司机等,除一般教育外,还要经过专业安全技能培训。

(4)临时用电的安全系统管理,如总体布置和各个施工阶段的临电(电闸箱、电路、施工机具等)的布设。

(5)保卫消防工作的安全系统管理,如临时消防用水、临时消防管道、消防灭火器材的布设等。

◎关键细节 32　主要安全防范措施

(1)根据全面分析各种危害因素确定的工艺路线、选用的可靠装置设备,从生产、火灾危险性分类设置的安全设施和必要的检测、检验设备。

(2)按照爆炸和火灾危险场所的类别、等级、范围选择电气设备的安全距离及防雷、防静电、防止误操作等设施。

(3)对可能发生的事故做出的预案、方案及抢救、疏散和应急措施。

(4)危险场所和部位如高空作业、外墙临边作业等;危险期间如冬期、雨期、高温天气等所采用的防护设备、设施及其效果等。

◎关键细节 33　预期效果评价

施工项目的安全检查包括安全生产责任制、安全保证计划、安全组织机构、安全保证措施、安全技术交底、安全教育、安全持证上岗、安全设施、安全标识、操作行为、违规管理、安全记录。

◎关键细节 34　安全措施经费

(1)主要生产环节专项防范设施费用。

(2)检测设备及设施费用。

(3)安全教育设备及设施费用。

(4)事故应急措施费用。

四、安全生产保证体系

为适应社会主义市场经济的需要,1993年国务院将原来的"国家监察、行政管理、群众监督"的安全生产管理体制,发展为"企业负责、行业管理、国家监察、群众监督、劳动者遵章守纪"。而施工项目安全生产保证体系就是按照这样的安全生产管理体制建立和健全起来的。

安全生产保证体系主要包括安全生产组织保证体系、安全生产责任保证体系、安全生产资源保证体系和安全生产管理制度四部分。

(一)安全生产组织保证体系

建立安全生产组织保证体系的重点,主要包括项目安全生产最高权力机构的设置、安全生产专职管理机构的设置,以及分包队伍安全组织保证体系的建立。

◎关键细节35　项目安全生产最高权力机构的设置

根据工程施工特点和规模,设置项目安全生产最高权力机构——安全生产委员会或安全生产领导小组。

(1)建筑面积在5万平方米(含5万平方米)以上或造价在3000万元人民币(含3000万元)以上的工程项目,应设置安全生产委员会;建筑面积在5万平方米以下或造价在3000万元人民币以下的工程项目,应设置安全领导小组。

(2)安全生产委员会由工程项目经理、主管生产和技术的副经理、安全部负责人、分包单位负责人以及人事、财务、机械、工会等有关部门负责人组成,人员以5~7人为宜。

(3)安全生产领导小组由工程项目经理、主管生产和技术的副经理、专职安全管理人员、分包单位负责人以及人事、财务、机械、工会等负责人组成,人员以3~5人为宜。

(4)安全生产委员会(或安全生产领导小组)主任(或组长)由工程项目经理担任。

(5)安全生产委员会(或安全生产领导小组)职责。

1)安全生产委员会(或小组)是工程项目安全生产的最高权力机构,负责对工程项目安全生产的重大事项及时做出决策。

2)认真贯彻执行国家有关安全生产和劳动保护的方针、政策、法令以及上级有关规章制度、指示、决议,并组织检查执行情况。

3)负责制定工程项目安全生产规划和各项管理制度,及时解决实施过程中的难点和问题。

4)每月对工程项目进行至少一次全面的安全生产大检查,并召开专门会议,分析安全生产形势,制定预防因工伤亡事故发生的措施和对策。

5)协助上级有关部门进行因工伤亡事故的调查、分析和处理。

6)大型工程项目可在安全生产委员会下按栋号或片区设置安全生产领导小组。

关键细节 36　项目安全生产专职管理机构的设置

按规定设置安全生产专职管理机构——安全部,并配备一定素质和数量的专职安全管理人员。

(1)安全部是工程项目安全生产专职管理机构,安全生产委员会或领导小组的常设办事机构设在安全部。其职责包括:

1)协助工程项目经理开展各项安全生产业务工作。

2)定时准确地向工程项目经理和安全生产委员会或领导小组汇报安全生产情况。

3)组织和指导下属安全部门和分包单位的专职安全员(安全生产管理机构)开展各项有效的安全生产管理工作。

4)行使安全生产监督检查职权。

(2)设置安全生产总监(工程师)职位。其职责包括:

1)协助工程项目经理开展安全生产工作,为工程项目经理进行安全生产决策提供依据。

2)每月向项目安全生产委员会(或小组)汇报本月工程项目安全生产状况。

3)定期向公司(厂、院)安全生产管理部门汇报安全生产情况。

4)对工程项目安全生产工作开展情况进行监督。

5)有权要求有关部门和分部分项工程负责人报告各自业务范围内的安全生产情况。

6)有权建议处理不重视安全生产工作的部门负责人、栋号长、工长及其他有关人员。

7)组织并参加各类安全生产检查活动。

8)监督工程项目正、副经理的安全生产行为。

9)对安全生产委员会或领导小组做出的各项决议的实施情况进行监督。

10)行使工程项目副经理的相关职权。

(3)安全管理人员的配置。

1)施工项目1万平方米(建筑面积)及以下设置1人。

2)施工项目1万~3万平方米设置2人。

3)施工项目3万~5万平方米设置3人。

4)施工项目在5万平方米以上按专业设置安全员,成立安全组。

关键细节 37　分包队伍安全组织保证体系的建立

分包队伍按规定建立安全组织保证体系,其管理机构以及人员纳入工程项目安全生产保证体系,接受工程项目安全部的业务领导,参加工程项目统一组织的各项安全生产活动,并按周向项目安全部传递有关安全生产的信息。

(1)分包自身管理体系的建立:分包单位100人以下设兼职安全员;100~300人必须有专职安全员1名;300~500人必须有专职安全员2名,纳入总包安全部统一进行业务指导和管理。

(2)班组长、分包专业队长是兼职安全员,负责本班组工人的健康和安全,负责消除本作业区的安全隐患,对施工现场实行目标管理。

(二)安全生产责任保证体系

施工项目部是安全生产工作的载体,具体组织和实施项目安全生产工作,是企业安全生产的基层组织,负全面责任。

◎关键细节38 安全生产责任保证体系的层次

施工项目安全生产责任保证体系分为以下三个层次:

(1)项目经理作为本施工项目安全生产第一负责人,由其组织和聘用施工项目安全负责人、技术负责人、生产调度负责人、机械管理负责人、消防管理负责人、劳动管理负责人及其他相关部门负责人组成安全决策机构。

(2)分包队伍负责人作为本队伍安全生产第一责任人,组织本队伍执行总包单位安全管理规定和各项安全决策,组织安全生产。

(3)作业班组负责人(或作业工人)作为本班组或作业区域安全生产第一责任人,贯彻执行上级指令,保证本区域、本岗位安全生产。

◎关键细节39 安全生产责任

施工项目应履行下列安全生产责任:

(1)贯彻落实各项安全生产的法律、法规、规章、制度,组织实施各项安全管理工作,完成上级下达的各项考核指标。

(2)建立并完善项目经理部安全生产责任制和各项安全管理规章制度,组织开展安全教育、安全检查,积极开展日常安全活动,监督、控制分包队伍执行安全规定,履行安全职责。

(3)建立安全生产组织机构,设置安全专职人员,保证安全技术措施经费的落实和投入。

(4)制定并落实项目施工安全技术方案和安全防护技术措施,为作业人员提供安全的生产作业环境。

(5)发生伤亡事故要及时上报,并保护好事故现场,积极抢救伤员,认真配合事故调查组开展伤亡事故的调查和分析,按照"四不放过"原则,落实整改和防范措施,对责任人员进行处理。

(三)安全生产资源保证体系

施工项目的安全生产必须有充足的资源做保障。安全资源投入包括人力资源、物资资源和资金的投入。

(1)安全人力资源投入包括专职安全管理人员的设置和高素质技术人员、操作工人的配置以及安全教育培训的投入。

(2)安全物资资源的投入包括进入现场材料的把关和料具的现场管理以及机电、起重设备、锅炉、压力容器及自制机械等资源的投入。

(3)安全资金投入包括主动投资和被动投资、预防投资与事后投资、安全措施费用、个人防护品费用、职业病诊治费用等。安全资金投入的政策应遵循"谁受益谁整改,谁危害谁负担,谁需要谁投资"的原则。

现阶段,我国一般企业的安全投资应该达到项目造价的0.8%~2.5%,所以每一个施工的工程项目在资金投入方面必须认真贯彻执行国家、地方政府有关劳动保护用品的规定和防暑降温经费规定,做到职工个人防护用品费用和现场安全措施费用的及时提供。特别是部分工程具有自身的特点,如建筑物周边有高压线路或变压器需要采取防护,建筑物临近高层建筑需要采取措施临边进行加固等。

安全资金投入所产生的效益可从事故损失测算和安全效益评价来估算。事故损失的分类包括:直接损失与间接损失、有形损失与无形损失、经济损失与非经济损失等。

关键细节 40　安全技术措施费用的管理

安全生产资源保证体系中对安全技术措施费用的管理主要包括以下几个方面:

(1)规范安全技术措施费用管理,保证安全生产资源基本投入。公司应在全面预算中专门立项,编制安全技术措施费用预算计划,纳入经营成本预算管理;安全部门负责编制安全技术措施项目表,作为公司安全生产管理标准执行;项目经理部按工程标的总额编制安全技术措施费用使用计划表,总额由经理部控制,须按比例分解到劳务分包,并监督使用。公司须建立专项费用用于抢险救灾和应急。

(2)加强安全技术措施费用管理,既要坚持科学、实用、低耗的原则,又要保证执行法规、规范,确保措施的可靠性。编制的安全技术措施必须满足安全技术规范、标准,费用投入应保证安全技术措施的实现,要对预防和减少伤亡事故起到保证作用;安全技术措施的贯彻落实要由总包负责;用于安全防护的产品性能、质量达标并检测合格。

(3)编制安全技术措施费用项目目录表。包括基坑、沟槽防护、结构工程防护、临时用电、装修施工、集料平台及个人防护等。

(四)安全生产管理制度

施工项目应制定十项安全生产管理制度。

(1)安全生产责任制度。

(2)安全生产检查制度。

(3)安全生产验收制度。

(4)安全生产教育培训制度。

(5)安全生产技术管理制度。

(6)安全生产奖罚制度。

(7)安全生产值班制度。

(8)工人因工伤亡的事故报告、统计制度。

(9)重要劳动防护用品定点使用管理制度。

(10)消防保卫管理制度。

第四节　安全生产教育

一、安全生产教育的特点

安全是生产赖以正常进行的前提,安全教育是安全管理工作的重要环节,是提高全员安全素质、安全管理水平和防止事故从而实现安全生产的重要手段。

安全生产教育具有以下几个特点：

(1)安全教育的全员性。安全教育的对象是企业内所有从事生产活动的人员。因此，从企业经理、项目经理，到一般管理人员及普通工人，都必须接受安全教育。安全教育是企业所有人员上岗前的先决条件，任何人不得例外。

(2)安全教育的长期性。安全教育是一项长期性的工作，体现在三个方面：一是安全教育贯穿于每个职工工作的全过程；二是安全教育贯穿于每个工程施工的全过程；三是安全教育贯穿于施工企业生产的全过程。因此，安全教育"任重而道远"，不应该也不可能一劳永逸，需要经常地、反复地、不断地进行安全教育，才能减少并避免事故的发生。

(3)安全教育的专业性。施工现场生产所涉及的范围广、内容多。安全生产既有管理性要求，也有技术性知识，安全生产的管理性与技术性结合，使得安全教育具有专业性要求。教育者既要有充实的理论知识，也要有丰富的实践经验，这样才能使安全教育深入浅出、通俗易懂，并且收到良好的效果。

二、安全生产教育的内容

安全生产教育，主要包括安全生产思想教育、安全法制教育、安全知识教育与安全技能教育四个方面的内容。

◎关键细节 41 安全生产思想教育

安全生产思想教育的目的是为安全生产奠定思想基础，通常从加强思想认识、方针政策和劳动纪律教育等方面进行。

(1)思想认识和方针政策的教育。一是提高各级管理人员和广大职工群众对安全生产重要意义的认识。从思想上、理论上认识社会主义制度下搞好安全生产的重要意义，以增强关心人、保护人的责任感，树立牢固的群众观点；二是通过安全生产方针、政策教育，提高各级技术、管理人员和广大职工的政策水平，使他们正确全面地理解党和国家的安全生产方针、政策，严肃认真地执行安全生产方针、政策和法规。

(2)劳动纪律教育。主要是使广大职工懂得严格执行劳动纪律对实现安全生产的重要性，企业的劳动纪律是劳动者进行共同劳动时必须遵守的法则和秩序。反对违章指挥、反对违章作业、严格执行安全操作规程、遵守劳动纪律是贯彻安全生产方针、减少伤害事故、实现安全生产的重要保证。

◎关键细节 42 安全法制教育

安全法制教育是指通过对员工进行安全生产、劳动保护方面的法律、法规的宣传教育，使每个人从法制的角度去认识搞好安全生产的重要性，明确遵章守法守纪是每个员工应尽的职责，而违章违规的本质也是一种违法行为，轻则会受到批评教育，造成严重后果的，还将受到法律的制裁。

◎关键细节 43 安全知识教育

建筑施工企业所有职工必须具备基本安全知识。全体职工都必须接受安全知识教育,每年按规定学时进行安全培训。

安全生产基本知识教育的主要内容是:企业的基本生产概况;施工(生产)流程、方法;企业施工(生产)危险区域及其安全防护的基本知识和注意事项;机械设备、厂(场)内运输的有关安全知识;有关电气设备(动力照明)的基本安全知识;高处作业安全知识;生产(施工)中使用的有毒、有害物质的安全防护基本知识;消防制度及灭火器材应用的基本知识;个人防护用品的正确使用知识等。

◎关键细节 44　安全技能教育

安全技能教育就是结合本工种专业特点,实现安全操作、安全防护所必须具备的基本技术知识要求。每个职工都要熟悉本工种、本岗位专业安全技术知识。安全技能知识是比较专门、细致和深入的知识。它包括安全技术、劳动卫生和安全操作规程。国家规定建筑登高架设、起重、焊接、电气、爆破、压力容器、锅炉等特种作业人员必须进行专门的安全技术培训。宣传先进经验,既是教育职工找差距的过程,又是学、赶先进的过程;事故教育可以让职工从事故案例中获得教训,防止今后类似事故的重复发生。

三、安全生产教育的对象

我国相关法律、法规规定,生产经营单位应当对从业人员进行安全生产教育和培训,保证从业人员具备必要的安全生产知识,熟悉有关的安全生产规章制度和安全操作规程,掌握本岗位的安全操作技能。未经安全生产教育和培训的不合格的从业人员,不得上岗作业。

地方政府及行业管理部门对施工项目各级管理人员的安全教育培训做出了具体规定,要求施工项目安全教育培训率实现 100%。

施工项目安全教育培训的对象包括以下五类人员:

(1)工程项目经理、项目执行经理、项目技术负责人:工程项目主要管理人员必须经过当地政府或上级主管部门组织的安全生产专项培训,培训时间不得少于 24 小时,经考核合格后,持《安全生产资质证书》上岗。

(2)工程项目基层管理人员:施工项目基层管理人员每年必须接受公司安全生产年审,经考试合格后持证上岗。

(3)分包负责人、分包队伍管理人员:必须接受政府主管部门或总包单位的安全培训,经考试合格后持证上岗。

(4)特种作业人员:必须经过专门的安全理论培训和安全技术实际训练,经理论和实际操作的双项考核,合格者持《特种作业操作证》上岗作业。

(5)操作工人:新入场工人必须经过三级安全教育,考试合格后持"上岗证"上岗作业。

◎关键细节 45　领导干部的安全教育培训

为了督促建筑施工企业落实主要领导的安全生产责任制,根据国务院文件精神,明确提出了"施工企业法定代表人是企业安全生产的第一责任人,项目经理是施工项目安全生产的第一责任人"。明确了企业与项目的两个安全生产第一责任人,使安全生产责任制得到了具体落实。

因此,必须通过对企业领导干部的安全教育培训,全面提高他们的安全管理水平,使他们真正从思想上树立起安全生产意识,增强安全生产责任心,摆正安全与生产、安全与进度、安全与效益的关系,为进一步实现安全生产和文明施工打下基础。

◎关键细节46 新工人"三级安全教育"

三级安全教育是企业必须坚持的安全生产基本教育制度。对新工人(包括新招收的合同工、临时工、学徒工、农民工及实习和代培人员)必须进行公司、项目、作业班组三级安全教育,时间不得少于40小时。

三级安全教育由安全、教育和劳资等部门配合组织进行。经教育考试合格者才准许进入生产岗位;不合格者必须补课、补考。对新工人的三级安全教育情况,要建立档案(印制职工安全生产教育卡)。新工人工作一个阶段后还应进行重复性的安全再教育,加深安全感性、理性知识的意识。三级安全教育的主要内容包括以下三方面。

(1)公司进行安全基本知识、法规、法制教育,主要内容有:

1)党和国家的安全生产方针、政策。

2)安全生产法规、标准和法制观念。

3)本单位施工(生产)过程及安全生产规章制度,安全纪律。

4)本单位安全生产形势、历史上发生的重大事故及应吸取的教训。

5)发生事故后如何抢救伤员、排险、保护现场和及时进行报告。

(2)项目进行现场规章制度和遵章守纪教育,主要内容有:

1)本单位(工区、工程处、车间、项目)施工(生产)特点及施工(生产)安全基本知识。

2)本单位(包括施工、生产场地)安全生产制度、规定及安全注意事项。

3)本工种的安全技术操作规程。

4)机械设备、电气安全及高处作业等基本安全知识。

5)防火、防雷、防尘、防爆知识及紧急情况安全处置和安全疏散知识。

6)防护用品发放标准及防护用具、用品使用的基本知识。

(3)班组安全生产教育由班组长主持进行,或由班组安全员及指定技术熟练、重视安全生产的老工人讲解。进行本工种岗位安全操作及班组安全制度、纪律教育,主要内容有:

1)本班组作业特点及安全操作规程。

2)班组安全活动制度及纪律。

3)爱护和正确使用安全防护装置(设施)及个人劳动防护用品。

4)本岗位易发生事故的不安全因素及其防范对策。

5)本岗位的作业环境及使用的机械设备、工具的安全要求。

◎关键细节47 转场及变换工种安全教育

(1)转场安全教育。新转入施工现场的工人必须进行转场安全教育,教育时间不得少于8小时,教育内容包括:

1)本工程项目安全生产状况及施工条件。

2)施工现场中危险部位的防护措施及典型事故案例。

3)本工程项目的安全管理体系、规定及制度。

(2)变换工种安全教育。凡改变工种或调换工作岗位的工人必须进行变换工种安全教育;变换工种安全教育时间不得少于4小时,教育考核合格后方准上岗。教育内容包括:

1)新工作岗位或生产班组安全生产概况、工作性质和职责。

2)新工作岗位必要的安全知识,各种机具设备及安全防护设施的性能和作用。

3)新工作岗位、新工种的安全技术操作规程。

4)新工作岗位容易发生事故及有毒有害的地方。

5)新工作岗位个人防护用品的使用和保管。

从事一般工种的工人不得从事特种作业。

⊙关键细节48 特种作业人员安全教育

从事特种作业的人员必须经过专门的安全技术培训,经考试合格取得操作证后方准独立作业。对特种作业人员的培训、取证及复审等工作严格执行国家、地方政府的有关规定。对从事特种作业的人员要进行经常性的安全教育,时间为每月一次,每次教育4小时,教育内容为:

(1)特种作业人员所在岗位的工作特点,可能存在的危险、隐患和安全注意事项。

(2)特种作业岗位的安全技术要领及个人防护用品的正确使用方法。

(3)本岗位曾发生的事故案例及经验教训。

特种作业的类别及操作项目包括以下内容:

(1)电工作业:用电安全技术;低压运行维修;高压运行维修;低压安装;电缆安装;高压值班;超高压值班;高压电气试验;高压安装;继电保护及二次仪表整定。

(2)金属焊接作业:手工电弧焊;气焊、气割;CO_2气体保护焊;手工钨极氩弧焊;埋弧自动焊;电阻焊;钢材对焊(电渣焊);锅炉压力容器焊接。

(3)起重机械作业:塔式起重机操作;汽车式起重机驾驶;桥式起重机驾驶;挂钩作业;信号指挥;履带式起重机驾驶;轨道式起重机驾驶;垂直卷扬机操作;客运电梯驾驶;货运电梯驾驶;施工外用电梯驾驶。

(4)登高架设作业:脚手架拆装;起重设备拆装;超高处作业。

(5)厂内机动车辆驾驶:叉车、铲车驾驶;电瓶车驾驶;翻斗车驾驶;汽车驾驶;摩托车驾驶;拖拉机驾驶;机械施工用车(推土机、挖掘机、装载机、压路机、平地机、铲运机)驾驶;矿山机车驾驶;地铁机车驾驶。

有下列疾病或生理缺陷者,不得从事特种作业。

(1)器质性心脏血管病。其中包括风湿性心脏病、先天性心脏病(治愈者除外)、心肌病、心电图异常者。

(2)血压超过160/90mmHg,低于86/56mmHg。

(3)精神病、癫痫病、恐高症、美尼尔氏症、眩晕症。

(4)重症神经官能症及脑外伤后遗症。

(5)晕厥(近一年有晕厥发作者)。

(6)血红蛋白男性低于90%,女性低于80%。

(7)肢体残废,功能受限者。

(8)慢性骨髓炎。

(9)厂内机动驾驶类:大型车身高不足155cm;小型车身高不足150cm。

(10)耳全聋及发音不清者;厂内机动车驾驶听力不足5m者。

(11)色盲、色弱。

(12)双眼裸视力低于0.4,矫正视力不足0.7者。

(13)活动性结核(包括肺外结核)。

(14)支气管哮喘病(反复发作者)。

(15)支气管扩张病(反复感染、咯血)。

四、安全生产教育的种类及形式

安全生产教育按教育的时间分类,可分为经常性安全教育、季节性安全教育、节假日安全教育、特殊情况安全教育。开展安全生产教育应当结合建筑施工生产特点,采取多种形式有针对性进行。

◎关键细节49　经常性安全教育

经常性安全教育是建筑施工现场开展安全教育的主要类型,可根据建筑企业的具体情况,采用多种方式进行。如安全活动日,班前班后安全会,安全会议,安全月,安全技术交底,广播,黑板报,事故现场会、分析会,安全技术专题讲座或电影、电视、展览等多种多样的方式方法,要力求生动活泼。

在开展经常性的安全教育时,还要注意掌握事故发生的规律进行教育,把事故消灭在萌芽状态。如老工人有生产经验,容易产生麻痹思想;新职工缺乏安全知识,容易冒险作业;假日前后,职工思想不易集中,容易发生事故;突击抢工、交叉工业施工的工程,容易发生事故;季节气候的影响,也容易忽视安全,等等。掌握了这些规律,就可以把思想教育工作和安全措施做在前头,取得安全工作的主动权,真正做到预防为主。

◎关键细节50　季节性安全教育

进入雨期及冬期施工前,在现场经理的部署下,由各区域责任工程师负责组织本区域内施工的分包队伍管理人员及操作工人进行专门的季节性施工安全技术教育;时间不得少于2小时。

◎关键细节51　节假日安全教育

节假日前后应特别注意各级管理人员及操作者的思想动态,有意识有目的地进行教育、稳定他们的思想情绪,预防事故的发生。

◎关键细节52　特殊情况安全教育

施工项目出现以下几种情况时,工程项目经理应及时安排有关部门和人员对施工工人进行安全生产教育,时间不得少于 2 小时。

(1)因故改变安全操作规程。

(2)实施重大和季节性安全技术措施。

(3)更新仪器、设备和工具,推广新工艺、新技术。

(4)发生因工伤亡事故、机械损坏事故及重大未遂事故。

(5)出现其他不安全因素,安全生产环境发生了变化。

🎯 **关键细节 53　安全教育的形式**

由于安全教育的对象大部分是文化水平不高的工人,因此,安全生产教育的形式应当浅显、通俗、易懂。目前,安全教育的形式主要有:

(1)会议形式。如安全知识讲座、座谈会、报告会、先进经验交流会、事故教训现场会、展览会、知识竞赛。

(2)报刊形式。订阅安全生产方面的书报杂志,企业自编自印的安全刊物及安全宣传小册子。

(3)张挂形式。如安全宣传横幅、标语、标志、图片、黑板报等。

(4)音像制品。如电视录像片、VCD 片、录音磁带等。

(5)固定场所展示形式。如劳动保护教育室、安全生产展览室等。

(6)现场观摩演示形式。如安全操作方法、消防演习、触电急救方法演示等。

(7)文艺演出形式。

第五节　安全管理资料

一、安全管理资料管理要求

(1)施工现场安全管理资料的管理应为工程项目施工管理的重要组成部分,是预防安全生产事故和提高文明施工管理的有效措施。

(2)建设单位、监理单位和施工单位应负责各自的安全管理资料管理工作,逐级建立健全施工现场安全资料管理岗位责任制,明确负责人,落实各岗位责任。

(3)建设单位、监理单位和施工单位应建立安全管理资料的管理制度,规范安全管理资料的形成、收集、整理、组卷等工作,并应随施工现场安全管理工作同步形成,做到真实有效、及时完整。

(4)施工现场安全管理资料应字迹清晰,签字、盖章等手续齐全,计算机形成的资料可打印、手写签名。

(5)施工现场安全管理资料应为原件,因故不能为原件时,可为复印件。复印件上应注明原件存放处,加盖原件存放单位公章,有经办人签字并注明日期。

(6)施工现场安全管理资料应分类整理和组卷,由各参与单位项目经理部保存备查至工程竣工。

二、建筑工程施工现场安全资料分类

建筑工程施工现场安全资料分类,见表1-1。

表 1-1 建设工程施工现场安全管理资料分类整理及组卷表

编号	施工现场安全管理资料名称	资料编号编号或责任单位	工作相关及资料保存单位				
			建设单位	监理单位	施工单位	租赁单位	安装/拆装单位
SA-A 类	建设单位施工现场安全资料						
	施工现场安全生产监督备案登记表	表 SA-A-1	●	●	●		
	施工现场变配电站,变压器,地上、地下管线及毗邻建筑物、构筑物资料移交(如有)	表 SA-A-2	●	●	●		
	建设工程施工许可证	建设单位	●	●	●		
	夜间施工审批手续(如有)	建设单位	●	●	●		
	施工合同	建设单位	●	●	●		
	施工现场安全生产防护、文明施工措施费用支付统计	建设单位	●	●	●		
	向当地住房和城乡建设主管部门报送的《危险性较大的分部分项工程清单》	建设单位	●	●	●		
	上级管理部门、政务主管部门检查记录	建设单位	●	●	●		
SA-B 类	监理单位施工现场安全管理资料						
SA-B1	监理安全管理资料						
	监理合同	监理单位	●	●			
	监理规划、安全监理实施细则	监理单位	●	●	●		
	安全监理专题会议纪要	监理单位	●	●			
SA-B2	监理安全审核工作记录						
	工程技术文件报审表	表 SA-B2-1	●	●	●		
	施工现场施工起重机械安装/拆卸报审表	表 SA-B2-2	●	●	●	●	●
	施工现场施工起重机械验收核查表	表 SA-B2-3	●	●	●	●	●
	施工现场安全隐患报告书	表 SA-B2-4	●	●	●		
	工作联系单	表 SA-B2-5		●	●		
	监理通知	表 SA-B2-6	●	●	●		
	工程暂停令	表 SA-B2-7	●	●	●		
	工程复工报审表	表 SA-B2-8	●	●	●		
	安全生产防护、文明施工措施费用支付申请表	表 SA-B2-9		●	●		
	安全生产防护、文明施工措施费用支付证书	表 SA-B2-10	●	●	●		
	施工单位安全生产管理体系审核资料	监理单位		●	●		
	施工单位专项安全施工方案及工程项目应急救援预案审核资料	监理单位		●	●		

（续一）

编号	施工现场安全管理资料名称	资料编号编号或责任单位	工作相关及资料保存单位				
			建设单位	监理单位	施工单位	租赁单位	安装/拆装单位
SA-C 类	施工单位施工现场安全管理资料						
	安全控制管理资料						
	施工现场安全生产管理概况表	表 SA-C1-1	●	●	●		
	施工现场重大危险源识别汇总表	表 SA-C1-2	●	●	●		
	施工现场重大危险源控制措施表	表 SA-C1-3	●	●	●		
	施工现场危险性较大的分部分项工程专项施工方案表	表 SA-C1-4		●	●		
	施工现场超过一定规模危险性较大的分部分项工程专家论证表	表 SA-C1-5	●	●	●		
	施工监测安全生产检查汇总表	表 SA-C1-6	●	●	●		
	施工现场安全生产管理检查评分表	表 SA-C1-7		●	●		
	施工现场文明施工检查评分表	表 SA-C1-8		●	●		
	施工现场落地式脚手架检查评分表	表 SA-C1-9-1			●		
	施工现场悬挑式脚手架检查评分表	表 SA-C1-9-2			●		
	施工现场门型脚手架检查评分表	表 SA-C1-9-3			●		
	施工现场挂脚手架检查评分表	表 SA-C1-9-4			●		
SA-C1	施工现场吊篮脚手架检查评分表	表 SA-C1-9-5			●		
	施工现场附着式升降脚手架提升架或爬架检查评分表	表 SA-C1-9-6			●		
	施工现场基坑土方及支护安全检查评分表	表 SA-C1-10			●		
	施工现场模板工程安全检查评分表	表 SA-C1-11			●		
	施工现场"三宝"、"四口"及"临边"防护检查评分表	表 SA-C1-12			●		
	施工现场施工用电检查评分表	表 SA-C1-13			●		
	施工现场物料提升机(龙门架、井架)检查评分表	表 SA-C1-14-1			●		
	施工现场外用电梯(人货两用电梯)检查评分表	表 SA-C1-14-2			●		
	施工现场塔吊检查评分表	表 SA-C1-15			●		
	施工现场起重吊装安全检查评分表	表 SA-C1-16			●		
	施工现场施工机具检查评分表	表 SA-C1-17			●		
	施工现场安全技术交底汇总表	表 SA-C1-18		●	●		
	施工现场安全技术交底表	表 SA-C1-19			●		

（续二）

编号	施工现场安全管理资料名称	资料编号编号或责任单位	工作相关及资料保存单位				
			建设单位	监理单位	施工单位	租赁单位	安装/拆装单位
SA-C1	施工现场作业人员安全教育记录表	表 SA-C1-20			●		
	施工现场安全事故原因调查表	表 SA-C1-21	●	●	●		
	施工现场特种作业人员登记表	表 SA-C1-22		●	●		
	施工现场地上、地下管线保护措施验收记录表	表 SA-C1-23			●		
	施工现场安全防护用品合格证及检测资料登记表	表 SA-C1-24			●		
	施工现场施工安全日记表	表 SA-C1-25			●		
	施工现场班（组）班前讲话记录表	表 SA-C1-26			●		
	施工现场安全检查隐患整改记录表	表 SA-C1-27	●	●	●		
	监理通知回复单	表 SA-C1-28	●	●	●		
	施工现场安全生产责任制	施工单位			●		
	施工现场总分包安全管理协议书	施工单位			●		
	施工现场施工组织设计及专项安全技术措施	施工单位			●		
	施工现场冬雨风季施工方案	施工单位			●		
	施工现场安全资金投入记录	施工单位			●		
	施工现场生产安全事故应急预案	施工单位	●		●		
	施工现场安全标识	施工单位			●		
	施工现场自身检查违章处理记录	施工单位			●		
	本单位上级管理部门、政府主管部门检查记录	施工单位	●	●	●		
SA-C2	施工现场消防保卫安全管理资料						
	施工现场消防重点部位登记表	表 SA-C2-1	●	●	●		
	施工现场用火作业审批表	表 SA-C2-2			●		
	施工现场消防保卫定期检查表	表 SA-C2-3			●		
	施工现场居民来访纪录	施工单位			●		
	施工现场消防设备平面图	施工单位		●	●		
	施工现场消防保卫制度及应急预案	施工单位		●	●		
	施工现场消防保卫协议	施工单位		●	●		
	施工现场消防保卫组织机构及活动记录	施工单位			●		
	施工现场消防审批手续	施工单位			●		
	施工现场消防设施、器材维修记录	施工单位			●		
	施工现场防火等高温作业施工安全措施及交底	施工单位		●	●		
	施工现场警卫人员值班、巡查工作记录	施工单位			●		

（续三）

编号	施工现场安全管理资料名称	资料编号编号或责任单位	工作相关及资料保存单位				
			建设单位	监理单位	施工单位	租赁单位	安装/拆装单位
SA-C3	脚手架安全管理资料						
	施工现场钢管扣件式脚手架支撑体系验收表	SA-C3-1		•	•		
	施工现场落地式(悬挑)脚手架搭设验收表	SA-C3-2		•	•		
	施工现场工具式脚手架安装验收表	SA-C3-3		•	•		
	施工现场脚手架、卸料平台及支撑体系设计及施工方案	施工单位		•	•		
SA-C4	基坑支护与模板工程安全管理资料						
	施工现场基坑支护验收表	SA-C4-1					
	施工现场基坑支护沉降观察记录	SA-C4-2					
	施工现场基坑支护水平位移观察记录表	SA-C4-3					
	施工现场人工挖孔桩防护检查表	SA-C4-4					
	施工现场特殊部位气体检测记录表	SA-C4-5					
	施工现场模板工程验收表	SA-C4-6					
	施工现场基坑、土方、护坡及模板施工方案	施工单位					
SA-C5	"三宝"、"四口"及"临边"防护安全管理资料						
	施工现场"三宝"、"四口"及"临边"防护检查记录表	SA-C5-1		•	•		
	施工现场"三宝"、"四口"及"临边"防护措施方案	施工单位			•		
SA6	临时用电安全管理资料						
	施工现场施工临时用电验收表	SA-C6-1		•	•		
	施工现场电气线路绝缘强度测试记录表	SA-C6-2		•	•		
SA-C6	施工现场临时用电接地电阻测试记录表	SA-C6-3		•	•		
	施工现场电工巡检维修记录表	SA-C6-4		•	•		
	施工现场临时用电施工组织设计及变更新材料	施工单位		•	•		
	施工现场总、分包临时用电安全管理协议	施工单位		•	•		
	施工现场电气设备测试、调试技术资料	施工单位		•	•		
SA-C7	施工升降安全管理资料						
	施工现场施工升降机安装/拆卸任务书	SA-C7-1			•	•	•
	施工现场施工升降机安装/拆卸安全和技术交底记录表	SA-C7-2			•	•	•
	施工现场施工升降机基础验收表	SA-C7-3			•	•	•
	施工现场施工升降机安装/拆卸过程记录表	SA-C7-4			•	•	•

（续四）

编号	施工现场安全管理资料名称	资料编号编号或责任单位	工作相关及资料保存单位				
			建设单位	监理单位	施工单位	租赁单位	安装/拆装单位
SA-C7	施工现场施工升降机安装验收记录表	SA-C7-5			●	●	●
	施工现场施工升降机接高验收记录表	SA-C7-6			●	●	●
	施工现场施工升降机运行记录	施工单位			●	●	●
	施工现场施工升降机维修保养记录	施工单位			●	●	●
	施工现场机械租凭、使用、安装/拆卸安全管理协议书	施工单位		●	●	●	●
	施工现场施工升降机安装/拆卸方案	施工单位			●	●	●
	施工现场施工升降机安装/拆卸报审报告	施工单位		●	●	●	●
	施工现场施工升降机使用登记台账	施工单位			●		
	施工现场施工升降机登记备案记录	施工单位			●		
SA-C8	塔吊及起重吊装安全管理资料						
	施工现场塔吊式起重机安装/拆卸任务书	SA-C8-1			●	●	●
	施工现场塔吊式起重机安装/拆卸安全和技术交底	SA-C8-2			●	●	●
	施工现场塔式起重机基础验收记录表	SA-C8-3			●		●
	施工现场塔式起重机轨道验收记录表	SA-C8-4			●		●
	施工现场塔式起重机安装/拆卸过程记录表	SA-C8-5			●	●	●
	施工现场塔式起重机附着检查记录表	SA-C8-6			●	●	●
	施工现场塔式起重机顶升检验记录表	SA-C8-7			●	●	●
	施工现场塔式起重机安装验收记录表	SA-C8-8			●	●	●
	施工现场塔式起重机安装垂直度测量记录表	SA-C8-9			●	●	●
	施工现场塔式起重机运行记录表	SA-C8-10			●		
	施工现场塔式起重机维修保养记录表	SA-C8-11			●		
	施工现场塔式起重机检查记录	施工单位			●	●	●
	施工现场塔式起重机租赁、使用、安装/拆卸安全管理协议书	施工单位租赁单位		●	●	●	●
	施工现场塔式起重机安装/拆卸方案及群塔作业方案、起重吊装作业专项施工方案	施工单位租赁单位		●	●	●	●
	施工现场塔式起重机安装/拆卸报审报告	施工单位		●	●	●	●
	施工现场塔吊机组与信号工安全技术交底	施工单位		●			

（续五）

编号	施工现场安全管理资料名称	资料编号编号或责任单位	工作相关及资料保存单位				
			建设单位	监理单位	施工单位	租赁单位	安装/拆装单位
SA-C9	施工机具安全管理资料						
	施工现场施工机具(物料提升机)检查验收记录表	SA-C9-1			●	●	●
	施工现场施工机具(电动吊篮)检查验收记录表	SA-C9-2			●	●	●
	施工现场施工机具(龙门吊)检查验收记录表	SA-C9-3			●	●	●
	施工现场施工机具(打桩、钻孔机械)检查验收记录表	SA-C9-4			●	●	
	施工现场施工机具(装载机)检查验收记录表	SA-C9-5			●	●	
	施工现场施工机具(挖掘机)检查验收记录表	SA-C9-6			●	●	
	施工现场施工机具(混凝土泵)检查验收记录表	SA-C9-7			●	●	
	施工现场施工机具(混凝土搅拌机)检查验收记录表	SA-C9-8			●	●	
	施工现场施工机具(钢筋机械)检查验收记录表	SA-C9-9			●	●	
	施工现场施工机具(木工机械)检查验收记录表	SA-C9-10			●	●	
	施工现场施工机具安装验收记录表	SA-C9-11			●		
	施工现场施工机具维修保养记录表	SA-C9-12			●		
	施工现场施工机具使用单位与租赁单位租赁、使用、安装/拆卸安全管理协议	施工单位租赁单位			●	●	●
	施工现场施工机具安全/拆卸方案	租赁单位				●	
SA-C10	施工现场文明生产(现场料具堆放、生活区)安全管理资料						
	施工现场施工噪声监测记录表	SA-C10-1		●	●		
	施工现场文明生产定期检查表	SA-C10-2		●	●		
	施工现场办公室、生活区、食堂表卫生管理制度	施工单位			●		
	施工现场应急药品、器材的登记及使用记录	施工单位			●		
	施工现场急性职业中毒应急预案	施工单位			●		
	施工现场食堂卫生许可证及炊事人员的卫生、培训、体检证件	施工单位			●		
	施工现场各阶段现场存放材料堆放平面图及责任划分,材料存放、保管制度	施工单位		●	●		
	施工现场成品保护措施	施工单位		●	●		
	施工现场各种垃圾存放、消纳管理制度	施工单位		●	●		
	施工现场环境保护管理方案	施工单位		●	●		

第六节 安全员的基本要求

一、安全员的权力与岗位职责

建筑施工企业的安全员是战斗在基本建设战线上从事劳动保护工作的安全检查员；是直接在生产一线避免伤亡事故的工地警察；是保证职工在生产过程中安全与健康的卫士。他们身上担负的责任重大，任务艰巨，当然，也随之带来了光荣和伟大。这是因为他们所从事的事业，不仅仅保证了安全生产的顺利进行，更重要的是保护了职工的生命安全，为成百上千户的家庭幸福作出了贡献。

安全生产工作关系到整个工程的顺利进行和职工的安危与健康，任何工作上的失职、疏忽和失误，都有可能导致重大安全事故的发生，所以安全员的责任重大。

关键细节 54 安全员的权力

(1)遇有特别紧急的不安全情况时，有权指令先行停止生产，并且立即报告领导研究处理。

(2)有权检查所属单位对安全生产方针或上级指示贯彻执行的情况。

(3)对少数执意违章者、经教育不改的，有权执行罚款办法。

(4)对安全隐患存在较多、较严重的施工部位，有权签发隐患通知单，并责令班组负责人限期整改。

(5)对不认真执行安全生产方针或上级指示的单位或个人，有权越级向上汇报。

关键细节 55 安全员的岗位职责

(1)施工现场安全员的主要职责是协助项目经理做好安全管理工作，指导班组开展安全生产。

(2)认真贯彻落实安全生产责任制，执行各项安全生产规章制度，经常深入现场检查，及时向上级汇报解决安全工作上存在的严重问题或严重事故隐患。

(3)会同有关部门做好安全生产的宣传教育和培训工作，组织安全工作检查评比，总结和推广安全生产的先进经验，并会同有关部门做好防毒、防尘、防暑降温以及女工保护工作。

(4)参加编制施工方案和安全技术措施，并每日进行安全巡查，发现事故隐患及时纠正。

(5)督促有关部门按规定及时发放和合理使用个人防护用品。

(6)督促一线施工人员严格按照安全操作规程办事，认真做好安全技术交底，对违反操作规程的行为予以及时制止。

(7)根据施工特点和季节特点，提出每月、每季度、每年度的安全工作重点，编制安全计划，并针对存在问题提出改进措施和重点注意事项。

(8)参加伤亡事故的调查处理，做好工伤事故统计、分析和报告，协助有关部门提出预防措施。根据施工现场实际情况，向安全管理部门和有关领导提出改善安全生产和改进安全管理的建议。

二、安全员的岗位工作要求

安全是施工生产的基础,是企业取得效益的保证。施工现场安全员是协助项目经理履行安全职责的专职助理,其具体业务工作必须符合相关的规范及要求。

关键细节 56　安全员的岗位要求

(1)每个安全员应经培训合格后持证上岗,要有高度的热情和强烈的责任感、事业心,热爱安全工作,且在工作中敢于坚持原则、秉公执法。

(2)熟悉安全生产方针政策,了解国家及行业有关安全生产的所有法律、法规、条例、操作规程、安全技术要求等。

(3)熟悉工程所在地建筑管理部门的有关规定,熟悉施工现场各项安全生产制度。

(4)有一定的专业知识和操作技能,熟悉施工现场各道工序的技术要求和生产流程,了解各工种各工序之间的衔接,善于协调各工种、工序之间的关系。

(5)有一定的施工现场工作经验和现场组织能力,有分析问题和解决问题的能力,善于总结经验和教训,有洞察力和预见性,及时发现事故苗头并提出改进措施,对突发事故能够沉着应对。

(6)对工地上经常使用的机械设备和电气设备的性能和工作原理有一定的了解,对起重、吊装、脚手架、爆破等容易出事故的工种或工序应有一定程度的了解,懂得脚手架的负荷计算、架子的架设和拆除程序,土方开挖坡度计算和架设支撑,电气设备接零接地的一般要求等,发现问题能够正确处理。

(7)有一定的防火防爆知识和技术,能够熟练地使用工地上配备的消防器材。懂得防尘防毒的基本知识,会使用防护设施和劳保用品。

(8)熟悉工伤事故调查处理程序,掌握一些简单的急救技术进行现场初级救生。

(9)大工程和特殊工程施工现场安全员应该具有建筑力学、结构力学、建筑施工技术等学科的一般知识。

关键细节 57　安全员的工作要求

建筑施工现场安全员的具体业务工作应符合以下要求:

(1)增强事业心,做到尽职尽责。劳动保护工作是一项政策性、技术性、群众性较强的工作。安全检查人员要以强烈的事业心和对党、对人民的高度负责精神,做到尽职尽责,经常深入工地发现问题、解决问题。不管有多大困难,要想方设法去克服,为避免伤亡事故出计献策,为保证职工的生命安全尽心尽力,为施工生产的安全顺利进行创造条件。

(2)努力钻研业务技术,做到精通本行专业。建筑施工与其他行业在生产安全方面有很多不同的特点,这给施工生产带来了很多不安全因素,因而,安全生产的预见性、可控性难度很大。安全检查员要适应生产的发展需要,抓住这些特点,努力学习,掌握其基本知识,精通本行专业,才能真正起到检查督促的作用,才能防止瞎指挥、打乱仗。为此,首先要熟悉国家的有关安全规程、法规和管理制度;也要熟悉施工工艺和操作方法;要具有本专业的统计、计划报表的编制和分析整理能力;要具有管理基层安全工作的能力和经验;

要具有根据过去经验或教训以及现存的主要问题,总结一般事故规律的能力等,这些是做好安全工作的基础。

(3)加强预见性,将事故消灭在发生之前。"安全第一,预防为主"的方针,是搞好安全工作的准则,也是搞好安全检查的关键。只有做好预防工作,才能处于主动。国家颁发的劳动安全法则,上级制定的安全规程、制度和办法,都是为了贯彻预防为主的方针,只要认真贯彻,就会收到好的效果。

(4)做到依靠领导。一个安全员要做好安全工作,必须依靠领导的支持和帮助,要经常向领导请示、汇报安全生产情况,真正当好领导的参谋,成为领导在安全生产上的得力助手。安全工作中如遇不能处理和解决的问题,对安全工作影响极大,要及时汇报,依靠领导出面解决;安全员组织开展安全生产评比竞赛的各个时期安全大检查,以及组织广大职工群众参观学习安全生产方面的展览、活动等,都必须取得领导的支持。

(5)做到走群众路线。"安全生产,人人有责",劳动保护工作是广大职工的事业,只有动员群众,依靠群众,走群众路线,才能管好。要使广大群众充分认识到安全生产的政治意义与经济意义以及与个人切身利益的关系,启发群众自觉贯彻执行安全生产规章制度。走群众路线,依靠群众管好安全生产,除向职工进行宣传教育外,还要发动群众参加安全管理,定期开展安全检查和无事故竞赛,推动安全生产工作的开展。

(6)做到认真调查分析事故。对发生任何大小事故以及未遂事故,都应认真调查、分析原因并吸取教训,从而找出事故规律,订出防护措施。安全员对发生的每一件事故,都应认真、全面地调查和正确分析,掌握事故发生前后的每一细微情况,以及事故的全过程,全面研究、综合分析论证,找出事故真正原因,从中吸取教训。

三、安全员的职业道德

职业道德是人们在职业活动中形成的应遵守的道德准则和行为规范,是一般社会道德在特定职业岗位上的具体化,是从业人员职业思想、职业技能、职业责任和职业纪律的综合反映。

建筑施工安全生产管理,不仅要管理好设备的安全,环境的安全,更重要的是人身的安全,因此,安全员必须具有高尚的职业道德。

关键细节 58　安全员的职业道德

安全员应具备的一般职业道德规范为"爱岗敬业、诚实守信、办事公道、服务群众、奉献社会",具体有:

(1)树立"安全第一、预防为主"的高度责任感,本着"对上级负责、对职工负责、对自己负责"的态度做好每一项工作,为抓好安全生产工作尽职尽责。

(2)严格遵守职业纪律,以身作则,带头遵章守纪。

(3)实事求是,作风严谨,不弄虚作假,不姑息任何事故隐患的存在。

(4)坚持原则,办事公正,讲究工作方法,严肃对待违章、违纪行为。

(5)胸怀宽阔,不怕讽刺中伤,不怕打击报复,不因个人好恶影响工作。

(6)按规定接受继续教育,充实、更新知识,提高职业能力。

(7)不允许他人以本人名义随意签字、盖章。

第二章 分部分项工程施工安全技术管理

第一节 土方及基础工程施工安全技术管理

一、土石方工程

土石方工程施工包括土(或石)方的挖掘、运输、回填、压实等主要施工过程,以及场地清理、测量放线、排水降水、土壁支护等准备和辅助工作。

土石方工程的特点是:工程量大,劳动强度高,施工条件复杂,受场地限制。建筑工程中的土方工程施工,一般为露天作业。施工时,受地下水文、地质、气候和施工地区的地形等因素影响较大,不可确定的因素也较多,特别是城市内施工,场地狭窄,土方的开挖、留置与存放都受到施工场地的限制,容易出现土壁坍塌、高处坠落、触电等安全事故。因此,施工前必须做好各项准备工作,进行充分的调查研究,根据基坑设计和场地条件,编写土方开挖专项施工方案。如采用机械开挖,挖土机械的通道布置、挖土顺序、土方运输等,都应避免引起对围护结构、基坑内的工程桩、支撑立柱和周围环境等的不利影响。

◎关键细节1 土方开挖安全技术要求

(1)基坑开挖时,两人操作间距应大于3m,不得对头挖土;挖土面积较大时,每人工作面不应小于6m²。挖土应由上而下,分层分段按顺序进行,严禁先挖坡脚或逆坡挖土,或采用底部掏空塌土方法挖土。

(2)挖土方不得在危岩、孤石的下边或贴近未加固的危险建筑物的下面进行。

(3)基坑开挖应严格按要求放坡,若设计无要求时,可按相关规范规定放坡。操作时应随时注意土壁的变动情况,如发现有裂纹或部分坍塌现象,应及时进行支撑或放坡,并注意支撑的稳固和土壁的变化。当采取不放坡开挖时,应设置临时支护,各种支护应根据土质及基坑深度经计算确定。

(4)机械多台阶同时开挖,应验算边坡的稳定,挖土机离边坡应有一定的安全距离,以防坍方,造成翻机事故。

(5)在有支撑的基坑槽中使用机械挖土时,应防止碰坏支撑。在坑槽边使用机械挖土时,应计算支撑强度,必要时应加强支撑。

◎关键细节2 土方回填安全技术要求

(1)基坑槽和管沟回填土时,下方不得有人,所使用的打夯机等要检查电器线路,防止漏电、触电,停机时要关闭电闸。

(2)拆除护壁支撑时,应按照回填顺序,从下而上逐步拆除,更换支撑时,必须先安装新的,再拆除旧的。

⊙关键细节3 爆破施工安全技术要求

(1)爆破施工前,应做好爆破的准备工作,划好职业健康安全距离,设置警戒哨。闪电鸣雷时,禁止装药、接线;施工操作时严格按职业健康安全操作规程办事。

(2)炮眼深度超过4m时,须用两个雷管起爆,如深度超过10m,则不得用火花起爆,若爆破时发现拒爆,必须先查清原因后再进行处理。

二、基坑工程

基坑开挖过程中,由于受土的类别、土的含水程度、气候以及基坑边坡上方附加荷载的影响,当土体中剪应力增大到超过土体的抗剪强度时,边坡或土壁将失去稳定而塌方,导致安全事故。

基坑侧壁的安全等级分为三级:

(1)符合下列情况之一,为一级基坑。

1)重要工程或支护结构做主体结构的一部分。

2)开挖深度大于10m。

3)与临近建筑物、重要设施的距离在开挖深度以内的基坑。

4)基坑范围内有历史文物、近代优秀建筑、重要管线等需严加保护的基坑。

(2)三级基坑为开挖深度小于7m,且周围环境无特别要求的基坑。

(3)除一级和三级外的基坑属于二级基坑。

当周围已有的设施有特殊要求时,尚应符合上述要求。

⊙关键细节4 基坑(槽)和管沟边坡安全防护

土方边坡的稳定与土的类型、密度、含水量和受力条件等因素有关,取决于土体抗剪切破坏的能力,因此,可通过提高土的内聚力和摩阻力,增强土的抗剪能力,以防止土体滑坡。

(1)基坑(槽)沟无边坡的垂直挖深。在无地下水或地下水低于基坑(槽)沟底而且土质均匀时,立壁不加支撑的垂直挖深不宜超过表2-1中的规定。

表2-1　　　　　　　　　　基坑(槽)立壁垂直挖深规定

土的类别	挖方深度/m
密实、中密的砂土和碎石类土(充填物为砂土)	1.00
硬塑、可塑的砂土及粉质黏土	1.25
硬塑、可塑的黏土和碎石类土(充填物为黏性土)	1.50
坚硬的黏土	2.00

一定的天然冻结的速度和深度,能保证施工挖方的工作安全,在土质为黏性土、深度为4m以内的基坑(槽)开挖时,允许采用天然冻结法垂直开挖而不加设支撑,但在干燥的砂土中严禁采用冻结法施工。

(2)基坑(槽)沟边坡的放坡。土壤的坡度,就是土壤在自然静止的情况下,其高度与宽度之比。当地质情况良好、土质均匀、地下水位低于基坑(槽)沟底面标高、挖方深度在5m以内时,不加支撑边坡的最陡坡度应符合表2-2中的规定。

表2-2 深度为5m的基坑(槽)边坡的最陡坡度规定

土的类别	边坡坡度(高：宽)		
	坡顶无荷载	坡顶有静载	坡顶有动载
中密的砂土	1：1.00	1：1.25	1：1.50
中密的碎石类土(充填物为砂土)	1：0.75	1：1.00	1：1.25
硬塑的粉土	1：0.67	1：0.75	1：1.00
中密的碎石类土(充填物为黏性土)	1：0.50	1：0.67	1：0.75
硬塑的粉质黏土、黏土	1：0.33	1：0.50	1：0.67
老黄土	1：0.10	1：0.25	1：0.33
软土(经井点降水后)	1：1.00		

注:1. 静载指堆土或材料等,动载指机械挖土或汽车运输作业等。静载或动载距挖方边缘的距离应有0.8m以外,堆土或材料其高度不应超过1.5m。

2. 若有成熟的经验或科学的理论计算并经试验证明者,可不受本表限制。

🎯关键细节5 基坑降水应注意的安全问题

(1)土方开挖前,必须保证一定的预抽水时间,一般真空井点不少于7～10d,喷射井点或真空深井井点不少于20d。

(2)井点降水设备的排水口应与坑边保持一定距离,防止排出的水回渗入坑内。

(3)降水过程必须与坑外水位观测密切配合,注意可能由于隔水帷幕渗漏在降水时影响周围环境。

(4)坑外降水,为减少井点降水对周围环境的影响,应采取在降水管与受保护对象之间设置回灌井点或回灌砂井、砂沟等措施。

(5)拔除井点管后的孔洞,应立即用砂土(或其他代用材料)填实。对于穿过不透水层进入承压含水层的井管,拔除后应用黏土球填衬封死,杜绝井管位置发生管涌。

🎯关键细节6 深基坑施工监测

(1)深基坑施工监测项目有:

1)挡土结构顶部的水平位移和沉降观测。

2)挡土结构墙体变形的观测。

3)支撑立柱的沉降观测。

4)周围建(构)筑物的沉降观测。

5)周围道路的沉陷观测。

6)周围地下管线的变形观测。

7)坑外地下水位变化的观测。

(2)深基坑施工监测应符合以下要求:

1)观测项目应合理设计布点。

2)观测项目应明确观测使用的仪器设备的精确度及观测方法。

3)各个项目按提供信息的需要确定其观测的频率。

4)根据施工进度,明确各项目观测点的起止日期,或按形象进度确定起止点,收取初始数据。

5)及时整理观测资料,按合同约定,传递相关方。

三、桩基础工程

桩基既能克服地基承载能力的不足,又可减小建(构)筑物的沉降量,通常用于软弱地基或高层建筑设计中。桩按施工方法可分为预制桩和灌注桩。

(1)预制桩按材料不同可分为钢筋混凝土桩、钢桩、木桩;按形状有方桩、圆桩、管桩;按施工方法又可分为锤击桩、静力压桩、钻孔沉桩、振动沉桩、水冲沉桩等。

(2)灌注桩按材料的不同有砂桩、碎石桩、树根桩和钢筋混凝土灌注桩等;按成孔方法可分为泥浆护壁成孔灌注桩、干作业成孔灌注桩、套管成孔灌注桩和爆扩成孔灌注桩等。

◎关键细节7 打(沉)桩安全技术要求

(1)打桩前,应对邻近施工范围内的原有建筑物、地下管线等进行检查,对有影响的工程,应采取有效的加固防护措施或隔震措施,施工时加强观测,以确保施工安全。

(2)打桩机行走道路必须平整、坚实,必要时铺设道渣,经压路机碾压密实。

(3)打(沉)桩前应全面检查机械各个部件及润滑情况,钢丝绳是否完好,发现问题及时解决;检查后要进行试运转,严禁带病工作。

(4)打(沉)桩机架安设应铺垫平稳、牢固。吊桩就位时,桩必须达到100%强度,起吊点必须符合设计要求。

(5)打桩时桩头垫料严禁用手拨正,不得在桩锤未打到桩顶就起锤或过早刹车,以免损坏桩机设备。

(6)在夜间施工时,必须有足够的照明设施。

◎关键细节8 灌注桩安全技术要求

(1)施工前,应认真查清邻近建筑物情况,采取有效的防震措施。

(2)灌注桩成孔机械操作时应保持垂直平稳,防止成孔时突然倾倒或冲(桩)锤突然下落,造成人员伤亡或设备损坏。

(3)冲击锤(落锤)操作时,距锤6m范围内不得有人员行走或进行其他作业,非工作人员不得进入施工区域内。

(4)灌注桩在已成孔尚未灌注混凝土前,应用盖板封严或设置护栏,以防掉土或人员坠入孔内,造成重大安全事故。

(5)进行高空作业时,应系好安全带,混凝土灌注时,装、拆导管人员必须戴安全帽。

◎关键细节9 人工挖孔桩安全技术要求

(1)井口应有专人操作垂直运输设备,井内照明、通风、通讯设施应齐全。

(2)要随时与井底人员联系,不得任意离开岗位。

（3）挖孔施工人员下入桩孔内须戴安全帽，连续工作不宜超过4h。

（4）挖出的弃土应及时运至堆土场堆放。

四、地基处理

（1）灰土垫层、灰土桩等施工，粉化石灰和石灰过筛，必须戴口罩、风镜、手套、套袖等防护用品，并站在上风头；向坑（槽、孔）内夯填灰土前，应先检查电线绝缘是否良好，接地线、开关应符合要求，夯打时严禁夯击电线。

（2）夯实地基起重机应支垫平稳，遇软弱地基，须用长枕木或路基板支垫。提升夯锤前应卡牢回转刹车，以防夯锤起吊后吊机转动失稳，发生倾翻事故。

（3）夯实地基时，现场操作人员要戴安全帽；夯锤起吊后，吊臂和夯锤下15m内不得站人，非工作人员应远离夯击点30m以外，以防夯击时飞石伤人。

（4）深层搅拌机的入土切削和提升搅拌，一旦发生卡钻或停钻现象，应切断电源，将搅拌机强制提起之后，再启动电机。

（5）已成的孔尚未夯填填料之前，应加盖板，以免人员或物件掉入孔内。

（6）当使用交流电源时，应特别注意各用电设施的接地防护装置；施工现场附近有高压线通过时，必须根据机具的高度、线路的电压，详细测定其安全距离，防止高压放电而发生触电事故；夜班作业，应有足够的照明以及备用安全电源。

第二节　脚手架工程施工安全技术管理

一、脚手架工程施工安全一般要求

脚手架是建筑施工中重要的临时设施，是在施工现场为安全防护、工人操作以及解决楼层间少量垂直和水平运输而搭设的支架。其作用主要表现为以下三个方面：

（1）能堆放及运输一定数量的建筑材料。

（2）可以使施工作业人员在不同部位进行操作。

（3）保证施工作业人员在高空操作时的安全。

脚手架的分类，见表2-3。

表2-3　　　　　　　　　　　　脚手架的分类

序号	分类方法	种　类
1	按脚手架的用途划分	（1）操作（作业）脚手架。又分为结构作业脚手架和装修作业脚手架。其架面施工荷载标准值分别规定为 $3kN/m^2$ 和 $2kN/m^2$ 。 （2）防护用脚手架。架面施工（搭设）荷载标准值可按 $1kN/m^2$ 计。 （3）承重、支撑用脚手架（主要用于模板支设）。架面荷载按实际使用值计

（续）

序号	分类方法	种　类
2	按脚手架的支固方式划分	(1)落地式脚手架,搭设(支座)在地面、楼面、屋面或其他平台结构之上的脚手架。 (2)悬挑脚手架(简称"挑脚手架"),采用悬挑方式支固的脚手架,其挑支方式又有架设于专用悬挑梁上、架设于专用悬挑三角桁架上和架设于由撑拉杆件组合的支挑结构上三种。 (3)附墙悬挂脚手架(简称"挂脚手架"),在上部或(和)中部挂设于墙体挑挂件上的定型脚手架。 (4)悬吊脚手架(简称"吊脚手架"),悬吊于悬挑梁或工程结构之下的脚手架。当采用篮式作业架时,称为"吊篮"。 (5)附着升降脚手架(简称"爬架"),附着于工程结构、依靠自身提升设备实现升降的悬空脚手架
3	按脚手架的构架方式划分	(1)杆件组合式脚手架,简称"杆组式脚手架"。 (2)框架组合式脚手架(简称"框组式脚手架"),即由简单的平面框架(如门架)与连接、撑拉杆件组合而成的脚手架,如门式钢管脚手架、梯式钢管脚手架等。 (3)格构件组合式脚手架,即由桁架梁和格构柱组合而成的脚手架,如桥式脚手架:有提升(降)式和沿齿条爬升(降)两种。 (4)台架,是具有一定高度和操作平面的平台架,多为定型产品,其本身具有稳定的空间结构。可单独使用或立拼增高与水平连接扩大,并常带有移动装置
4	按脚手架平、立杆的连接方式划分	(1)承插式脚手架,即在平杆与立杆之间采用承插连接的脚手架。常见的承插连接方式有插片和楔槽、插片和碗扣、套管和插头以及U形托挂等。 (2)扣件式脚手架,使用扣件箍紧连接的脚手架,即靠拧紧扣件螺栓所产生的摩擦力承担连接作用的脚手架

建筑施工脚手架应由架子工搭设,其设计和搭设的质量直接影响操作人员的人身安全。脚手架可能发生的安全事故有:高处坠落、物体打击、触电、雷击等。

关键细节 10　脚手架搭设安全要求

(1)无论是搭设哪种类型的脚手架,脚手架所用的材料和加工质量必须符合规定要求,绝对禁止使用不合格材料搭设脚手架,以防发生意外事故。

(2)一般脚手架必须按脚手架安全技术操作规程搭设,对于高度超过15m的高层脚手架,必须有设计、有计算、有详图、有搭设方案、有上一级技术负责人审批、有书面安全技术交底,然后才能搭设。

(3)对于危险性大而且特殊的吊、挑、挂、插口、堆料等架子也必须经过设计和审批,编制单独的安全技术措施,才能搭设。

(4)施工队伍接受任务后,必须组织全体人员,认真领会脚手架专项安全施工组织设计和安全技术措施交底,研讨搭设方法,并派技术好、有经验的技术人员负责搭设技术指导和监护。

（5）搭设时认真处理好地基，确保地基具有足够的承载力，垫木应铺设平稳，不能有悬空，避免脚手架发生整体或局部沉降。

（6）确保脚手架整体平稳牢固，并具有足够的承载力，作业人员搭设时必须按要求与结构拉接牢固。

（7）搭设时，必须按规定的间距搭设立杆、横杆、剪刀撑、栏杆等。

（8）搭设时，必须按规定设连墙杆、剪刀撑和支撑。脚手架与建筑物间的联结应牢固，脚手架的整体应稳定。

（9）搭设时，脚手架必须有供操作人员上下的阶梯、斜道。严禁施工人员攀爬脚手架。

（10）脚手架的操作面必须满铺脚手板，不得有空隙和探头板。木脚手板有腐朽、劈裂、大横透节、有活动节子的均不能使用。使用过程中严格控制荷载，确保有较大的安全储备，避免因荷载过大造成脚手架倒塌。

（11）金属脚手架应设避雷装置。遇有高压线必须保持大于5m或相应的水平距离，搭设隔离防护架。

（12）遇六级以上大风、大雪、大雾天气时，应暂停脚手架的搭设及在脚手架上作业。斜边板要钉防滑条，如遇雨水、冰雪，要采取防滑措施。

（13）脚手架搭好后，必须进行验收，合格后方可使用。使用中，遇台风、暴雨以及使用期较长时，应定期检查，及时消除出现的安全隐患。

（14）因故闲置一段时间或发生大风、大雨等灾害性天气后，重新使用脚手架时必须认真检查加固后方可使用。

（15）搭设过程中必须严格按照脚手架专项安全施工组织设计和安全技术措施交底要求，设置安全网和采取安全防护措施。

关键细节 11 脚手架拆除安全要求

（1）施工人员必须听从指挥，严格按方案和操作规程进行拆除，防止脚手架大面积倒塌和物体坠落砸伤他人。

（2）脚手架拆除时要划分作业区，周围用栏杆围护或竖立警戒标志，地面设有专人指挥，并配备良好的通信设施。警戒区内严禁非专业人员入内。

（3）拆除前检查吊运机械是否安全可靠，吊运机械不允许搭设在脚手架上。

（4）拆除过程中建筑物所有窗户必须关闭锁严，不允许向外开启或向外伸挑物件。

（5）所有高处作业人员，应严格按高处作业安全规定执行，上岗后，先检查、加固松动部分，清除各层留下的材料、物件及垃圾块。清理物品应安全输送至地面，严禁高处抛掷。

（6）运至地面的材料应按指定地点，随拆随运，分类堆放，当天拆当天清，拆下的扣件或铁丝等要集中回收处理。

（7）脚手架拆除过程中不能碰坏门窗、玻璃、水落管等物品，也不能损坏已做好的地面和墙面等。

（8）在脚手架拆除过程中，不得中途换人，如必须换人时，应将拆除情况交代清楚后方可离开。

（9）拆除时要统一指挥，上下呼应，动作协调，当解开与另一人有关的结扣时，应先通知对方，以防坠落。

(10)在大片架子拆除前应将预留的斜道、上料平台等先行加固,以便拆除后能确保其完整和稳定。

(11)脚手架拆除程序,应由上而下按层按步地拆除,先拆护身栏、脚手板和横向水平杆,再依次拆剪刀撑的上部扣件和接杆。拆除全部剪刀撑、抛撑以前,必须搭设临时加固斜支撑,预防架倾倒。

(12)拆脚手架杆件,必须由2~3人协同操作,拆纵向水平杆时,应由站在中间的人向下传递,严禁向下抛掷。

(13)拆除大片架子应加临时围栏。作业区内电线及其他设备有妨碍时,应事先与有关部门联系拆除、转移或加防护。

(14)脚手架拆至底部时,应先加临时固定措施后再拆除。

(15)夜间拆除作业,应有良好照明。遇大风、雨、雪等特殊天气,不得进行拆除作业。

二、扣件式钢管脚手架

扣件式钢管脚手架施工安全应符合以下要求:

(1)扣件式钢管脚手架安装与拆除人员必须是经考核合格的专业架子工。架子工应持证上网。

(2)搭拆脚手架人员必须戴安全帽、系安全带、穿防滑芏。

(3)脚手架的构配件质量与搭设质量,应按规定进行检查验收,并应确认合格后使用。

(4)钢管上严禁打孔。

(5)作业层上的施工荷载应符合设计要求,不得超载。不得将模板支架、缆风绳、泵送混凝土和砂浆的输送管等固定在架体上;严禁悬挂起重设备,严禁拆除或移动架体上安全防护设施。

(6)满堂支撑架在使用过程中,应设有专人监护施工,当出现异常情况时,应立即停止施工,并应迅速撤离作业面上人员。应在采取确保安全的措施后,查明原因,做出判断和处理。

(7)满堂支撑架顶部的实际荷载不得超过设计规定。

(8)当有六级强风及以上风、浓雾、雨或雪天气时应停止脚手架搭设与拆除作业。雨、雪后上架作业应有防滑措施,并应扫除积雪。

(9)夜间不宜进行脚手架搭设与拆除作业。

(10)脚手架的安全检查与维护,应按规定进行。

(11)脚手板应铺设牢靠、严实,并应用安全网双层兜底。施工层以下每隔10m应用安全网封闭。

(12)单、双排脚手架、悬挑式脚手架沿架体外围应用密目式安全网全封闭,密目式安全网宜设置在脚手架外立杆的内侧,并应与架体绑扎牢固。

(13)在脚手架使用期间,严禁拆除下列杆件:

1)主节点处的纵、横向水平杆,纵、横向扫地杆;

2)连墙件。

(14)当在脚手架使用过程中开挖脚手架基础下的设备基础或管沟时,必须对脚手架采取加固措施。

(15)满堂脚手架与满堂支撑架在安装过程中,应采取防倾覆的临时固定措施。

(16)临街搭设脚手架时,外侧应有防止坠物伤人的保护措施。

(17)在脚手架上进行电、气焊作业时,应有防火措施和专人看守。

(18)工地临时用电线路的架设及脚手架接地、避雷措施等,应按现行行业标准《施工现场临时用电安全技术规范》(JGJ 46—2005)的有关规定执行。

(19)搭拆脚手架时,地面应设围栏和警戒标志,并应派专人看守,严禁非操作人员入内。

🎯 关键细节 12　立杆搭设安全要求

(1)脚手架立杆的对接、搭接应符合下列规定:

1)当立杆采用对接接长时,立杆的对接扣件应交错布置,两根相邻立杆的接头不应设置在同步内,同步内隔一根立杆的两个相隔接头在高度方向错开的距离不宜小于500mm;各接头中心至主节点的距离不宜大于步距的1/3。

2)当立杆采用搭接接长时,搭接长度不应小于1m,并应采用不少于2个旋转扣件固定。端部扣件盖板的边缘至杆端距离不应小于100mm。

(2)脚手架开始搭设立杆时,应每隔6跨设置一根抛撑,直至连墙件安装稳定后,方可根据情况拆除。

(3)当架体搭设至有连墙件的主节点时,在搭设完该处的立杆、纵向水平杆、横向水平杆后,应立即设置连墙件。

🎯 关键细节 13　纵向水平杆搭设安全要求

(1)脚手架纵向水平杆应随立杆按步搭设,并应采用直角扣件与立杆固定。

(2)纵向水平杆应设置在立杆内侧,单根杆长度不应小于3跨。

(3)纵向水平杆接长应采用对接扣件连接或搭接,并应符合下列规定:

1)两根相邻纵向水平杆的接头不应设置在同步或同跨内;不同步或不同跨两个相邻接头在水平方向错开的距离不应小于500mm;各接头中心至最近主节点的距离不应大于纵距的1/3。

2)搭接长度不应小于1m,应等间距设置3个旋转扣件固定;端部扣件盖板边缘至搭接纵向水平杆杆端的距离不应小于100mm。

(4)当使用冲压钢脚手板、木脚手板、竹串片脚手板时,纵向水平杆应作为横向水平杆的支座,用直角扣件固定在立杆上;当使用竹笆脚手板时,纵向水平杆应采用直角扣件固定在横向水平杆上,并应等间距设置,间距不应大于400mm。

(5)在封闭型脚手架的同一步中,纵向水平杆应四周交圈设置,并应用直角扣件与内外角部立杆固定。

🎯 关键细节 14　横向水平杆搭设安全要求

(1)作业层上非主节点处的横向水平杆,宜根据支承脚手板的需要等间距设置,最大间距不应大于纵距的1/2。

(2)当使用冲压钢脚手板、木脚手板、竹串片脚手板时,双排脚手架的横向水平杆两端均应采用直角扣件固定在纵向水平杆上;单排脚手架的横向水平杆的一端应用直角扣件固定在纵向水平杆上,另一端应插入墙内,插入长度不应小于180mm。

(3)当使用竹笆脚手板时,双排脚手架的横向水平杆的两端,应用直角扣件固定在立杆上;单排脚手架的横向水平杆的一端,应用直角扣件固定在立杆上,另一端插入墙内,插入长度不应小于180mm。

(4)双排脚手架横向水平杆的靠墙一端至墙装饰面的距离不应大于100mm。

(5)单排脚手架的横向水平杆不应设置在下列部位:

1)设计上不允许留脚手眼的部位;

2)过梁上与过梁两端成60°角的三角形范围内及过梁净跨度1/2的高度范围内;

3)宽度小于1m的窗间墙;

4)梁或梁垫下及其两侧各500mm的范围内;

5)砖砌体的门窗洞口两侧200mm和转角处450mm的范围内,其他砌体的门窗洞口两侧300mm和转角处600mm的范围内;

6)墙体厚度不大于180mm;

7)独立或附墙砖柱、空斗砖墙、加气块墙等轻质墙体;

8)砌筑砂浆强度等级小于或等于M2.5的砖墙。

关键细节15 纵向、横向扫地杆搭设安全要求

(1)纵向扫地杆应采用直角扣件固定在距钢管底端不大于200mm处的立杆上。横向扫地杆应采用直角扣件固定在紧靠纵向扫地杆下方的立杆上。

(2)脚手架立杆基础不在同一高度上时,必须将高处的纵向扫地杆向低处延长两跨与立杆固定,高低差不应大于1m。靠边坡上方的立杆轴线到边坡的距离不应小于500mm。

关键细节16 连墙件安装安全要求

(1)连墙件的安装应随脚手架搭设同步进行,不得滞后安装。

(2)当单、双排脚手架施工操作层高出相邻连墙件以上两步时,应采取确保脚手架稳定的临时拉结措施,直到上一层连墙件安装完毕后再根据情况拆除。

关键细节17 剪刀撑与横向斜撑搭设安全要求

(1)双排脚手架应设置剪刀撑与横向斜撑,单排脚手架应设置剪刀撑。

(2)单、双排脚手架剪刀撑的设置应符合下列规定:

1)每道剪刀撑跨越立杆的根数应按表2-4的规定确定。每道剪刀撑宽度不应小于4跨,且不应小于6m,斜杆与地面的倾角应在45°~60°之间。

表2-4 剪刀撑跨越立杆的最多根数

剪刀撑斜杆与地面的倾角 a	45°	50°	60°
剪刀撑跨越立杆的最多根数 n	7	6	5

2)剪刀撑斜杆的接长应采用搭接或对接,搭接应符合相关规定。

3)剪刀撑斜杆应用旋转扣件固定在与之相交的横向水平杆的伸出端或立杆上,旋转扣件中心线至主节点的距离不应大于150mm。

(3)高度在24m及以上的双排脚手架应在外侧全立面连续设置剪刀撑;高度在24m以下的单、双排脚手架,必须在外侧两端、转角及中间间隔不超过15m的立面上,各设置一道剪刀撑,并应由底至顶连续设置。

(4)双排脚手架横向斜撑的设置应符合下列规定:

1)横向斜撑应在同一节间,由底至顶层呈之字型连续布置,斜撑的固定应符合规定。

2)高度在 24m 以下的封闭型双排脚手架可不设横向斜撑,高度在 24m 以上的封闭型脚手架,除拐角应设置横向斜撑外,中间应每隔 6 跨距设置一道。

(5)开口型双排脚手架的两端均必须设置横向斜撑。

(6)脚手架剪刀撑与单、双排脚手架横向斜撑应随立杆、纵向和横向水平杆等同步搭设,不得滞后安装。

◎关键细节 18　门洞搭设安全要求

(1)单、双排脚手架门洞宜采用上升斜杆、平行弦杆桁架结构型式,斜杆与地面的倾角 α 应在 45°～60°之间。

(2)单、双排脚手架门洞桁架的构造应符合下列规定:

1)单排脚手架门洞处,应在平面桁架的每一节间设置一根斜腹杆;双排脚手架门洞处的空间桁架,除下弦平面外,应在其余 5 个平面内的图示节间设置一根斜腹杆。

2)斜腹杆宜采用旋转扣件固定在与之相交的横向水平杆的伸出端上,旋转扣件中心线至主节点的距离不宜大于 150mm。当斜腹杆在 1 跨内跨越 2 个步距时,宜在相交的纵向水平杆处,增设一根横向水平杆,将斜腹杆固定在其伸出端上。

3)斜腹杆宜采用通长杆件,当必须接长使用时,宜采用对接扣件连接,也可采用搭接,搭接构造应符合相关规定。

(3)单排脚手架过窗洞时应增设立杆或增设一根纵向水平杆。

(4)门洞桁架下的两侧立杆应为双管立杆,副立杆高度应高于门洞口 1～2 步。

(5)门洞桁架中伸出上下弦杆的杆件端头,均应增设一个防滑扣件,该扣件宜紧靠主节点处的扣件。

◎关键细节 19　扣件安装安全要求

(1)扣件规格应与钢管外径相同。

(2)螺栓拧紧扭力矩不应小于 40N・m,且不应大于 65N・m。

(3)在主节点处固定横向水平杆、纵向水平杆、剪刀撑、横向斜撑等用的直角扣件、旋转扣件的中心点的相互距离不应大于 150mm。

(4)对接扣件开口应朝上或朝内。

(5)各杆件端头伸出扣件盖板边缘的长度不应小于 100mm。

◎关键细节 20　作业层、斜道的栏杆和挡脚板搭设安全要求

(1)栏杆和挡脚板均应搭设在外立杆的内侧。

(2)上栏杆上皮高度应为 1.2m。

(3)挡脚板高度不应小于 180mm。

(4)中栏杆应居中设置。

◎关键细节 21　脚手板铺设安全要求

(1)脚手板应铺满、铺稳,离墙面的距离不应大于 150mm。

(2)采用对接或搭接时均应符合规定;

(3)脚手板对接平铺时,接头处应设两根横向水平杆,脚手板外伸长度应取 130～

150mm,两块脚手板外伸长度的和不应大于300mm;脚手板搭接铺设时,接头应支在横向水平杆上,搭接长度不应小于200mm,其伸出横向水平杆的长度不应小于100mm。

(4)脚手板探头应用 $\phi 3.2$ 的镀锌钢丝固定在支杆件上。

(5)在拐角、斜道平台口处的脚手板,应用镀锌钢丝固定在横向水平杆上,防止滑动。

关键细节22 扣件式钢管脚手架拆除安全要求

(1)脚手架拆除应按专项方案施工,拆除前应做好下列准备工作:

1)应全面检查脚手架的扣件连接、连墙件、支撑体系等是否符合构造要求。

2)应根据检查结果补充完善脚手架专项方案中的拆除顺序和措施,经审批后实施。

3)拆除前应对施工人员进行交底。

4)应清除脚手架上的杂物及地面障碍物。

(2)单、双排脚手架拆除作业必须由上而下逐层进行,严禁上下同时作业;连墙件必须随脚手架逐层拆除,严禁先将连墙件整层或数层拆除后再拆脚手架;分段拆除高差大于两步时,应增设连墙件加固。

(3)当脚手架拆至下部最后一根长立杆的高度(约6.5m)时,应先在适当位置搭设临时抛撑加固后,再拆除连墙件。当单、双排脚手架采取分段、分立面拆除时,对不拆除的脚手架两端,应先按有关规定设置连墙件和横向斜撑加固。

(4)架体拆除作业应设专人指挥,当有多人同时操作时,应明确分工、统一行动,且应具有足够的操作面。

(5)卸料时各构配件严禁抛掷至地面。

(6)运至地面的构配件应按规定及时检查、整修与保养,并应按品种、规格分别存放。

三、门式钢管脚手架

门式钢管脚手架是由门形或梯形的钢管框架作为基本构件,与连接杆、附件和各种多功能配件组合而成的脚手架。它由钢管门式框架、剪刀撑、水平梁架(平行架)及脚手板构成基本单元,再将基本单元连接起来并增加梯子、栏杆等部件构成整片脚手架。

门式钢管脚手架为目前国际上应用最普遍的脚手架之一。它结构合理,尺寸标准,安全可靠。它不仅能搭设外脚手架、里脚手架、满堂红脚手架,还便于搭设井架等支撑架,并且形成脚手架、支撑系列产品,因此又称为多功能脚手架。

门式钢管脚手架的搭设高度不宜超过表2-5的规定。

表2-5　　　　　　　　　　门式钢管脚手架搭设高度

序　号	搭设方式	施工荷载标准值$\sum Q_k$/(kN/m^2)	搭设高度/m
1	落地、密目式安全网全封闭	≤3.0	≤55
2		>3.0且≤5.0	≤40
3	悬挑、密目式安全立网全封闭	≤3.0	≤24
4		>3.0且≤5.0	≤18

注:表内数据适用于重现期为10年,基本风压值 $w_0 \leq 0.45$ kN/m^2 的地区;对于10年重现期,基本风压值 $w_0 > 0.45$ kN/m^2 的地区按实际计算确定。

关键细节 23　门架及配件搭设安全要求

(1)门架应能配套使用,在不同组合情况下,均应保证连接方便、可靠,且应具有良好的互换性。

(2)不同型号的门架与配件严禁混合使用。

(3)上下榀门架立杆应在同一轴线位置上,门架立杆轴线的对接偏差不应大于2mm。

(4)门式脚手架的内侧立杆离墙面净距不宜大于150mm;当大于150mm时,应采取内设挑架板或其他隔离防护的安全措施。

(5)门式脚手架顶端栏杆宜高出女儿墙上端或檐口上端1.5m。

(6)配件应与门架配套,并应与门架连接可靠。

(7)门架的两侧应设置交叉支撑,并应与门架立杆上的锁销锁牢。

(8)上下榀门架的组装必须设置连接棒,连接棒与门架立杆配合间隙不应大于2mm。

(9)门式脚手架或模板支架上下榀门架间应设置锁臂;当采用插销式或弹销式连接棒时,可不设锁臂。

(10)门式脚手架作业层应连续满铺与门架配套的挂扣式脚手板,并应有防止脚手板松动或脱落的措施。当脚手板上有孔洞时,孔洞的内切圆直径不应大于25mm。

(11)底部门架的立杆下端宜设置固定底座或可调底座。

(12)可调底座和可调托座的调节螺杆直径不应小于35mm,可调底座的调节螺杆的伸出长度不应大于200mm。

(13)交叉支撑、脚手板应与门架同时安装。

(14)连接门架的锁臂、挂钩必须处于锁住状态。

(15)钢梯的设置应符合专项施工方案组装布置图的要求,底层钢梯底部应加设钢管并应采用扣件扣紧在门架立杆上。

(16)在施工作业层外侧周边应设置180mm高的挡脚板和两道栏杆,上道栏杆高度应为1.2m,下道栏杆应居中设置。挡脚板和栏杆均应设置在门架立杆的内侧。

关键细节 24　加固杆搭设安全要求

(1)门式脚手架剪刀撑的设置必须符合下列规定:

1)当门式脚手架搭设高度在24m及以下时,在脚手架的转角处、两端及中间间隔不超过15m的外侧立面必须各设置一道剪刀撑,并应由底至顶连续设置。

2)当脚手架搭设高度超过24m时,在脚手架全外侧立面上必须设置连续剪刀撑。

3)对于悬挑脚手架,在脚手架全外侧立面上必须设置连续剪刀撑。

(2)门式脚手架应在门架两侧的立杆上设置纵向水平加固杆,并应采用扣件与门架立杆扣紧。水平加固杆设置应符合下列要求:

1)在顶层、连墙件设置层必须设置;

2)当脚手架每步铺设挂扣式脚手板时,至少每4步应设置一道,并宜在有连墙件的水平层设置;

3)当脚手架搭设高度小于或等于40m时,至少每两步门架应设置一道;当脚手架搭设高度大于40m时,每步门架应设置一道;

4)在脚手架的转角处、开口型脚手架端部的两个跨距内,每步门架应设置一道;

5)悬挑脚手架每步门架应设置一道;

6)在纵向水平加固杆设置层面上应连续设置。

(3)门式脚手架的底层门架下端应设置纵、横向通长的扫地杆。纵向扫地杆应固定在距门架立杆底端不大于200m处的门架立杆上,横向扫地杆宜固定在紧靠纵向扫地杆下方的门架立杆上。

(4)水平加固杆、剪力撑等加固杆件必须与门架同步搭设。

(5)水平加固杆应设于门架立杆内侧,剪刀撑应设于门架立杆外侧。

关键细节25 连墙件安装安全要求

(1)连墙件的安装必须随脚手架搭设同步进行,严禁滞后安装。

(2)当脚手架操作层高出相邻连墙件以上两步时,在连墙件安装完毕前必须采用确保脚手架稳定的临时拉结措施。

关键细节26 扣件连接安全要求

(1)扣件规格应与所连接钢管的外径相匹配。

(2)扣件螺栓拧紧扭力矩值应为40~65N·m。

(3)杆件端头伸出扣件盖板边缘长度不应小于100mm。

关键细节27 通道口搭设安全要求

(1)通道口高度不宜大于2个门架高度,宽度不宜大于1个门架跨距。

(2)通道口应采取加固措施,并应符合下列规定:

1)当通道口宽度为一个门架跨距时,在通道口上方的内外侧应设置水平加固杆,水平加固杆应延伸至通道口两侧各一个门架跨距,并在两个上角内外侧加设斜撑杆。

2)当通道口宽为两个及以上跨距时,在通道口上方应设置经专门设计和制作的托架梁,并应加强两侧的门架立杆。

关键细节28 门式钢管脚手架拆除安全要求

(1)架体的拆除应按拆除方案施工,并应在拆除前做好下列准备工作:

1)应对将拆除的架体进行拆除前的检查。

2)根据拆除前的检查结果补充完善拆除方案。

3)清除架体上的材料、杂物及作业面的障碍物。

(2)拆除作业必须符合下列规定:

1)架体的拆除应从上而下逐层进行。严禁上下同时作业。

2)同一层的构配件和加固杆件必须按先上后下、先外后内的顺序进行拆除。

3)连墙件必须随脚手架逐层拆除。严禁先将连墙件整层或数层拆除后再拆架体。拆除作业过程中,当架体的自由高度大于两步时,必须加设临时拉结。

4)连接门架的剪刀撑等加固杆件必须在拆卸该门架时拆除。

(3)拆卸连接部件时,应先将止退装置旋转至开启位置,然后拆除,不得硬拉,严禁敲击。拆除作业中,严禁使用手锤等硬物击打、撬别。

(4)当门式脚手架需分段拆除时,架体不拆除部分的两端应按有关规定的要求采取加固措施后再拆除。

(5)门架与配件应采用机械或人工运至地面,严禁抛投。

(6)拆卸的门架与配件、加固杆等不得集中堆放在未拆架体上,应及时检查、整修与保养,并宜按品种、规格分别存放。

四、吊挂式与升降式脚手架

吊挂式脚手架在主体结构施工阶段为外挂脚手架,随主体结构逐层向上施工,用塔式起重机吊升,悬挂在结构上。在装饰施工阶段,该脚手架改为从屋顶吊挂,逐层下降。吊挂式脚手架的吊升单元(吊篮架子)宽度宜控制在5～6m,每一吊升单元的自重宜在1t以内。该形式的脚手架适用于高层框架和剪力墙结构施工。

升降式脚手架是将自身分为两大部件,分别依附固定在建筑结构上。在主体结构施工阶段,升降式脚手架利用自身带有的升降机构和升降动力设备,使两个部件互为利用,交替松开、固定,交替爬升。在装饰施工阶段,交替下降。升降式脚手架搭设高度为3～4个楼层,不占用塔式起重机,适用于高层框架、剪力墙和筒体结构的快速施工。

◎ 关键细节 29　吊篮架子安全要求

(1)吊篮的负荷量(包括人体重)不准超过$1176N/m^2$($120kg/m^2$),人员和材料要对称分布,保证吊篮两端负载平衡。

(2)严禁在吊篮的防护以外和护头棚上作业,任何人不准擅自拆改吊篮。

(3)吊篮里皮距建筑物以10cm为宜,两吊篮间距不得大于20cm,不准将两个或几个吊篮边连在一起同时升降。

(4)以手扳葫芦为吊具的吊篮,钢丝绳穿好后,必须将保险扳把拆掉,系牢保险绳,并将吊篮与建筑物拉牢。

(5)吊篮长度一般不得超过8m,吊篮宽度以0.8～1m为宜。单层吊篮高度以2m、双层吊篮高度以3.8m为宜。

(6)用钢管组装的吊篮,立杆间距不准大于2m,大小面均须打戗。采用焊接边框的吊篮,立杆间距不准超过2.5m,长度超过3m的大面要打戗。

(7)单层吊篮至少设3道横杆,双层吊篮至少设5道横杆。双层吊篮要设爬梯,留出活动盖板,以便人员上下。

(8)承重受力的预埋吊环,应用直径不小于16mm的圆钢。吊环埋入混凝土内的长度应大于36cm,并与墙体主筋焊接牢固。预埋吊环距支点的距离不得小于3m。

(9)安装挑梁探出建筑物一端稍高于另一端,挑梁之间用杉篙或钢管连接牢固,挑梁应用不小于14号工字钢强度的材料。

(10)挑梁挑出的长度与吊篮的吊点必须保持垂直。阳台部位的挑梁的挑出部分的顶端要加斜撑抱桩,斜撑下要加垫板,并且将受力的阳台板和以下的两层阳台板设立柱加固。

(11)吊篮升降使用的手扳葫芦应用3t以上的专用配套的钢丝绳。倒链应用2t以上承重的钢丝绳,直径应不小于12.5mm。

(12)钢丝绳不得接头使用,与挑梁连接处要有防剪措施,至少用3个卡子进行卡接。

(13)吊篮长度在3m以上、8m以下的要设3个吊点,长度在3m以下的可设两个吊点,但篮内人员必须挂好安全带。

(14)吊篮搭设构造必须遵照专项安全施工组织设计(施工方案)规定,组装或拆除时,应3人配合操作,严格按搭设程序作业,任何人不允许改变方案。

(15)吊篮的脚手板必须铺平、铺严,并与横向水平杆固定牢,横向水平杆的间距可根据脚手板厚度而定,一般以 0.5~1m 为宜。吊篮作业层外排和两端小面均应设两道护身栏,并挂密目安全网封严,锁死下角,里侧应设护身栏。

(16)不得将两个或几个吊篮连在一起同时升降,两个吊篮接头处应与窗口、阳台作业面错开。

(17)吊篮使用期间,应经常检查吊篮防护、保险、挑梁、手扳葫芦、倒链和吊索等,发现隐患,立即解决。

(18)吊篮组装、升降、拆除、维修必须由专业架子工进行。

🎯 关键细节30　插口架子安全要求

(1)插口架子的负荷量(包括荷载)不得超过 $1176N/m^2$($120kg/m^2$),架子上严禁堆放物料,人员不得集中停立,保证架子受力均衡。

(2)插口架子提升或降落时,不准使用吊钩,必须用卡环吊运,任何人不准站在架子上随架子升降;别杆等材料随架子升降时,必须放置在妥善的地方,以免掉落。

(3)架子长度不得超过建筑物的两个开间,最长不得超过8m,超过8m的要经上一级技术部门批准,采取加固措施。

(4)插口架子的宽度以 0.8~1m 为宜,高度不低于1.8m,最少要有3道钢管大横杆。

(5)插口架子外皮要高出施工面1m,横杆间距不得大于1.5m,并加剪刀撑;安全网从上至下挂满封严并且兜住底部,并与每步脚手板下脚封死绑牢。

(6)插口架子安装就位后,架子之间的间隙不得大于20cm,间隙应用盖板连接绑牢,立面外侧用安全网封严。建筑物拐角处相连的插口架子大小面用安全网交圈封严。

(7)插口架必须要悬挑时,挑出长度从受力点起,不准超过1.5m;必须超过1.5m时,要经过技术部门批准,采取加固措施。

(8)插口架上下两步脚手板,必须铺满、铺平,固定牢固。下步不铺板时要满挂水平安全网。上下两步要设两道护身栏,立挂密目安全网,横向水平杆间距以 0.5~1m 为宜。

(9)插口架外侧要接高挂网,其高度应高出施工作业层1m,要设剪刀撑,并用密目安全网从上至下封严,安全网下脚要封死扎牢。相邻插口架应在同一平面,接口处应封闭严密。

🎯 关键细节31　附着升降脚手架安全要求

(1)安装、使用和拆卸附着升降脚手架的工人必须经过专业培训,考试合格,未经培训任何人(含架子工)严禁从事此操作。

(2)附着升降脚手架安装前必须认真组织学习"专项安全施工组织设计"(施工方案)和安全技术措施交底,研究安装方法,明确岗位责任。控制中心必须设专人负责操作,严禁未经同意就操作。

(3)组装附着升降脚手架的水平梁及竖向主框架,在两相邻附着支撑结构处的高差不应大于20mm;竖向主框架和防倾导向装置的垂直偏差应不大于0.5%且不得大于60mm;预留穿墙螺栓孔和预埋件应垂直于工程结构外表面,其中心误差应小于15mm。

(4)附着升降脚手架组装完毕,必须经技术负责人组织进行检查验收,合格后签字方准投入使用。

(5)升降操作必须严格遵守升降作业程序、严格控制并确保架子的荷载、所有妨碍架体升降的障碍物必须拆除、严禁任何人(含操作人员)停留在架体上,特殊情况必须经领导批准,采取安全措施后,方可实施。

(6)升降脚手架过程中,架体下方严禁有人进入,设置安全警戒区,并派人负责监护。

(7)严格按设计规定控制各提升点的同步性,相邻提升点间的高差不得大于30mm,整体架最大升降差不得大于80mm;升降过程中必须实行统一指挥,规范指令。升降指令只允许由总指挥一人下达。但当有异常情况出现时,任何人均可立即发出停止指令。

(8)架体升降到位后,必须及时按使用状况进行附着固定。在架体没有完成固定前,作业人员不得擅离岗位或下班。在未办理交付使用手续前,必须逐项进行检查,合格后方准交付使用。

(9)严禁利用架体吊运物料和拉吊装缆绳(索);不准在架体上推车,不准任意拆卸结构件或松动连接件、移动架体上的安全防护设施。

(10)架体螺栓连接件、升降动力设备、防倾装置、防坠装置、电控设备等应定期(至少半月)检查维修保养一次和不定期的抽检,发现异常立即解决,严禁带病使用。

(11)遇六级以上强风时应停止升降或作业,复工时必须逐项检查后,方准复工。

(12)附着升降脚手架的拆卸工作,必须按专项安全施工组织设计(施工方案)和安全技术措施交底规定要求执行,拆卸时必须按顺序先搭后拆、先上后下,先拆附件、后拆架体,必须有预防人员、物体坠落等措施,严禁向下抛扔物料。

五、里脚手架

里脚手架搭设于建筑物内部,每砌完一层墙后,即将其转移到上一层楼面,进行新一层砌体的砌筑,它可用于内外墙的砌筑和室内装饰施工。里脚手架用料少,但装拆频繁,因此要求轻便灵活、装拆方便。其结构型式有折叠式、支柱式和门架式等多种。

关键细节 32 满堂红脚手架安全要求

(1)承重的满堂红脚手架,立杆的纵、横向间距不得大于1.5m。纵向水平杆(顺水杆)每步间距离不得大于1.4m。檩杆间距不得超过750mm。脚手板应铺平、铺齐。立杆底部必须夯实,垫通板。

(2)装修用的满堂红脚手架,立杆纵、横向间距不得超过2m。靠墙的立杆应距墙面500~600mm,纵向水平杆每步间隔不得大于1.7m,檩杆间距不得大于1m。搭设高度在6m以内的,可花铺脚手板,两块板之间间距应小于200mm,板头必须用12号铁丝绑牢。搭设高度超过6m时,必须满铺脚手板。

(3)满堂红脚手架四角必须设抱角戗,戗杆与地面夹角应为45°~60°。中间每4排立杆应搭设一个剪刀撑,一直到顶。每隔两步,横向相隔4根立杆必须设一道拉杆。

(4)封顶架子立杆,封顶处应设双扣件,不得露出杆头。运料应预留井口,井口四周应设两道护身栏杆,并加固定盖板,下方搭设防护棚,人员进出的孔洞口应设爬梯。

关键细节 33 砌砖用金属平台架安全要求

(1)金属平台架用直径50mm钢管作支柱,用直径20mm以上钢筋焊成桁架。使用前必须逐个检查焊缝的牢固和完整状况,合格后方可拼装。

(2)安放金属平台架地面与架脚接触部分必须垫50mm厚的脚手板。楼层上安放金属平台架,下层楼板底必须在跨中加顶支柱。

(3)平台架上脚手板应铺严,离墙空隙部分用脚手板铺齐。

(4)每个平台架使用荷载不得超过2000kg(600块砖、两桶砂浆)。

(5)几个平台架合并使用时,必须连接绑扎牢固。

六、其他脚手架

建筑施工中经常使用的脚手架除了以上几种外,还有浇灌混凝土脚手架、龙门架及井架、电梯安装井架和外电架空线路安全防护脚手架。在使用过程中应注意安全管理。

🎯关键细节34　浇灌混凝土脚手架安全要求

(1)立杆间距不得超过1.5m,土质松软的地面应夯实或垫板,并加设扫地杆。

(2)纵向水平杆不得少于两道,高度超过4m的架子,纵向水平杆不得大于1.7m。架子宽度超过2m时,应在跨中加吊1根纵向水平杆,每隔两根立杆在下面加设1根托杆,使其与两旁纵向水平杆互相连接,托杆中部搭设八字斜撑。

(3)横向水平杆间距不得大于1m。脚手板铺对头板,板端底下设双横向水平杆,板铺严、铺牢。脚手板搭接铺设时,端头必须压过横向水平杆150mm。

(4)架子大面必须设剪刀撑或八字戗,小面每隔两根立杆和纵向水平杆搭接部位必须打剪刀戗。

(5)架子高度超过2m时,临边必须搭设两道护身栏杆。

🎯关键细节35　龙门架及井架安全要求

(1)龙门架及井架的搭设和使用必须符合行业标准《龙门架及井架物料提升机安全技术规范》(JGJ 88—2010)的要求。

(2)立杆和纵向水平杆的间距均不得大于1m,立杆底端应安放铁板墩,夯实后垫板。

(3)井架四周外侧均应搭设剪刀撑一直到顶,剪刀撑斜杆与地面夹角为60°。

(4)平台的横向水平杆的间距不得大于1m,脚手板必须铺平、铺严,对头搭接时应用双横向水平杆,搭接时板端应超过横向水平杆15cm,每层平台均应设护身栏和挡脚板。

(5)两杆应用对接扣件连接,交叉点必须用扣件,不得绑扎。

(6)天轮架必须搭设双根天轮木,并加顶柱钢管或八字杆,用扣件卡牢。

(7)组装三角柱式龙门架,每节立柱两端焊法兰盘。拼装三角柱架时,必须检查各部件焊口牢固,各节点螺栓必须拧紧。

(8)两根三角立柱应连接在地梁上,地梁底部要有锚铁并埋入地下防止滑动,埋地梁时地基要平并应夯实。

(9)各楼层进口处,应搭设卸料过桥平台。过桥平台两侧应搭设两道护身栏杆,并立挂密目安全网;过桥平台下口落空处应搭设八字戗。

(10)井架和三角柱式龙门架,严禁与电气设备接触,并应有可靠的绝缘防护措施。高度在15m以上时应有防雷设施。

(11)井架、龙门架必须设置超高限位、断绳保险,以及机械、手动或连锁定位托杠等安全防护装置。

(12)架高在10~15m应设1组缆风绳;每增高10m加设1组,每组4根。缆风绳应用直径不小于12.5mm的钢丝绳;按规定埋设地锚,缆风绳严禁捆绑在树木、电线杆、构件等物体上,并禁止使用别杠调节钢丝绳长度。

(13)龙门架、井架首层进料口一侧应搭设长度不小于2m的安全防护棚，另三侧必须采取封闭措施。每层卸料平台和吊笼(盘)出入口必须安装安全门，吊笼(盘)运行中不准乘入。

(14)龙门架、井架的导向滑轮必须单独设置牢固地锚，导向滑轮至卷扬机卷筒的钢丝绳，凡经通道外均应予以遮护。

(15)天轮与最高一层上料平台的垂直距离应不小于6m，使吊笼(盘)上升最高位置与天轮间的垂直距离不小于2m。

⊙关键细节 36　电梯安装井架安全要求

(1)电梯井架只准使用钢管搭设，必须符合安装单位提出的使用要求，遵照扣件式钢管脚手架有关规定。

(2)电梯井架搭设完后，必须经搭设、使用单位的施工技术、安全负责人共同验收，合格后签字，方准交付使用。

(3)架子交付使用后任何人不得擅自拆改，因安装需要局部拆改时，必须经主管工长同意，由架子工负责拆改。

(4)电梯井架每步至少铺2/3的脚手板，所留的人员进出的孔道要相互错开，留孔的一侧要搭设一道护身栏杆。脚手板铺好后，必须固定，不可任意移动。

(5)采用电梯自升安装方法施工时，所需搭设的上下临时操作平台必须符合脚手架有关规定。在上层操作平台的下面要满铺脚手板或满挂安全网。下层操作平台要做到不倾斜、不摇晃。

⊙关键细节 37　外电架空线路安全防护脚手架安全要求

(1)外电架空线路安全防护脚手架应使用剥皮杉木、落叶松等作为杆件，腐朽、折裂、枯节等易折木杆和易导电材料不得使用。

(2)外电架空线路安全防护脚手架应高于架空线1.5m。

(3)立杆应先挖杆坑，深度不小于500mm，遇有土质松软，应设扫地杆。立杆时必须2～3人配合操作。

(4)纵向水平杆应搭设在立杆里侧，搭设第一步纵向水平杆时，必须检查立杆是否立正，搭设至四步时，必须搭设临时抛撑和临时剪刀撑。搭设纵向水平杆时，必须2～3人配合操作，由中间1人接杆、放平，按由大头至小头的顺序绑扎。

(5)剪刀撑杆件，应绑在立杆上，剪刀撑下桩杆应选用粗壮较大杉槁，由下方人员找好角度再由上方人员依次绑扎。剪刀撑上桩(封顶)椽子应大头朝上，顶着立杆绑在纵向水平杆上。

(6)两杆连接，其有效搭接长度不得小于1.5m，两杆搭接处绑扎不少于两道。杉槁大头必须绑在十字交叉点上。相邻两杆的搭接点必须相互错开，水平及斜向接杆，小头应压在大头上边。

(7)递杆(拔杆)上下、左右的操作人员应协调配合，拔杆人员应注意不碰撞上方人员和已绑好的杆子，下方递杆人员应在上方人员中接住杆子呼应后，方可松手。

(8)遇到两根杆件交叉时必须绑扣，绑扎材料可用扎绑绳，如使用铅丝，严禁碰触外电架空线。铅丝不得过松或过紧，应使4根铅丝敷实均匀受力，拧扣以一扣半为宜，并将铅丝末端弯贴在杉槁外皮，不得外翘。

第三节　结构工程施工安全技术管理

一、砌体工程

砌体结构是用块体和砂浆砌筑而成的结构。砌体工程施工过程中容易发生高处坠落事故和物体打击事故。

砌体结构按不同的标准，可分为多种类型，见表2-6。

表2-6　　　　　　　　　　　　砌体结构的分类

序号	分类方法	种　类
1	根据块体材料不同分类	根据块体材料不同，砌体结构可分为砖砌体、砌块砌体、石材砌体、配筋砌体空斗墙砌体等。 (1)砖砌体。采用标准尺寸的烧结普通砖、黏土空心砖及非烧结硅酸盐砖与砂浆砌筑成的砖砌体，有墙或柱。墙厚：120mm、240mm、370mm、490mm、620mm等，特殊要求时可有 180mm、300mm 和 420mm 等。砖柱：240mm×370mm、370mm×370mm、490mm×490mm、490mm×620mm等。 墙体砌筑方式有：一顺一丁、三顺一丁等。砌筑的要求是铺浆均匀，灰浆饱满，上下错缝，受力均衡。黏土砖已被限用或禁用，非黏土砖是砖砌体的发展方向。 (2)砌块砌体。砌块砌体是用中小型混凝土砌块或硅酸盐砌块与砂浆砌筑而成的砌体，可用于定型设计的民用房屋及工业厂房的墙体。目前国内使用的小型砌块高度，一般为180～350mm，称为混凝土空心小型砌块砌体；中型砌块高度，一般为360～900mm，分别有混凝土空心中型砌块砌体和硅酸盐实心中型砌块砌体。空心砌块内加设钢筋混凝土芯柱者，称为钢筋混凝土芯柱砌块砌体，可用于有抗震设防要求的多层砌体房屋或高层砌体房屋。 砌块砌体设计和砌筑的要求是：规格宜少、重量适中、孔洞对齐、铺砌严密。 (3)石材砌体。采用天然料石或毛石与砂浆砌筑的砌体称为天然石材砌体。天然石材具有强度高、抗冻性强和导热性好的特点，是带形基础、挡土墙及某些墙体的理想材料。毛石墙的厚度不宜小于350mm，柱截面较小边长不宜小于400mm。当有振动荷载时，不宜采用毛石砌体。 (4)配筋砌体。在砌体水平灰缝中配置钢筋网片或在砌体外部预留沟槽，槽内设置竖向粗钢筋并灌注细石混凝土(或水泥砂浆)的组合砌体称为配筋砌体。这种砌体可提高强度，减小构件截面，加强整体性，增加结构延性，从而改善结构抗震能力。 (5)空斗墙砌体。空斗墙是由实心砖砌筑的空心的砖砌体。可节省材料，减轻重量，提高隔热保温性能。但是，空斗墙整体稳定性差，因此，在有振动、潮湿环境、管道较多的房屋或地震烈度为7度及7度以上的地区不宜建造空斗墙房屋

（续）

序号	分类方法	种　类
2	按承重体系分类	结构体系是指建筑物中的结构构件按一定规律组成的一种承受和传递荷载的骨架系统。在混合结构承重体系中，以砌体结构的受力特点为主要标志，根据屋（楼）盖结构布置的不同，一般可分为三种类型。 （1）横墙承重体系。横墙承重体系是指多数横向轴线处布置墙体，屋（楼）面荷载通过钢筋混凝土楼板传给各道横墙，横墙是主要承重墙，纵墙主要承受自重，侧向支承横墙，保证房屋的整体性和侧向稳定性。横墙承重体系的优点是屋（楼）面构件简单，施工方便，整体刚度好；缺点是房间布置不灵活，空间小，墙体材料用量大。主要用于5～7层的住宅、旅馆、小开间办公楼。 （2）纵墙承重体系。纵墙承重体系是指屋（楼）盖梁（板）沿横向布置，楼面荷载主要传给纵墙。纵墙是主要承重墙。横墙承受自重和少量竖向荷载，侧向支承纵墙。主要用于进深小而开间大的教学楼、办公楼、试验室、车间、食堂、仓库和影剧院等建筑物。 （3）内框架承重体系。内框架承重体系是指建筑物内部设置钢筋混凝土柱，柱与两端支于外墙的横梁形成内框架。外纵墙兼有承重和围护作用。它的优点是内部空间大，布置灵活，经济效果和使用效果均佳。但因其由两种性质不同的结构体系合成，地震作用下破坏严重，外纵墙尤甚。地震区宜慎用。 除以上常见的三种承重体系外，还有纵、横墙双向承重体系和其他派生的砌体结构承重体系，如底层框-剪力墙砌体结构等。 合理的结构体系必须受力明确，传力直接，结构先进。在砌体结构设计中，必须判明荷载在结构体系中的传递途径，才能得出正确的结构承重体系的分析结果
3	按使用特点和工作状态分类	砌体结构按其使用特点和工作状态可作如下分类： （1）一般砌体结构。一般砌体结构是指用于正常使用状况下的工业与民用建筑。如供人们生活起居的住宅、宿舍、旅馆、招待所等居住建筑和供人们进行社会公共活动用的公共建筑。工业建筑则有为一般工业生产服务的单层厂房和多层工业建筑。 （2）特殊用途的构筑物。特殊用途的构筑物，通常称为特殊结构，或特种结构，如烟囱、水塔、料仓及小型水池、涵洞和挡土墙等。 （3）特殊工作状态的建筑物。特殊工作状态的砌体结构有三种： 1）处于特殊环境和介质中的建筑物。该类建筑物为保证结构的可靠性和满足建筑使用功能的要求，对建筑结构提出各种防护要求，如防水抗渗、防火耐热、防酸抗腐、防爆炸、防辐射等。 2）处于特殊作用下工作的建筑物，如有抗震设防要求的建筑结构和在核爆动荷载作用下的防空地下建筑等。 3）具有特殊工作空间要求的建筑物，如底层框架和多层内框架砖房以及单层空旷房屋等

关键细节 38　砌筑砂浆工程施工安全要求

（1）砂浆搅拌机械必须符合《建筑机械使用安全技术规程》（JGJ 33—2001）及《施工现

场临时用电安全技术规范》(JGJ 46—2005)的有关规定,施工中应定期对其进行检查、维修,保证机械使用安全。

(2)落地砂浆应及时回收,回收时不得夹有杂物,并应及时运至拌和地点,掺入新砂浆中拌和使用。

◎关键细节 39　砌块砌体工程施工安全要求

(1)吊放砌块前应检查吊索及钢丝绳的职业健康安全可靠程度,不灵活或性能不符合要求的严禁使用。

(2)堆放在楼层上的砌块重量,不得超过楼板允许承载力。

(3)所使用的机械设备必须安全可靠、性能良好,同时设有限位保险装置。

(4)机械设备用电必须符合"三相五线制"及三级保护的规定。

(5)操作人员必须戴好安全帽,佩带劳动保护用品等。

(6)作业层的周围必须进行封闭围护,同时设置防护栏及张挂安全网。

(7)楼层内的预留孔洞、电梯口、楼梯口等,必须进行防护,采取栏杆搭设的方法进行围护,预留洞口采取加盖的方法进行围护。

(8)砌体中的落地灰及碎砌块应及时清理成堆,装车或装袋运输,严禁从楼上或架子上抛下。

(9)吊装砌块和构件时应注意重心位置,禁止用起重拔杆拖运砌块,不得起吊有破裂、脱落危险的砌块。

(10)起重拔杆回转时,严禁将砌块停留在操作人员上空或在空中整修、加工砌块。

(11)安装砌块时,不准站在墙上操作和在墙上设置受力支撑、缆绳等;在施工过程中,对稳定性较差的窗间墙、独立柱应加稳定支撑。

(12)因刮风使砌块和构件在空中摆动不能停稳时,应停止吊装工作。

◎关键细节 40　石砌体工程施工安全要求

(1)操作人员应戴安全帽和帆布手套。

(2)搬运石块应检查搬运工具及绳索是否牢固,抬石应用双绳。

(3)在架子上凿石应注意打凿方向,避免飞石伤人。

(4)砌筑时,脚手架上堆石不宜过多,应随砌随运。

(5)用锤打石时,应先检查铁锤有无破裂,锤柄是否牢固。打锤要按照石纹走向落锤,锤口要平,落锤要准,同时要看清附近情况有无危险,然后落锤,以免伤人。

(6)不准在墙顶或脚手架上修改石材,以免振动墙体影响质量或石片掉下伤人。

(7)石块不得往下掷。运石上下时,脚手板要钉装牢固,并钉装防滑条及扶手栏杆。

(8)堆放材料必须离开槽、坑、沟边沿 1m 以外,堆放高度不得高于 0.5m;往槽、坑、沟内运石料及其他物质时,应用溜槽或吊运,下方严禁有人停留。

(9)墙身砌体高度超过地坪 1.2m 以上时,应搭设脚手架。

(10)砌石用的脚手架和防护栏板应经检查验收,方可使用,施工中不得随意拆除或改动。

◎关键细节 41　填充墙砌体工程施工安全要求

(1)砌体施工脚手架要搭设牢固。

(2)外墙施工时,必须有外墙防护及施工脚手架,墙与脚手架间的间隙应封闭,防高空坠物伤人。

(3)严禁站在墙上做划线、吊线、清扫墙面、支设模板等施工作业。

(4)在脚手架上,堆放普通砖不得超过2层。

(5)操作时精神要集中,不得嬉笑打闹,以防意外事故发生。

(6)现场实行封闭化施工,有效控制噪声、扬尘、废物、废水等的排放。

二、模板工程

模板工程多为高处作业,施工过程需要与脚手架、起重作业配合,施工过程中容易发生物体打击、机械伤害、起重伤害、高处坠落、触电等安全事故。当前高层与大跨度混凝土结构日益增多,模板结构的设计与施工不合理、强度或稳定性不足、操作不符合要求等将会导致模板体系破坏,造成坍塌事故,导致人员伤亡。

模板根据其型式,可分为整体式模板、定型模板、工具式模板、翻转模板、滑动模板、胎模等;按材料不同又可分为木模板、钢模板、钢木模板、竹模板、铝合金模板、塑料模板、玻璃钢模板等。目前,在各大城市已大量推广组合式定型钢模板及钢木模板。

模板的材质应符合以下要求:

(1)定型钢模板必须有出厂检验合格证,成批的新钢模板应在使用前进行荷载试验,符合要求方可使用。

(2)木模板的材质应符合《木结构工程施工质量验收规范》(GB 50206—2002)中的承重结构选材标准,材质不宜低于Ⅲ等材。

🎯 关键细节 42 模板安装安全技术要求

(1)支模过程中应遵守职业健康安全操作规程,如遇途中停歇,应将就位的支顶、模板联结稳固,不得空架浮搁。

(2)模板及其支撑系统在安装过程中,必须设置临时固定设施,严防倾覆。

(3)拼装完毕的大块模板或整体模板,吊装前应确定吊点位置,先进行试吊,确认无误后,方可正式吊运安装。

(4)安装整块柱模板时,不得将其支在柱子钢筋上代替临时支撑。

(5)支设高度在3m以上的柱模板,四周应设斜撑,并应设立操作平台,低于3m的可用马凳操作。

(6)支设悬挑形式的模板时,应有稳定的立足点。支设临空构筑物模板时,应搭设支架。模板上有预留洞时,应在安装后将洞盖没。

(7)在支模时,操作人员不得站在支撑上,应设置立人板,以便操作人员站立。立人板应用木质50mm×200mm中板为宜,并要适当绑扎固定。不得用钢模板或"50mm×100mm"的木板。

(8)承重焊接钢筋骨架和模板一起安装时,模板必须固定在承重焊接钢筋骨架的节点上。

(9)当层间高度大于5m时,若采用多层支架支模,则在两层支架立柱间应铺设垫板,且应平整,上下层支柱要垂直,并应在同一垂直线上。

(10)当模板高度大于5m以上时,应搭脚手架,设防护栏,禁止上下在同一垂直面操作。

(11)特殊情况下,在临边、洞口作业时,如无可靠的职业健康安全设施,必须系好安全带并扣好保险钩,高挂低用,经医生确认不宜高处作业人员,不得进行高处作业。

(12)在模板上施工时,堆物(钢筋、模板、木方等)不宜过多,不准集中在一处堆放。

(13)模板安装就位后,要采取防止触电的保护措施,施工楼层上的漏电箱必须设漏电保护装置,防止漏电伤人。

◎关键细节43 模板拆除安全技术要求

(1)高处、复杂结构模板的装拆,事先应有可靠的职业健康安全措施。

(2)拆楼层外边模板时,应有防高空坠落及防止模板向外倒跌的措施。

(3)在模板拆装区域周围,应设置围栏,并挂明显的标志牌,禁止非作业人员入内。

(4)拆模起吊前,应检查对拉螺栓是否拆净,在确无遗漏并保证模板与墙体完全脱离后方准起吊。

(5)模板拆除后,在清扫和涂刷隔离剂时,模板要临时固定好,板面相对停放之间,应留出50～60mm宽的人行通道,模板上方要用拉杆固定。

(6)拆模后模板或木方上的钉子,应及时拔除或敲平,防止钉子扎脚。

(7)模板所用的脱模剂在施工现场不得乱扔,以防止影响环境质量。

(8)拆模时,临时脚手架必须牢固,不得用拆下的模板作脚手架。

(9)组合钢模板拆除时,上下应有人接应,模板随拆随运走,严禁从高处抛掷下。

(10)拆基础及地下工程模板时,应先检查基坑土壁状况,如有不安全因素,必须采取职业健康安全措施后,方可作业。拆除的模板和支撑件不得在基坑上口1m以内堆放,应随拆随运走。

(11)拆模必须一次性拆清,不得留有无撑模板。混凝土板有预留孔洞时,拆模后,应随时在其周围做好职业健康安全护栏,或用板将孔洞盖住。防止作业人员因扶空、踏空而坠落。

(12)拆模间歇时,应将已活动的模板、拉杆、支撑等固定牢固,防止其突然掉落伤人。

(13)拆模时,应逐块拆卸,不得成片松动、撬落或拉倒,严禁作业人员在同一垂直面上同时操作。

(14)拆4m以上模板时,应搭脚手架或工作台,并设防护栏杆。严禁站在悬臂结构上敲拆底模。

(15)两人抬运模板时,应相互配合、协同工作。传递模板、工具,应用运输工具或绳索系牢后升降,不得乱抛。

◎关键细节44 模板存放安全技术要求

(1)施工楼层上不得长时间存放模板,当模板临时在施工楼层存放时,必须有可靠的防倾倒措施,严禁沿外墙周边存放在外挂架上。

(2)模板放置时要满足自稳角要求,两块大模板应采取板面相对的存放方法。

(3)大模板停放时必须满足自稳角的要求。对自稳角不足的模板,必须另外拉结固定。

(4)没有支撑架的大模板应存放在专用的插放支架下,叠层平放时,叠放高度不应超过 2m(10 层),底部及层间应加垫木,且上下对齐。

关键细节 45 滑模与爬模安全技术要求

(1)滑模装置的电路设备均应接零接地,手持电动工具设漏电保护器,平台下照明采用 36V 低压照明,动力电源的配电箱按规定配置。主干线采用钢管穿线,跨越线路采用流体管穿线,平台上不允许乱拉电线。

(2)滑模平台上设置一定数量的灭火器,施工用水管可代用作消防用水管使用。操作平台上严禁吸烟。

(3)各类机械操作人员应按机械操作技术规程操作、检查和维修,确保机械安全,吊装索具应按规定经常进行检查,防止吊物伤人。任何机械均不允许非机械操作人员操作。

(4)滑模装置拆除要严格按拆除方法和拆除顺序进行。在割除支承杆前,提升架必须加临时支护,防止倾倒伤人;支承杆割除后,应及时在台上拔除,防止吊运过程中掉下伤人。

(5)滑模平台上的物料不得集中堆放,一次吊运钢筋数量不得超过平台上的允许承载能力,并应分布均匀。

(6)为防止扰民,振动器宜采用低噪声新型振动棒。

(7)爬模施工为高处作业,必须按照《建筑施工高处作业安全技术规范》(JGJ 80—1991)的要求进行。

(8)每项爬模工程在编制施工组织设计时,要制订具体的安全、防火措施。

(9)设专职安全、防火员跟班负责职业健康安全防火工作,广泛宣传安全第一的思想,认真进行安全教育、安全交底,增强全员的安全防火意识。

(10)经常检查爬模装置的各项安全设施,特别是安全网、栏杆、挑架、吊架、脚手板、关键部位的紧固螺栓等。检查施工的各种洞口防护,检查电器、设备、照明安全用电的各项措施。

三、钢筋工程

混凝土结构用的钢筋可分为两类:热轧钢筋(含余热处理钢筋)和冷加工钢筋(冷拉带肋钢筋、冷轧扭钢筋、冷拔螺旋钢筋)。

钢筋进场时,应按现行国家标准《钢筋混凝土用钢 第 2 部分:热轧带肋钢筋》(GB 1499.2—2007)的有关规定抽取试件作力学性能检验,其质量符合有关标准规定的钢筋,可在工程中应用。

检查数量按进场的批次和产品的抽样检验方案确定。有关标准中对进场检验数量有具体规定的,应按标准执行,如果有关标准只对产品出厂检验数量有规定,检查数量可按下列情况确定:

(1)当一次进场的数量大于该产品的出厂检验批量时,应划分为若干个出厂检验批量,然后按出厂检验的抽样方案执行。

(2)当一次进场的数量小于或等于该产品的出厂检验批量时,应作为一个检验批量,然后按出厂检验的抽样方案执行。

(3)对连续进场的同批钢筋,当有可靠依据时,可按一次进场的钢筋处理。

进场的每捆(盘)钢筋均应有标牌。按炉罐号、批次及直径分批验收,分类堆放整齐,严防混料,并应对其检验状态进行标识,防止混用。

进场钢筋的外观质量检查应符合下列规定:

(1)钢筋应逐批检查其尺寸,不得超过允许偏差。

(2)逐批检查,钢筋表面不得有裂纹、折叠、结疤及夹杂,盘条允许有压痕及局部的凸块、凹块、划痕、麻面,但其深度或高度(从实际尺寸算起)不得大于0.20mm,带肋钢筋表面凸块,不得超过横肋高度,钢筋表面上其他缺陷的深度和高度不得大于所在部位尺寸的允许偏差,冷拉钢筋不得有局部缩颈。

(3)钢筋表面氧化铁皮(铁锈)重量不大于16kg/t。

(4)带肋钢筋表面标志清晰明了,标志包括强度级别、厂名(汉语拼音字头表示)和直径(mm)数字。

关键细节46　钢筋运输与堆放安全要求

(1)人工搬运钢筋时,步伐要一致。当上下坡(桥)或转弯时,要前后呼应,步伐稳健。注意钢筋头尾摆动,防止碰撞物体或打击人身,特别防止碰挂周围和上下的电线。上肩或卸料时要互相打招呼,注意安全。

(2)人工垂直传递钢筋时,送料人应站立在牢固平整的地面或临时构筑物上,接料人应有护身栏杆或防止前倾的牢固物体,必要时挂好安全带。

(3)机械垂直吊运钢筋时,应捆扎牢固,吊点应设在钢筋束的两端。有困难时,才在该束钢筋的重心处设吊点,钢筋要平稳上升,不得超重起吊。

(4)临时堆放钢筋,不得过分集中,应考虑模板或桥道的承载能力。在新浇筑楼板混凝土未达到1.2MPa强度前,严禁堆放钢筋。

(5)钢筋在运输和储存时,必须保留标牌,并按批分别堆放整齐,避免锈蚀和污染。

(6)注意钢筋切勿碰触电源,严禁钢筋靠近高压线路,钢筋与电源线路应保持安全距离。

关键细节47　钢筋加工制作安全要求

(1)钢筋调直、切断、弯曲、除锈、冷拉等各道工序的加工机械必须遵守国家现行标准《建筑机械使用安全技术规程》(JGJ 33—2001)的规定,保证职业健康安全装置齐全有效,动力线路用钢管从地埋下引入,机壳要有保护零线。

(2)施工现场用电必须符合国家现行标准《施工现场临时用电安全技术规范》(JGJ 46—2005)的规定。

(3)制作成型钢筋时,场地要平整,工作台要稳固,照明灯具必须加网罩。

(4)钢筋加工场地必须设专人看管,非钢筋加工制作人员不得擅自进入钢筋加工场地。

(5)各种加工机械在作业人员下班后一定要拉闸断电。

关键细节48　钢筋绑扎安装安全要求

(1)对从事钢筋挤压连接和钢筋直螺纹连接施工的有关人员应培训、考核、持证上岗,并经常进行职业健康安全教育,防止发生人身和设备职业健康安全事故。

(2)在高处进行挤压操作,必须遵守国家现行标准《建筑施工高处作业安全技术规范》(JGJ 80—1991)的规定。

(3)在建筑物内的钢筋要分散堆放,高空绑扎、安装钢筋时,不得将钢筋集中堆放在模板或脚手架上。

(4)在高空、深坑绑扎钢筋和安装骨架,必须搭设脚手架和马道。

(5)绑扎3m以上的柱钢筋必须搭设操作平台,不得站在钢箍上绑扎。已绑扎的柱骨架应用临时支撑拉牢,以防倾倒。

(6)绑扎圈梁、挑檐、外墙、边柱钢筋时,应搭设外脚手架或悬挑架,并按规定挂好安全网。脚手架的搭设必须由专业架子工搭设且符合职业健康安全技术操作规程。

(7)绑扎筒式结构(如烟囱、水池等),不得站在钢筋骨架上操作或上下。

(8)雨、雪、风力六级以上(含六级)天气不得露天作业。雨雪后应清除积水、积雪后方可作业。

四、混凝土工程

混凝土一般由水泥、骨料、水和外加剂,还有各种矿物掺合料组成。将各种组分材料按已经确定的配合比进行拌制生产,首先要进行配料,一般情况下配料与拌制是混凝土生产的连续过程,但也有在某地将各种干料配好后运送到另一地点加水拌制、浇筑的做法,主要由工程情况确定。

通常,混凝土供应有商品混凝土和现场搅拌两种方式。商品混凝土由混凝土生产厂专门生产。推行商品混凝土,实施混凝土集中搅拌与集中供应有以下优点:

(1)可使用散装水泥。

(2)可推广应用先进技术,实行科学管理,控制混凝土质量。

(3)可减少原材料消耗,能节约水泥10%~15%。

(4)可专业化生产,提高劳动生产率。

(5)可文明施工,减少环境污染,具有显著的经济效益和社会效益。

商品混凝土在生产过程中实现了机械化配料、上料;计量系统实现称量自动化,使计量准确,容易达到规范要求的材料计量精度;可以掺加外加剂和矿物掺合料。这些条件与现场搅拌相比要优越得多。

对于现场零星浇灌的混凝土也可使用简易搅拌站进行搅拌。现场的简易搅拌站一般设一台强制式(或自落式)搅拌机,配一杆台秤。简易搅拌站一般采用手推车上料,每班称量材料不少于两次,将砂、石称量后装入搅拌机,称出水泥、水,将外加剂溶入水中,一齐入机搅拌。

关键细节 49 混凝土运输安全要求

(1)采用手推车运输混凝土时,不得争先抢道,装车不应过满;卸车时应有挡车措施,不得用力过猛或撒把,以防车把伤人。

(2)使用井架提升混凝土时,应设制动装置,升降应有明确信号,操作人员未离开提升台时,不得发升降信号。提升台内停放手推车要平衡,车把不得伸出台外,车轮前后应挡牢。

关键细节 50 混凝土浇筑安全要求

(1)混凝土浇筑前,应对振动器进行试运转,振动器操作人员应穿绝缘靴、戴绝缘手套;振动器不能挂在钢筋上,湿手不能接触电源开关。

(2)混凝土运输、浇筑部位应有安全防护栏杆与操作平台。

(3)现场施工负责人应为机械作业提供道路、水电、机棚或停机场地等必备的条件,并消除对机械作业有妨碍或不安全的因素。夜间作业应设置充足的照明。

(4)机械进入作业地点后,施工技术人员应向操作人员进行施工任务和安全技术措施交底。操作人员应熟悉作业环境和施工条件,听从指挥,遵守现场安全规则。

(5)操作人员在作业过程中,应集中精力正确操作,注意机械工况,不得擅自离开工作岗位或将机械交给其他无证人员操作。严禁无关人员进入作业区或操作室内。

(6)使用机械与安全生产发生矛盾时,必须首先服从安全要求。

关键细节 51　混凝土养护安全要求

(1)使用覆盖物养护混凝土时,预留孔洞必须按规定设牢固盖板或围栏,并设安全标志。

(2)使用电热法养护应设警示牌与围栏。无关人员不得进入养护区域。

(3)用软管浇水养护时,应将水管接头连接牢固,移动皮管不得猛拽,不得倒行拉移软管。

(4)蒸汽养护时操作和冬施测温人员,不得在混凝土养护坑(池)边沿站立和行走。应注意脚下孔洞与磕绊物等。

(5)覆盖养护材料使用完毕后,必须及时清理并存放到指定地点,码放整齐。

五、预应力混凝土工程

预应力混凝土是预应力钢筋混凝土的简称,是自20世纪中叶发展起来的一项土木建筑新技术。现在世界各国都在普遍应用预应力混凝土技术,其推广使用的范围和数量,已成为衡量一个国家建筑技术水平的标志之一。

预应力混凝土结构,就是在结构承受外荷载以前,预先用某种方法,使结构内部造成一种应力状态,使其在使用阶段产生拉应力的区域预先受到压应力,这部分压应力与使用荷载时所产生的拉应力能抵消一部分或全部,使构件达到不出现裂缝,或推迟出现裂缝的时间和限制裂缝的开展,以提高结构及构件的刚度。

预应力混凝土的分类,见表2-7。

表2-7　　　　　　　　　　　　预应力混凝土的分类

序号	分类方法	种　　　　类
1	按工艺分类	(1)先张法。 (2)后张法
2	按施加预应力的方法分类	(1)机械张拉。 (2)电热伸张
3	按所用的钢筋分类	(1)预应力冷拔低碳钢丝混凝土。 (2)预应力混凝土。 (3)预应力钢绞线(钢丝束)混凝土

（续）

序号	分类方法	种　　　类
4	按结构受力特点分类	(1)部分预应力混凝土结构。 (2)无粘结预应力结构。 (3)预应力芯棒结构,叠合结构

预应力混凝土与普通钢筋混凝土相比,具有抗裂性好、刚度大、材料省、自重轻、结构寿命长等优点,在工程中的应用范围愈来愈大。它不但广泛应用于单层和多层房屋、桥梁、电杆、压力管道、油罐、水塔和轨枕等方面,而且已扩大应用到高层建筑、地下建筑、海洋结构及压力容器等新领域。

◎ **关键细节52** 预应力混凝土工程施工安全要求

(1)配备符合规定的设备,并随时注意检查,及时更换不符合安全要求的设备。

(2)对电工、焊工、张拉工等特种作业工人必须经过培训考试合格取证,方可持证上岗。操作机械设备要严格遵守各机械的操作规程,严格按使用说明书操作,并按规定配备防护用具。

(3)成盘预应力筋开盘时应采取措施,防止尾端弹出伤人;严格防止与电源搭接,电源不准裸露。

(4)在预应力筋张拉轴线的前方和高处作业时,结构边缘与设备之间不得站人。

(5)油泵使用前应进行常规检查,重点是安全阀在设定油压下不能自动开通。

(6)输油路做到"三不用",即输油管破损不用,接口损伤不用,接口螺母不扭紧、不到位不用。不准带压检修油路。

(7)使用油泵不得超过额定油压,千斤顶不得超过规定张拉最大行程。油泵和千斤顶的连接必须到位。

(8)预应力筋下料盘切割时要防止钢丝、钢绞线弹出伤人,砂轮锯片破碎伤人。

(9)对张拉平台、脚手架、安全网、张拉设备等,现场施工负责人应组织技术人员、安全人员及施工班组共同检查,合格后方可使用。

(10)采用锥锚式千斤顶张拉钢丝束时,先使千斤顶张拉缸进油,压力表针有启动时再打楔块。

(11)镦头锚固体系在张拉过程中随时拧上螺母。

(12)两端张拉的预应力筋:两端正对预应力筋部位应采取措施进行防护。

(13)预应力筋张拉时,操作人员应站在张拉设备的作用力方向的两侧,严禁站在建筑物边缘与张拉设备之间,以防在张拉过程中,有可能来不及躲避偶然发生的事故而造成伤亡。

六、钢结构工程

钢结构是由钢构件制成的工程结构,所用钢材主要为型钢和钢板。钢结构中构件与构件之间用焊接、螺栓和铆钉连接。与其他结构相比,钢结构具有强度高、材质均匀、自重小、抗震性能好、施工速度快、工期短、密闭性好、拆迁方便等优点;但其造价较高,耐腐蚀性和耐火性较差。

目前,钢结构在工业与民用建筑中使用越来越广泛,主要用于如下结构:

(1)重型厂房结构及受动力荷载作用的厂房结构。

(2)大跨度结构。

(3)多层、高层、超高层结构。

(4)塔桅式结构。

(5)可拆卸、装配式房屋。

(6)容器、储罐、管道。

(7)构筑物。

🎯关键细节53 钢结构构件加工安全要求

(1)构件的堆放必须平整稳固,应放在不妨碍交通和吊装的地方,边角余料应及时清除。

(2)机械和工作台等设备的布置应便于安全操作,通道宽度不得小于1m。

(3)一切机械、砂轮、电动工具、气电焊等设备都必须设有安全防护装置。

(4)对电气设备和电动工具,必须保证绝缘良好,露天电气开关要设防雨箱并加锁。

(5)凡是受力构件用电焊点固后,在焊接时不准在点焊处起弧,以防熔化塌落。

(6)焊接、切割锰钢、合金钢、有色金属部件时,应采取防毒措施。接触焊件,必要时应用橡胶绝缘板或干燥的木板隔离,并隔离容器内的照明灯具。

(7)焊接、切割、气刨前,应清除现场的易燃易爆物品。离开操作现场前,应切断电源,锁好闸箱。

(8)在现场进行射线探伤时,周围应设警戒区,并挂"危险"标志牌,现场操作人员应背离射线10m以外。在30°投射角范围内,一切人员要远离50m以上。

(9)构件就位时应用撬棍拨正,不得用手扳或站在不稳固的构件上操作。严禁在构件下面操作。

(10)用撬杠拨正物件时,必须手压撬杠,禁止骑在撬杠上;不得将撬杠放在肋下,以免回弹伤人;在高空使用撬杠不能向下使劲过猛。

(11)用尖头扳子拨正配合螺栓孔时,必须插入一定深度方能撬动构件,如发现螺栓孔不符合要求时,不得用手指塞入检查。

(12)保证电气设备绝缘良好。在使用电气设备时,首先应该检查是否有保护接地,接好保护接地后再进行操作。另外,电线的外皮、电焊钳的手柄,以及一些电动工具都要保证有良好的绝缘。

(13)带电体与地面、带电体之间,带电体与其他设备和设施之间,均需要保持一定的安全距离。如常用的开关设备的安装高度应为1.3~1.5m,起重吊装的索具、重物等与导线的距离不得小于1.5m(电压在4kV及其以下)。

(14)工地或车间的用电设备,一定要按要求设置熔断器、断路器、漏电开关等器件。熔断器的熔丝熔断后,必须查明原因,由电工更换,不得随意加大熔丝断面或用铜丝代替。

(15)手持电动工具,必须加装漏电开关,在金属容器内施工必须采用安全电压。

(16)推拉闸刀开关时,一般应带好干燥的皮手套,头部要偏斜,以防推拉开关时被电火花灼伤。

(17)使用电气设备时,操作人员必须穿胶底鞋和戴胶皮手套,以防触电。

(18)工作中,当有人触电时,不要赤手接触触电者,应该迅速切断电源,然后立即组织抢救。

🎯 关键细节 54　钢结构构件焊接安全要求

(1)电焊机要设单独的开关,开关应放在防雨的闸箱内,拉合闸时应戴手套侧向操作。

(2)焊钳与把线必须绝缘良好,连接牢固,更换焊条应戴手套。在潮湿地点工作,应站在绝缘胶板或木板上。

(3)焊接预热工件时,应有石棉布或挡板等隔热措施。

(4)把线、地线禁止与钢丝绳接触,更不得用钢丝绳或机电设备代替零线。所有地线接头,必须连接牢固。

(5)更换场地移动把线时,应切断电源,并不得手持把线爬梯登高。

(6)清除焊渣、采用电弧气刨清根时,应戴防护眼镜或面罩,以防止铁渣飞溅伤人。

(7)多台焊机在一起集中施焊时,焊接平台或焊件必须接地,并应有隔光板。

(8)雷雨时,应停止露天焊接工作。

(9)施焊场地周围应清除易燃易爆物品,或进行覆盖、隔离。

(10)必须在易燃易爆气体或液体扩散区施焊时,应经有关部门检试许可后,方可施焊。

(11)工作结束,应切断焊机电源,并检查操作地点,确认无起火危险后,方可离开。

🎯 关键细节 55　钢结构构件涂装安全要求

(1)配制使用乙醇、苯、丙酮等易燃材料的施工现场,应严禁烟火和使用电炉等明火设备,并应配置消防器材。

(2)配制硫酸溶液时,应将硫酸注入水中,严禁将水注入硫酸中;配制硫酸乙酯时,应将硫酸慢慢注入酒精中,并充分搅拌,温度不得超过60℃,以防酸液飞溅伤人。

(3)防腐涂料的溶剂,常易挥发出易燃易爆的蒸汽,当达到一定浓度后,遇火易引起燃烧或爆炸,因此,在施工时应加强通风降低积聚浓度。

(4)涂料施工的职业健康安全措施主要要求:涂漆施工场地要有良好的通风,如通风条件不好,必须安装通风设备。

(5)因操作不小心导致涂料溅到皮肤上时,可用木屑加肥皂水擦洗;最好不用汽油或强溶剂擦洗,以免引起皮肤发炎。

(6)使用机械除锈工具(如钢丝刷、粗锉、风动或电动除锈工具)清除锈层、工业粉尘、旧漆膜时,为避免眼睛受伤,要戴上防护眼镜,并戴上防尘口罩,以防发生呼吸道感染。

(7)在涂装对人体有害的漆料(如红丹的铅中毒、天然大漆的漆毒、挥发型漆的溶剂中毒等)时,应带上防毒口罩,封闭式眼罩等保护用品。

(8)在喷涂硝基漆或其他挥发型易燃性较大的涂料时,严禁使用明火,要严格遵守防火规则,以免失火或引起爆炸。

(9)高空作业时要戴安全带,双层作业时要戴安全帽;要仔细检查跳板、脚手杆子、吊篮、云梯、绳索、安全网等施工用具有无损坏,捆扎牢不牢、有无腐蚀或搭接不良等隐患;每次使用之前均应在平地上做起重试验,以防造成事故。

(10)施工场所的电线,要按防爆等级的规定安装;电动机的启动装置与配电设备,应该是防爆式的,要防止漆雾飞溅在照明灯泡上。

(11)不允许把盛装涂料、溶剂或用剩的漆罐开口放置。浸染涂料或溶剂的破布及废棉纱等物,必须及时清除;涂漆环境或配料房要保持清洁,出入通畅。

(12)操作人员涂漆施工时,如感觉头痛、心悸或恶心,应立即离开施工现场,到通风良好、空气新鲜的地方,如仍然感到不适,应速去医院检查治疗。

关键细节56 钢结构安装时防高空坠落措施

(1)吊装人员应戴安全帽,高空作业人员应系好安全带,穿防滑鞋,带工具袋。

(2)吊装工作区应有明显标志,并设专人警戒,与吊装无关人员严禁入内。起重机工作时,起重臂杆旋转半径范围内,严禁站人。

(3)运输吊装构件时,严禁在被运输、吊装的构件上站人指挥和放置材料、工具。

(4)高空作业施工人员应站在操作平台或轻便梯子上工作。吊装屋架应在上弦设临时安全防护栏杆或采取其他安全措施。

(5)登高用梯子吊篮,临时操作台应绑扎牢靠,梯子与地面夹角以60°～70°为宜,操作台跳板应铺平绑扎,严禁出现挑头板。

关键细节57 钢结构安装时防物体下落伤人措施

(1)高空往地面运输物件时,应用绳捆好吊下。吊装时,不得在构件上堆放或悬挂零星物件。零星材料和物件必须用吊笼或钢丝绳保险绳捆扎牢固,才能吊运和传递,不得随意抛掷材料物件、工具,防止滑脱伤人或出现其他意外事故。

(2)构件绑扎必须绑牢固,起吊点应通过构件的重心位置,吊升时应平稳,避免振动或摆动。

(3)起吊构件时,速度不应太快,不得在高空停留过久,严禁猛升猛降,以防构件脱落。

(4)构件就位后临时固定前,不得松钩、解开吊装装索具。构件固定后,应检查连接牢固和稳定情况,当连接确实安全可靠,方可拆除临时固定工具,进行下步吊装。

(5)风雪天、霜雾天和雨期吊装,高空作业应采取必要的防滑措施,如在脚手板、走道、屋面铺麻袋或草垫,夜间作业应有充分照明。

(6)设置吊装禁区,禁止与吊装作业无关的人员入内。地面操作人员,应尽量避免在高空作业正下方停留、通过。

关键细节58 钢结构安装时防止起重机倾翻措施

(1)起重机行驶的道路,必须平整、坚实、可靠,停放地点必须平坦。

(2)起重吊装指挥人员和起重机驾驶人员必须经考试合格持证上岗。

(3)吊装时,指挥人员应位于操作人员视力能及的地点,并能清楚地看到吊装的全过程。起重机驾驶人员必须熟悉信号,按指挥人员的各种信号进行操作,不得擅自离开工作岗位,必须遵守现场秩序,服从命令听指挥。指挥信号应事先统一规定,发出的信号要鲜明、准确。

(4)在风力等于或大于六级时,禁止在露天进行起重机移动和吊装作业。

(5)当所要起吊的重物不在起重机起重臂顶的正下方时,禁止起吊。

(6)起重机停止工作时,应刹住回转和行走机构,关闭和锁好司机室门。吊钩上不得悬挂构件,并要将其升到高处,以免摆动伤人和造成吊车失稳。

关键细节59 钢结构安装时防止吊装结构失稳措施

(1)构件吊装应按规定的吊装工艺和程序进行,未经计算和可靠的技术措施,不得随意改变或颠倒工艺程序安装结构构件。

(2)构件吊装就位,应经初校和临时固定或连接可靠后方可卸钩,最后固定后始可拆除临时固定工具。高宽比很大的单个构件,未经临时或最后固定组成一稳定单元体系前,应设溜绳或斜撑拉(撑)固。

(3)构件固定后不得随意撬动或移动位置,如需重校时,必须回钩。

(4)多层结构吊装或分节柱吊装,应吊装完一层(或一节柱),将下层(下节)灌浆固定后,方可安装上层或上一节柱。

关键细节60 压型金属板施工安全要求

(1)压型钢板施工时两端要同时拿起,轻拿轻放,避免滑动或翘头,施工剪切下来的料头要放置稳妥,随时收集,避免坠落。非施工人员禁止进入施工楼层,避免焊接弧光灼伤眼睛或晃眼造成摔伤,焊接辅助施工人员应戴墨镜配合施工。

(2)施工时下一楼层应有专人监控,防止其他人员进入施工区和焊接火花坠落造成失火。

(3)施工中工人不可聚集,以免集中荷载过大,造成板面损坏。

(4)施工的工人不得在屋面奔跑、打闹、抽烟和乱扔垃圾。

(5)当天吊至屋面上的板材应安装完毕,如果有未安装完的板材应临时固定,以免被风刮下,造成事故。

(6)早上屋面易有露水,坡屋面上彩板面滑,应特别注意防护措施。

(7)现场切割过程中,切割机械的底面不宜与彩板面直接接触,最好垫以薄三合板材。

(8)吊装中不要将彩板与脚手架、柱子、砖墙等碰撞和摩擦。

(9)在屋面上施工的工人应穿胶底不带钉子的鞋。

(10)操作工人携带的工具等应放在工具袋中,如放在屋面上应放在专用的布或其他片材上。

(11)不得将其他材料散落在屋面上,或污染板材。

(12)板面铁屑清理,板面在切割和钻孔中会产生铁屑,这些铁屑必须及时清除,不可过夜。因为铁屑在潮湿空气条件下或雨天中会立即锈蚀,在彩板面上形成一片片红色锈斑,附着于彩板面上,形成后很难清除。此外,其他切除的彩板头、铝合金拉铆钉上拉断的铁杆等应及时清理。

(13)在用密封胶封堵缝时,应将附着面擦干净,以使密封胶在彩板上有良好的结合面。

(14)电动工具的连接插座应加防雨措施,避免造成事故。

第四节 屋面与地下防水工程施工安全技术管理

一、屋面防水工程

建筑屋面防水工程是房屋建筑的一项重要分项工程。根据建筑物的性质、重要程度、使用功能要求及防水层耐用年限等，将屋面防水分为四个等级，并按不同等级进行设防，见表2-8。

防水屋面的常用种类有卷材防水屋面、涂膜防水屋面和刚性防水屋面等。

表 2-8　　　　　　　　　　　　　屋面防水等级和设防要求

项　目	屋面防水等级			
	I	II	III	IV
建筑物类别	特别重要或对防水有特殊要求的建筑	重要的建筑或高层的建筑	一般的建筑	非永久性的建筑
防水层合理使用年限	25年	15年	10年	5年
防水层选用材料	宜选用合成高分子防水卷材、高聚物改性沥青防水卷材、金属板材、合成高分子防水涂料、细石混凝土等材料	宜选用高聚物改性沥青防水卷材、合成高分子防水涂料、高聚物改性沥青防水涂料、细石混凝土、平瓦、油毡瓦等材料	宜选用三毡四油沥青防水卷材、合成高分子防水卷材、金属板材、高聚物改性沥青防水涂料、合成高分子防水涂料、细石混凝土、平瓦、油毡瓦等材料	可选用二毡三油沥青防水卷材、高聚物改性沥青防水涂料等材料
设防要求	三道或三道以上防水设防	二道防水设防	一道防水设防	一道防水设防

🔧 关键细节 61　屋面施工安全技术要求

(1)屋面施工作业前，无高女儿墙的屋面的周围边沿和预留孔洞处，必须按"洞口、临边"防护规定进行职业健康安全防护。施工中由临边向内施工，严禁由内向外施工。

(2)施工现场操作人员必须戴好安全帽，防水层和保温层施工人员禁止穿硬底和带钉子的鞋。

(3)对易燃材料，必须贮存在专用仓库或专用场地，应设专人进行管理。

(4)在库房及现场施工隔气层、保温层，严禁吸烟和使用明火，并配备消防器材和灭火设施。

(5)屋面材料垂直运输或吊运中应严格遵守相应的职业健康安全操作规程。

(6)屋面没有女儿墙，在屋面上施工作业时作业人员应面对檐口，由檐口往里施工，以防不慎坠落。

(7)清扫垃圾及砂浆拌和物过程中要避免灰尘飞扬;对建筑垃圾,特别是有毒有害物质,应按时定期地清理到指定地点,不得随意堆放。

(8)屋面施工作业时,绝对禁止从高处向下乱扔杂物,以防砸伤他人。

(9)雨雪、大风天气应停止作业,待屋面干燥风停后,方可继续工作。

◎关键细节62 屋面防水层施工安全技术要求

(1)溶剂型防水涂料易燃有毒,应存放于阴凉、通风、无强烈日光直晒、无火源的库房内,并备有消防器材。

(2)使用溶剂型防火涂料时,施工人员应着工作服、工作鞋,戴手套。操作时若皮肤沾上涂料,应及时用沾有相应溶剂的棉纱擦除,再用肥皂和清水洗净。

(3)卷材作业时,作业人员操作应注意风向,防止下风方向作业人员中毒或烫伤。

(4)屋面防水层作业过程中,操作人员如发生恶心、头晕、刺激过敏等情况时,应立即停止操作。

◎关键细节63 刚性防水屋面施工安全技术要求

(1)浇筑混凝土时混凝土不得集中堆放。

(2)在运输水泥、砂、石、混凝土等材料过程中不得随处溢洒,应及时清扫撒落地上的材料,保持现场环境整洁。

(3)混凝土振捣器使用前必须经电工检验确认合格后方可使用。开关箱必须装设漏电保护器,插头应完好无损,电源线不得破皮漏电,操作者必须穿绝缘鞋(胶鞋),戴绝缘手套。

二、地下防水工程

地下防水工程是防止地下水对地下构筑物或建筑物基础的长期浸透,保证地下构筑物或地下室使用功能正常发挥的一项重要工程。由于地下工程常年受到各种地表水、地下水的作用,所以地下工程的防渗漏处理比屋面防水工程要求更高,技术难度更大。地下工程的防水方案,应根据使用要求,全面考虑地质、地貌、水文地质、工程地质、地震烈度、冻结深度、环境条件、结构形式、施工工艺及材料来源等因素合理确定。

地下工程的防水等级分四级,各级标准应符合表2-9的规定。

表2-9 地下防水工程等级标准

防水等级	标准
一级	不允许渗水,结构表面无湿渍
二级	(1)不允许漏水,结构表面可有少量湿渍; (2)工业与民用建筑:总湿渍面积不大于总防水面积(包括顶板、墙面、地面)的1‰;单个湿渍的最大面积不大于0.1m²;任意100m²防水面积上的湿渍不超过两处 (3)其他地下工程:总湿渍面积不大于总防水面积的2‰;单个湿渍的最大面积不大于0.2m²;任意100m²防水面积上的湿渍不超过3处;其中,隧道工程还要求平均渗水量不大于0.05L/(m²·d),任意100m²防水面积上的渗水量不大于0.15L/(m²·d)

（续）

防水等级	标　　　准
三级	(1)有少量漏水点,不得有线流和漏泥砂; (2)单个湿渍的最大面积不大于 0.3m²;单个漏水点的最大漏水量不大于 2.5L/d;任意 100m²防水面积上的漏水或湿渍点数不超过 7 处
四级	(1)有漏水点,不得有线流和漏泥砂; (2)整个工程平均漏水量不大于 2L/(m²·d);任意 100m² 防水面积的平均漏水量不大于4L/(m²·d)

关键细节 64　地下防水与堵漏施工安全技术要求

(1)现场施工必须戴好安全帽、口罩、手套等防护用品,必须穿软底鞋,不得穿硬底或带钉子的鞋。

(2)防水施工所用的材料属易燃物质,贮存、运输和施工现场必须严禁烟火,通风良好,还必须配备相应的消防器材。

(3)熬制、配制防水灌浆堵漏材料时,必须穿戴规定的防护用品,皮肤不得外露。

(4)防水、堵漏施工照明用电要将电压降到 12～36V 以下,以防触电。

(5)处理漏水部位,用手接触掺促凝剂的砂浆,需戴橡胶手套或橡胶手指套。

(6)厚度在 4mm 以上的新型沥青防水卷材才可用热熔法施工,施工须办理有动火申请审批手续。

(7)热熔施工时必须戴墨镜,并防止烫伤。施工现场要保持良好通风。

第五节　楼地面及装饰装修工程施工安全技术管理

一、楼地面工程

楼地面是房屋建筑底层地坪与楼层地坪的总称,主要由面层、垫层和基层构成。楼地面的分类,见表 2-10。

表 2-10　　　　　　　　　　　　　楼地面的分类

序号	分类方法	种　　　类
1	按面层材料分类	按面层材料分有:土、灰土、三合土、菱苦土、水泥砂浆混凝土、水磨石、陶瓷锦砖、木、砖和塑料地面等
2	按面层结构分类	按面层结构分有:整体面层(如灰土、菱苦土、三合土、水泥砂浆、混凝土、现浇水磨石、沥青砂浆和沥青混凝土等)、块料面层(如缸砖、塑料地板、拼花木地板、陶瓷锦砖、水泥花砖、预制水磨石块、大理石板材、花岗石板材等)和涂布地面等

楼地面工程施工分为楼面与地面两部分,两者的主要区别是其饰面承托层不同。楼面装饰面层的承托层是架空的楼面结构层,地面装饰面层的承托层是室内地基。楼面饰面要注意防渗漏水问题,地面饰面要注意防潮问题。

◎关键细节 65 垫层施工安全技术要求

(1)垫层所用原材料(粉化石灰、石灰、砂、炉渣、拌和料等材料)过筛和垫层铺设时,操作人员应戴口罩、风镜、手套、套袖等劳动保护用品,并站在上风头作业。

(2)现场电气装置和机具必须符合《建筑机械使用安全技术规程》(JGJ 33—2001)及《施工现场临时用电安全技术规范》(JGJ 46—2005)的有关规定,施工中应定期对其进行检查、维修,保证机械使用安全。

(3)原材料及混凝土在运输过程中,应避免扬尘、洒漏、沾带,必要时应采取遮盖、封闭、洒水、冲洗等措施。

(4)施工机械用电必须采用三级配电两级保护,使用三相五线制,严禁乱拉乱接。

(5)夯填垫层前,应先检查打夯机电线绝缘是否完好,接地线、开关是否符合要求;使用打夯机应由两人操作,其中一人负责移动打夯机胶皮电线。

(6)打夯机操作人员,必须戴绝缘手套和穿绝缘鞋,防止漏电伤人。两台打夯机在同一作业面夯实时,前后距离不得小于5m,夯打时严禁夯打电线,以防触电。

(7)配备洒水车,对干土、石灰粉等洒水或覆盖,防止扬尘。

(8)现场噪声控制应符合有关规定。

(9)开挖出的污泥等应排放至垃圾堆放点。

(10)防止机械漏油污染土地,落地混凝土应在初凝前及时清除。

(11)夜间施工时,要采用定向灯罩防止光污染。

◎关键细节 66 隔离层施工安全技术要求

(1)当隔离层材料为沥青类防水卷材、防水涂料时,施工必须符合防火要求。

(2)对作业人员进行职业健康安全技术交底、职业健康安全教育。

(3)采用沥青类材料时,应尽量采用成品。如必须在现场熬制沥青时,锅灶应设置在远离建筑物和易燃材料30m以外地点,并禁止在屋顶、简易工棚和电气线路下熬制;严禁用汽油和煤油点火,现场应配置消防器材、用品。

(4)装运热沥青时,不得用锡焊容器,盛油量不得超过其容量的2/3。垂直吊运时,下方不得有人。

(5)使用沥青胶结料和防水涂料施工时,室内应通风良好。

(6)涂刷处理剂和胶黏剂时,操作人员必须戴防毒口罩和防护眼镜,并佩戴手套及鞋盖。

(7)防水涂料或处理剂不用时,应及时封盖,不得长期暴露于空气中。

(8)施工现场剩余的防水涂料、处理剂、纤维布等应及时清理,以防其污染环境。

◎关键细节 67 面层施工安全技术要求

(1)施工操作人员要先培训后再上岗,做好职业健康安全教育工作。

(2)现场用电应符合安全用电规定,电动工具的配线要符合有关规定的要求,施工的小型电动械具必须装有漏电保护器,作业前应试机检查。

(3)木地板和竹地板面层施工时,现场按规定配置消防器材。

(4)地面垃圾清理要随干随清,保持现场的整洁干净。不得乱堆、乱扔,应集中倒至指定地点。

(5)清理楼面时,禁止从窗口、留洞口和阳台等处直接向外抛扔垃圾、杂物。

(6)操作人员剔凿地面时要带防护眼镜。

(7)夜间施工或在光线不足的地方施工时,应采用36V的低压照明设备,地下室照明用电不超过12V。

(8)非机电人员不准乱动机电设备,特殊工种作业人员必须持证上岗。

(9)室内推手推车拐弯时,要注意防止车把挤手。

(10)砂浆机清洗废水应设沉淀池,排到室外管网。拌制砂浆时所产生的污水必须经处理后才能排放。

(11)电动机操作人员必须戴绝缘手套和穿绝缘鞋,防止漏电伤人。

(12)施工现场垃圾应分拣分放并及时清运,由专人负责用毡布密封并洒水降尘。水泥等易飞扬的粉状物应防止遗洒,使用时轻铲轻倒,防止飞扬。沙子使用时,应先用水喷洒,防止粉尘的产生。

(13)定期对噪声进行测量,并注明测量时间、地点、方法。做好噪声测量记录,以验证噪声排放是否符合要求,超标应及时采取措施。

(14)竹木地板面层施工作业场地严禁存放易燃品,场地周围不准进行明火作业,现场严禁吸烟。

(15)提高环保意识,严禁在室内基层使用有严重污染物质,如沥青、苯酚等。

(16)基层和面层清理时严禁使用丙酮等挥发、有毒的物质,应采用环保型清洁剂。

二、装饰装修工程

建筑装饰装修工程是采用适当的材料和正确的构造,以科学的施工工艺方法,为保护建筑主体结构,满足人们的视觉要求和使用功能,从而对建筑物和主体结构的内外表面进行的装设和修饰,并对建筑及其室内环境进行艺术加工和处理。

装饰装修工程一般包括建筑的室内外抹灰工程、饰面板(砖)工程和涂料、刷浆及裱糊工程等,其作用是保护结构,提高结构的耐久性,改善清洁卫生条件,弥补墙体在隔热、隔声、防潮功能方面的不足,此外,还能美化建筑物的艺术形象和环境。

装饰装修工程的特点是工程量大,工期长,用工量多,且其施工一般是在屋面防水工程完成之后,并在不致被后继工程所损坏和玷污的条件下方可进行。因此,组织好施工,提高机械化施工水平,改革装饰材料和施工工艺,对提高质量、缩短工期、降低成本非常重要。

关键细节68 抹灰工程施工安全技术要求

(1)墙面抹灰的高度超过1.5m时,要搭设脚手架或操作平台;大面积墙面抹灰时,要搭设脚手架。

(2)搭设抹灰用高大架子必须有设计和施工方案,参加搭架子的人员,必须经培训合格,持证上岗。

(3)高大架子必须经相关安全部门检验合格后方可开始使用。

(4)施工操作人员严禁在架子上打闹、嬉戏,使用的工具灰铲、刮木工等不要乱丢乱扔。

(5)高空作业衣着要轻便,禁止穿硬底鞋和带钉易滑鞋上班,并且要求系挂安全带。

(6)遇有恶劣气候(如风力在六级以上),影响安全施工时,禁止高空作业。

(7)提拉灰斗的绳索,要结实牢固,防止绳索断裂灰斗坠落伤人。

(8)施工作业中尽可能避免交叉作业,抹灰人员不要在同一垂直面上工作。

(9)施工现场的脚手架、防护设施、安全标志和警告牌,不得擅自拆动,需拆动应经施工负责人同意,并同专业人员加固后拆动。

(10)乘人的外用电梯、吊笼应有可靠的安全装置,禁止人员随同运料吊篮、吊盘上下。

(11)对安全帽、安全网、安全带要定期检查,不符合要求的严禁使用。

关键细节 69   饰面板(砖)工程施工安全技术要求

(1)外墙贴面砖施工前先要由专业架子工搭设装修用外脚手架,经验收合格后才能使用。

(2)操作人员进入施工现场必须戴好安全帽,系好风紧扣。

(3)高空作业必须佩戴安全带,上架子作业前必须检查脚手板搭放是否安全可靠,确认无误后方可上架进行作业。

(4)上架工作,禁止穿硬底鞋、拖鞋、高跟鞋,且架子上的人不得集中在一块,严禁从上往下抛掷杂物。

(5)脚手架的操作面上不可堆积过量的面砖和砂浆。

(6)施工现场临时用电线路必须按临时用电规范布设,严禁乱接乱拉,远距离电缆线不得随地乱拉,必须架空固定。

(7)小型电动工具,必须安装"漏电保护"装置,使用时应经试运转合格后方可操作。

(8)电器设备应有接地、接零保护,现场维护电工应持证上岗,非维护电工不得乱接电源。

(9)电源、电压须与电动机具的铭牌电压相符,电动机具移动应先断电后移动,下班或使用完毕必须拉闸断电。

(10)施工时必须按施工现场安全技术交底施工。

(11)施工现场严禁扬尘作业,清理打扫时必须洒少量水湿润后方可打扫,并注意对成品的保护,废料及垃圾必须及时清理干净,装袋运至指定堆放地点,堆放垃圾处必须进行围挡。

(12)切割石材的临时用水,必须有完善的污水排放措施。

(13)用滑轮和绳索提拉水泥砂浆时,滑轮一定要固定好,绳索要结实可靠,防止绳索断裂坠物伤人。

(14)对施工中噪声大的机具,尽量安排在白天及夜晚22点前操作,严禁噪声扰民。

(15)雨后、春暖解冻时,应及时检查外架子,防止沉陷而出现险情。

关键细节 70   油漆涂刷工程施工安全技术要求

(1)施工场地应有良好的通风条件,否则应安装通风设备。

(2)在涂刷或喷涂有毒涂料时,特别是含铅、苯、乙烯、铝粉等的涂料,必须戴防毒口罩和密封式防护眼镜,穿好工作服,扎好领口、袖口、裤脚等处,防止中毒。

(3)在喷涂硝基漆或其他具有挥发性、易燃性溶剂稀释的涂料时,不准明火,不准吸烟。罐体或喷漆作业机械应妥善接地,泄放静电。涂刷大面积场地(或室内)时,应采用防爆型电气、照明设备。

(4)使用钢丝刷、板锉及气动、电动工具清除铁锈、铁鳞时,须戴上防护眼镜和口罩。

(5)作业人员如果感到头痛、头昏、心悸或恶心时,应立即离开工作现场到通风处换气,必要时送医院治疗。

(6)油漆及稀释剂应由专人保管。油漆涂料凝结时,不准用火烤。易燃性原材料应隔离贮存。易挥发性原料要用密封好的容器贮存。油漆仓库通风性能要良好,库内温度不得过高。仓库建筑要符合防火等级规定。

(7)在配料或提取易燃品时不得吸烟,浸擦过油漆、稀释剂的棉纱、擦手布不能随便乱丢,应全部收集存放在有盖的金属箱内,待不能使用时集中销毁。

(8)工人下班后应洗手和清洗皮肤裸露部分,未洗手之前不触摸其他皮肤或食品,以防刺激引起过敏反应或中毒。

关键细节71　玻璃工程施工安全技术要求

(1)切割玻璃,应在指定场所进行。切下的边角余料应集中堆放,及时处理,不得随地乱丢。搬运玻璃应戴手套。

(2)搬运玻璃应戴手套或用布、纸垫着玻璃,将手及身体裸露部分隔开。散装玻璃运输必须采用专门夹具(架)。玻璃应直立堆放,不得水平堆放。

(3)在高处安装玻璃,必须系安全带、穿软底鞋,应将玻璃放置平稳,垂直下方禁止通行。安装屋顶采光玻璃,应铺设脚手板。

(4)安装玻璃不得将梯子靠在门窗扇上或玻璃上。安装玻璃所用工具应放入工具袋内,严禁口含铁钉。

(5)悬空高处作业必须系好安全带,严禁腋下挟住玻璃,同时另一手扶梯攀登上下。

(6)安装窗扇玻璃时,严禁上下两层垂直交叉同时作业。安装天窗及高层房屋玻璃时,作业下方严禁走人或停留。碎玻璃不得向下抛掷。

(7)玻璃未钉牢固前,不得中途停工,以防掉落伤人。

(8)玻璃幕墙安装应利用外脚手架或吊篮架子从上往下逐层安装,抓拿玻璃时应用橡皮吸盘。

(9)门窗等安装好的玻璃应平整、牢固、不得有松动。安装完毕必须立即将风钩挂好或插上插销。

(10)安装完毕,所剩残余玻璃必须及时清扫,集中堆放到指定地点。

关键细节72　门窗工程施工安全技术要求

(1)进入现场必须戴安全帽。严禁穿拖鞋、高跟鞋、带钉易滑的鞋进入现场。

(2)作业人员在搬运玻璃时应戴手套,或用布、纸垫住将玻璃与手及身体裸露部分隔开,以防被玻璃划伤。

(3)裁划玻璃要小心,并在规定的场所进行。边角余料要集中堆放并及时处理,不得乱丢乱扔,以防扎伤他人。

(4)安装玻璃门用的梯子应牢固可靠,不应缺档,梯子放置不宜过陡,其与地面夹角以60°~70°为宜。严禁两人同时站在一个梯子上作业。

(5)在高凳上作业的人要站在中间,不能站在端头,以防止跌落。

(6)材料要堆放平稳,工具要随手放入工具袋内。上下传递工具物件时严禁抛掷。

(7)要经常检查机电器具有无漏电现象,一经发现立即修理,决不能勉强使用。

(8)安装窗扇玻璃时要按顺序依次进行,不得在垂直方向的上下两层同时作业,以避免玻璃破碎掉落伤人。大屏幕玻璃安装应搭设吊架或挑架从上至下逐层安装。

(9)天窗及高层房屋安装玻璃时,施工点的下面及附近严禁行人通过,以防玻璃及工具掉落伤人。

(10)门窗等安装好的玻璃应平整、牢固,不得有松动现象,在安装完后应随即将风钩挂好或插上插销,以防风吹窗扇碰碎玻璃掉落伤人。

(11)安装完后所剩下的残余破碎玻璃应及时清扫和集中堆放,并要尽快处理,以避免玻璃碎屑扎伤人。

关键细节73 幕墙工程施工安全技术要求

(1)进入现场必须佩戴安全帽,高空作业必须系好安全带,携带工具袋,严禁高空坠物。严禁穿拖鞋、凉鞋进入工地。

(2)禁止在外脚手架上攀爬,必须由通道上下。

(3)幕墙施工下方禁止人员通行和施工。

(4)现场电焊时,在焊接下方应设接火斗,防止电火花溅落引起火灾或烧伤其他建筑成品。

(5)所有施工机具在施工前必须进行严格检查,如手持吸盘须检查吸附质量和持续吸附时间试验,电动工具需做绝缘电压试验。

(6)电源箱必须安装漏电保护装置,手持电动工具的操作人员应戴绝缘手套。

(7)在高层石材板幕墙安装与上部结构施工交叉作业时,结构施工层下方应架设防护网;在离地面3m高处,应搭设挑出6m的水平安全网。

(8)在六级以上大风、大雾、雷雨、下雪天气严禁高空作业。

关键细节74 轻质隔墙工程施工安全技术要求

(1)施工现场必须结合实际情况设置隔墙材料贮藏间,并派专人看管,禁止他人随意挪用。

(2)隔墙安装前必须先清理好操作现场,特别是地面,保证搬运通道畅通,防止搬运人员绊倒和撞到他人。

(3)搬运时设专人在旁边监护,非安装人员不得在搬运通道和安装现场停留。

(4)现场操作人员必须戴好安全帽,搬运时可戴手套,以防止刮伤。

(5)推拉式活动隔墙安装后,应该推拉平稳、灵活、无噪声,不得有弹跳卡阻现象。

(6)板材隔墙和骨架隔墙安装后,应该平整、牢固,不得有倾斜、摇晃现象。

(7)玻璃隔断安装后应平整、牢固,密封胶与玻璃、玻璃槽口的边缘应粘结牢固,不得有松动现象。

(8)施工现场必须工完场清。设专人洒水、打扫,不能扬尘污染环境。

◎关键细节75 吊顶工程施工安全技术要求

(1)无论是高大工业厂房的吊顶还是普通住宅房间的吊顶均属于高处作业,因此作业人员要严格遵守高处作业的有关规定,严防发生高处坠落事故。

(2)吊顶的房间或部位要由专业架子工搭设满堂红脚手架,脚手架的临边处设两道防护栏杆和一道挡脚板,吊顶人员站在脚手架操作面上作业,操作面必须满铺脚手板。

(3)吊顶的主、副龙骨与结构面要连接牢固,防止吊顶脱落伤人。

(4)吊顶下方不得有其他人员来回行走,以防掉物伤人。

(5)作业人员要穿防滑鞋,行走及材料的运输要走马道,严禁从架管爬上爬下。

(6)作业人员使用的工具要放在工具袋内,不要乱丢乱扔,同时高空作业人员禁止从上向下投掷物体,以防砸伤他人。

(7)作业人员使用的电动工具要符合安全用电要求,如需用电焊的地方必须由专业电焊工施工。

◎关键细节76 裱糊与软包工程施工安全技术要求

(1)必须选择符合国家规定的材料。

(2)对软包面料及填塞料的阻燃性能严格把关,达不到防火要求时不予使用。

(3)软包布附近尽量避免使用碘钨灯或其他高温照明设备,不得动用明火,避免损坏。

(4)材料应堆放整齐、平稳,并应注意防火。

(5)夜间临时用的移动照明灯,必须用安全电压。机械操作人员必须经培训持证上岗,现场一切机械设备,非操作人员一律禁止动用。

◎关键细节77 细部工程施工安全技术要求

(1)施工现场严禁烟火,必须符合防火要求。

(2)施工时严禁用手攀窗框、窗扇和窗撑;操作时应系好安全带,严禁把安全带挂在窗撑上。

(3)操作时应注意对门窗玻璃的保护,以免发生意外。

(4)安装前应设置简易防护栏杆,防止施工时意外摔伤。

(5)安装后的橱柜必须牢固,确保使用安全。

(6)栏杆和扶手安装时应注意下面楼层的人员,适当时将梯井封好,以免坠物伤人。

第六节 电气工程施工安全技术管理

一、电气设备安装

电力系统是指由各种电压等级的电力线路将发电厂、变电所和电力用户联系起来的一个发电、输电、变电、配电和用电的整体。它包括了从发电、输电、配电直到用电的全过程,如图 2-1 所示。

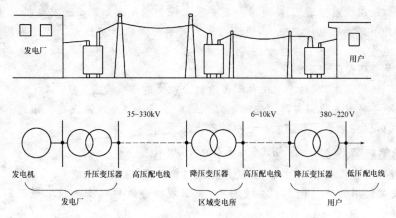

图 2-1　发电、输电与变电过程示意图

电力系统的建设安装工程,一般分为两个专业安装队伍施工。大型的发电站和高压、超高压输变电安装工程由电业系统专业施工队伍施工;工业建设项目中的变配电、动力、照明等电气工程由工业设备安装施工队伍进行施工。

工业与民用建设项目中的电气工程包括的内容主要是 10kV 以下的变配电设备、控制设备、动力设备以及电缆、配管配线、照明器具、防雷接地装置、架空线路以及起重设备、电梯电气装置等工程。

电气设备安装施工安全管理工作非常重要,必须引起足够的重视。

关键细节 78　柴油发电机组安全技术要求

(1)柴油发电机组对人体有危险部分必须贴危险标志。

(2)维修人员必须经过培训,不要独自一人在机器旁维修,以保证万一发生事故能及时得到帮助。

(3)维修时禁止启动机器,可以按下紧急停机按钮或拆下启动电瓶。

(4)在燃油系统施工和运行期间,不允许有明火、香烟、机油、火星或其他易燃物接近柴油发电机组和油箱。

(5)燃油和润滑油碰到皮肤会引起皮肤刺痛,如果油碰到皮肤,应立即用清洗液或水清洗皮肤。如果皮肤过敏(或手部都有伤者)要带上防护手套。

(6)如果蓄电池使用的是铅酸电池,若要与蓄电池的电解液接触,一定要戴防护手套和特别的眼罩。

(7)蓄电池中的稀硫酸具有毒性和腐蚀性,接触后会烧伤皮肤和眼睛。如果硫酸溅到皮肤上,应及时用大量的清水清洗;如果电解液进入眼睛,应用大量的清水清洗并立即去医院就诊。

(8)制作电解液时,先把蒸馏水或离子水倒入容器,然后加入酸,缓缓地不断搅动,每次只能加入少量酸。不要往酸中加水,酸会溅出,这样危险。制作时要穿上防护衣、防护鞋,戴上防护手套。蓄电池使用前电解液要冷却到室温。

(9)除油剂的使用,三氯乙烯等除油剂有毒性,使用时注意不要吸进它的气体,也不要溅到皮肤和眼睛里,要在通风良好的地方使用,并穿戴劳保用品保护手眼和呼吸道。

(10)如果在机组附近工作,耳朵一定要采取保护措施。如果柴油发电机组外有罩壳,则在罩壳外不需要采取保护措施,但进入罩壳内则需采取保护措施。在需要耳部保护的地区标上记号。尽量少去这些地区,若必须要去,则一定要使用护耳器。一定要对使用护耳器的人员讲明使用规则。

(11)不能用湿手,或站在水中和潮湿地面上触摸电线或设备。

(12)不要将发电机组与建筑物的电力系统直接连接。电流从发电机组进入公用线路是很危险的,这将导致人员触电死亡和财产损失。

关键细节 79　变压器、箱式变电所安全技术要求

(1)进行吊装作业前,索具、机具必须先经过检查,不合格不得使用。

(2)安装使用的各种电气机具要符合《施工现场临时用电安全技术规范》(JGJ 46—2005)的要求。

(3)在进行变压器、电抗器干燥与变压器油过滤时,应慎重作业,备好消防器材。

关键细节 80　成套配电柜、控制柜(屏、台)和动力照明配电箱(盘)安全技术要求

(1)设备安装完暂时不能送电运行的变配电室,控制室应封闭门窗,设置保安人员。注意土建施工影响,防止室内潮湿。

(2)对柜(屏、台)箱(盘)保护接地的电阻值、PE 线和 PEN 线的规格、中性线重复接地应认真核对,要求标识明显、连接可靠。

关键细节 81　低压电动机、电加热器及电动执行机构检查接线安全技术要求

(1)电机干燥过程中应由专人看护,配备灭火的防火器材,严格注意防火。

(2)电机抽芯检查施工中应严格控制噪声污染,注意保护环境。

(3)电气设备外露导体必须可靠接地,防止设备漏电或运行中产生静电火花伤人。

关键细节 82　低压电气动力设备试验和试运行安全技术要求

(1)凡从事调整试验和送电试运人员,均应戴手套、穿绝缘鞋。在用转速表测试电机转速时,不可戴线手套;推力不可过大或过小。

(2)试运通电区域应设围栏或警告指示牌,非操作人员禁止入内。

(3)对即将送电或送电后的变配电室,应派人看守或上锁。

(4)带电的配电箱、开关柜应挂上"有电"的指示牌;在停电的线路或设备上工作时,应在断电的电源开关、盘柜或按钮上挂上"有人工作""禁止合闸"等指示牌(电力传动装置系统及各类开关调试时,应将有关的开关手柄取下或锁上)。

(5)凡在架空线上或变电所引出的电缆线路上工作时,必须在工作前挂上地线,工作结束后撤除。

(6)凡临时使用的各种线路(短路线、电源线)、绝缘物和隔离物,在调整试验或试运后应立即清除,恢复原状。

(7)合理选择仪器、仪表设备的量程和容量,不允许超容量、超量程使用。

(8)试运的安全防护用品未准备好时,不得进行试运。参加试运的指挥人员和操作人员,应严格按试运方案、操作规程和有关规定进行操作,操作及监护人员不得随意改变操作命令。

二、配电线路作业

配电线路带电作业是作业人员通过使用绝缘工具、绝缘斗臂车等对带电设施实施的作业,这项作业要求作业人员具备熟练的作业能力,严格按照正确的作业方法和步骤,正确地佩戴好绝缘保护用具,安装和设置绝缘遮蔽用具,并通过现场严谨的管理和监护,实现作业的安全和高效。

配电线路带电作业可按绝缘方式或所采用的绝缘工具进行分类,见表 2-11。

表 2-11　　　　　　　　　　　配电线路带电作业的分类

序号	分类方法	种　　类
1	按绝缘方式分类	(1)间接作业法。间接作业是以绝缘工具为主绝缘、绝缘穿戴用具为辅助绝缘的作业方法。这种作业法是指作业人员与带电体保持足够的安全距离,通过绝缘工具进行作业的方法。且人体各部分通过绝缘防护用具(绝缘手套、绝缘衣、绝缘靴)与带电体和接地体保持距离,人体并不是处于地电位,因此,该作业方式不应误称为地电位作业法。 (2)直接作业法。直接作业是指作业人员借助高空作业车的绝缘臂或绝缘梯直接接近带电体,人体各部分穿戴绝缘防护用具直接作业的方法。该作业方法在名称上不应称为等电位作业法,因为当戴绝缘手套作业时,人体与带电体并不是等电位的。 在配电线路带电作业中,无论是采用直接作业法还是间接作业法,若按作业人员的人体电位来划分,均属于中间电位作业法
2	按所采用的绝缘工具分类	(1)杆上绝缘工具作业法。作业人员通过登杆器具(脚扣等)登杆至适当位置,系上安全带,保持与系统电压相适应的安全距离,再应用端部装配有不同工具附件的绝缘杆进行作业。这种作业方法的特点是不受交通和地形条件的限制,在高空绝缘斗臂车无法到达的杆位均可进行作业,但机动性、便利性及空中作业范围不及绝缘斗臂车作业。现场监护管理人员主要应监护人体与带电体的安全距离、绝缘工具的最小有效长度,作业前应严格检查所用工具的电气绝缘强度和机械强度。 (2)绝缘平台作业方法。绝缘平台通常由绝缘人字梯、独脚梯、绝缘车斗等构成。作业人员既可通过绝缘工具用间接法进行作业,也可通过绝缘手套用直接法作业,绝缘平台起着相对地之间的主绝缘作用。无论是间接法还是直接作业法,一般情况下,在被检修箱上开展作业之前,均应采用绝缘遮蔽和隔离用具对相邻带电体进行遮蔽或隔离。同时,作业人员应穿戴全套绝缘防护用具。当通过绝缘手套直接作业时,橡胶绝缘手套外应套上防磨破或刺穿的防护手套。 (3)绝缘斗臂车作业方法。采用绝缘斗臂车进行带电作业,具有升空便利、机动性强、作业范围大、机械强度高、电气绝缘性能好等优点。绝缘斗臂车的绝缘臂采用玻璃纤维增强型环氧树脂材料制成,绕制成圆柱形或矩形截面结构,具有重量轻、机械强度高、绝缘性能好、憎水性强等优点,在带电作业时为人体提供相对地的绝缘防护。绝缘斗臂车的作业斗定位,有的是通过绝缘臂上部斗中的作业人员直接操作,有的是通过下部驾驶台上的人员控制,有的作业车上下部都可以进行液压控制。作业斗具有水平方向和垂直方向旋转功能,可平行电线或电杆作水平或垂直移动。采用高空绝缘斗臂车进行配电网的带电作业是一种便利、灵活、应用范围广泛、劳动强度较低的作业方法

关键细节83 裸母线、封闭母线、插接式母线安装安全技术要求

(1)安装用的梯子应牢固可靠,梯子放置不应过陡,其与地面夹角以60°为宜。

(2)材料要堆放整齐、平稳,并防止磕碰。

(3)施工中的安全技术措施,应符合《电气装置安装工程 母线装置施工及验收规范》(GBJ 50149—2010)和现行有关安全技术标准及产品的技术文件的规定。对重要工序应事先制定安全技术措施。

关键细节84 电缆敷设、电缆头制作、接线和线路绝缘测试安全技术要求

(1)采用撬杠撬动电缆盘的边框敷设电缆时,不要用力过猛;不要将身体伏在撬棍上面,并应采取措施防止撬棍脱落、折断。

(2)人力拉电缆时,用力要均匀,速度要平稳,不可猛拉猛跑,看护人员不可站于电缆盘的前方。

(3)敷设电缆时,处于电缆转向拐角的人员,必须站在电缆弯曲半径的外侧,切不可站在电缆弯曲度的内侧,以防挤伤事故发生。

(4)敷设电缆时,电缆过管处的人员必须做到:接迎电缆时,施工人员的眼及身体的位置不可直对管口,防止挫伤。

(5)拆除电缆盘木包装时,应随时拆除随时整理,防止钉子扎脚或损伤电缆。

(6)推盘的人员不得站在电缆盘的前方,两侧人员站位不得超过电缆盘轴心,防止压伤事故发生。

(7)在已送电运行的变电室沟内进行电缆敷设时,必须做到电缆所进入的开关柜停电;施工人员操作时应有防止触及其他带电设备的措施(如采用绝缘隔板隔离);在任何情况下与带电体操作安全距离不得小于1m(10kV以下开关柜);电缆敷设完毕,如余度较大,应采取措施防止电缆与带电体接触(如绑扎固定)。

(8)在交通道路附近或较繁华的地区施工时,电缆沟要设栏杆和标志牌,夜间设标志灯(红色)。

(9)电缆头制作环境应干净卫生、无杂物,特别是应无易燃易爆物品,应认真、小心使用喷灯,防止火焰烤到不需加热部位。

(10)电缆头制作安装完成后,应工完场清,防止化学物品散落在现场。

关键细节85 照明灯具、开关、插座、风扇安装安全技术要求

(1)登高作业应注意安全,正确佩戴个人防护用品。

(2)人字梯应有防滑链。

(3)严禁两人在同一梯子上作业。

(4)施工场地应做到工完料清,灯具外包装及保护用泡沫塑料应收集后集中处理,严禁焚烧。

关键细节86 接地装置施工安全技术要求

(1)进行接地装置施工时,如位于较深的基槽内应注意高空坠物并做好护坡等处理。

(2)进行电焊作业时,电焊机应符合相关规定并使用专用闸箱,必须做到持证上岗,施工前清理易燃易爆物品,设专门看火人及使用相应的灭火器具。

(3)进行气焊作业时,氧气瓶、乙炔瓶放置间距应大于 5m,设有检测合格的氧气表、乙炔表并设防回火装置,同时必须做到持证上岗,设专门看火人及相应灭火器具。

(4)雨雪天气,禁止在室外进行电焊作业。

(5)接地极、接地网埋设结束后,应对所有沟、坑等及时回填,如作业时间较长,应注意保持开挖土方湿润,避免扬尘污染。

(6)凡在居民稠密区进行强噪声作业的,必须严格控制作业时间,一般不得超过晚上 22 时。

关键细节 87 避雷引下线敷设安全技术要求

(1)进行电焊作业时,电焊机应符合相关规定并使用专用闸箱,必须做到持证上岗,施工前清理易燃易爆物品,设专门看火人及相应灭火器具。

(2)进行气焊作业时,氧气瓶、乙炔瓶放置间距应大于 5m,设有检测合格的氧气表、乙炔表并设防回火装置,同时必须做到持证上岗,设专门看火人及相应灭火器具。

(3)遇雨雪天气,禁止在室外进行电焊作业。

(4)在高空进行避雷引下线施工时,必须佩戴安全带。

(5)进行大型避雷针安装时,应制定相应方案,防止倾斜倒塌。

(6)油漆作业结束后,应及时回收油漆包装材料。

(7)电气焊作业时应采取相应防护措施,避免弧光伤害。

第七节 给排水及采暖工程施工安全技术管理

一、给排水工程

给排水工程一般指生活给排水工程。生活给排水工程分为室内给水、室内排水、室外给排水三个系统。

(1)室内给水系统。室内给水系统的任务,是根据各类用户对水量、水压的要求,将水由城市给水管网(或自备水源)输送到装置在室内的各种配水龙头、生产机组和消防设备等各用水点。室内给水系统一般由引入管、水表节点、管道系统、升压及贮水设备以及配水设备等组成。

室内给水系统按用途基本上可分为以下几种:

1)生活给水系统。供民用、公共建筑和工业企业建筑内的饮用、烹调、盥洗、洗涤、淋浴等生活上的用水。要求水质必须严格符合国家规定的饮用水质标准。

2)生产给水系统。因各种生产的工艺不同,生产给水系统种类繁多,主要用于以下几方面:生产设备的冷却、原料和产品的洗涤、锅炉用水及某些工业的原料用水等。生产用水对水质、水量、水压以及安全方面的要求由于工艺不同,差异是很大的。

3)消防给水系统。供层数较多的民用建筑、大型公共建筑及某些生产车间的消防系统用的消防设备用水。消防用水对水质要求不高,但必须按建筑防火规范保证有足够的水量和水压。

4)组合给水系统。上述三种给水系统,实际并不一定需要单独设置,按水质、水压、水温及室外给水系统情况,考虑技术、经济和安全条件,可以相互组成不同的共用系统。如生活、生产、消防共用给水系统;生活、消防共用给水系统;生活、生产共用给水系统。

(2)室内排水系统。室内排水系统的任务是将日常生活和生产过程中所产生的废水,以及降落在屋面的降水汇集后,通过排水系统迅速排至室外,以保证人们的生活和生产。民用建筑的排水系统由卫生器具和生产设备受水器、排水管道、通气管道、清通设备、抽升设备及污水局部处理构筑物等部分组成。

室内排水系统按排除污(废)水的性质,可分为以下三类:

1)生活污水排水系统。排除住宅、公共建筑和工厂各种卫生器具排出的污水,包括粪便污水和生活废水。

2)工业废水排水系统。排除工厂在生产过程中所产生的生活污水和生活废水。

3)屋面雨水排水系统。排除屋面的雨水和融化后的雪水。

(3)室外给排水系统。室外给排水系统是指室外的所有给水管道和所有排水管道。

关键细节88 室内给水系统安全技术要求

(1)进入施工现场前,应首先检查施工现场及其周围环境是否达到安全要求,安全设施是否完好,须及时消除危险隐患后再行施工。

(2)施工现场各种设备、材料及废弃物要码放整齐、有条不紊,保持道路畅通。

(3)对施工中出现的土坑、井槽、洞穴等隐患处,应及时设置防护栏杆或防护标志。有车辆、行人的道路上,应放置醒目的警戒标志,夜间设红灯示警。

(4)施工现场严禁随意存放易燃、易爆物品,现场用火应在指定的安全地点设置。

关键细节89 室内排水系统安全技术要求

(1)在沟内施工时要随时检查沟壁,发现有土方松动、裂纹等情况时,应及时加设固壁支架,严禁借沟壁支架上下。

(2)向沟内下管时,使用的绳索必须结实,锚桩必须牢固,管下面的沟内不得有人。

(3)用梯、凳登高作业时,要保证架设工具的稳固,下边应有人扶牢,下层人员应戴好安全帽。

(4)用剁子断管时应用力均匀,边剁边转动管,不得用力过猛,防止裂管飞屑伤人。

(5)打楼板眼,上层楼板应盖住,下层应有人看护,打眼下层相应部位不得有人和物,锤、錾应握住,严禁将工具等从孔中掉落至下一层。

(6)打修楼板孔根时,应返上层盖好楼板眼,下层应有人看护,孔眼下不得站人,打眼时应抓稳锤,不得用大锤打眼。

(7)用绳索拉或人抬预制立管就位时,要检查绳索是否稳固,要抬稳扶牢,铁钎固定立管要牢固可靠,防止脱落。

(8)拉、抬管段的绳索要检查好,防止断绳伤人,就位的横管要及时用铁线、支、托、吊卡具固定好。

(9)使用水、电(气)焊工具时要严格遵守安全防护措施,认真配备安全附属设备。

关键细节 90　卫生器具安装安全技术要求

(1)手持式电动工具的负荷线必须采用耐磨型橡皮护套铜芯软电缆,并且中间不得有接头。

(2)手持式电动工具的外壳、手柄、负荷线、插头、开关等必须完好无损,使用前必须做空载试运转。

关键细节 91　室外给水管网安全技术要求

(1)吊装管子的绳索必须绑牢,吊装时要服从统一指挥,动作要协调一致,管子起吊后,沟内操作人员应避开,以防伤人。

(2)沟内施工人员要戴好安全帽。

(3)用手工切割管子时不能过急过猛,管子将断时应扶住管子,以免管子滚下垫木时砸脚。

(4)管道对口过程中,要相互照应,以防挤手。

(5)夜间挖管沟时必须有充足的照明,在交通要道外设置警告标志。

(6)管沟过深时上下管沟应用梯子,挖沟过程中要经常检查边坡状态,防止变异塌方伤人。

(7)抡镐和大锤时,注意检查镐头和锤头,防止脱落伤人。

(8)管沟上下传递物件时,不准抛弃,应系在绳子上上下传递。

(9)打口时,注意力要集中,避免打在手上。

(10)配合焊工组对管口的人员,应戴上手套和面罩。

(11)热熔连接时,不要手碰加热套,以免烫伤。

(12)胶圈连接的橡胶圈储存的适宜温度为$-5\sim30℃$,湿度不大于80%,远离热源,不与溶剂、易挥发物质、油脂等放在一起。

(13)黏接剂及丙酮等要远离火源。

关键细节 92　室外排水管网安全技术要求

(1)水准仪架设时,要看好地势,将仪器放平、放稳,不可摔坏仪器。转移测点移位时,水准仪不可倾斜移动,宜将水准仪垂直收拢后,再移至新测点。

(2)用大锤打木桩时,先检查大锤手柄是否松动,严防举锤时脱落伤人。

(3)安装管道时,随时检查管沟,确无松动、塌方的迹象方可在沟内作业。

(4)若管沟有支撑时,接口操作过程中要随时检查边坡与支撑,如发现裂缝或支撑折断,有危险现象立即停止操作。

(5)接口及铺管过程中,上下沟槽不准攀登支撑。

二、采暖工程

采暖工程由热发生装置、供热管网和用热设备三个基本部分组成。从热发生器发出的热,经过供热管道输送到散热器内,由散热器将热放散于室内空气中,使室内温度升高。

室内采暖通常采用热水和蒸汽两种热媒。民用建筑应采用热水作为热媒,工业厂房及其辅助建筑,应视具体情况采用高温水或蒸汽作为热媒。居住建筑、办公楼、医院及托幼建筑等,热水温度宜采用95℃,其他工业及民用建筑,高温水温度不应超过130℃。

建筑采暖系统可进行以下分类:

(1)以热媒的性质不同分为热水采暖系统和蒸汽采暖系统。

(2)以热媒的压力和温度不同分为低温低压热水采暖系统、高温高压热水采暖系统、低压蒸汽采暖系统和高压蒸汽采暖系统。

(3)以热媒的循环动力不同分为自然循环热水采暖系统和机械循环热水采暖系统。

(4)按供水干管布置位置可分为上供下回式、上供上回式、下供下回式、中分式和水平串联式等。

(5)按供、回水立管的布置可分为双管系统、单管系统和单双管混合采暖系统。

(6)低温、热水地板辐射采暖系统。

⊙关键细节93　室内采暖系统安装安全技术要求

(1)现场同一垂直面上下交叉作业时必须戴安全帽,必要时设置安全隔离层,在吊车壁回转范围行走时,应随时注意有无重物起吊。

(2)在地沟内或吊顶内操作时,应采用12V安全电压照明,吊顶内焊口要严加防火,焊接地点严禁堆放易燃物。

(3)高空作业时系好安全带。

(4)试压中严禁使用失灵或不准确的压力表。

(5)试压过程中若发现异常应立即停止试压,紧急情况下应立即放尽管内的水。

(6)搬运散热器过程中,要防止摔坏散热器或砸伤人。

(7)使用的人字梯必须坚固、平稳。

(8)油漆操作应戴口罩,在操作区应保持新鲜空气流通,以防中毒现象发生。

(9)沾染油漆的棉纱、破布、油漆等废物,应收集存放在有盖的金属容器内及时处理掉。

(10)从事保温作业时,衣领、袖口、裤脚应扎紧或采取防护措施。

(11)电焊机应设保护措施,并应有漏电保护器。

(12)气瓶间距不小于5m,距明火不小于10m,气瓶应有防震圈和防护帽。

(13)电焊施工时应使用防护面罩,保护劳动者的安全和健康,保证劳动生产率的提高。

(14)现场工人应配给手套、胶鞋、口罩、工作服等防护用品,焊工配备防护眼镜等防护用品。

⊙关键细节94　室内热水供应系统安全技术要求

(1)现场作业必须戴安全帽,高空作业时要系好安全带,必要时设置安全隔离层。出入在吊车壁回转范围行走时,应戴上安全帽,并随时注意有无重物起吊。

(2)支托架安装管子时,先把管子固定好再接口,防止管子滑脱砸伤人。

(3)安装立管时,先把楼板孔洞周围清理干净,不准向下扔东西,在管井操作时必须盖好上层井口的防护板。

(4)在地沟或吊顶内操作时,安全电压照明,吊顶内焊口要严加防火,焊接地点严禁堆放易燃物。

(5)试压过程中若发现异常应立即停止试压,紧急情况下,应立即放尽管内的水。

(6)冲洗水的排放管,接至可靠的排水井或排水沟里,保证排泄畅通和安全。

(7)电焊机应做保护措施,并有漏电保护器。

(8)电焊施工时应使用防护面罩,保护劳动者的安全和健康,保证劳动生产率的提高。

(9)使用热熔或电熔焊接机具时,应核对电源电压,遵守电器工具安全操作规程,注意防潮,保持机具清洁。

(10)钎焊焊剂、焊料应集中堆放在通风良好的库房内,焊接工具应分类放置在料架上。专用工具应保持表面清洁、完整,不得移作他用。

(11)操作现场不得有明火,不得存放易燃液体,严禁对给水聚丙烯管材进行明火烘弯。

(12)胶黏剂、清洁剂丙酮或酒精等易燃品宜存放在危险品仓库中。运输或使用时应远离火源,存放处应安全可靠、阴凉干燥、通风良好、严禁明火。

(13)水箱吊装前,必须检查全部起重设备与工具,操作人员应戴好安全帽。

🎯 关键细节 95 供热锅炉及辅助设备安全技术要求

(1)加强施工机具、临时用电的安全管理,并由专人操作和维护,加强安全防护工作。

(2)锅炉设备在水平运输或吊装时,严禁非操作人员进入工作区,防止发生事故。

(3)用人字扒杆(或三脚扒杆)吊装设备时,扒杆要固定牢靠,防止坍架伤物、伤人。

(4)高空作业时要拴好安全带,交叉作业时应戴好安全帽。

(5)进锅筒内作业时,应使用安全低电压灯,安全电压为12~24V。

(6)在施工中随时清理现场,防止绊倒伤人。

(7)在高凳或梯子上作业时,高凳或梯子要放牢,梯脚要有防滑装置,防止滑倒伤人。

(8)在配制氢氧化钠溶液时,要有防护措施,如胶靴、胶手套和护目镜,避免腐蚀皮肤。

(9)易燃、易爆材料或物品应妥善保管,防止发生事故。

第八节 通风与空调工程施工安全技术管理

一、通风工程

通风就是更换空气,即排除房间或生产车间的余热、余温、有害气体、蒸汽和灰尘,同时送入一定质量的新鲜空气,以满足人体卫生和车间生产工艺的要求。通风工程是送风、排风、除尘、气力输送以及防、排烟系统工程的统称。

通风系统可按不同标准进行分类,见表2-12。

表 2-12　　　　　　　　　　　通风系统分类

序号	分类标准	分类名称	说　明
1	按作用范围分类	全面通风	在整个房间内进行全面空气交换,称为全面通风。当有害气体在很大范围内产生并扩散到整个房间时,就需要全面通风,排除有害气体和送入大量的新鲜空气,将有害气体浓度冲淡到容许浓度之内
		局部通风	将污浊空气或有害气体直接从产生的地方抽出,防止扩散到全室,或者将新鲜空气送到某个局部范围,改善局部范围的空气状况,称为局部通风。当车间的某些设备产生大量危害人体健康的有害气体时,采用全面通风不能冲淡到容许浓度,或者采用全面通风很不经济时,常采用局部通风
		混合通风	用全面送风和局部排风,或全面排风和局部送风混合起来的通风形式
2	按动力分类	自然通风	利用室外冷空气与室内热空气密度的不同以及建筑物通风面和背风面风压的不同而进行换气的通风方式,称为自然通风。自然通风可分为三种情况: (1)无组织的通风。如一般建筑物没有特殊的通风装置,依靠普通门窗及其缝隙进行自然通风。 (2)按照空气自然流动的规律,在建筑物的墙壁、屋顶等处,设置可以自由启闭的侧窗及天窗,利用侧窗和天窗控制和调节排气的地点和数量,进行有组织的通风。 (3)为了充分利用风的抽力,排除室内的有害气体,可采用风帽装置或风帽与排风管道连接的方法。当某个建筑物需全面通风时,风帽按一定间距安装在屋顶上。如果是局部通风,则风帽安装在加热炉、锻造炉等设备抽气罩的排风管上
		机械通风	利用通风机产生的抽力和压力,借助通风管网进行室内外空气交换的通风方式,称为机械通风。 机械通风可以向房间或生产车间的任何地方供给适当数量新鲜的、用适当方式处理过的空气,也可以从房间或生产车间的任何地方按照要求的速度抽出一定数量的污浊空气
3	按工艺要求分类	送风系统	送风系统是用来向室内输送新鲜的或经过处理的空气。其工作流程为室外空气由可挡住室外杂物的百叶窗进入进气室;经保温阀至过滤器,由过滤器除掉空气中的灰尘,再经空气加热器将空气加热到所需的温度后被吸入通风机,经风量调节阀、风管,由送风口送入室内
		排风系统	排风系统是将室内产生的污浊、高温干燥空气排到室外大气中。其主要工作流程为污浊空气由室内的排气罩被吸入风管后,再经通风机排到室外的风帽而进入大气。 如果预排放的污浊空气中有害物质的排放标准超过国家制定的排放标准,则必须经中和及吸收处理,使排放浓度低于排放标准后,再排到大气
		除尘系统	除尘系统通常用于生产车间,其主要作用是将车间内含大量工业粉尘和微粒的空气进行收集处理,有效降低工业粉尘和微粒的含量,以达到排放标准。其工作流程主要是通过车间内的吸尘罩将含尘空气吸入,经风管进入除尘器除尘,随后通过风机送至室外风帽而排入大气

关键细节 96 　风管制作安全技术要求

(1)使用剪板机时,严禁将手伸入机械压板空隙中。上刀架不准放置工具等物品,调整板料时,脚不能放在踏板上。使用固定振动剪时两手要扶稳钢板,手离刀口不得小于5cm,用力要均匀、适当。

(2)咬口时,手指距滚轮护壳不小于5cm,手柄不得放在咬口机轨道上,扶稳板料。

(3)折方时应互相配合并与折方机保持距离,以免被翻转的钢板和配重击伤。

(4)操作卷圆机、压缩机,不得用手直接推送工件。

(5)电动机具应布置安装在室内或搭设的工棚内,防止雨雪的侵袭。使用剪板机床时,应检查机件是否灵活可靠,严禁用手摸刀片及压脚底面。如两人配合下料时更要互相协调;在取得一致的情况下,才能按下开关。

(6)使用型材切割机时,要先检查防护罩是否可靠,锯片运转是否正常。切割时,型材要量准、固定后再将锯片下压切割,用力要均匀、适度。使用钻床时,不准戴手套操作。

(7)使用四氯化碳等有毒溶剂对铝板涂油时,应注意在露天进行;若在室内,应开启门窗或采用机械通风。

(8)玻璃钢风管、玻璃纤维风管制作过程均会产生粉尘或纤维飞扬,现场制作人员必须戴口罩操作。

(9)作业地点必须配备灭火器或其他灭火器材。

(10)严格按项目施工组织设计用水、用电,避免超计划和浪费现象的发生,现场管线布置要合理,不得随意乱接乱用,应设专人对现场的用水、用电进行管理。

(11)制作工序中使用的胶黏剂应妥善存放,注意防火且不得直接在阳光下暴晒。失效的胶黏剂及空的胶黏剂容器不得随意抛弃或燃烧,应集中堆放处理。

关键细节 97 　风管部件与消声器制作安全技术要求

(1)使用电动工机具时,应按照机具的使用说明进行操作,防止因操作不当造成人员或机具的损害。

(2)使用手锤、大锤,不准戴手套,锤柄、锤头上不得有油污,抡大锤时甩转方向不得有人。

(3)熔锡时,锡液不许着水,以防止飞溅,盐酸要妥善保管。

(4)使用剪板机,上刀架不准放置工具等物品。调整工件时,脚不得站在踏板上。剪切时,禁止将手伸入压板空隙中。

(5)各类油漆和其他易燃、有毒材料,应存放在专用库房内,不得与其他材料混放,挥发性材料应装入密闭容器内妥善保管,并采取相应的消防措施。

(6)使用煤油、汽油、松香水、丙酮等对人体有害的材料时,应配备相应的防护用品。

(7)在室内或容器内喷涂,要保持通风良好,喷涂作业周围不得有火种,并要采取相应的消防措施。

关键细节 98 　风管系统安装安全技术要求

(1)施工前要认真检查施工机械,特别是电动工具应运转正常,保护接零安全可靠。

(2)高空作业必须系好安全带,上下传递物品不得抛投,小件工具要放在随身带的工具包内,不得任意放置,以防止坠落伤人或丢失。

(3)吊装风管时,严禁人员站在被吊装风管下方,风管上严禁站人。

(4)作业地点要配备必要的职业健康安全防护装置和消防器材。

(5)作业地点必须配备灭火器或其他灭火器材。

(6)风管安装流动性较大,对电源线路不得随意乱接乱用,应设专人对现场用电进行管理。

(7)当天施工结束后的剩余材料及工具应及时入库,不许随意放置,要做到工完场清。

(8)氧气瓶、乙炔气瓶的存放要距明火10m以上,挪动时不能碰撞,氧气瓶不得和可燃气瓶同放一处。

(9)风管吊装工作尽量安排在白天进行,减少夜间施工照明电能的消耗和对周围居民的影响。

(10)支、吊架涂漆时不得对周围的墙面、地面、工艺设备造成二次污染,必要时要采取保护措施。

◎关键细节99 防腐与绝热施工安全技术要求

(1)熬制热沥青时要准备好干粉灭火器等消防用具,并有防雨措施。

(2)二甲苯、汽油、松香水等稀释剂应缓慢倒入胶黏剂内并及时搅拌。

(3)高空防腐时,须将油漆桶缚在牢固的物体上,沥青筒不要装得太满,应检查装沥青的桶和勺子放置是否安全;涂刷时,下面要用木板遮护,不得污染其他管道、设备或地面。

(4)高空作业,须遵守架设脚手架、脚手台和单扇或双扇爬梯的安全技术要求,防止坠落伤人。

(5)绝热施工人员须戴风镜、薄膜手套,施工时如人耳沾染各类材料纤维时,可采取冲洗热水澡等措施。

(6)地下设备、管道绝热管前,应先进行检查,确认无瓦斯、毒气、易燃易爆物或酸毒等危险品,方可操作。

(7)油漆时,滚筒或毛刷上蘸油漆不宜太多,以防洒在地上或设备上。

(8)作业现场应防火,严禁吸烟和使用电炉,并应加强通风。

(9)施工完毕后,剩余防腐材料应用容器装好密闭,退回到指定仓库。

(10)操作人员工作完毕后应更换工作服,并冲洗淋浴。

二、空调工程

空调就是空气调节。空调系统主要由冷、热源,空气处理设备,空气输送与分配设备及自动控制四大部分组成。

(1)冷源是指制冷装置,可以是直接蒸发式制冷机组或冰水机组。它们提供冷量用来使空气降温,有时还可以使空气减湿。制冷装置的制冷机有活塞式、离心式或者螺杆式压缩机以及吸收式制冷机或热电制冷器等。

(2)热源提供热量用来加热空气(有时还包括加湿),常用的有蒸汽或热水等热媒或电热器等。

(3)空气处理设备主要功能是对空气进行净化、冷却、减湿或者加热加湿处理。

（4）空气输送与分配设备主要有通风机、送回风管道、风阀、风口及空气分布器等。它们的作用是将送风合理地分配到各个空调房间，并将污浊空气排到室外。

（5）自动控制的功能是使空调系统能适应室内外热湿负荷的变化，保证空调房间有一定的空调精度，其设备主要有温湿度调节器、电磁阀、各种流量调节阀等。近年来，微型电子计算机也开始运用于大型空调系统的自动控制。

空调系统的分类，见表 2-13。

表 2-13　　　　　　　　　　　　　　空调系统的分类

序　号	分类标准	分类名称	说　明
1	按空气处理设备的设置情况分类	集中式系统	所有的空气处理设备全部集中在空调机房内。根据送风的特点，它又分为单风道系统、双风道系统及变风量系统三种。单风道系统常用的有直流式系统、一次回风式系统、二次回风式系统及末端再热式系统，集中式系统多适用于大型空调系统
		分散式系统	分散式空调系统也称局部式空调系统。是将整体组装的空调器（热泵机组、带冷冻机的空调机组、不设集中新风系统的风机盘管机组等）直接放在空调房间内或放在空调房间附近，每台机组只供一个或几个小房间，或者一个房间内放几台机组。分散式系统多用于空调房间布局分散和小面积的空调工程
		半集中式系统	半集中式系统也称混合式系统是集中处理部分或全部风量，然后送至各房间（或各区）再进行处理，包括集中处理新风，经诱导器（全空气或另加冷热盘管）送入室内或各室有风机盘管的系统（即风机盘管与下风道并用的系统），也包括分区机组系统等
2	按处理空调负荷的输送介质分类	全空气系统	房间的全部冷热负荷均由集中处理后的空气负担。属于全空气系统的有定风量或变风量的单风道或双风道集中式系统、全空气诱导系统等
		空气—水系统	空调房间的负荷由集中处理的空气负担一部分，其他负荷由水作为介质被送入空调房间时，对空气进行再处理（加热、冷却等）。属于空气—水系统的有再热系统（另设有室温调节加热器的系统）、带盘管的诱导系统、风机盘管机组和风道并用的系统等
		全水系统	房间负荷全部由集中供应的冷、热水负担，如风机盘管系统、辐射板系统等
		直接蒸发机组系统	室内冷、热负荷由制冷和空调机组组合在一起的小型设备负担。直接蒸发机组按冷凝器冷却方式不同可分为风冷式、水冷式等，按安装组合情况可分为窗式（安装在窗或墙洞内）、立柜式（制冷和空调设备组装在同一立柜式箱体内）和组合式（制冷和空调设备分别组装、联合使用）等

（续）

序　号	分类标准	分类名称	说　　明
3	按送风管风速分类	低速系统	一般指主风道风速低于15m/s的系统。对于民用和公共建筑,主风道风速不超过10m/s的也称低速系统
		高速系统	一般指主风道风速高于15m/s的系统。对民用和公共建筑,主风道风速大于12m/s的也称高速系统

关键细节 100　空调制冷系统安装安全技术要求

(1)安装操作时应戴手套;焊接施工时须戴好防护眼镜、面罩及手套。

(2)在密闭空间或设备内焊接作业时,应有良好的通排风措施,并设专人监护。

(3)管道吹扫时,排放口应接至安全地点,不得对准人和设备吹扫,防止造成人员伤亡及设备损伤。

(4)管道采用蒸汽吹扫时,应先进行暖管,吹扫现场设置警戒线,无关人员不得进入现场,防止蒸汽烫伤人。

(5)采用电动套丝机进行套丝作业时,操作人员不得佩戴手套。

关键细节 101　空调水系统管道与设备安装安全技术要求

(1)使用套丝机进刀退刀时,用力要均衡,不得用力过猛。

(2)使用电气设备前,先检查有无漏电,如有故障,必须经电工修理好方可使用。

(3)操作转动设备时,严禁戴手套,并应将袖口扎紧。

(4)使用手锤,先检查锤头是否牢固。

(5)支托架上安装管子时,先把管子固定好再接口,防止管子滑脱砸伤人。

(6)顶棚内焊接要严加注意防火。焊接地点周围严禁堆放易燃物。

(7)高空作业时要戴好安全带,严防登滑或踩探头板。

(8)搬运设备时,要防止摔坏设备,砸伤人。

(9)管道试压时,严禁使用失灵或不准确的压力表。

(10)试压中,对管道加压时,应集中注意力观察压力表,防止超压。

(11)用蒸汽吹洗时,排出口的管口应朝上,防止伤人。

关键细节 102　系统调试施工安全技术要求

(1)进入施工现场或进行施工作业时,必须穿戴劳动防护用品,在高处、吊顶内作业时要戴安全帽。

(2)高处作业人员应按规定轻便着装,严禁穿硬底、铁掌等易滑的鞋。

(3)所使用的梯子不得缺档,不得垫高使用,下端要采取防滑措施。

(4)在吊顶内作业时一定要穿戴利索,切勿踏在非承重的地方。

(5)在开启空调机组前,一定要仔细检查,以防杂物损坏机组,调试人员不应立于风机的进风方向。

(6)使用仪器、设备时要遵守该仪器的职业健康安全操作规程,确保其处于良好的运转状态,合理使用。

第九节　拆除及爆破工程安全技术管理

一、拆除工程

随着现代城市建设的发展,越来越多的旧建筑需要拆除。拆除物的结构也从砖木结构发展到混合结构、框架结构、板式结构等,从房屋拆除发展到烟囱、水塔、桥梁、码头等建筑物或构筑物的拆除。拆除工程可能发生的安全事故有坍塌、物体打击、高处坠落、机械伤害、起重伤害、爆炸、中毒、火灾等。

拆除工程具有如下主要特点:

(1)原始技术资料没有新建工程完善,特别是有些工程历史年代久远,资料散失不全,拆除人员难以全面掌握工程情况,如隐蔽工程的位置及有关技术参数等。

(2)拆除对象及其附属设施的材料性能、老化程度和抗拉抗压等有关技术参数难以评价和检测,对确定拆除方法带来困难。

(3)拆除施工过程中,拆除对象的受力及平衡稳定状态很难掌握,危险程度辨识难度大。

(4)拆除工程的作业场地大都比较狭窄,相邻的建筑物及生产设备、设施密度大,是拆除工程划定影响区域和制订危险区隔离措施的不利条件。

(5)具体从事拆除作业的大多是农民工队伍,缺乏拆除工程的安全管理经验,作业人员缺乏相应的安全知识,安全隐患多。

拆除工程施工安全管理应遵循以下规定:

(1)建筑拆除工程必须由具备爆破或拆除专业承包资质的单位施工,严禁将工程非法转包。

(2)拆除施工企业的技术人员、项目负责人、安全员及从事拆除施工的操作人员,必须经过行业主管部门指定的培训机构培训,并取得《拆除施工管理人员上岗证》或《建筑工人(拆除工)上岗证》后,方可上岗。

(3)项目经理必须对拆除工程的安全生产负全面领导责任。项目经理部应按有关规定设专职安全员,检查落实各项安全技术措施。

(4)施工单位应全面了解拆除工程的图纸和资料,进行现场勘察,编制施工组织设计或安全专项施工方案。

(5)拆除工程施工区域应设置硬质封闭围挡及醒目警示标志,围挡高度不应低于1.8m,非施工人员不得进入施工区。当临街的被拆除建筑与交通道路的安全距离不能满足要求时,必须采取相应的安全隔离措施。

(6)拆除工程必须制定安全事故应急救援预案。

(7)施工单位应为从事拆除作业的人员办理意外伤害保险。

(8)从事拆除作业的人员应戴好安全帽,高处作业时系好安全带,进入危险区域应采取严格的防护措施。

(9)作业人员使用手持机具时,严禁超负荷或带故障运转。

(10)拆除施工严禁立体交叉作业,为防止相邻部件发生坍塌,在拆除危险部分之前应采取相应的安全措施。

(11)楼层内的施工垃圾,应采用封闭的垃圾道或用垃圾袋运下,不得向下抛掷。

(12)根据拆除工程施工现场作业环境,应制定相应的消防措施。施工现场应设置消防车通道,保证充足的消防水源,并配备足够的灭火器材。

(13)遇有风力在六级以上、大雾天、雷暴雨、冰雪天等恶劣天气影响施工安全时,禁止进行露天拆除作业。

关键细节 103 拆除工程施工准备工作要求

(1)拆除工程的建设单位与施工单位在签订施工合同时,应签订安全生产管理协议明确双方的安全管理责任。建设单位、监理单位应对拆除工程施工安全负检查督促责任;施工单位应对拆除工程的安全技术管理负直接责任。

(2)建设单位应向施工单位提供以下资料:

1)拆除工程的有关图纸和资料;

2)拆除工程涉及区域的地上、地下建筑及设施分布情况资料。

(3)建设单位应负责做好影响拆除工程安全施工的各种管线的切断、迁移工作。当建筑外侧有架空线路或电缆线路时,应与有关部门取得联系,采取防护措施,确认安全后方可施工。

(4)施工单位应全面了解拆除工程的图纸和资料,进行实地勘察,并应编制施工组织设计或方案和安全技术措施。

(5)施工单位应对从事拆除作业的人员依法办理意外伤害保险。

(6)拆除工程必须制定生产安全事故应急救援预案,成立组织机构,并应配备抢险救援器材。

(7)当拆除工程对周围相邻建筑安全可能产生危险时,必须采取相应保护措施,并应对建筑内的人员进行撤离安置。

(8)拆除工程施工区应设置硬质围挡,围挡高度不应低于1.8m,非施工人员不得进入施工区。当临街的被拆除建筑与交通道路的安全距离不能满足要求时,必须采取相应的安全隔离措施。

(9)在拆除作业前,施工单位应检查建筑内各类管线情况,确认全部切断后方可施工。

(10)在拆除工程作业中,发现不明物体,应停止施工,采取相应的应急措施,保护现场并应及时向有关部门报告。

关键细节 104 人工拆除作业安全要求

(1)当采用手动工具进行人工拆除建筑时,施工程序应从上至下,分层拆除,作业人员应在脚手架或稳固的结构上操作,被拆除的构件应有安全的放置场所。

(2)拆除施工应分段进行,不得垂直交叉作业。作业面的孔洞应封闭。

(3)人工拆除建筑墙体时,不得采用掏掘或推倒的方法。楼板上严禁多人聚集或堆放材料。

(4)拆除建筑的栏杆、楼梯、楼板等构件,应与建筑结构整体拆除进度相配合,不得先行拆除。建筑的承重梁、柱,应在其所承载的全部构件拆除后再行拆除。

(5)拆除横梁时,应确保其下落有效控制时,方可切断两端的钢筋,逐端缓慢放下。

(6)拆除柱子时,应沿柱子底部剔凿出钢筋,使用手动倒链定向牵引,采用气焊切割柱子三面钢筋,保留牵引方向正面的钢筋。

(7)拆除管道及容器时,必须查清其残留物的种类与化学性质,采取相应措施后方可进行拆除施工。

(8)楼层内的施工垃圾,应采用封闭的垃圾道或垃圾袋运下,不得向下抛掷。

⊙关键细节 105 机械拆除作业安全要求

(1)当采用机械拆除建筑时,应从上至下、逐层逐段进行;应先拆除非承重结构,再拆除承重结构。对只进行部分拆除的建筑,必须先将保留部分加固,再进行分离拆除。

(2)施工中必须由专人负责监测被拆除建筑的结构状态,并应做好记录。当发现有不稳定状态的趋势时,必须停止作业,采取有效措施,消除隐患。

(3)机械拆除时,严禁超载作业或任意扩大使用范围,供机械设备使用的场地必须保证足够的承载力。作业中不得同时回转、行走。机械不得带故障运转。

(4)当进行高处拆除作业时,对较大尺寸的构件或沉重的材料,必须采用起重机具及时吊下。拆卸下来的各种材料应及时清理,分类堆放在指定场所,严禁向下抛掷。

(5)拆除框架结构建筑,必须按楼板、次梁、主梁、柱子的顺序进行施工。

(6)桥梁、钢屋架拆除应符合下列规定:

1)先拆除桥面的附属设施及挂件、护栏。

2)按照施工组织设计选定的机械设备及吊装方案进行施工,不得超负荷作业。

3)采用双机抬吊作业时,每台起重机载荷不得超过允许载荷的80%,且应对第一吊进行试吊作业,作业过程中必须保持两台起重机同步作业。

4)拆除吊装作业的起重机司机,必须严格执行操作规程。信号指挥人员必须按照现行国家标准《起重吊运指挥信号》(GB 5082—1985)的规定作业。

5)拆除钢屋架时,必须采用绳索将其拴牢,待起重机吊稳后,方可进行气焊切割作业。吊运过程中,应采用辅助绳索控制被吊物处于正常状态。

(7)作业人员使用机具时,严禁超负荷使用或带故障运转。

⊙关键细节 106 爆破拆除作业安全要求

(1)爆破拆除工程应根据周围环境条件、拆除对象类别、爆破规模,并应按照现行国家标准《爆破安全规程》(GB 6722—2003)分为 A、B、C、D 四级。爆破拆除工程设计必须经当地有关部门审核,做出安全评估批准后方可实施。

(2)从事爆破拆除工程的施工单位,必须持有所在地有关部门核发的《爆炸物品使用许可证》,承担相应等级或低于企业级别的爆破拆除工程。爆破拆除设计人员应具有承担爆破拆除作业范围和相应级别的爆破工程技术人员作业证。从事爆破拆除施工的作业人员应持证上岗。

(3)爆破拆除所采用的爆破器材,必须向当地有关部门申请《爆破物品购买证》,到指定供应点购买。严禁赠送、转让、转卖、转借爆破器材。

(4)运输爆破器材时,必须向所在地有关部门申请领取《爆破物品运输证》。应按照规定路线运输,并派专人押送。

(5)爆破器材临时保管地点,必须经当地有关部门批准。严禁同室保管与爆破器材无关的物品。

(6)爆破拆除的预拆除施工应确保建筑安全和稳定。预拆除施工可采用机械和人工方法拆除非承重的墙体或不影响结构稳定的构件。

(7)对烟囱、水塔类构筑物采用定向爆破拆除工程时,爆破拆除设计应控制建筑倒塌时的触地振动。必要时应在倒塌范围铺设缓冲材料或开挖防震沟。

(8)为保护临近建筑和设施的安全,爆破振动强度应符合现行国家标准《爆破安全规程》(GB 6722—2003)的有关规定。建筑基础爆破拆除时,应限制一次同时爆破的用药量。

(9)建筑爆破拆除施工时,应对爆破部位进行覆盖和遮挡防护,覆盖材料和遮挡设施应牢固可靠。

(10)爆破拆除应采用电力起爆网路和非电导爆管起爆网路。必须采用爆破专用仪表检查起爆网路电阻和起爆电源功率,并应满足设计要求;非电导爆管起爆应采用复式交叉封闭网路。爆破拆除工程不得采用导爆索网路或导火索起爆方法。

装药前,应对爆破器材进行性能检测。试验爆破和起爆网路模拟试验应选择安全部位和场所进行。

(11)爆破拆除工程的实施应在当地政府主管部门领导下成立爆破指挥部,并按设计确定的安全距离设置警戒线。

(12)爆破拆除工程的实施除应符合规定的要求外,必须按照现行国家标准《爆破安全规程》(GB 6722—2003)的规定执行。

🎯 关键细节 107 静力破碎及基础处理安全要求

(1)采用静力破碎作业时,灌浆人员必须戴防护手套和防护眼镜。孔内注入破碎剂后,严禁人员在注孔区行走,并应保持一定的安全距离。

(2)静力破碎剂严禁与其他材料混放。

(3)在相邻的两孔之间,严禁钻孔与注入破碎剂施工同步进行。

(4)拆除地下构筑物时,应了解地下构筑物情况,切断进入构筑物的管线。

(5)建筑基础破碎拆除时,挖出的土方应及时运出现场或清理出工作面,在基坑边沿1m内严禁堆放物料。

(6)建筑基础暴露和破碎时,发生异常情况,必须停止作业。查清原因并采取相应措施后,方可继续施工。

关键细节 108　拆除施工安全防护措施

(1)拆除施工采用的脚手架、安全网,必须由专业人员搭设,由有关人员验收合格后方可使用。水平作业时,各工位间应有一定的安全距离,严禁立体交叉作业。

(2)安全防护设施验收时,应按类别逐项查验,并应有验收记录。

(3)作业人员必须配备相应的劳动保护用品并正确使用。

(4)在生产经营场所应按照规定设置相关的安全标志。

关键细节 109　拆除工程安全技术管理

(1)拆除工程开工前,应根据工程特点、构造情况、工程量编制安全施工组织设计或方案。爆破拆除和被拆除建筑面积大于 $1000m^2$ 的拆除工程,应编制安全施工组织设计;被拆除建筑面积小于或等于 $1000m^2$ 的拆除工程,应编制安全技术方案。

(2)拆除工程的安全施工组织设计或方案,应由技术负责人审核,经上级主管部门批准后实施。施工过程中,如需变更安全施工组织设计或方案,应经原审批人批准,方可实施。

(3)项目经理必须对拆除工程的安全生产负全面领导责任。项目经理部应设专职或兼职安全员,检查落实各项安全技术措施。

(4)进入施工现场的人员,必须佩戴安全帽。凡在 2m 及 2m 以上高处作业无可靠防护设施时,必须使用安全带。在恶劣的气候条件下,严禁进行拆除作业。

(5)当日拆除施工结束后,所有机械设备应停放在远离被拆除建筑的地方。施工期间的临时设施,应与被拆除建筑保持一定的安全距离。

(6)拆除工程施工现场的安全管理应由施工单位负责。从业人员应办理相关手续,签订劳动合同,进行安全培训,考试合格后,方可上岗作业。特种作业人员必须持有效证件上岗作业。

(7)拆除工程施工前,必须对施工作业人员进行书面安全技术交底。

(8)拆除工程施工必须建立安全技术档案,并应包括下列内容:

1)拆除工程安全施工组织设计或方案。

2)安全技术交底。

3)脚手架及安全防护检查验收记录。

4)劳务用工合同及安全管理协议书。

5)机械租赁合同及安全管理协议书。

(9)施工现场临时用电必须按照国家现行标准《施工现场临时用电安全技术规范》(JGJ 46—2005)的有关规定执行。夜间施工必须有足够照明。

(10)电动机械和电动工具必须装设漏电保护器,其保护零线的电气连接应符合要求。对产生振动的设备,其保护零线的连接点不应少于两处。

(11)拆除工程施工过程中,当发生重大险情或生产安全事故时,应及时排除险情、组织抢救、保护事故现场,并向有关部门报告。

(12)施工单位必须依据拆除工程安全施工组织设计或方案,划定危险区域。施工前应发出告示,通报施工注意事项,并应采取可靠的安全防护措施。

关键细节 110　拆除工程文明施工管理

（1）清运渣土的车辆应在指定地点停放。清运渣土的车辆应封闭或采用苫布覆盖，出入现场时应由专人指挥。清运渣土的作业时间应遵守有关规定。

（2）对各类地下管线，施工单位应在地面上设置明显标志。对检查井、污水井应采取相应的保护措施。

（3）拆除工程施工时，设专人向被拆除的部位洒水降尘。

（4）拆除工程完工后，应及时将施工渣土清运出场。

（5）施工单位必须落实防火安全责任制，建立义务消防组织，明确责任人，负责施工现场的日常防火安全管理工作。

（6）根据拆除工程施工现场作业环境，应制定相应的消防安全措施；并应保证充足的消防水源，配备足够的灭火器材。

（7）施工现场应建立健全用火管理制度。施工作业用火时，必须履行用火审批手续，经现场防火负责人审查批准，领取用火证后，方可在指定时间、地点作业。作业时应配备专人监护，作业后必须确认无火源危险后方可离开作业地点。

（8）拆除建筑时，当遇有易燃、可燃物及保温材料时，严禁明火作业。

（9）施工现场应设置消防车道，并应保持畅通。

二、爆破工程

从事爆破作业的施工单位和从事爆破作业的人员，都有严格的资质要求，都需经工程所在地法定部门的严格审批后，才核发《爆炸物品使用许可证》，才能进行爆破工程施工。

爆破作业应按《爆破安全规程》（GB 6722—2003）中规定的要求进行。进入施工现场所有人员必须戴好安全帽。若工程位于居民区，项目部与爆破公司应提前与周围居民做好安全防护工作，确保爆破工程的顺利施工。禁止进行爆破器材加工和爆破作业的人员穿化纤衣服。

关键细节 111　人工打炮眼安全技术措施

（1）打眼前应对周围松动的土石进行清理，若用支撑加固时，应检查支撑是否牢固。

（2）打眼人员必须精力集中，锤击要稳、准，并击人钎中心，严禁互相对面打锤。

（3）随时检查锤头与柄连接是否牢固，严禁使用木质松软且有节疤、裂缝的木柄，铁柄和锤要平整，不得有毛边。

关键细节 112　机械打炮眼安全技术措施

（1）操作中必须精力集中，发现不正常的声音或震动，应立即停机进行检查，并及时排除故障，方准继续作业。

（2）换钎、检查风钻加油时，应先关闭风门，在操作中不得碰触风门以免发生伤亡事故。

（3）钻眼机具要扶稳，钻杆与钻孔中心必须在一条直线上。

（4）钻机运转过程中，严禁用身体支撑风钻的转动部分。

（5）经常检查风钻有无裂纹，螺栓有无松动，长套和弹簧有无松动、是否完整，确认无误后方可使用,工作时必须戴好风镜、口罩和安全帽。

关键细节 113　炮眼爆破安全技术措施

(1)爆破的最小安全距离应根据工程情况确定,一般炮孔爆破不小于200m,深孔爆破不小于300m。

(2)装药时严禁使用铁器,且不得炮棍挤压或碰击,以免触发雷管引起爆炸。

(3)放炮区要设警戒线,设专人指挥,待装药、填塞完毕,按规定发出信号,人员撤离,经检查无误后才准放炮。

(4)同时起爆若干炮眼时,应采用电力起爆或导爆线起爆。

关键细节 114　爆破防护覆盖安全技术措施

(1)地面以上爆破时,可在爆破部位铺盖草垫或草袋,内装少量砂、土,做第一道防线,再在上面铺放胶管帘(炮衣)或胶垫作第二道防线,最后用帆布篷将以上两层整个覆盖包裹,帆布用铁丝或绳索拉紧捆牢。

(2)对邻近建筑物的地下爆破时,为防止大块抛扔,应用爆破防护网覆盖,当爆破部位较高,或对水中构筑物爆破时,则应将防护网系在不受爆破影响的部位。

(3)为在爆破时使周围建筑物及设备不被打坏,在其周围可用厚度不小于50mm的木板加固,并用铁丝捆牢,如爆破体靠近钢结构或需保留部分,必须用砂袋(厚度不小于500mm)加以防护。

关键细节 115　瞎炮的处理方法与安全技术措施

(1)发现炮孔外的电线和电阻、导火线或电爆网(线路)不合要求经纠正检查无误后,可重新接通电源起爆。

(2)当炮孔深在500mm以下时,可用裸露爆破引爆。炮孔较深时,可用竹木工具小心将炮眼上部堵塞物掏出,用水浸泡并冲洗出整个药包,并将拒爆的雷管销毁,也可将上部炸药掏出部分后,再重新装入起爆药起爆。

(3)距爆孔近旁600mm处,重新钻一与之平行的炮眼,然后装药起爆以销毁原有瞎炮,如炮孔底有剩余药,可重新加药起爆。

(4)深孔瞎炮处理,采用再次爆破,但应考虑相邻已爆破药包后最小抵抗线的改变,以防飞石伤人,如未爆炸药包与埋下岩石混合时,必须将未爆炸药包浸湿后再进行清除。

(5)处理瞎炮过程中,严禁将带有雷管的药包从炮孔内拉出,也不准拉住雷管上的导线,把雷管从炸药包内拉出来。

(6)瞎炮应由原装炮人员当班处理,应设置标志,并将装炮情况、位置、方向、药量等详细介绍给处理人员,以达到妥善处理的目的。

关键细节 116　爆破材料储存安全技术措施

(1)为防止爆破器材变质、自燃、爆炸、被盗,并有利于收发和管理,爆破器材必须存放在爆破器材库里。

(2)爆破器材库由专门存放爆破器材的主要建(构)筑物和爆破器材的发放、管理、防护和办公等辅助设施组成。

(3)爆破器材库按其作用及性质分总库、分库和发放站,按其服务年限分为永久性库和临时性库两大类,按其所处位置分为地面库、永久性硐室库和井下爆破器材库等。

关键细节 117 爆破材料运输安全技术措施

(1)爆破器材运输过程中的主要安全要求是防火、防震、防潮、防冻和防殉爆。

(2)爆破材料的运输包括地面运输到用户单位或爆破材料库,以及把爆破材料运输到爆破现场(包括井下运输)。

(3)地面运输爆破器材时必须遵守《民用爆炸物品安全管理条例》中的有关规定。

(4)井下运输要符合《爆破安全规程》(GB 6722—2003)的有关规定。

第三章　建筑施工现场机械设备安全管理

第一节　土石方机械设备安全管理

一、挖土机械

土方工程施工过程中,常用的挖土机械有推土机、铲运机、单斗挖土机等。

(1)推土机。推土机就是一装有铲刀的拖拉机。其行走方式有轮胎式和履带式两种,铲刀的操纵机构有索式和油压式两种。索式推土机的铲刀借本身自重切入土中,在硬土中切土深度较小。液压式推土机系用油压操纵,因此,能使铲刀强制切入土中,切土深度较大。

推土机的特点是操纵灵活、运转方便、所需工作面较小,功率较大,行驶快,易于转移,能爬300左右的缓坡。推土机可推掘一~四类土壤,为提高生产效率,对三、四类土宜事先翻松。推运距离宜在100m以内,以40~60m效率最高。推土机的适用范围如下:

1)地形起伏不大的场地平整,铲除腐植土,并推送到附近的弃土区。

2)开挖深度不大于1.5m的基坑。

3)回填基坑和沟槽。

4)推筑高度在1.5m以内的路基、堤坝。

5)平整其他机械卸置的土堆。

6)推送松散的硬土、岩石和冻土。

(2)铲运机。铲运机由牵引机械和铲斗组成。按行走方式分为牵引式铲运机和自行式铲运机;按铲斗操纵系统分为液压操纵和机械操纵两种。

铲运机的特点是能综合完成挖土、运土、平土或填土等全部土方施工工序,对行驶道路要求较低,操纵简单灵活,运转方便,生产效率高。在土方工程中,铲运机常应用于大面积场地平整,开挖大型基坑、沟槽以及填筑路基、堤坝等。它最宜于铲运场地地形起伏不大、坡度在20°以内的大面积场地,土的含水量不超过27%的松土和普通土,平均运距在一公里以内特别在600m以内的挖运土方;不适于在砾石层和冻土地带及沼泽区工作;当铲运三、四类较坚硬的土壤时,宜用推土机助铲或选用松土机配合把土翻松0.2~0.4m以减少机械磨损,提高生产率。

(3)单斗挖土机。单斗挖土机是大型基坑开挖中最常用的一种土方机械。根据其工作装置的不同,分为正铲、反铲、抓铲和拉铲四种,常用斗容量为0.5~2.0m³。根据操纵方式,其分为液压传动和机械传动两种。在建筑工程中,单斗挖土机可挖掘基坑、沟槽,清理和平整场地,更换工作装置后还可以进行装卸、起重、打桩等作业。

关键细节 1 推土机安全使用要求

(1)推土机在坚硬土壤或多石土壤地带作业时,应先进行爆破或用松土器翻松。在沼泽地带作业时,应更换湿地专用履带板。

(2)推土机行驶通过或在其上作业的桥、涵、堤、坝等,应具备相应的承载能力。

(3)不得用推土机推石灰、烟灰等粉尘物料和用作碾碎石块的作业。

(4)牵引其他机械设备时,应有专人负责指挥。钢丝绳的连接应牢固可靠。在坡道或长距离牵引时,应采用牵引杆连接。

(5)作业前重点检查项目应符合下列要求:

1)各部件无松动、连接良好。

2)燃油、润滑油、液压油等符合规定。

3)各系统管路无裂纹或泄漏。

4)各操纵杆和制动踏板的行程、履带的松紧度或轮胎气压均符合要求。

(6)启动前,应将主离合器分离,各操纵杆放在空挡位置,严禁拖、顶启动。

(7)启动后应检查各仪表指示值,液压系统应工作有效;当运转正常、水温达到55℃、机油温度达到45℃时,方可全载荷作业。

(8)推土机行驶前,严禁有人站在履带或刀片的支架上,机械四周应无障碍物,确认安全后方可开动。

(9)采用主离合器传动的推土机接合应平稳,起步不得过猛,不得使离合器处于半接合状态下运转;液力传动的推土机,应先解除变速杆的锁紧状态,踏下减速器踏板,变速杆应在一定挡位,然后缓慢释放减速踏板。

(10)在块石路面行驶时,应将履带张紧。当需要原地旋转或急转弯时,应采用低速挡进行。当行走机构夹入块石时,应采用正、反向往复行驶将块石排除。

(11)在浅水地带行驶或作业时,应查明水深,冷却风扇叶不得接触水面。下水前和出水后,均应对行走装置加注润滑脂。

(12)推土机上、下坡或超过障碍物时应采用低速挡。上坡不得换挡,下坡不得空挡滑行。横向行驶的坡度不得超过10°。当需要在陡坡上推土时,应先进行填挖,使机身保持平衡,方可作业。

(13)在上坡途中,当内燃机突然熄灭时,应立即放下铲刀,并锁住制动踏板。在分离主离合器后,方可重新启动内燃机。

(14)下坡时,当推土机下行速度大于内燃机传动速度时,转向动作的操纵应与平地行走时操纵的方向相反,此时不得使用制动器。

(15)填沟作业驶近边坡时,铲刀不得越出边缘。后退时应先换挡,方可提升铲刀进行倒车。

(16)在深沟、基坑或陡坡地区作业时,应由专人指挥,其垂直边坡高度不应大于2m。

(17)在堆土或松土作业中不得超载,不得做有损于铲刀、推土架、松土器等装置的动作,各项操作应缓慢平稳。无液力变矩器装置的推土机,在作业中有超载趋势时,应稍微提升刀片或变换低速挡。

(18)推树时,树干不得倒向推土机及高空架设物。推屋墙或围墙时,其高度不宜超过

2.5m。严禁推带有钢筋或与地基基础连接的混凝土桩等建筑物。

(19)两台以上推土机在同一地区作业时,前后距离应大于8.0m;左右距离应大于1.5m。在狭窄道路上行驶时,未得前机同意,后机不得超越。

(20)推土机顶推铲运机作助铲时,应符合下列要求。

1)进入助铲位置进行顶推中,应与铲运机保持同一直线行驶。

2)铲刀的提升高度应适当,不得触及铲斗的轮胎。

3)助铲时应均匀用力,不得猛推猛撞,应防止将铲斗后轮胎顶离地面或使铲斗吃土过深。

4)铲斗满载提升时,应减少推力,待铲斗提离地面后即减速脱离接触。

5)后退时,应先看清后方情况,当需绕过正后方驶来的铲运机倒向助铲位置时,宜从来车的左侧绕行。

(21)推土机转移行驶时,铲刀距地面宜为400mm,不得用高速挡行驶或进行急转弯。不得长距离倒退行驶。

(22)作业完毕后,应将推土机开到平坦安全的地方,再落下铲刀,有松土器的,应将松土器爪落下。在坡道上停机时,应将变速杆挂低速挡,接合主离合器,锁住制动踏板,并将履带或轮胎楔住。

(23)停机时,应先降低内燃机转速,变速杆放在空挡,锁紧液力传动的变速杆,分开主离合器,踏下制动踏板并锁紧,待水温降到75℃以下、油温降到90℃以下时,方可熄火。

(24)推土机长途转移工地时,应采用平板拖车装运。短途行走转移时,距离不宜超过10km,在行走过程中应经常检查和润滑行走装置。

(25)在推土机下面检修时,内燃机必须熄火,铲刀应放下或垫稳。

◎关键细节2 牵引式铲运机安全使用要求

(1)铲运机行驶道路应平整结实,路面比机身应宽出2m。

(2)作业前,应检查钢丝绳、轮胎气压、铲土斗及卸土板回缩弹簧、拖把方向接头、撑架以及各部滑轮等;液压式铲运机铲斗与拖拉机连接的叉座与牵引连接块应锁定,各液压管路连接应可靠,确认正常后,方可启动。

(3)开动前,应使铲斗离开地面,机械周围应无障碍物,确认安全后,方可开动。

(4)作业中,严禁任何人上下机械,传递物件,以及在铲斗内、拖把或机架上坐立。

(5)多台铲运机联合作业时,各机之间前后距离不得小于10m(铲土时不得小于5m),左右距离不得小于2m。行驶中,应遵守下坡让上坡、空载让重载、支线让干线的原则。

(6)在狭窄地段运行时,未经前机同意,后机不得超越。两机交会或超越平行时应减速,两机间距不得小于0.5m。

(7)铲运机上、下坡道时,应低速行驶,不得中途换挡,下坡时不得空挡滑行,行驶的横向坡度不得超过6°,坡宽应大于机身2m以上。

(8)在新填筑的土堤上作业时,离堤坡边缘不得小于1m。需要在斜坡横向作业时,应先将斜坡挖填,使机身保持平衡。

(9)在坡道上不得进行检修作业。在陡坡上严禁转弯、倒车或停车。在坡上熄火时,应将铲斗落地、制动牢靠后再行启动。下陡坡时,应将铲斗触地行驶,帮助制动。

(10)铲土时,铲土与机身应保持直线行驶。助铲时应有助铲装置,应正确掌握斗门开启的大小,不得切土过深。两机动作应协调配合,做到平稳接触,等速助铲。

(11)在下陡坡铲土时,铲斗装满后,在铲斗后轮未到达缓坡地段前,不得将铲斗提离地面,应防止铲斗快速下滑冲击主机。

(12)在凹凸不平的地段行驶转弯时,应放低铲斗,不得将铲斗提升到最高位置。

(13)拖拉陷车时,应由专人指挥,前后操作人员应协调,确认安全后方可起步。

(14)作业后,应将铲运机停放在平坦地面,并应将铲斗落在地面上。液压操纵的铲运机应将液压缸缩回,将操纵杆放在中间位置,进行清洁、润滑后,锁好门窗。

(15)非作业行驶时,铲斗必须用锁紧链条挂牢在运输行驶位置上,机上任何部位均不得载人或装载易燃、易爆物品。

(16)修理斗门或在铲斗下检修作业时,必须将铲斗提起后用销子或锁紧链条固定,再用垫木将斗身顶住,并用木楔楔住轮胎。

◎关键细节3 自行式铲运机安全使用要求

(1)自行式铲运机的行驶道路应平整坚实,单行道宽度不应小于5.5m。

(2)多台铲运机联合作业时,前后距离不得小于20m(铲土时不得小于10m),左右距离不得小于2m。

(3)作业前,应检查铲运机的转向和制动系统,并确认灵敏可靠。

(4)铲土或在利用推土机助铲时,应随时微调转向盘。铲运机应始终保持直线前进,不得在转弯情况下铲土。

(5)下坡时,不得空挡滑行,应踩下制动踏板辅以内燃机制动,必要时可放下铲斗,以降低下滑速度。

(6)转弯时,应采用较大回转半径低速转向,操纵转向盘不得过猛;当重载行驶或在弯道上、下坡时,应缓慢转向。

(7)不得在大于15°的横坡上行驶,也不得在横坡上铲土。

(8)沿沟边或填方边坡作业时,轮胎离路肩不得小于0.7m,并应放低铲斗,降速缓行。

(9)在坡道上不得进行检修作业。遇在坡道上熄火时,应立即制动,下降铲斗,把变速杆放在空挡位置,然后再启动内燃机。

(10)穿越泥泞或软地面时,铲运机应直线行驶,当一侧轮胎打滑时,可踏下差速器锁止踏板。当离开不良地面时,应停止使用差速器锁止踏板。不得在差速器锁止时转弯。

(11)夜间作业时,前后照明应齐全完好,前大灯应能照至30m;当对方来车时,应在100m以外将大灯光改为小灯光,并低速靠边行驶。

◎关键细节4 单斗挖掘机安全使用要求

(1)单斗挖掘机的作业和行走场地应平整坚实,对松软地面应垫以枕木或垫板,沼泽地区应先做路基处理,或更换湿地专用履带板。

(2)轮胎式挖掘机使用前应支好支腿并保持水平位置,支腿置于作业面的方向,转向驱动桥置于作业面的后方。采用液压悬挂装置的挖掘机,应锁住两个悬挂液压缸。履带式挖掘机的驱动轮应置于作业面的后方。

(3)平整作业场地时,不得用铲斗进行横扫或用铲斗对地面进行夯实。

(4)挖掘岩石时,应先进行爆破。挖掘冻土时,应采用破冰锤或爆破法使冻土层破碎。

(5)挖掘机正铲作业时,除松散土壤外,其最大开挖高度和深度,不应超过机械本身性能规定。在拉铲或反铲作业时,履带距工作面边缘距离应大于1m,轮胎距工作面边缘距离应大于1.5m。

(6)作业前重点检查项目应符合下列要求:

1)照明、信号及报警装置等齐全有效。

2)燃油、润滑油、液压油符合规定。

3)各铰接部分连接可靠。

4)液压系统无泄漏现象。

5)轮胎气压符合规定。

(7)启动前,应将主离合器分离,各操纵杆放在空挡位置后再启动内燃机。

(8)启动后,接合动力输出,应先使液压系统从低速到高速空载循环10~20min,无吸空等不正常噪音,工作有效,并检查各仪表指示值;待运转正常再接合主离合器,进行空载运转,按顺序操纵各工作机构并测试各制动器,确认正常后方可作业。

(9)作业时,挖掘机应保持水平位置,将行走机构制动,并将履带或轮胎楔紧。

(10)遇较大的坚硬石块或障碍物时,应清除后方可开挖,不得用铲斗铲碎石块、冻土,或用单边斗齿硬啃。

(11)挖掘悬崖时,应采取防护措施。作业面不得留有散沿及松动的大块石,当发现有塌方危险时,应立即处理或将挖掘机撤至安全地带。

(12)作业时,应待机身停稳后再挖土,当铲斗未离开工作面时,不得作回转、行走等动作。回转制动时,应使用回转制动器,不得用转向离合器反转制动。

(13)作业时,各操纵过程应平稳,不宜紧急制动。铲斗升降不得过猛,下降时,不得撞碰车架或履带。

(14)斗臂在抬高及回转时,不得碰到洞壁、沟槽侧面或其他物体。

(15)向运土车辆装车时,宜降低挖铲斗,减小卸落高度,不得偏装或砸坏车厢。在汽车未停稳或铲斗需越过驾驶室而司机未离开前不得装车。

(16)作业中,当液压缸伸缩将达到极限位时,应动作平稳,不得冲撞极限块。

(17)作业中,当需制动时,应将变速阀置于低速位置。

(18)作业中,当发现挖掘力突然变化时,应停机检查,严禁在未查明原因前擅自调整分配阀压力。

(19)作业中不得打开压力表开关,且不得将工况选择阀的操纵手柄放在高速挡位置。

(20)反铲作业时,斗臂应停稳后再挖土。挖土时,斗柄伸出不宜过长,提斗不得过猛。

(21)作业中,履带式挖掘机作短距离行走时,主动轮应在后面,斗臂应在正前方与履带平行,制动住回转机构,铲斗应离地面1m。上、下坡道不得超过机械本身允许最大坡度,下坡应慢速行驶。不得在坡道上变速和空挡滑行。

(22)轮胎式挖掘机行驶前,应收回支腿并固定好,监控仪表和报警信号灯应处于正常显示状态,气压表压力应符合规定,工作装置应处于行驶方向的正前方,铲斗应离地面

1m。长距离行驶时,应采用固定销将回转平台锁定,并将回转制动板踩下后锁定。

(23)当在坡道上行走且内燃机熄火时,应立即制动并楔住履带或轮胎,待重新发动后,方可继续行走。

(24)作业后,挖掘机不得停放在高边坡附近和填方区,应停放在坚实、平坦的地带;将铲斗收回平放在地面上,所有操纵杆置于中位,关闭操纵室和机棚。

(25)履带式挖掘机转移工地应采用平板拖车装运。短距离自行转移时,应低速缓行,每行走500~1000m应对行走机构进行检查和润滑。

(26)保养或检修挖掘机时,除检查内燃机运行状态外,必须将内燃机熄火,并将液压系统卸荷,铲斗落地。

(27)利用铲斗将底盘顶起进行检修时,应使用垫木将抬起的轮胎垫稳,并用木楔将落地轮胎楔牢,然后将液压系统卸荷,否则严禁进入底盘下工作。

二、土方压实机械

建筑施工常用压实机械根据其压实的原理不同,可分为冲击式压实机械、碾压式压实机械和振动压实机械三大类,见表3-1。

表3-1　　　　　　　　　　建筑施工压实机械分类

序号	类　别	内　容
1	冲击式压实机械	冲击式压实机械主要有蛙式打夯机和内燃式打夯机两类,蛙式打夯机一般以电为动力。这两种打夯机适用于狭小的场地和沟槽作业,也可用于室内地面的夯实及大型机械无法到达的边角的夯实
2	碾压式压实机械	碾压式压实机械按行走方式分自行式压路机和牵引式压路机两类。 (1)自行式压路机常用的有光轮压路机、轮胎压路机。自行式压路机主要用于土方、砾石、碎石的回填压实及沥青混凝土路面的施工。 (2)牵引式压路机的行走动力一般采用推土机(或拖拉机)牵引,常用的有光面碾、羊足碾。光面碾用于土方的回填压实,羊足碾适用于黏性土的回填压实,不能用在沙土和面层土的压实
3	振动压实机械	振动压实机械按行走方式分为手扶平板式振动压实机和振动压路机两类。手扶平板式振动压实机主要用于小面积的地基夯实。振动压路机按行走方式分为自行式和牵引式两种。振动压路机的生产率高,压实效果好,能压实多种性质的土,主要用在工程量大的大型土石方工程中

🎯关键细节5　蛙式夯实机安全使用要求

(1)蛙式夯实机适用于夯实灰土和素土的地基、地坪及场地平整,不得夯实坚硬或软硬不一的地面、冻土及混有砖石碎块的杂土。

(2)作业前重点检查项目应符合下列要求:

1)除接零或接地外,应设置漏电保护器,电缆线接头绝缘良好。

2)传动皮带松紧度合适,皮带轮与偏心块安装牢固。

3)转动部分有防护装置,并进行试运转,确认正常后,方可作业。

(3)作业时夯实机扶手上的按钮开关和电动机的接线均应绝缘良好。当发现有漏电现象时,应立即切断电源进行检修。

(4)夯实机作业时,应一人扶夯,一人传递电缆线,且必须戴绝缘手套和穿绝缘鞋。递线人员应跟随夯机后或两侧调顺电缆线,电缆线不得扭结或缠绕,且不得张拉过紧,应保持3~4m的余量。

(5)作业时,应防止电缆线被夯击。移动时,应将电缆线移至夯机后方,不得隔机抢扔电缆线,当转向倒线困难时应停机调整。

(6)作业时,手握扶手应保持机身平衡,不得用力向后压,并应随时调整行进方向。转弯时不得用力过猛,不得急转弯。

(7)夯实填高土方时,应在边缘以内100~150mm夯实2~3遍后,再夯实边缘。

(8)在较大基坑作业时,不得在斜坡上夯行,应避免造成夯实后折。

(9)夯实房心土时,夯板应避开房心内地下构筑物、钢筋混凝土基桩、机座及地下管道等。

(10)在建筑物内部作业时,夯板或偏心块不得打在墙壁上。

(11)多机作业时,其平列间距不得小于5m,前后间距不得小于10m。

(12)夯机前进方向和夯机四周1m范围内,不得站立非操作人员。

(13)夯机连续作业时间不应过长,当电动机超过额定温升时,应停机降温。

(14)夯机发生故障时,应先切断电源,然后排除故障。

(15)作业后,应切断电源,卷好电缆线,清除夯机上的泥土,并妥善保管。

🎯 关键细节6 振动冲击夯安全使用要求

(1)振动冲击夯应适用于黏性土、砂及砾石等散状物料的压实,不得在水泥路面和其他坚硬地面作业。

(2)作业前重点检查项目应符合下列要求:

1)各部件连接良好,无松动;

2)内燃冲击夯有足够的润滑油,油门控制器转动灵活;

3)电动冲击夯有可靠的接零或接地,电缆线表面绝缘完好。

(3)内燃冲击夯启动后,内燃机应怠速运转3~5min,然后逐渐加大油门,待夯机跳动稳定后,方可作业。

(4)电动冲击夯在接通电源启动后,应检查电动机旋转方向,有错误时应倒换相线。

(5)作业时应正确掌握夯机,不得倾斜,手把不宜握得过紧,能控制夯机前进速度即可。

(6)正常作业时,不得使劲往下压手把,影响夯机跳起高度。在较松的填料上作业或上坡时,可将手把稍向下压,并应能增加夯机前进速度。

(7)在需要增加密实度的地方,可通过手把控制夯机在原地反复夯实。

(8)根据作业要求,内燃冲击夯应通过调整油门的大小,在一定范围内改变夯机振动频率。

(9)内燃冲击夯不宜在高速下连续作业。在内燃机高速运转时不得突然停车。

(10)电动冲击夯应装有漏电保护装置,操作人员必须戴绝缘手套、穿绝缘鞋。

作业时,电缆线不应拉得过紧,应经常检查线头安装,不得松动以免引起漏电。严禁冒雨作业。

(11)作业中,当冲击夯有异常的响声时,应立即停机检查。

(12)当短距离转移时,应先将冲击夯手把稍向上抬起,将运输轮装入冲击夯的挂钩内,再压下手把,使重心后倾,方可推动手把转移冲击夯。

(13)作业后,应清除夯板上的泥沙和附着物,保持夯机清洁,并妥善保管。

🔅关键细节7 压路机安全使用要求

(1)作业时,压路机应先起步后才能起振,内燃机应先置于中速,然后再调高速。

(2)变速与换向时应先停机,变速时应降低内燃机转速。

(3)严禁压路机在坚实的地面上进行振动。

(4)碾压松软路基时,应先在不振动的情况下碾压1~2遍,然后再振动碾压。

(5)碾压时,振动频率应保持一致。对可调振频的振动压路机,应先调好振动频率后再作业,不得在没有起振情况下调整振动频率。

(6)换向离合器、起振离合器和制动器的调整,应在主离合器脱开后进行。

(7)上、下坡时,不得使用快速挡。在急转弯时,包括铰接式振动压路机在小转弯绕圈碾压时,严禁使用快速挡。

(8)压路机在高速行驶时不得接合振动。

(9)停机时应先停振,然后将换向机构置于中间位置,变速器置于空挡,最后拉起手制动操纵杆,内燃机怠速运转数分钟后熄火。

三、桩工机械

桩基工程施工所用的机械主要是打桩机。打桩机主要由桩锤、桩架、动力装置及辅助设备三部分组成。

(1)桩锤:其作用是对桩施加冲击,将桩打入土中。

(2)桩架:其作用是将桩吊到打桩位置,并在打入过程中引导桩的方向,保证桩沿着所要求的方向冲击。

(3)动力装置及辅助设备:驱动桩锤用的动力设施,如卷扬机、锅炉、空气压缩机和管道、绳索、滑轮等。

打桩机的使用应遵守以下基本规定:

(1)打桩施工场地应按坡度不大于3%、地基承载力不小于8.5N/cm² 的要求进行平实,地下不得有障碍物。在基坑和围堰内打桩,应配备足够的排水设备。

(2)桩机周围应有明显标志或围栏,严禁闲人进入。作业时,操作人员应在距桩锤中心5m以外监视。

(3)安装时,应将桩锤运到桩架正前方2m以内,严禁远距离斜吊。

(4)用桩机吊桩时,必须在桩上拴好围绳。起吊2.5m以外的混凝土预制桩时,应将桩锤落在下部,待桩吊近后,方可提升桩锤。

(5)严禁吊桩、吊锤、回转和行走同时进行。桩机在吊有桩和锤的情况下,操作人员不得离开。

(6)卷扬钢丝绳应经常处于油膜状态,不得硬性摩擦。吊锤、吊桩可使用插接的钢丝绳,不得使用不合格的起重卡具、索具、拉绳等。

(7)作业中停机时间较长时,应将桩锤落下垫好。除蒸汽打桩机在短时间内可将锤担在机架上外,其他的桩机均不得悬吊桩锤进行检修。

(8)遇有大雨、雪、雾和六级以上强风等恶劣天气,应停止作业。当风速超过七级时,应将桩机顺风向停置,并增缆风绳。

(9)雷电天气时,无避雷装置的桩机,应停止作业。

(10)作业后,应将桩机停放在坚实平整的地面上,将桩锤落下,切断电源和电路开关,停机制动后方可离开。

关键细节 8 打桩机的安装与拆除要求

(1)拆装班组的作业人员必须熟悉拆装工艺、规程,拆装前班组长应进行明确分工,并组织班组作业人员贯彻落实专项安全施工组织设计(施工方案)和安全技术措施交底。

(2)高压线下两侧10m以内不得安装打桩机。特殊情况必须采取安全技术措施,并经上级技术负责人同意批准,方可安装。

(3)安装前应检查主机、卷扬机、制动装置、钢丝绳、牵引绳、滑轮及各部轴销、螺栓、管路接头应完好可靠。导杆不得弯曲损伤。

(4)起落机架时,应设专人指挥,拆装人员应互相配合,指挥旗语、哨音准确、清楚。严禁任何人在机架底下穿行或停留。

(5)安装底盘必须平放在坚实平坦的地面上,不得倾斜。桩机的平衡配重铁,必须符合说明书的要求,保证桩架稳定。

(6)震动沉桩机安装桩管时,桩管的垂直方向吊装不得超过4m,两侧斜吊不得超过2m,并设溜绳。

关键细节 9 桩架挪动安全要求

(1)打桩机架移位的运行道路,必须平坦坚实、畅通无阻。

(2)挪移打桩机时,严禁将桩锤悬高,必须将锤头制动可靠方可走车。

(3)机架挪移到桩位上稳固以后,方可起锤,严禁随移位随起锤。

(4)桩架就位后,应立即制动、固定。操作时桩架不得滑动。

(5)挪移打桩机架应距轨道终端2m以内终止,不得超出范围。如受条件限制,必须采取可靠的安全措施。

(6)柴油打桩机和震动沉桩机的运行道路必须平坦。挪移时应由专人指挥,桩机架不得倾斜。若遇地基沉陷较大时,必须加铺脚手板或铁板。

关键细节 10 桩机施工安全要求

(1)作业前必须检查传动、制动、滑车、吊索、拉绳是否牢固有效,防护装置是否齐全良好,并经试运转合格后,方可正式操作。

(2)打桩操作人员(司机)必须熟悉桩机构造、性能和保养规程,操作熟练后方准独立操作。要严禁非桩机操作人员操作。

(3)打桩作业时,严禁在桩机垂直半径范围以内和桩锤或重物底下穿行停留。

(4)卷扬机的钢丝绳应排列整齐,不得挤压,缠绕滚筒上不少于3圈。在缠绕钢丝绳时,不得探头或伸手拨动钢丝绳。

(5)稳桩时,应用撬棍套绳或其他适当工具进行。当桩与桩帽接合以前,套绳不得脱套,纠正斜桩不宜用力过猛,并要注视桩的倾斜方向。

(6)采用桩架吊桩时,桩与桩架之垂直方向距离不得大于5m(偏吊距离不得大于3m)。超出上述距离时,必须采取职业健康安全措施。

(7)打桩施工场地,必须经常保持整洁;打桩工作台应有防滑措施。

(8)桩架上操作人员使用的小型工具(零件),应放入工具袋内,不得放在桩架上。

(9)利用打桩机吊桩时,必须使用卷扬机的刹车制动。

(10)吊桩时要缓慢吊起,桩的下部必须设溜(套)绳,掌握稳定方向,桩不得与桩机碰撞。

(11)柴油机打桩时应掌握好油门,不得油门过大或突然加大,以防止桩锤跳跃过高;起锤高度不大于1.5m。

(12)利用柴油机或蒸汽锤拔桩筒,在入土深度超过1m时,不得斜拉硬吊,应垂直拔出。若桩筒入土较深,应边震边拔。

(13)柴油机或蒸汽打桩机拉桩时应停止锤击,方可操作,不得将锤击与拉桩同时进行。降落锤头时,不得猛然骤落。

(14)在装拆桩管或到沉箱上操作时,必须切断电源后再进行操作。必须设专人监护电源。

(15)检查或维修打桩机时,必须将锤放在地上并垫稳,严禁在桩锤悬吊时进行检查等作业。

第二节　混凝土机械设备安全管理

一、混凝土搅拌机械

建筑施工中使用的混凝土搅拌机械主要是混凝土搅拌机。按其工作原理,混凝土搅拌机可分为自落式和强制式两类。

(1)自落式搅拌机的鼓筒内壁装有径向布置的叶片,搅拌时圆形鼓筒绕轴旋转,装入筒内的物料被叶片提高到一定高度,在重力作用下自由降落,使物料相互穿插、翻拌、混合,直到拌和均匀。自落式混凝土搅拌机多用于搅拌塑性混凝土。

(2)强制式混凝土搅拌机容纳物料的圆筒固定不动,圆筒内装有转轴和叶片,装入圆筒内的物料在叶片的强制搅动下被剪切和旋转,形成交叉的物流,直至搅拌均匀。强制式混凝土搅拌机适于搅拌干硬性混凝土及轻骨料混凝土。

由于混凝土搅拌机上采用人工运输、称量,劳动量多,劳动强度大、效率低,所以,近几年来国外出现了一批机械化、联动化的现场型混凝土搅拌站。混凝土拌和物在搅拌站集中拌制,可以做到自动上料、自动称量、自动出料和集中操作控制,机械化、自动化程度大大提高,劳动强度大大降低,使混凝土质量得到改善,可以取得较好的技术经济效果。

目前,我国一些大城市已开始建立混凝土集中搅拌站。搅拌站的机械化及自动化水平一般较高,用自卸汽车直接供应搅拌好的混凝土,然后直接浇筑入模。这种供应"商品混凝土"的生产方式,在改进混凝土的供应,提高混凝土的质量以及节约水泥、骨料等方面,有很多优点。

◎关键细节 11 混凝土搅拌机安全使用要求

(1)固定式搅拌机应安装在牢固的台座上。当长期固定时,应埋置地脚螺栓;在短期使用时,应在机座上铺设木枕并找平放稳。

(2)固定式搅拌机的操纵台,应使操作人员能看到各部工作情况。电动搅拌机的操纵台,应垫上橡胶板或干燥木板。

(3)移动式搅拌机的停放位置应选择平整坚实的场地,周围应有良好的排水沟渠。就位后,应放下支腿将机架顶起达到水平位置,使轮胎离地。当使用期较长时,应将轮胎卸下妥善保管,轮轴端部用油布包扎好,并用枕木将机架垫起支牢。

(4)对需设置上料斗地坑的搅拌机,其坑口周围应垫高夯实,应防止地面水流入坑内。上料轨道架的底端支承面应夯实或铺砖,轨道架的后面应采用木料加以支承,以防止作业时轨道变形。

(5)料斗放到最低位置时,在料斗与地面之间,应加一层缓冲垫木。

(6)作业前重点检查项目应符合下列要求:

1)电源电压升降幅度不超过额定值的 5%。

2)电动机和电器元件的接线牢固,保护接零或接地电阻符合规定。

3)各传动机构、工作装置、制动器等均紧固可靠,开式齿轮、皮带轮等均有防护罩。

4)齿轮箱的油质、油量符合规定。

(7)作业前,应先启动搅拌机空载运转。应确认搅拌筒或叶片旋转方向与筒体上箭头所示方向一致。对反转出料的搅拌机,应使搅拌筒正、反转运转数分钟,并应无冲击抖动现象和异常噪音。

(8)作业前,应进行料斗提升试验,应观察离合器、制动器并确保其灵活可靠。

(9)应检查并校正供水系统的指示水量与实际水量的一致性;当误差超过 2% 时,应检查管路的漏水点,或校正节流阀。

(10)应检查骨料规格并应与搅拌机性能相符,超出许可范围的不得使用。

(11)搅拌机启动后,应使搅拌筒达到正常转速后进行上料。上料时应及时加水。每次加入的拌和料不得超过搅拌机的额定容量并应减少物料粘罐现象,加料的次序应为:石子→水泥→砂子→水泥→石子。

(12)进料时,严禁将头或手伸入料斗与机架之间;运转中严禁用手或工具伸入搅拌筒内扒料、出料。

(13)搅拌机作业中,当料斗升起时,严禁任何人在料斗下停留或通过;当需要在料斗下检修或清理料坑时,应将料斗提升后用铁链或插入销锁住。

(14)向搅拌筒内加料应在运转中进行,添加新料应先将搅拌筒内原有的混凝土全部卸出后方可进行。

(15)作业中,应观察机械运转情况,当有异常或轴承温升过高等现象时,应停机检查;

当需检修时,应将搅拌筒内的混凝土清除干净,然后再进行检修。

(16)加入强制式搅拌机的骨料最大粒径不得超过允许值,并应防止卡料。每次搅拌时,加入搅拌筒的物料不应超过规定的进料容量。

(17)应经常检查强制式搅拌机的搅拌叶片与搅拌筒底及侧壁的间隙,并确认符合规定,当间隙超过标准时,应及时调整。当搅拌叶片磨损超过标准时,应及时修补或更换。

(18)作业后,应对搅拌机进行全面清理;当操作人员需进入筒内时,必须切断电源或卸下熔断器,锁好开关箱,挂上"禁止合闸"的标牌,并应有专人在旁监护。

(19)作业后,应将料斗降落到坑底,当需升起时,应用链条或插销扣牢。

(20)冬季作业后,应将水泵、放水开关、量水器中的积水排尽。

(21)搅拌机在场内移动或远距离运输时,应将进料斗提升到上止点,用保险铁链或插销锁住。

◎关键细节 12 混凝土搅拌站安全使用要求

(1)混凝土搅拌站的安装,应由专业人员按出厂说明书的规定进行,并应在技术人员主持下组织调试;在各项技术性能指标全部符合规定并经验收合格后,方可投产使用。

(2)作业前检查项目应符合下列要求:

1)搅拌筒内和各配套机构的传动、运动部位及仓门、斗门、轨道等均无异物卡住。

2)各润滑油箱的油面高度符合规定。

3)打开阀门,排放气路系统中气水分离器的过多积水,打开贮气筒排污旋塞放出油水混合物。

4)提升斗或拉铲的钢丝绳安装、卷筒缠绕均正确,钢丝绳及滑轮符合规定,提升料斗及拉铲的制动器灵敏有效。

5)各部螺栓已紧固,各进、排料阀门无超限磨损,各输送带的张紧度适当,不跑偏。

6)称量装置的所有控制和显示部分工作正常,其精度符合规定。

7)各电气装置能有效控制机械动作,各接触点和动、静触头无明显损伤。

(3)应按搅拌站的技术性能准备合格的砂、石骨料,粒径超出许可范围的不得使用。

(4)机组各部分应逐步启动。启动后,各部件运转情况和各仪表指示情况应正常,油、气、水的压力应符合要求,方可开始作业。

(5)作业过程中,在贮料区内和提升斗下严禁人员进入。

(6)搅拌筒启动前应盖好仓盖。机械运转中严禁将手、脚伸入料斗或搅拌筒探摸。

(7)当拉铲被障碍物卡死时,不得强行起拉,不得用拉铲起吊重物,在拉料过程中,不得进行回转操作。

(8)搅拌机满载搅拌时不得停机,当发生故障或停电时,应立即切断电源,锁好开关箱,将搅拌筒内的混凝土清除干净,然后排除故障或等待电源恢复。

(9)搅拌站各机械不得超载作业;应检查电动机的运转情况,当发现运转声音异常或温升过高时,应立即停机检查;电压过低时不得强制运行。

(10)搅拌机停机前,应先卸载,然后按顺序关闭各部开关和管路。应将螺旋管内的水泥全部输送出来,管内不得残留任何物料。

(11)作业后,应清理搅拌筒、出料门及出料斗,并用水冲洗,同时冲洗附加剂及其供给系统。称量系统的刀座、刀口应清洗干净,并应确保称量精度。

(12)冰冻季节,应放尽水泵、附加剂泵、水箱及附加剂箱内的存水,并应启动水泵和附加剂泵运转1~2min。

(13)当搅拌站转移或停用时,应将水箱、附加剂箱、水泥、砂、石贮存料斗及称量斗内的物料排净,并清洗干净。转移中,应将杠杆秤表头平衡砣及秤杆固定,将传感器卸载。

二、混凝土运输机械

混凝土泵运输混凝土是利用混凝土泵通过管道将混凝土输送到浇筑地点,以综合完成地面水平运输、垂直运输和楼面水平运输。

(1)常用的混凝土泵有液压柱塞泵和挤压泵两类。

1)液压柱塞泵是利用柱塞的往复运动将混凝土吸入和排出。液压泵省去了机械传动系统,体积小、重量轻,便于使用。液压泵一般为双缸工作,因此混凝土泵的输出量大,效率高,可将混凝土连续压出管路,出料无脉冲现象。

2)挤压泵由料斗、泵体、挤压胶管、橡胶滚轮和转子传动装置等组成。当转子带动塑胶滚轮旋转时,滚轮挤压装有混凝土的胶管,使混凝土向前推移。由于泵体保持高度真空,胶管被压后又复扩张,管内形成负压,将料斗中的混凝土不断吸入,滚轮不断挤压胶管,使混凝土不断排出。挤压泵构造简单,使用寿命长,能逆运转,易于排除故障,但其输送距离较柱塞泵小。

(2)混凝土运输分为地面运输、垂直运输和楼面水平运输三种情况。

1)地面运输。地面运输如运距较远时,可采用自卸汽车或混凝土搅拌运输车;工地范围内的运输多用载重1t的小型机动翻斗车,近距离亦可采用双轮手推车。

2)垂直运输。混凝土的垂直运输,目前多用塔式起重机、井架,也可采用混凝土泵。塔式起重机运可以使混凝土在地面由水平运输工具或搅拌机直接卸入吊斗吊起运至浇筑部位进行浇筑。混凝土的垂直运送,除采用塔式起重机之外,还可使用井架。对于高层建筑宜采用混凝土泵运输。

3)楼面水平运输。如采用双轮水推车,搭式起重机,混凝土泵加布料杆。

◎关键细节13 混凝土搅拌输送车安全使用要求

(1)混凝土搅拌输送车的燃油、润滑油、液压油、制动液、冷却水等应添加充足,质量应符合要求。

(2)搅拌筒和滑槽的外观应无裂痕或损伤,滑槽止动器应无松弛或损坏,搅拌筒机架缓冲件应无裂痕或损伤,搅拌叶片磨损应正常。

(3)应检查动力取出装置并确认无螺栓松动及轴承漏油等现象。

(4)启动内燃机应进行预热运转,各仪表指示值正常,制动气压达到规定值,并应低速旋转搅拌筒3~5min。确认一切正常后,方可装料。

(5)搅拌运输时,混凝土的装载量不得超过额定容量。

(6)搅拌输送车装料前,应先将搅拌筒反转,使筒内的积水和杂物排尽。

(7)装料时,应将操纵杆放在"装料"位置,并调节搅拌筒转速,使进料顺利。

(8)运输前,排料槽应锁止在"行驶"位置,不得自由摆动。

(9)运输中,搅拌筒应低速旋转,但不得停转。运送混凝土的时间不得超过规定的时间。

(10)搅拌筒由正转变为反转时,应先将操纵手柄放在中间位置,待搅拌筒停转后,再将操纵杆手柄放至反转位置。

(11)行驶在不平路面或转弯处应降低车速至15km/h及以下,并暂停搅拌筒旋转。通过桥、洞、门等设施时,不得超过其限制高度及宽度。

(12)搅拌装置连续运转时间不宜超过8h。

(13)水箱的水位应保持正常。冬季停车时,应将水箱和供水系统的积水放净。

(14)用于搅拌混凝土时,应在搅拌筒内先加入总需水量2/3的水,然后再加入骨料和水泥并按出厂说明书规定的转速和时间进行搅拌。

(15)作业后,应先将内燃机熄火,然后对料槽、搅拌筒入口和托轮等处进行冲洗及清除混凝土结块。当需进入搅拌筒清除结块时,必须先取下内燃机电门钥匙,在筒外应设监护人员。

🔹关键细节14 混凝土泵安全使用要求

(1)混凝土泵应安放在平整、坚实的地面上,周围不得有障碍物,在放下支腿并调整后应使机身保持水平和稳定,轮胎应楔紧。

(2)泵送管道的敷设应符合下列要求:

1)水平泵送管道宜直线敷设。

2)垂直泵送管道不得直接装接在泵的输出口上,应在垂直管前端加装长度不小于20m的水平管,并在水平管近泵处加装逆止阀。

3)敷设向下倾斜的管道时,应在输出口上加装一段水平管,其长度不应小于倾斜管高低差的5倍。当倾斜度较大时,应在坡度上端装设排气活阀。

4)泵送管道应有支承固定,在管道和固定物之间应设置木垫作缓冲,不得直接与钢筋或模板相连,管道与管道间应连接牢靠;管道接头和卡箍应扣牢密封,不得漏浆;不得将已磨损管道装在后端高压区。

5)泵送管道敷设后,应进行耐压试验。

(3)砂石粒径、水泥强度等级及配合比应按出厂规定,满足泵机可泵性的要求。

(4)作业前应检查并确认泵机各部螺栓紧固,防护装置齐全可靠,各部位操纵开关、调整手柄、手轮、控制杆、旋塞等均在正确位置;液压系统正常无泄漏,液压油符合相关规定;搅拌斗内无杂物,上方的保护格网完好无损并盖严。

(5)输送管道的管壁厚度应与泵送压力匹配,近泵处应选用优质管子。管道接头、密封圈及弯头等应完好无损。高温烈日下应采用湿麻袋或湿草袋遮盖管路,并应及时浇水降温,寒冷季节应采取保温措施。

(6)应配备清洗管、清洗用品、接球器及有关装置。开泵前,无关人员应离开管道周围。

(7)启动后,应空载运转,观察各仪表的指示值,检查泵和搅拌装置的运转情况,确认一切正常后方可作业。泵送前应向料斗加入10L清水和0.3m³的水泥砂浆,润滑泵及管道。

(8)泵送作业中,料斗中的混凝土平面应保持在搅拌轴轴线以上。料斗格网上不得堆满混凝土,应控制供料流量,及时清除超粒径的骨料及异物,不得随意移动格网。

(9)当进入料斗的混凝土有离析现象时应停泵,待搅拌均匀后再泵送。当骨料分离严重,料斗内灰浆明显不足时,应剔除部分骨料,另加砂浆重新搅拌。

(10)泵送混凝土应连续作业,当因供料中断被迫暂停时,停机时间不得超过30min;暂停时间内应每隔5~10min(冬季为每隔3~5min)做2~3个冲程反泵——正泵运动,再次投料泵送前应先将料搅拌;当停泵时间超限时,应排空管道。

(11)垂直向上泵送中断后再次泵送时,应先进行反向推送,使分配阀内的混凝土吸回料斗,经搅拌后再正向泵送。

(12)泵机运转时,严禁将手或铁锹伸入料斗或用手抓握分配阀。当需在料斗或分配阀上工作时,应先关闭电动机和消除蓄能器压力。

(13)不得随意调整液压系统压力。当油温超过70℃时,应停止泵送,但仍应使搅拌叶片和风机运转,待降温后再继续运行。

(14)水箱内应贮满清水,当水质混浊并有较多砂粒时,应及时检查处理。

(15)泵送时,不得开启任何输送管道和液压管道;不得调整、修理正在运转的部件。

(16)作业中,应对泵送设备和管路进行观察,发现隐患应及时处理。对磨损超过规定的管子、卡箍、密封圈等应及时更换。

(17)应防止管道堵塞。泵送混凝土应搅拌均匀,控制好坍落度;在泵送过程中,不得中途停泵。

(18)当出现输送管堵塞时,应进行反泵运转,使混凝土返回料斗;当反泵几次仍不能消除堵塞时,应在泵机卸载情况下,拆管排除堵塞。

(19)作业后,应将料斗内和管道内的混凝土全部输出,然后对泵机、料斗、管道等进行冲洗。当用压缩空气冲洗管道时,进气阀不应立即开大,只有当混凝土顺利排出时,方可将进气阀开至最大。在管道出口端前方10m内严禁站人,并应用金属网篮等收集冲出的清洗球和砂石粒。对凝固的混凝土,应采用刮刀清除。

(20)作业后,应将两侧活塞转到清洗室位置,并涂上润滑油。各部位操纵开关、调整手柄、手轮、控制杆、旋塞等均应复位。液压系统应卸载。

三、混凝土振动机械

混凝土振动机械捣实工作的原理是由混凝土振动机械产生简谐振动,并把振动力传给混凝土,使其发生强迫震动,破坏混凝土拌和物的凝聚结构,使水泥浆的粘结力和骨料间的摩阻力显著减小,造成流动性增加,骨料在重力作用下下沉,水泥浆则均匀分布填充骨料间的空隙,气泡逸出,孔隙减少,游离水分挤压上升,且使混凝土充满模内,提高密实度。振动停止后,混凝土又重新恢复其凝聚结构并逐渐凝结硬化。

混凝土振动机械按其工作方式不同,可分为内部振动器、表面振动器、外部振动器和振动台等。

(1)内部振动器又称插入式振动器,由电机、软轴及振动棒三部分组成,多用于振捣基础、柱、梁、墙等构件及大型设备基础等大体积混凝土结构。

(2)表面振动器又称平板振动器,由带偏心块的电动机和平板(木或钢板)等组成,在混凝土表面进行振捣,适用于楼板、地面、板形构件和薄壁等结构。

(3)外部振动器又称附着式振动器。这种振动器是固定在模板外侧的横档和竖档上,偏心块旋转时所产生的振动力通过模板传给混凝土,使之振实。它适用于钢筋密集、断面尺寸小的构件。

(4)振动台是一个支承在弹性支座上的工作平台,在平台下面装有振动机构,当振动机构运转时,即带动工作台强迫振动,从而使在工作台上制作构件的混凝土得到振实。振动台是混凝土制品厂中的固定生产设备,用于振实预制构件。

◎关键细节15　插入式振动器安全使用要求

(1)插入式振动器的电动机电源上,应安装漏电保护装置,接地或接零应安全可靠。

(2)操作人员应经过用电教育,作业时应穿戴绝缘胶鞋和绝缘手套。

(3)电缆线应满足操作所需的长度。电缆线上不得堆压物品或让车辆挤压,严禁用电缆线拖拉或吊挂振动器。

(4)使用前,应检查各部并确认连接牢固,旋转方向正确。

(5)振动器不得在初凝的混凝土、地板、脚手架和干硬的地面上进行试振。在检修或作业间断时,应断开电源。

(6)作业时,振动棒软管的弯曲半径不得小于500mm,并不得多于两个弯,操作时应将振动棒垂直地沉入混凝土,不得用力硬插、斜推或让钢筋夹住棒头,也不得全部插入混凝土中,插入深度不应超过棒长的3/4,不宜触及钢筋、芯管及预埋件。

(7)振动棒软管不得出现断裂,当软管使用过久使长度增长时,应及时修复或更换。

(8)作业停止需移动振动器时,应先关闭电动机,再切断电源。不得用软管拖拉电动机。

(9)作业完毕,应将电动机、软管、振动棒清理干净,并应按规定要求进行保养作业。振动器存放时,不得堆压软管,应平直放好,并应对电动机采取防潮措施。

◎关键细节16　平板式、附着式振动器安全使用要求

(1)平板式、附着式振动器轴承不应承受轴向力,在使用时,电动机轴应保持水平状态。

(2)平板式振动器作业时,应使平板与混凝土保持接触,使振波有效地振实混凝土,待表面出浆、不再下沉后,即可缓慢向前移动,移动速度应能保证混凝土振实出浆。在振的振动器,不得搁置在已凝或初凝的混凝土上。

(3)在一个模板上同时使用多台附着式振动器时,各振动器的频率应保持一致,相对面的振动器应错开安装。作业前,应对附着式振动器进行检查和试振。试振不得在干硬土或硬质物体上进行。安装在搅拌站料仓上的振动器,应安置橡胶垫。

(4)安装时,振动器底板安装螺孔的位置应正确,应防止地脚螺栓安装扭斜而使机壳受损。地脚螺栓应紧固,各螺栓的紧固程度应一致。

(5)使用时,引出电缆线不得拉得过紧,更不得断裂。作业时,应随时观察电气设备的漏电保护器和接地或接零装置并确认合格。

（6）附着式振动器安装在混凝土模板上时，每次振动时间不应超过1min，当混凝土在模内泛浆流动或呈水平状即可停振，不得在混凝土初凝状态时再振。

（7）装置振动器的构件模板应坚固牢靠，其面积应与振动器额定振动面积相适应。

第三节　钢筋加工及焊接机械设备安全管理

一、钢筋加工机械设备

钢筋加工包括钢筋基本加工（校直、切断、弯曲）与钢筋冷加工。在工业发达国家的现代化生产中，钢筋加工则由自动生产线连续完成。

钢筋加工机械主要包括：钢筋除锈机、钢筋调直机、钢筋切断机、钢筋弯曲机、钢筋冷加工机械（冷拉机具、拔丝机）等。钢筋加工机械可能发生的安全事故主要是机械伤害（包括钢筋弹出伤人）和触电，高处进行作业可能发生高处坠落，液压设备可能发生高压液压油喷出伤人事故。本节主要介绍各种钢筋加工机械安全使用时应符合以下基本要求：

（1）机械的安装须坚实稳固，保持水平位置。固定式机械须有可靠的基础；移动式机械作业时须楔紧行走轮。

（2）室外作业须设置机棚，机旁须有堆放原料、半成品的场地。

（3）加工较长的钢筋时，须有专人帮扶，并听从操作人员指挥，不许任意推拉。

（4）作业后须堆放好成品、清理场地、切断电源、锁好开关箱、做好润滑工作。

🎯关键细节17　钢筋除锈机安全使用要求

（1）检查钢丝刷的固定螺栓有无松动，传动部分润滑和封闭式防护罩及排尘设备等完好情况。

（2）操作人员必须束紧袖口，戴防尘口罩、手套和防护眼镜。

（3）严禁将弯钩成型的钢筋上机除锈。弯度过大的钢筋宜在基本调直后除锈。

（4）操作时应将钢筋放平，手握紧，侧身送料，严禁在除锈机正面站人。整根长钢筋除锈应由两人配合操作，互相呼应。

🎯关键细节18　钢筋调直机安全使用要求

（1）调直机安装必须平稳，料架、料槽应安装平直，并应对准导向筒、调直筒和下切刀孔的中心线。电机必须设可靠接零保护。

（2）用手转动飞轮，检查传动机构和工作装置，调整间隙，紧固螺栓，确认正常后，启动空运转，并应检查轴承无异响、齿轮啮合良好，待运转正常后，方可作业。

（3）按调直钢筋的直径，选用适当的调直块及传动速度。调直短于2m或直径大于9m的钢筋应低速进行。经调试合格，方可送料。

（4）在调直块未固定、防护罩未盖好前不得送料。作业中严禁打开各部防护罩及调整间隙。

（5）当钢筋送入后，手与曳轮必须保持一定距离，不能太接近。

（6）送料前应将不直的料头切去。导向筒前应装一根1m长的钢管，钢筋必须先穿过钢管再送入调直前端的导孔内。当钢筋穿入后,手与压辊必须保持一定距离。

(7)作业后,应松开调直筒的调直块并回到原来位置,同时预压弹簧必须回位。

(8)机械上不准搁置工具、物件,避免振动落入机体。

(9)圆盘钢筋放入放圈架上要平稳,乱丝或钢筋脱架时,必须停机处理。

(10)已调直的钢筋,必须按规格、根数分成小捆,散乱钢筋应随时清理堆放整齐。

◎关键细节 19 钢筋切断机安全使用要求

(1)接送料的工作台面应和切刀下部保持水平,工作台的长度可根据加工材料长度确定。

(2)启动前,必须检查切断机械,确保安装正确,刀片无裂纹,刀架螺栓紧固,防护罩牢靠。然后用手转动皮带轮,检查齿轮啮合间隙,调整切刀间隙。

(3)启动后,应先空运转,确认各传动部分及轴承运转正常后,方可作业。

(4)机械未达到正常转速时不得切料。钢筋切断应在调直后进行,切料时必须使用切刀的中、下部位,紧握钢筋刿准刀口迅速送入。

(5)不得剪切直径及强度超过机械铭牌规定的钢筋和烧红的钢筋。一次切断多根钢筋时,总截面面积应在规定范围内。

(6)剪切低合金钢时,应换高硬度切刀,剪切直径应符合机械铭牌规定。

(7)切断短料时,手和切刀之间的距离应保持在150mm以上,如手握端小于400mm时,应用套管或夹具将钢筋短头压住或夹牢。

(8)机械运转中,严禁用手直接清除切刀附近的断头和杂物。钢筋摆动周围和切刀附近,非操作人员不得停留。

(9)发现机械运转不正常,有异响或切刀歪斜等情况,应立即停机检修。

(10)作业后应切断电源,用钢刷清除切刀间的杂物,进行整机清洁保养。

◎关键细节 20 钢筋弯曲机安全使用要求

(1)工作台和弯曲机台面要保持水平,并在作业前准备好各种芯轴及工具。

(2)按加工钢筋的直径和弯曲半径的要求装好芯轴、成型轴、挡铁轴或可变挡架,芯轴直径应为钢筋直径的2.5倍。

(3)检查芯轴、挡铁轴、转盘应无损坏和裂纹,防护罩紧固可靠,经空运转确认正常后,方可作业。

(4)操作时要熟悉倒顺开关控制工作盘旋转的方向,钢筋放置要和挡架、工作盘旋转方向相配合,不得放反。

(5)作业时,将钢筋需弯的一头插在转盘固定销的间隙内,另一端紧靠机身固定销,并用手压紧;检查机身固定销子确实安放在挡住钢筋的一侧,方可开动。

(6)作业中,严禁更换轴芯、成型轴、销子和变换角度以及调速等作业,严禁在运转时加油和清扫。

(7)弯曲钢筋时,严禁超过规定的钢筋直径、根数及机械转速。

(8)弯曲高强度或低合金钢时,应按机械铭牌规定换算最大允许直径并调换相应的芯轴。

(9)严禁在弯曲钢筋的作业半径内和机身不设固定销的一侧站人。弯曲好的半成品应堆放整齐,弯钩不得朝上。

(10)改变工作盘旋转方向时必须在停机后进行,即从正转→停→反转,不得直接从正转→反转或从反转→正转。

关键细节 21 钢筋冷拉机安全使用要求

(1)根据冷拉钢筋的直径,合理选用卷扬机,卷扬钢丝绳应经封闭式导向滑轮并和被拉钢筋水平方向成直角。卷扬机的位置必须使操作人员能见到全部冷拉场地,卷扬机距离冷拉中线不少于5m。

(2)冷拉场地在两端地锚外侧设置警戒区,装设防护栏杆及警告标志。严禁无关人员在此停留。操作人员在作业时必须离开钢筋2m以外。

(3)用配重控制的设备必须与滑轮匹配,并有指示起落的记号,没有指示记号时应由专人指挥。配重框提起时高度应限制在离地面300mm以内,配重架四周应有栏杆及警告标志。

(4)作业前,应检查冷拉夹具,夹齿必须完好,滑轮、拖拉小车应润滑灵活,拉钩、地锚及防护装置均应齐全牢固。确认良好后,方可作业。

(5)卷扬机操作人员必须看到指挥人员发出信号,并待所有人员离开危险区后方可作业;冷拉应缓慢、均匀地进行,随时注意停车信号或见到有人进入危险区时,应立即停拉,并稍稍放松卷扬钢丝绳。

(6)用延伸率控制的装置,必须装设明显的限位标志,并应由专人负责指挥。

(7)夜间工作照明设施,应装设在张拉危险区外;如需要装设在场地上空时,其高度应超过5m。灯泡应加防护罩,导线不得用裸线。

(8)每班冷拉完毕,必须将钢筋整理平直,不得相互乱压或单头挑出,未拉盘筋的引头应盘住,机具拉力部分均应放松。

(9)导向滑轮不得使用开口滑轮。维修或停机时,必须切断电源、锁好箱门。

(10)作业后,应放松卷扬钢丝绳,落下配重,切断电源,锁好开关箱。

关键细节 22 预应力钢筋拉伸设备安全使用要求

(1)采用钢模配套张拉,两端要有地锚,还必须配有卡具、锚具,钢筋两端须有镦头,场地两端外侧应有防护栏杆和警告标志。

(2)检查卡具、锚具及被拉钢筋两端镦头,如有裂纹或破损,应及时修复或更换。

(3)卡具刻槽应较所拉钢筋的直径大0.7～1mm,并保证有足够强度使锚具不致变形。

(4)空载运转,校正千斤顶和压力表的指示吨位,定出表上的数字,对比张拉钢筋吨位及延伸长度。检查油路应无泄漏,确认正常后,方可作业。

(5)作业中,操作要平稳、均匀,张拉时两端不得站人。拉伸机在有压力的情况下,严禁拆卸液压系统上的任何零件。

(6)在测量钢筋的伸长量和拧紧螺帽时,应先停止拉伸,操作人员必须站在侧面操作。

(7)用电热张拉法带电操作时,应穿绝缘胶鞋并戴绝缘手套。

(8)张拉时,不准用手摸或脚踩钢筋或钢丝。

(9)作业后,切断电源,锁好开关箱,千斤顶全部卸载,并将拉伸设备放在指定地点进行保养。

二、焊接机械设备

焊接是施工中采用较多的方法。在焊接施工中普遍采用的有接触对焊、手工电弧焊和接触电焊三种焊接方法;电渣压力焊和气压焊接新技术也得到推广。

常用的焊接机械设备主要有手工弧焊机、埋弧焊机、竖向钢筋电渣压力焊机、对焊机、点焊机和气焊设备。其中,手工弧焊机又可分为交流电焊机、旋转式直流电焊机和硅整流直流电焊机。

焊接机械设备可能发生的安全事故主要是机械伤害、火灾、触电、灼烫和中毒事故,焊接操作及配合人员必须按规定穿戴劳动防护用品,同时必须采取防止触电、高空坠落、瓦斯中毒和火灾等事故发生的安全措施。

◉关键细节 23　交流电焊机安全使用要求

(1)应注意初、次级线,不可接错,输入电压必须符合电焊机的铭牌规定。严禁接触初级线路的带电部分。

(2)次级抽头连接铜板必须压紧,其他部件应无松动或损坏。

(3)移动电焊机时,应切断电源。

(4)多台焊机接线时三相负载应平衡,初级线上必须有开关及熔断保护器。

(5)电焊机应绝缘良好。焊接变压器的一次线圈绕组与二次线圈绕组之间、绕组与外壳之间的绝缘电阻不得小于$1M\Omega$。

(6)电焊机的工作负荷应依照设计规定,不得超载运行。

◉关键细节 24　旋转式电焊机安全使用要求

(1)接线柱应有垫圈。合闸前详细检查接线螺帽,不得用拖拉电缆的方法移动焊机。

(2)新机使用前,应将换向器上的污物擦干净,使换向器与电刷接触良好。

(3)启动时,检查转子的旋转方向应符合焊机标志的箭头方向。

(4)启动后,应检查电刷和换向器,如有大量火花,应停机查原因,经排除后方可使用。

(5)数台焊机在同一场地作业时,应逐台启动,并使三相载荷平衡。

◉关键细节 25　硅整流电焊机安全使用要求

(1)电焊机应在原厂使用说明书要求的条件下工作。

(2)检查减速箱油槽中的润滑油不足时应添加。

(3)软管式送丝机构的软管槽孔应保持清洁,定期吹洗。

(4)使用硅整流电焊机时,必须开启风扇,运转中应无异响,电压表指示值应正常。

(5)应经常清洁硅整流器及各部件,清洁工作必须在停机断电后进行。

◉关键细节 26　埋弧焊机安全使用要求

(1)焊接设备上的电机、电器、空压机等应按有关规定执行,并有完整的防护外壳,二次接线柱处应有保护罩。

(2)现场使用的电焊机应设有可防雨、防潮、防晒的机棚,并备有消防用品。

(3)焊接时,焊接和配合人员必须采取防止触电、高空坠落、瓦斯中毒和火灾等事故的安全措施。

(4)严禁在运行中的压力管道,装有易燃、易爆物品的容器和受力构件上进行焊接和切割。

(5)焊接铜、铝、锌、锡、铅等有色金属时,必须在通风良好的地方进行;焊接人员应戴防毒面具或呼吸滤清器。

(6)在容器内施焊时,必须采取以下措施:容器上必须有进、出风口并设置通风设备;容器内的照明电压不得超过12V;焊接时必须有人在场监护,严禁在已喷涂过油漆或塑料的容器内焊接。

(7)焊接预热焊件时,应设挡板隔离焊件发生的辐射热。

(8)高空焊接或切割时,必须挂好安全带,焊件周围和下方应采取防火措施并有专人监护。

(9)电焊线通过道路时,必须架高或穿入防护管内埋设在地下,如通过轨道时,必须从轨道下面穿过。

(10)接地线及手把线都不得搭在易燃、易爆和带有热源的物品上,接地线不得接在管道、机床设备和建筑物金属构架或轨道上,接地电阻不大于4Ω。

(11)雨天不得露天电焊。在潮湿地带作业时,操作人员应站在铺有绝缘物品的地方,穿好绝缘鞋。

(12)长期停用的电焊机在使用时须检查其绝缘电阻不得低于0.5Ω,接线部分不得有腐蚀和受潮现象。

(13)焊钳应与手把线连接牢固,不得用胳膊夹持焊钳。清除焊渣时,面部应避开焊缝。

(14)在载荷运行中,焊接人员应经常检查电焊机的温升,如超过A级60℃、B级80℃时,必须停止运转并降温。

(15)施焊现场的10m范围内,不得堆放氧气瓶、乙炔发生器、木材等易燃物。

(16)作业完成后,要清理场地、灭绝火种、切断电源、锁好电闸箱、消除焊料余热后再离开。

关键细节27　竖向钢筋电渣压力焊机安全使用要求

(1)应根据施焊钢筋直径选择具有足够输出电流的电焊机。电源电缆和控制电缆连接应正确、牢固。控制箱的外壳应牢靠接地。

(2)施焊前应检查供电电压并确保正常。一次电压降大于8%时,不宜焊接。焊接导线长度不得大于30m,截面面积不得小于50mm²。

(3)施焊前应检查并确保电源及控制电路正常,定时准确,误差不大于5%,机具的传动系统、夹装系统及焊钳的转动部分灵活自如,焊剂已干燥,所需附件齐全。

(4)施焊前,应按所焊钢筋的直径,根据参数表,标定好所需的电源和时间。一般情况下,时间(s)可为钢筋的直径数(ram),电流(A)可为钢筋直径的20倍数(ram)。

(5)起弧前,上、下钢筋应对齐,钢筋端头应接触良好。对锈蚀粘有水泥的钢筋,应用钢丝刷清除,并保证导电良好。

(6)施焊过程中,应随时检查焊接质量。当发现倾斜、偏心、未熔合、有气孔等现象时,应重新施焊。

(7)每个接头焊完后,应停留5~6min保温;寒冷季节应适当延长。当拆下机具时,应扶住钢筋,过热的接头不得过于受力。焊渣应待完全冷却后清除。

关键细节28 对焊机安全使用要求

(1)对焊机应安置在室内,并有可靠的接地(接零)。多台对焊机并列安装时间距不得少于3m,并应分别接在不同相位的电网上,分别有各自的刀形开关。

(2)作业前,检查对焊机的压力机构应灵活,夹具应牢固,气、液压系统无泄漏,确认可靠后方可施焊。

(3)焊接前,应根据所焊钢筋截面,调整二次电压,不得焊接超过对焊机规定直径的钢筋。

(4)断路器的接触点、电极应定期磨光,二次电路所有的连接螺栓应定期紧固。冷却水温度不得超过40℃,排水量应根据温度调节。

(5)焊接较长钢筋时,应设置托架。在现场焊接竖向钢筋时,焊接后应确保焊接牢固后再松开卡具,进行下道工序。

(6)闪光区应设挡板,焊接时无关人员不得入内。配合搬运钢筋的操作人员,在焊接时要注意防止火花烫伤。

关键细节29 点焊机安全使用要求

(1)作业前,必须清除两电极的油污。通电后,机体外壳应无漏电。

(2)启动前,首先应接通控制线路的转向开关和调整好极数,接通水源、气源,再接电源。

(3)电极触头应保持光洁,如有漏电,应立即更换。

(4)作业时,气路、水冷却系统应畅通。气体必须保持干燥。排水温度不得超过40℃,排水量可根据气温调节。

(5)严禁在引燃电路中加大熔断器。当负载过小使引燃管内电弧不能发生时,不得闭合控制箱的引燃电路。

(6)控制箱如长期停用,每月应通电加热30min。如更换闸流管亦应预热30min,工作时控制箱的预热时间不得少于5min。

关键细节30 乙炔气焊设备安全使用要求

(1)乙炔瓶、氧气瓶及软管、阀、表均应齐全有效,紧固牢靠,不得松动、破损和漏气。氧气瓶及其附件、胶管、工具上均不得沾染油污。软管接头不得用铜质材料制作。

(2)乙炔瓶、氧气瓶和焊炬间的距离不得小于10m,否则应采取隔离措施。同一地点有两个以上乙炔瓶时,其间距不得小于10m。

(3)新橡胶软管必须经压力试验。未经压力试验的或代用品及变质、老化、脆裂、漏气及沾上油脂的胶管均不得使用。

(4)不得将橡胶软管放在高温管道和电线上,或将重物或热的物件压在软管上,更不得将软管与电焊用的导线敷设在一起。软管经过车行道时应加护套或盖板。

(5)氧气瓶应与其他易燃气瓶、油脂和其他易燃、易爆物品分别存放,也不得同车运输。氧气瓶应有防震圈和安全帽,应平放,不得倒置,不得在强烈日光下暴晒,严禁用行车或吊车吊运氧气瓶。

(6)开启氧气瓶阀门时,应用专用工具,动作要缓慢,不得面对减压器,但应观察压力表指针是否灵敏正常。氧气瓶中的氧气不得全部用尽,至少应留49kPa的剩余压力。

(7)严禁使用未安装减压器的氧气瓶进行作业。

(8)安装减压器时,应先检查氧气瓶阀门确保接头无油脂,并略开氧气瓶阀门吹除污垢,然后安装减压器。人身或面部不得正对氧气瓶阀门出气口,关闭氧气瓶阀门时,须先松开减压器的活门螺栓(不可紧闭)。

(9)点燃焊(割)炬时,应先开乙炔阀点火,然后开氧气阀调整火焰。关闭时应先关闭乙炔阀,再关闭氧气阀。

(10)在作业中,如发现氧气瓶阀门失灵或损坏不能关闭时,应让瓶内氧气自动放尽后,再行拆卸修理。

(11)乙炔软管、氧气软管不得错装。使用中,当氧气软管着火时,不得折弯软管断气,要迅速关闭氧气阀门,停止供氧。乙炔软管着火时,应先关熄炬火,可用弯折前面一段软管的办法来将火熄灭。

(12)冬期在露天施工,如软管和回火防止器冻结时,可用热水、蒸汽或在暖气设备下化冻。严禁用火焰烘烤。

(13)不得将橡胶软管背在背上操作。焊枪内若带有乙炔、氧气时不得放在金属管、槽、缸、箱内。氢氧并用时,应先开乙炔气,再开氢气,最后开氧气,再点燃。熄灭时,应先关氧气,再关氢气,最后关乙炔气。

(14)作业后,应卸下减压器,拧上气瓶安全帽,将软管卷起捆好,挂在室内干燥处,并将乙炔发生器卸压,放水后取出电石篮;剩余电石和电石渣,应分别放在指定的地方。

第四节　木工机械设备安全管理

一、刨削机械

木工用刨削机械是用来专门加工木料表面(如表面的整直、修光、刨平等)的机具。木工刨削机械分平刨床和压刨床两种。其平刨床又分手压平刨床和直角平刨床;压刨床分单、双面压刨床和四面刨床三种。

平刨机的主要用途是刨削厚度不同等木料表面。平刨经过调整导板、更换刀具、加设模具后,也可用于刨削斜面和曲面,是施工现场用得比较广的一种刨削机械。

关键细节31　平面刨(手压刨)安全使用要求

(1)作业前,检查安全防护装置是否齐全有效。

(2)刨料时,手应按在料的上面,手指必须离开刨口50mm以上,严禁用手在木料端送料跨越刨口进行刨削。

(3)刨料时,应保持身体平衡,用双手操作。刨大面时,手应按在木料上面;刨小面时,手指应不低于料高的一半,并不得小于3cm。

(4)每次刨削量不得超过1.5mm,进料速度应均匀,严禁在刨刀上方回料。

(5)被刨木料的厚度小于30mm、长度小于400mm时,应用压板或压棍推进。厚度在

15mm 以下、长度在 250mm 以下的木料,不得在平刨上加工。

(6)被刨木料如有破裂或硬节等缺陷时,必须处理后再施刨。刨旧料前,必须将料上的钉子、杂物清除干净,遇木槎、节疤要缓慢送料。严禁将手按在节疤上送料。

(7)同一台平刨机的刀片和刀片螺栓的厚度、重量必须一致,刀架与刀必须匹配,刀架夹板必须平整贴紧,合金刀片焊缝的高度不得超刀头,刀片紧固螺栓应嵌入刀片槽内,槽端离刀背不得小于 10mm。紧固螺栓时,用力应均匀一致,不得过松或过紧。

(8)机械运转时,不得将手伸进安全挡板里侧去移动挡板或拆除安全挡板进行刨削,严禁戴手套操作。

(9)两人操作时,进料速度应配合一致。当木料前端越过刀口 30cm 后,下手的操作人员方可接料。木料刨至尾端时,上手的操作人员应注意早松手,下手的操作人员不得猛拉。

(10)换刀片前必须拉闸断电,并挂"有人操作,严禁合闸"的警示牌。

◎**关键细节 32** **压刨床(单面和多面)安全使用要求**

(1)压刨床必须用单向开关,不得安装倒顺开关;三四面刨应按顺序开动。

(2)作业时,严禁一次刨削两块不同材质、规格的木料,被刨木料的厚度不得超过 50mm。操作者应站在机床的一侧,接、送料时不戴手套,送料时必须先进大头。

(3)刨刀与刨床台面的水平间隙应在 10～30mm 之间,刨刀螺栓必须重量相等,紧固时用力应均匀一致,不得过紧或过松,严禁使用带开口槽的刨刀。

(4)每次进刀量应为 2～5mm,如遇硬木或节疤,应减小进刀量,降低送料速度。

(5)进料必须平直,发现木料走偏或卡住,应停机降低台面,调正木料。送料时手指必须与滚筒保持 20cm 以上距离。接料时,必须待料出台面后方可上手。

(6)刨料长度小于前后滚中心距的木料,禁止在压刨机上加工。

(7)木料厚度差 2mm 的不得同时进料。刨削吃刀量不得超过 3mm。

(8)刨料长度不得短于前后压滚的中心距离,厚度小于 10mm 的薄板,必须垫托板。

(9)压刨必须装有回弹灵敏的逆止爪装置,进料齿辊及托料光辊应调整水平和上下距离一致,齿辊应低于工件表面 1～2mm,光辊应高出台面 0.3～0.8mm,工作台面不得歪斜或高低不平。

(10)清理台面杂物时必须停机(停稳)、断电,用木棒进行清理。

二、锯割机械

木工用锯割机械是用来纵向或横向锯割圆木或方木的加工机械,一般常用的有带锯机、手推电锯或圆锯机(圆盘锯)等。

圆锯机是以高速回转的圆盘锯片来锯割木材的。根据锯割方向,圆锯可分为纵解木工圆锯机和横截木工圆锯机两大类。圆锯机主要用于纵向锯割木材,也可配合带锯机锯割板方材,是建筑工地或小型构件厂应用较广的一种木工机械。

用圆锯机锯割木料时,常会发生木料突然倒退射出的现象。操作者如果躲闪不及,射出的木料就会撞击操作者的身体,造成人身伤害。容易引起这种现象的原因主要有以下几个方面:

(1)锯口太窄,木屑排除不畅;木料含油质较多,或木纤维质地坚韧;锯口处加水不足,锯片局部受热变形等,造成夹锯。

(2)锯齿的齿尖用久了以后就会磨损,出现高低不平、不在同一个圆周线上的现象。锯硬质木料时,容易引起木料上下跳动,甚至木料突然射击。齿尖高低不平的原因是,修磨锯片时,事先没有将锯片的正圆找出,单纯按照齿刃的磨损程度进行磨砺。

(3)当木纹扭曲或木料锯割路线产生偏斜时,可以把木料退出,翻转后再重新锯割。但是,一定要防止木料突然反弹射出。锯割路线偏斜时,硬拽或猛推更危险。

(4)当木料锯至尾部时,特别是纹理顺直、易破开的木料,可能会未经锯割而突然飞出木片。因此,在不影响操作的情况下,操作者应该站在锯片平面的侧面,不应该站在与锯片同一直线上。同时,锯片上方要设防护罩及保险装置。锯片周围的木片、木块要用木棒及时清除,以防发生操作事故。

(5)木料过短,易上下跳动、反弹飞出,而且操作不便,操作者应该使用推料杆推料。锯割小于锯片直径的短料时,危险性极大,操作人员要加倍小心。锯割短料应由一人操作,有助手时也不得依靠助手。

操作者经验不足,缺乏安全操作常识和助手配合不当等,都是发生圆锯机操作事故的原因。为了防止发生操作事故,应该针对这些原因做好防护工作。同时,必须大力开展安全宣传教育,严格执行安全操作规程。

关键细节33 圆锯机安全使用要求

(1)圆锯机必须装设分料器,开料锯与料锯不得混用。锯片上方必须安装保险挡板和滴水装置,在锯片后面,离齿10~15mm处,必须安装弧形楔刀。锯片的安装,应保持与轴同心。

(2)锯片必须锯齿尖锐,不得连续缺齿两个,裂纹长度不得超过20mm,裂缝末端应冲止裂孔。

(3)被锯木料厚度,以锯片能露出木料10~20mm为限,夹持锯片的法兰盘的直径应为锯片直径的1/4。

(4)启动后,待转速正常后方可进行锯料。送料时,不得将木料左右晃动或高抬,遇木节要缓缓送料。锯料长度应不小于500mm。接近端头时,应用推棍送料。

(5)如锯线走偏,应逐渐纠正,不得猛拔,以免损坏锯片。

(6)操作人员不得站在和面对与锯片旋转的离心力方向操作,手不得跨越锯片。

(7)必须紧贴靠尺送料,不得用力过猛,遇硬节疤应慢推。必须待出料超过锯片15cm方可上手接料,不得用手硬拉。

(8)短窄料应用推棍,接料使用刨钩。严禁锯小于50cm长的短料。

(9)木料走偏时,应立即切断电源,停机调正后再锯,不得猛力推进或拉出。

(10)锯片运转时间过长应用水冷却,直径60cm以上的锯片工作时应喷水冷却。

(11)必须随时清除锯台面上的遗料,保持锯台整洁。清除遗料时,严禁直接用手清除。清除锯末及调整部件,必须先拉闸断电,待机械停止运转后方可进行。

(12)严禁使用木棒或木块制动锯片的方法停机。

关键细节34 带锯机安全使用要求

(1)作业前,检查锯条,如锯条齿侧的裂纹长度是否超过10mm,锯条接头处裂纹长度是否超过10mm,连续缺齿两个和接头超过三个的锯条均不得使用。裂纹在以上规定内必须在裂纹终端冲一止裂孔。锯条松紧度调整适当后,先空载运转,若声音正常、无串条现象时,方可作业。

(2)作业中,操作人员应站在带锯机的两侧,跑车开动后,行程范围内的轨道周围不准站人,严禁在运行中上、下跑车。

(3)原木进锯前,应调好尺寸,进锯后不得调整。进锯速度应均匀,不能过猛。

(4)在木材的尾端越过锯条0.5m后,方可进行倒车。倒车速度不宜过快,要注意木槎、节疤碰卡锯条。

(5)平台式带锯作业时,送接料要配合一致。送料、接料时不得将手送进台面。锯短料时,应用推棍送料。回送木料时,要离开锯条50mm以上,并须注意木槎、节疤碰卡锯条。

(6)装设有气力吸尘罩的带锯机,当木屑堵塞吸尘管口时,严禁在运转中用木棒在锯轮背侧清理管口。

(7)锯机张紧装置的压砣(重锤),应根据锯条的宽度与厚度调节挡位或增减副砣,不得用增加重锤重量的办法克服锯条口松或串条等现象。

第五节　装饰装修机械设备安全管理

一、砂浆制备与输送机械

装饰装修工程施工常用砂浆制备与输送机械有筛砂机、灰浆泵、砂浆搅拌机、洗灰机和淋灰机等。其中,灰浆泵可分为柱塞式、隔膜式与挤压式灰浆泵。

◎关键细节35　柱塞式、隔膜式灰浆泵安全使用要求

(1)灰浆泵应安装平稳。输送管路的布置宜短直、少弯头;全部输送管道接头应紧密连接,不得渗漏;垂直管道应固定牢固;管道上不得加压或悬挂重物。

(2)作业前应检查并确认球阀完好,泵内无干硬灰浆等物,各连接件紧固牢靠,安全阀已调整到预定的安全压力。

(3)泵送前,应先用水进行泵送试验,检查并确认各部位无渗漏。当有渗漏时,应先排除。

(4)被输送的灰浆应搅拌均匀,不得有干砂和硬块;不得混入石子或其他杂物;灰浆稠度应为80~120mm。

(5)泵送时,应先开机后加料;应先用泵压送适量石灰膏润滑输送管道,然后再加入稀灰浆,最后调整到所需稠度。

(6)泵送过程应随时观察压力表的泵送压力,当泵送压力超过预调的1.5MPa时,应反向泵送,使管道内部分灰浆返回料斗,再缓慢泵送;当无效时,应停机卸压检查,不得强行泵送。

(7)泵送过程不宜停机。当短时间内不需泵送时,可打开回浆阀使灰浆在泵体内循环运行。当停泵时间较长时,应每隔3~5min泵送一次,泵送时间宜为0.5min,以防灰浆

凝固。

(8)因故障停机时,应打开泄浆阀使压力下降,然后排除故障。灰浆泵压力未达到零时,不得拆卸空气室、安全阀和管道。

(9)作业后,应采用石灰膏或浓石灰水把输送管道里的灰浆全部泵出,再用清水将泵和输送管道清洗干净。

◎关键细节36　挤压式灰浆泵安全使用要求

(1)使用前,应先接好输送管道,往料斗中加注清水启动灰浆泵后,当输送胶管出水时,应折起胶管,待升到额定压力时停泵,各部位应无渗漏现象。

(2)作业前,应先用水再用白灰膏润滑输送管道后,方可加入灰浆开始泵送。

(3)料斗加满灰浆后,应停止振动,待灰浆从料斗泵送完时,再加新灰浆振动筛料。

(4)泵送过程中应注意观察压力表。当压力迅速上升,有堵管现象时,应反转泵送2~3转,使灰浆返回料斗,经搅拌后再泵送。当多次正反泵仍不能畅通时,应停机检查,排除堵塞。

(5)工作间歇时,应先停止送灰,后停止送气,并要防止气嘴被灰堵塞。

(6)作业后,应将泵机和管路系统全部清洗干净。

◎关键细节37　灰浆搅拌机安全使用要求

(1)固定式搅拌机应有牢靠的基础,移动式搅拌机应采用方木或撑架固定,并保持水平。

(2)作业前应检查并确认传动机构、工作装置、防护装置等牢固可靠,三角胶带松紧度适当,搅拌叶片和筒壁间隙在3~5mm之间,搅拌轴两端密封良好。

(3)启动后,应先空运转,检查搅拌叶旋转方向正确后,方可加料加水,进行搅拌作业。加入的沙子应过筛。

(4)运转中,严禁将手或木棒等伸进搅拌筒内,或在筒口清理灰浆。

(5)作业中,当发生故障不能继续搅拌时,应立即切断电源,将筒内灰浆倒出,排除故障后再使用。

(6)固定式搅拌机的上料斗应能在轨道上移动。料斗提升时,严禁斗下有人。

(7)作业后,应清除机械内外的砂浆和积料,并用水清洗干净。

二、地面与地板整修机械

装饰装修工程施工常用地面与地板整修机械有水磨石机、混凝土切割机、水泥抹光机、地板刨平机、地板磨光机等。

◎关键细节38　水磨石机安全使用要求

(1)水磨石机宜在混凝土达到设计强度70%~80%时进行磨削作业。

(2)作业前,应检查并确保各连接件紧固,当用木槌轻击磨石发出无裂纹的清脆声音时,方可作业。

(3)电缆线应离地架设,不得放在地面上拖动。电缆线应无破损,并保证接地良好。

(4)在接通电源、水源后,应手压扶把使磨盘离开地面,再启动电动机。同时应检查确认磨盘旋转方向与箭头所示方向一致,待运转正常后,再缓慢放下磨盘进行作业。

（5）作业中,使用的冷却水不得间断,用水量宜调至工作面不发干。

（6）作业中,当发现磨盘跳动或异响,应立即停机检修。停机时,应先提升磨盘后关机。

（7）更换新磨石后,应先在废水磨石地坪上或废水泥制品表面磨 1~2h,待金刚石切削刃磨出后,再投入工作面作业。

（8）作业后,应切断电源,清洗各部位的泥浆,放置在干燥处,用防雨布遮盖。

🎯 **关键细节 39　混凝土切割机安全使用要求**

（1）使用前,应检查并确认电动机、电缆线均正常,保护接地良好,防护装置安全有效,锯片选用符合要求,安装正确。

（2）启动后,应空载运转,检查并确认锯片运转方向正确,升降机构灵活,运转中无异常、异响,一切正常,方可作业。

（3）操作人员应双手按紧工件,均匀送料,在推进切割机时,不得用力过猛。操作时不得戴手套。

（4）切割厚度应按机械出厂铭牌规定进行,不得超厚切割。

（5）加工件送到与锯片相距 300mm 处或切割小块料时,应使用专用工具送料,不得直接用手推料。

（6）作业中,当工件发生冲击、跳动及异常声响时,应立即停机检查,待排除故障后方可继续作业。

（7）严禁在运转中检查、维修各部件。锯台上和构件锯缝中的碎屑应采用专用工具及时清除,不得用手拣拾或抹拭。

（8）作业后,应清洗机身,擦干锯片,排放水箱中的余水,收回电缆线,并存放在干燥、通风处。

三、喷涂机械

装饰装修工程施工常用喷涂机械有喷浆机和喷涂机两种。

🎯 **关键细节 40　喷浆机安全使用要求**

（1）石灰浆的密度应为 $1.06 \sim 1.10 \text{g/cm}^3$。

（2）喷涂前,应对石灰浆采用 60 目筛网过滤两遍。

（3）喷嘴孔径宜为 2.0~2.8mm;当孔径大于 2.8mm 时,应及时更换。

（4）泵体内不得无液体干转。在检查电动机旋转方向时,应先打开料桶开关,让石灰浆流入泵体内部后,再开动电动机带泵旋转。

（5）作业后,应往料斗中注入清水,开泵清洗直到水清为止,再倒出泵内积水;清洗疏通喷头座及滤网,并将喷枪擦洗干净。

（6）长期存放前,应清除前、后轴承座内的石灰浆积料,堵塞进浆口,从出浆口注入机油约50mL,再堵塞出浆口,开机运转约30s,使泵体内润滑防锈。

🎯 **关键细节 41　高压无气喷涂机安全使用要求**

（1）启动前,调压阀、卸压阀应处于开启状态,吸入软管、回路软管接头和压力表、高压软管及喷枪等均应连接牢固。

（2）喷涂燃点在21℃以下的易燃涂料时，必须接好地线，地线的一端接电动机零线位置，另一端应接涂料桶或被喷的金属物体。喷涂机不得和被喷物放在同一房间里，周围严禁有明火。

（3）作业前，应先空载运转，然后用水或溶剂进行运转检查。确认运转正常后，方可作业。

（4）喷涂中，当喷枪堵塞时，应先将喷枪关闭，使喷嘴手柄旋转180°，再打开喷枪用压力涂料排除堵塞物，当堵塞严重时，应停机卸压后，拆下喷嘴，排除堵塞。

（5）不得用手指试高压射流，射流严禁正对其他人员。喷涂间隙，应随手关闭喷枪安全装置。

（6）高压软管的弯曲半径不得小于250mm，亦不得在尖锐的物体上用脚踩高压软管。

（7）作业中，当停歇时间较长时，应停机卸压，将喷枪的喷嘴部位放入溶剂内。

（8）作业后，应彻底清洗喷枪。清洗时不得将溶剂喷回小口径的溶剂桶内。应防止产生静电火花引起着火。

第六节　起重及垂直运输机械设备安全管理

一、起重机械

建筑起重机械是现代建筑工程施工的重要设备，是实现生产过程机械化、自动化，减轻繁重体力劳动、提高劳动生产率的重要设备。建筑施工中，常用的起重机械主要有桅杆式起重机、自行式起重机以及塔式起重机。

1. 桅杆式起重机

桅杆式起重机是用木材或金属材料制作的起重设备，它具有制作简单，装拆方便、起重量可达100t以上，受地形限制小等特点，但起重半径小，移动较困难，需要设置较多的缆风绳。它适用于安装工程量集中，结构重量大，安装高度大以及施工现场狭窄的情况。

桅杆式起重机可分为独脚拔杆、人字拔杆、悬臂拔杆和牵缆式桅杆起重机等。

关键细节42　桅杆式起重机安全使用要求

（1）起重机的安装和拆卸应划出警戒区，清除周围的障碍物，在专人统一指挥下，按照出厂说明或专门制定的拆装技术方案进行。

（2）安装起重机的地面应整平夯实，底座与地面之间应垫两层枕木，并应采用木块楔紧缝隙。

（3）缆风绳的规格、数量及地锚的拉力、埋设深度等，应按照起重机性能经过计算确定，缆风绳与地面的夹角应在30°～45°之间，缆绳与桅杆和地锚的连接应牢固。

（4）缆风绳的架设应避开架空电线。在靠近电线的附近，应装有绝缘材料制作的护线架。

（5）提升重物时，吊钩钢丝绳应垂直，操作应平稳，当重物吊起刚离开支承面时，应检查并确认各部无异常后，方可继续起吊。

（6）在起吊满载重物前，应有专人检查各地锚的牢固程度。各缆风绳都应均匀受力，主杆应保持直立状态。

(7)作业时,起重机的回转钢丝绳应处于拉紧状态。回转装置应有安全制动控制器。

(8)起重机移动时,其底座应垫以足够承重的枕木排和滚杠,并将起重臂收紧处于移动方向的前方。移动时,主杆不得倾斜,缆风绳的松紧应配合一致。

2. 自行式起重机

自行式起重机主要有履带式起重机、轮胎式起重机、汽车式起重机等。它的优点是灵活性强,移动方便,能为整个工地服务。起重机是一个独立的整体,一到现场即可投入使用,无需进行拼接等工作,施工起来更方便,只是稳定性稍差。

关键细节 43　履带式起重机安全使用要求

(1)起重机应在平坦坚实的地面上作业、行走和停放。在正常作业时,坡度不得大于3°,并应与沟渠、基坑保持安全距离。

(2)起重机启动前重点检查项目应符合下列要求:

1)各安全防护装置及各指示仪表齐全完好。

2)钢丝绳及连接部位符合规定。

3)燃油、润滑油、液压油、冷却水等添加充足。

4)各连接件无松动。

(3)起重机启动前应将主离合器分离,各操纵杆放在空挡位置。

(4)内燃机启动后,应检查各仪表指示值,待运转正常再接合主离合器,进行空载运转,按顺序检查各工作机构及其制动器,确认正常后方可作业。

(5)作业时,起重臂的最大仰角不得超过出厂规定。当无资料可查时,不得超过78°。

(6)起重机变幅应缓慢平稳,严禁在起重臂未停稳前变换挡位;起重机载荷达到额定起重量的90%及以上时,严禁下降起重臂。

(7)在起吊载荷达到额定起重量的90%及以上时,升降动作应慢速进行,并严禁同时进行两种及两种以上动作。

(8)起吊重物时应先稍离地面试吊,当确认重物已挂牢,起重机的稳定性和制动器的可靠性均良好,再继续起吊。在重物升起过程中,操作人员应把脚放在制动踏板上,密切注意起升重物,防止吊钩冒顶。当起重机停止运转而重物仍悬在空中时,即使制动踏板被固定,仍应把脚踩在制动踏板上。

(9)采用双机抬吊作业时,应选用起重性能相似的起重机进行。抬吊时应统一指挥,动作应配合协调,载荷应分配合理,单机的起吊载荷不得超过允许载荷的80%。在吊装过程中,两台起重机的吊钩滑轮组应保持垂直状态。

(10)起重机如需带载行走时,载荷不得超过允许起重量的70%,行走道路应坚实平整,重物应在起重机正前方向,重物离地面不得大于500mm,并应拴好拉绳,缓慢行驶。严禁长距离带载行驶。

(11)起重机行走时,转弯不应过急;当转弯半径过小时,应分次转弯;当路面凹凸不平时,不得转弯。

(12)起重机上下坡道时应无载行走,上坡时应将起重臂仰角适当缩小,下坡时应将起重臂仰角适当放大。严禁下坡空挡滑行。

(13)作业后,起重臂应转至顺风方向,并降至 40°~60°之间,吊钩应提升到接近顶端的位置,应关停内燃机,将各操纵杆放在空挡位置,各制动器加保险固定,操纵室和机棚应关门加锁。

(14)起重机转移工地,应采用平板拖车运送。特殊情况需自行转移时,应卸去配重,拆去短起重臂,主动轮应在后面,机身、起重臂、吊钩等必须处于制动位置,并应加保险固定。每行驶 500~1000m 时,应对行走机构进行检查和润滑。

(15)起重机通过桥梁、水坝、排水沟等构筑物时,必须先查明允许载荷后再通过。必要时应对构筑物采取加固措施。通过铁路、地下水管、电缆等设施时,应铺设木板保护,并不得在上面转弯。

(16)用火车或平板拖车运输起重机时,所用跳板的坡度不得大于 15°;起重机装上车后,应将回转、行走、变幅等机构制动,并采用三角木楔楔紧履带两端,再牢固绑扎;后部配重用枕木垫实;不得使吊钩悬空摆动。

🎯 关键细节 44 汽车、轮胎式起重机安全使用要求

(1)起重机行驶和工作的场地应保持平坦坚实,并应与沟渠、基坑保持安全距离。

(2)起重机启动前重点检查项目应符合下列要求:

1)各安全保护装置和指示仪表齐全完好。

2)钢丝绳及连接部位符合规定。

3)燃油、润滑油、液压油及冷却水添加充足。

4)各连接件无松动。

5)轮胎气压符合规定。

(3)起重机启动前,应将各操纵杆放在空挡位置,手制动器应锁死,并应按照《建筑机械使用安全技术规程》(JGJ 33—2001)的有关规定启动内燃机。启动后,应怠速运转,检查各仪表指示值,运转正常后接合液压泵,待压力达到规定值,油温超过 30℃时,方可开始作业。

(4)作业前,应全部伸出支腿,并在撑脚板下垫方木,调整机体使回转支承面的倾斜度在无载荷时不大于 1/1000(水准泡居中)。支腿有定位销的必须插上。底盘为弹性悬挂的起重机,放支腿前应先收紧稳定器。

(5)作业中严禁扳动支腿操纵阀。调整支腿必须在无载荷时进行,并要将起重臂转至正前或正后,方可再行调整。

(6)应根据所吊重物的重量和提升高度,调整起重臂长度和仰角,并应估计吊索和重物本身的高度,留出适当空间。

(7)起重臂伸缩时,应按规定程序进行,在伸臂的同时应相应下降吊钩。当限制器发出警报时,应立即停止伸臂。起重臂缩回时,仰角不宜太小。

(8)起重臂伸出后,出现前节臂杆的长度大于后节伸出长度时,必须进行调整,消除不正常情况后,方可作业。

(9)起重臂伸出后,或主副臂全部伸出后,变幅时不得小于各长度所规定的仰角。

(10)汽车式起重机起吊作业时,汽车驾驶室内不得有人,重物不得超越驾驶室上方,且不得在车的前方起吊。

(11)采用自由(重力)下降时,载荷不得超过该工况下额定起重量的20%,并应使重物有控制地下降,下降停止前应逐渐减速,不得使用紧急制动。

(12)起吊重物达到额定起重量的50%及以上时,应使用低速挡。

(13)作业中发现起重机倾斜、支腿不稳等异常现象时,应立即使重物下降落在安全的地方,下降中严禁制动。

(14)重物在空中需要较长时间停留时,应将起升卷筒制动锁住,操作人员不得离开操纵室。

(15)起吊重物达到额定起重量的90%以上时,严禁同时进行两种及以上的操作动作。

(16)起重机带载回转时,操作应平稳,避免急剧回转或停止,换向应在停稳后进行。

(17)当轮胎式起重机带载行走时,道路必须平坦坚实,载荷必须符合规定,重物离地面不得超过500mm,并应拴好拉绳,缓慢行驶。

(18)作业后,应将起重臂全部缩回放在支架上,再收回支腿。吊钩应用专用钢丝绳挂牢;应将车架尾部两撑杆分别撑在尾部下方的支座内,并用螺母固定;应将阻止机身旋转的销式制动器插入销孔,并将取力器操纵手柄放在脱开位置,最后应锁住起重操纵室门。

(19)行驶前,应检查并确保各支腿的收存无松动,轮胎气压应符合规定。行驶时水温应在80~90℃范围内,水温未达到80℃时,不得高速行驶。

(20)行驶时应保持中速,不得紧急制动,过铁道口或起伏路面时应减速,下坡时严禁空挡滑行,倒车时应有人监护。

(21)行驶时,严禁人员在底盘走台上站立或蹲坐,并不得堆放物件。

3. 塔式起重机

塔式起重机是建筑工程中应用广泛的一种施工起重机械,主要用于建筑材料与构件的吊运和建筑结构与工业设备的安装,其主要功能是物品的垂直运输和施工现场内的短距离水平运输,特别适用于高层建筑的施工。塔式起重机的使用、管理、安装人员必须熟悉了解起重机的基本型式和构造,避免因不了解起重机的性能和结构而导致使用、管理、安装的错误,从而引发安全事故。

与其他起重机相比,塔式起重机具有以下特点:

(1)起升高度大。塔式起重机具有一个垂直的塔身,可根据施工需要接高或爬升,能够很好地适应建筑物高度的要求。一般附着式塔机可利用顶升机构,增加塔身标准节的数量,起升高度可达100m以上;用于超高层建筑的内爬式塔机,可随建筑物施工逐步爬升至数百米的起升高度。这是其他类别的起重机所不能比拟的。

(2)幅度利用率高。塔式起重机的垂直塔身除了能适应建筑物的高度外,还能很方便地靠近建筑物。在塔身顶部安装的起重臂,使塔机的整体结构呈T字或R形,这样就可以充分地利用幅度。

(3)作业范围大,工作效率高。由于塔式起重机可利用塔身增加起升高度,而其起重臂的长度不断加大,形成一个以塔身为中心线的较大作业空间,同时通过采用轨道行走方式,可带100%额定载荷沿轨道长度范围形成一个连续的作业带,进一步扩大了作业范围,提高了工作效率。

塔式起重机根据其使用功能和结构形式的不同,可划分出很多的类型,见表3-2。

表 3-2 塔式起重机的分类

序号	分类方法	种 类
1	按有无行走机构分类	塔式起重机按有无行走机构可分为固定式和移动式两种。 (1)固定式塔式起重机。起重机固定在专门制作的基础上进行定点作业。这类塔机不设行走机构,但在实际使用中,有的塔式起重机也将行走台车固定在轨道上作为固定式塔机使用。 固定式起重机有的采用整体式基础,将塔身底部与基础中的连接件连接;有些中小型塔机采用分体式基础,将底架四角与四个分体基础连接;有的塔机底架上设置中心压重,有的则不设,这应根据塔机整体抗倾覆稳定性的要求计算确定。 (2)行走式塔式起重机。根据其工作时行走方式的不同又可分为轨道式、履带式、轮胎式和汽车式四种。目前,在建筑工地上应用较多的是轨道式,其他三种行走方式在我国基本上很少应用。轨道式塔式起重机可以带载行走,工作效率高,行走平稳,容易就位,但需铺设专用轨道基础。采用其他辅助装置后,塔式起重机还能沿曲线轨道行走,可适应不同平面形状建筑物的施工要求
2	按回转形式分类	塔式起重机按其回转形式可分为上回转和下回转两种。 (1)上回转塔机。起重机的回转机构与回转支承安装在塔身顶部,工作时塔身不回转,而上部结构——起重臂、塔帽和平衡臂回转。上回转塔式起重机中绝大多数是水平臂、小车变幅的自升式塔机,适用于高层建筑的施工。 (2)下回转塔式起重机。起重机的回转机构和回转支承安装在塔身底部的转台下,工作时塔身与起重臂一起回转。目前下回转塔机朝自身快速安装式塔机方向发展,多采用伸缩式和折叠式塔身,依靠自身的架设机构,在几十分钟时间内,就可以从拖运状态转为工作状态,投入使用。由于下回转塔机的起升高度受塔身长度的限制,只能用于低层和多层建筑施工
3	按变幅方式分类	塔式起重机按其变幅方式可分为小车变幅式和动臂变幅式两种。 (1)小车变幅式。载重小车沿塔式起重机起重臂移动而改变幅度。这种起重机可带载变幅,功率小、速度快;吊重可水平移动,安装就位方便;载重小车可靠近塔身,幅度利用率高。但小车变幅式塔式起重机的起重臂结构较复杂、自重大。 (2)动臂变幅式。通过改变起重臂俯仰角度而改变幅度。这种塔式起重机在塔身高度相同的情况下,可以获得较大的起升高度,但其最小幅度约为最大幅度的30%左右,吊钩或建筑物不能靠近塔身,幅度利用率低,而且重物一般不能实现水平移动,有的不允许带载变幅,安装就位不方便。 目前,我国塔式起重机以小车变幅式为多,动臂式较少。近年来,国内已开发出动臂式自升塔式起重机,这种塔式起重机尾部回转半径小,适于在施工场地狭窄的工地,可在塔式高层建筑的施工中发挥优势;其起重量相对较大,适合钢结构高层建筑施工需要

（续）

序号	分类方法	种　　类
4	按自升方式分类	塔式起重机按其自升方式可分为附着式和内爬式两种。 （1）附着式。塔式起重机安装在建筑物一侧，底座固定在专门的基础上或将行走台车固定在轨道上，塔身间隔一定高度用杆件与建筑物连接，依附在建筑物上。 　　附着式塔式起重机是我国目前应用最广泛的一种安装形式。 （2）内爬式。塔式起重机安装在建筑物内部，支承在建筑物电梯井内或某一开间内，依靠安装在塔身底部的爬升机构，使整机沿建筑物内通道上升。 　　内爬式塔式起重机主要应用于超高层建筑的施工，具有固定高度的塔身，塔机自重较轻，利用建筑物的楼层进行爬升，在塔式起重机起升卷筒的容绳量内，其爬升高度不受限制。但塔式起重机全部重量支承在建筑物上，建筑结构需作局部加强，施工结束后，需用特设的屋面起重机或辅助起重设备将塔式起重机逐一解体卸至地面

使用塔式起重机（以下简称塔机）的一般安全要求如下：

（1）塔机安装、拆卸及塔身加节或降节作业时，应按使用说明书中有关规定及以下注意事项进行。

1）架设前应对塔机自身的架设机构进行检查，保证机构处于正常状态。

2）塔机在安装、增加塔身标准节之前应对结构件和高强度螺栓进行检查，若发现下列问题应修复或更换后方可进行安装。

①目视可见的结构件裂纹及焊缝裂纹。

②连接件的轴、孔严重磨损。

③结构件母材严重锈蚀。

④结构件整件或局部塑性变形，销孔塑性变形。

3）小车变幅的塔机在起重臂组装完毕准备吊装之前，应检查起重臂的连接销轴、安装定位板等是否连接牢靠。

当起重臂的连接销轴轴端采用焊接挡板时，则在锤击安装销轴后，应检查轴端挡板的焊缝是否正常。

（2）安装、拆卸、加节或降节作业时，塔机的最大安装高度处的风速不应大于13m/s。当有特殊要求时，按用户和制造厂的协议执行。

（3）塔机的尾部与周围建筑物及其外围施工之间的安全距离不小于0.6m。

（4）有架空输电线的场合，塔机的任何部位与输电线的安全距离，应符合表3-3的规定。如因条件限制不能保证表3-3中的安全距离，应与有关部门协商，并采取安全防护措施后方可架设。

表 3-3 塔式起重机的安全距离

安全距离/m	电压/kV						
	<1	10	35	110	220	330	500
沿垂直方向	1.5	3.0	4.0	5.0	6.0	7.0	8.5
沿水平方向	1.5	2.0	3.5	4.0	6.0	7.0	8.5

(5)两台塔机之间的最小架设距离,应保证处于低位塔机的起重臂端部与另一台塔机的塔身之间至少 2m 的距离;处于高位塔机的最低位置的部件(吊钩升至最高点或平衡重的最低部位)与低位塔机中处于最高位置部件之间的垂直距离不应小于 2m。

(6)混凝土基础应符合下列要求:

1)混凝土基础应能承受工作状态和非工作状态下的最大载荷,并应满足塔机抗倾翻稳定性的要求。

2)对混凝土基础的抗倾翻稳定性计算及地面压应力的计算,应符合《塔式起重机设计规范》(GB/T 13752—1992)的规定及《塔式起重机》(GB/T 5031—2008)的规定。

3)使用单位应根据塔机原制造商提供的载荷参数设计制造混凝土基础。

4)若采用塔机原制造商推荐的混凝土基础,固定支腿、预埋节和地脚螺旋应按原制造商规定的方法使用。

(7)碎石基础应符合下列要求:

1)当塔机轨道敷设在建筑物(如建筑防空洞等)的上面时,应采取加固措施。

2)敷设碎石前的路面应按设计要求压实,碎石基础应整平捣实,轨枕之间应填满碎石。

3)路基两侧或中间应设排水沟,保证路基无积水。

(8)塔机轨道敷设应符合下列要求:

1)轨道应通过垫块与轨枕可靠地连接,每间隔 6m 应设一个轨距拉杆。钢轨接头处应有轨枕支承,不应悬空。在使用过程中,轨道不应移动。

2)轨距允许误差不大于公称值的 1/1000,其绝对值不大于 6mm。

3)钢轨接头间隙不大于 4mm,与另一侧钢轨接头的错开距离不小于 1.5m,接头处两轨顶高度差不大于 2mm。

4)塔机安装后,轨道顶面纵、横方向上的倾斜度,对于上回转塔机应不大于 3/1000;对于下回转塔机应不大于 5/1000。在轨道全程中,轨道顶面任意两点的高度差应小于 100mm。

5)轨道行程两端的轨顶高度不宜低于其余部位中最高点的轨顶高度。

(9)塔机试验应符合下列要求:

1)新设计的各传动机构、液压顶升和各种安全装置,凡有专项试验标准的,应按专项试验标准进行各项试验,合格后方可装机。

2)塔机的型式试验、出厂检验和常规检验按《塔式起重机》(GB/T 5031—2008)中的有关规定执行。

关键细节 45 塔式起重机安全使用要求

(1)塔机的工作条件应符合《塔式起重机》(GB/T 5031—2008)中的规定。

（2）塔机的抗倾翻稳定性应符合《塔式起重机》（GB/T 5031—2008）中的规定。

（3）自升式塔机在加节作业时，任一顶升循环中即使顶升油缸的活塞杆全程伸出，塔身上端面至少应比顶升套架上排导向滚轮（或滑套）中心线高60mm。

（4）塔机应保证在工作和非工作状态时，平衡重及压重在其规定位置上不位移、不脱落，平衡重块之间不得互相撞击。当使用散粒物料作平衡重时应使用平衡重箱。平衡重箱应防水，保证重量准确、稳定。

（5）在塔身底部易于观察的位置应固定产品标牌。标牌的内容应符合《塔式起重机》（GB/T 5031—2008）的规定。

在塔机司机室内易于观察的位置应设有常用操作数据的标牌或显示屏。标牌或显示屏的内容应包括幅度载荷表、主要性能参数、各起升速度挡位的起重量等。标牌或显示屏应牢固、可靠，字迹清晰、醒目。

（6）塔机制造商提供的产品随机技术文件应符合《塔式起重机》（GB/T 5031—2008）的有关规定。对于塔机使用说明书除应符合《塔式起重机》（GB/T 5031—2008）的规定外，还应包括以下内容：

1）根据塔机主要承载结构件使用材料的低温力学性能、机构的使用环境温度范围及有关因素决定塔机的使用温度、正常工作年限或者利用等级、载荷状态、工作级别以及各种工况的许用风压。

2）安全装置的调整方法、调整参数及误差指标。

3）对于在安装起重臂前先安装平衡重块的塔机，应注明平衡明块的数量、规格及位置。

4）起重臂组装完毕后，对其连接用销轴、安装定位板等连接件的检查项目和检查方法。

5）在塔身加节、降节过程中，安全的作业步骤、使用的平衡措施及检查部位和检查项目。

6）所用钢丝绳的型式、规格和长度。

7）高强度螺栓所需的预紧力或预紧力矩及检查要点。

8）起重臂、平衡臂各组合长度的重心及拆装吊点的位置。

（7）使用单位应建立塔机设备档案，档案至少应包括以下几点：

1）每次的安装地点、使用时间及运转台班记录。

2）每次启用前按《塔式起重机》（GB/T 5031—2008）中的有关规定进行常规检验的记录。

3）大修、更换主要零部件的变更、检查和试验等记录。

4）设备、人身事故记录。

5）设备存在的问题和评价。

关键细节46 梯子、扶手和护圈安全技术要求

（1）不宜在与水平面呈65°～75°之间设置梯子。

（2）与水平面呈不大于65°的阶梯两边应设置不低于1m高的扶手，该扶手支撑于梯级两边的竖杆上，每侧竖杆中间应设有横杆。

阶梯的踏板应采用具有防滑性能的金属材料制作，踏板横向宽度不小于300mm，梯级间隔不大于300mm，扶手间宽度不小于600mm。

(3)与水平面呈 75°～90°之间的直梯应满足下列条件：

1)边梁之间的宽度不小于 300mm。

2)踏杆间隔为 250～300mm。

3)踏杆与后面结构件间的自由空间(踏脚间隙)不小于 160mm。

4)边梁应可以抓握且没有尖锐边缘。

5)踏杆直径不小于 16mm，且不大于 40mm。

6)踏杆中心 0.1m 范围内承受 1200N 的力时，无永久变形。

7)塔身节间边梁的断开间隙不应大于 40mm。

(4)高于地面 2m 以上的直梯应设置护圈，护圈应满足下列条件：

1)直径为 600～800mm。

2)侧面应用 3 条或 5 条沿护圈圆周方向均布的竖向板条连接。

3)最大间距侧面有 3 条竖向板条时为 900mm；侧面有 5 条竖向板条时为 1500mm。

4)任何一个 0.1m 的范围在承受 1000N 的垂直力时，无永久变形。

🎯 关键细节 47 平台、走道、踢脚板和栏杆安全技术要求

(1)在操作、维修处应设置平台、走道、踢脚板和栏杆。

(2)离地面 2m 以上的平台和走道应用金属材料制作，并具备防滑性能。在使用圆孔、栅格或其他不能形成连接平面的材料时，孔或间隙的大小不应使直径为 20mm 的球体通过。在任何情况下，孔或间隙的面积应小于 400mm²。

(3)平台和走道宽度不应小于 500mm，局部有妨碍处可以降至 400mm。平台和走道上，操作人员可能停留的每一个部位都不应发生永久变形，且须能承受以下载荷：

1)2000N 的力通过直径为 125mm 圆盘施加在平台表面的任何位置。

2)4500N/m² 的均布载荷。

(4)平台或走道的边缘应设置不小于 100mm 高的踢脚板。在需要操作人员穿越的地方，踢脚板的高度可以降低。

(5)离地面 2m 以上的平台及走道应设置防止操作人员跌落的手扶栏杆。手扶栏杆的高度不应低于 1m，并能承受 1000N 的水平移动集中载荷。在栏杆一半高度处应设置中间手扶横杆。

(6)除快装式塔机外，当梯子高度超过 10m 时应设置休息小平台。梯子的第一个休息小平台应设置在不超过 12.5m 的高度处，以后每隔 10m 左右设置一个。

当梯子的终端与休息小平台连接时，梯级踏板或踏杆不应超过小平台平面，护圈和扶手应延伸到小平台栏杆的高度。休息小平台平面距下面第一个梯级踏板或踏杆的中心线不应大于 150mm。如梯子在休息小平台处不中断，则护圈也不应中断。但应在护圈侧面开一个宽为 0.5m、高为 1.4m 的洞口，以便操作人员出入。

🎯 关键细节 48 司机室安全技术要求

(1)小车变幅的塔机起升高度超过 30m 的、动臂变幅塔机起重臂铰点高度距轨顶或支承面高度超过 25m 的，在塔机上部应设置一个有座椅并能与塔机一起回转的司机室。

(2)司机室门、窗玻璃应使用钢化玻璃或夹层玻璃。司机室正面玻璃应设有雨刷器。

（3）可移动的司机室应设有安全锁止装置。

（4）司机室内应配备符合消防要求的灭火器。

（5）对于安置在塔机下部的操作台，在其上方应设有顶棚，顶棚承压试验应满足《塔式起重机》（GB/T 5031—2008）的规定。

（6）司机室应通风、保暖和防雨，内壁应采用防火材料，地板应铺设绝缘层。当司机室内温度低于5℃时，应装设非明火取暖装置；当司机室内温度高于35℃时，应装设防暑通风装置。

（7）司机室的落地窗应设有防护栏杆。

关键细节 49　结构件的报废及工作年限

（1）塔机主要承载结构件由于腐蚀或磨损而使结构的计算应力提高，当超过原计算应力的15%时应予报废。对无计算条件的、腐蚀深度达原厚度的10%的应予报废。

（2）塔机主要承载结构件如塔身、起重臂等，失去整体稳定性应报废。如局部有损坏并可修复的，则修复后不应低于原结构承载能力。

（3）塔机的结构件及焊缝出现裂纹时，应根据受力和裂纹情况采取加强或重新焊接等措施，并在使用中定期观察其发展。对无法消除裂纹影响的应予以报废。

（4）塔机主要承载结构件的正常工作年限按使用说明书要求或按使用说明书中规定的结构工作级别、应力循环等级、结构应力状态计算。若使用说明书未对正常工作年限、结构工作级别等作出规定，且不能得到塔机制造商确定的，则塔机主要承载结构件的正常使用不应超过 1.25×10^5 次工作循环。

（5）卷筒和滑轮有下列情况之一的应予以报废。

1）裂纹或轮缘破损。

2）卷筒壁磨损量达原壁厚的10%。

3）滑轮绳槽壁厚磨损量达原壁厚的20%。

4）滑轮槽底的磨损量超过相应钢丝绳直径的25%。

（6）制动器零件有下列情况之一的应予以报废。

1）可见裂纹。

2）制动块摩擦衬垫磨损量达原厚度的50%。

3）制动轮表面磨损量达1.5～2mm。

4）弹簧出现塑性变形。

5）电磁铁杠杆系统空行程超过其额定行程的10%。

（7）车轮有下列情况之一的应予以报废。

1）可见裂纹。

2）车轮踏面厚度磨损量达原厚度的15%。

3）车轮轮缘厚度磨损量达原厚度的50%。

关键细节 50　导线及其敷设安全技术要求

（1）塔机所用的电缆、电线应符合《塔式起重机设计规范》（GB/T 13752—1992）的规定。

(2)电线若敷设于金属管中,则金属管应经防腐处理。如用金属线槽或金属软管代替,应有良好的防雨及防腐措施。

(3)导线的连接及分支处的室外接线盒应防水,导线孔应有护套。

(4)导线两端应有与原理图一致的永久性标志和供连接用的电线接头。

(5)固定敷设的电缆弯曲半径不应小于5倍电缆外径。除电缆卷筒外,可移动电缆的弯曲半径不应小于8倍电缆外径。

🎯 关键细节 51　集电器安全技术要求

(1)集电滑环应满足相应电压等级和电流容量的要求。每个滑环至少有一对碳刷,碳刷与滑环的接触面积不应小于理论接触面积的80%,且接触平稳。

(2)滑环间最小电气间隙不小于8mm,且经过耐压试验,无击穿、闪烁现象。

🎯 关键细节 52　液压系统安全技术要求

(1)液压系统应有防止过载和液压冲击的安全装置。安全溢流阀的调定压力不应大于系统额工作压力的110%,系统的额定工作压力不应大于液压缸的额定压力。

(2)顶升液压缸应具有可靠的平衡阀或液压锁,平衡阀或液压锁与液压缸之间不应用软管连接。

🎯 关键细节 53　塔式起重机操作与使用安全要求

(1)塔机的操作使用应符合《塔式起重机》(GB/T 5031—2008)的有关规定,司机、装拆工、指挥人员应具有有关部门发放的资格证书。

(2)每台作业的塔机司机室内应备有一份有关操作维修内容的使用说明书。

(3)在正常工作情况下,应按指挥信号进行操作。但对特殊情况的紧急停车信号,不论何人发出,都应立即执行。

二、垂直运输设备

建筑施工常用垂直运输设备,主要有物料提升机和施工升降机。

物料提升机是建筑施工现场常用的一种输送物料的垂直运输设备。它以卷扬机为动力,以底架、立柱及天梁为架体,以钢丝绳为传动,以吊笼(吊篮)为工作装置。在架体上装设滑轮、导轨、导靴、吊笼、安全装置等和卷扬机配套构成完整的垂直运输体系。物料提升机构造简单,用料品种和数量少,制作容易,安装、拆卸和使用方便。

施工升降机又称施工电梯,是一种使工作笼(吊笼)沿导轨作垂直(或倾斜)运动的机械,是高层建筑施工中运送施工人员上下及建筑材料和工具设备必备的和重要的垂直运输设施。施工升降机在中、高层建筑施工中运用广泛,另外,还可作为仓库、码头、船坞、高塔、高烟囱长期使用的垂直运输机械。

垂直运输机械具有特定的技术操作要求,司机、指挥等作业人员属特种作业人员,必须经过培训考核取得《特种作业操作证》才能上岗,其他人员不得随便操作。

🎯 关键细节 54　物料提升机安全使用要求

(1)物料提升机在下列条件下应能正常作业:

1)环境温度为−20℃～+40℃;

2)导轨架顶部风速不大于20m/s；

3)电源电压值与额定电压值偏差为±5%，供电总功率不小于产品使用说明书的规定值。

(2)物料提升机的可靠性指标应符合现行国家标准《施工升降机》(GB/T 10054—2005)的规定。

(3)用于物料提升机的材料、钢丝绳及配套零部件产品应有出厂合格证。起重量限制器、防坠安全器应经型式检验合格。

(4)传动系统应设常闭式制动器，其额定制动力矩不应低于作业时额定力矩的1.5倍。不得采用带式制动器。

(5)具有自升(降)功能的物料提升机应安装自升平台，并应符合下列规定：

1)兼做天梁的自升平台在物料提升机正常工作状态时，应与导轨架刚性连接；

2)自升平台的导向滚轮应有足够的刚度，并应有防止脱轨的防护装置；

3)自升平台的传动系统应具有自锁功能，并应有刚性的停靠装置；

4)平台四周应设置防护栏杆，上栏杆高度宜为1.0m～1.2m，下栏杆高度宜为0.5m～0.6m，在栏杆任一点作用1kN的水平力时，不应产生永久变形；挡脚板高度不应小于180mm，且宜采用厚度不小于1.5mm的冷轧钢板；

5)自升平台应安装渐进式防坠安全器。

(6)当物料提升机采用对重时，对重应设置滑动导靴或滚轮导向装置，并应设有防脱轨保护装置。对重应标明质量并涂成警告色。吊笼不应作对重使用。

(7)在各停层平台处，应设置显示楼层的标志。

(8)物料提升机的制造商应具有特种设备制造许可资格。

(9)制造商应在说明书中对物料提升机附墙架间距、自由端高度及缆风绳的设置作出明确规定。

(10)物料提升机额定起重量不宜超过160kN；安装高度不宜超过30m。当安装高度超过30m时，物料提升机除应具有起重量限制、防坠保护、停层及限位功能外，尚应符合下列规定：

1)吊笼应有自动停层功能，停层后吊笼底板与停层平台的垂直高度偏差不应超过30mm；

2)防坠安全器应为渐进式；

3)应具有自升降安拆功能；

4)应具有语音及影像信号。

(11)物料提升机的标志应齐全，其附属设备、备件及专用工具、技术文件均应与制造商的装箱单相符.．

(12)物料提升机应设置标牌，且应标明产品名称和型号、主要性能参数、出厂编号、制造商名称和产品制造日期。

⊙关键细节55 施工升降机安全使用要求

(1)施工升降机应能在环境温度为—20℃～+40℃条件下正常工作。超出此范围时，按特殊要求，由用户与制造商协商解决。

(2)施工升降机应能在顶部风速不大于20m/s下正常作业,应能在风速不大于13m/s条件下进行架设、接高和拆卸导轨架作业。如有特殊要求时,由用户与制造商协商解决。

(3)施工升降机应能在电源电压值与额定电压值偏差为±5%、供电总功率不小于产品使用说明书规定值的条件下正常作业。

(4)用于施工升降机的材料应有其制造商的出厂合格证。

(5)施工升降机用钢丝绳应符合GB/T 8918的规定,且按GB/T 5972的规定进行检验和报废。

(6)制造商应对施工升降机主要结构件的腐蚀、磨损极限作出规定,对于标准节立管应明确其腐蚀和磨损程度与导轨架自由端高度、导轨架全高减少量的对应关系。当立管壁厚最大减少量为出厂厚度的25%时,此标准节应予报废或按立管壁厚规格降格使用。

(7)人货两用或额定载重量400kg以上的货用施工升降机,其底架上应设置吊笼和对重用的缓冲器。

(8)施工升降机上的电动机及电气元件(电子元器件部分除外)的对地绝缘电阻不应小于$0.5M\Omega$,电气线路的对地绝缘电阻不应小于$1M\Omega$。

施工升降机金属结构和电气设备金属外壳均应接地,接地电阻不大于4Ω。

(9)施工升降机的基础应能承受最不利工作条件下的全部载荷。

(10)施工升降机应装有超载保护装置,该装置应对吊笼内载荷、吊笼自重载荷、吊笼顶部载荷均有效。

(11)施工升降机应设置层楼联络装置。

(12)施工升降机可靠性试验的工作循环次数为1.0×10^4。可靠性指标为:首次故障前工作时间不小于$0.4t_0$(t_0为累计工作时间);平均无故障工作时间不小于$0.5t_0$;可靠度不小于85%。

(13)当施工升降机具有转场拖运功能时,在拖运过程中拖运轮轴承的温度不应超过120℃;紧固件不应有松动现象。

(14)施工升降机的标志应齐全,其附属设备、备件及专用工具、技术文件均应与制造商的装箱单相符。

第四章 建筑施工各工种安全操作

第一节 一般工种安全操作

一、普通工

普通工的工作内容主要有挖土、挖扩桩孔、装卸搬运、拆除和辅助作业。普通工作业时应遵守以下安全操作一般规定：

（1）在从事挖土、装卸、搬运和辅助作业时，工作前必须熟悉作业的内容、作业环境，对所使用的铁铣、铁镐、车子等工具要认真进行检查，不牢固不得使用。

（2）从砖垛上取砖应由上而下阶梯式拿取，严禁一码拿到底或在下面掏拿。传砖时应整砖和半砖分开传递，严禁抛掷传递。

（3）在脚手架、操作平台等高处用水管浇水或移动水管作业时，不得倒退猛拽。严禁在脚手架、操作平台上坐、躺和背靠防护栏杆休息。

（4）淋灰、筛灰作业时必须正确穿戴个人防护用品（胶靴、手套、口罩），不得赤脚、露体，作业时应站在上风操作。遇四级以上强风应停止筛灰。

关键细节 1 挖土作业安全要求

（1）挖土前应根据安全技术交底了解地下管线、人防及其他构筑物情况和具体位置。地下构筑物外露时，必须进行加固保护。作业过程中应避开管线和构筑物。

在现场电力、通信电缆 2m 范围内和现场燃气、热力、给排水等管道 1m 范围内挖土时，必须在主管单位人员监护下采取人工开挖。

（2）开挖槽、坑、沟深度超过 1.5m，必须根据土质和深度情况按安全技术交底放坡或加可靠支撑；遇边坡不稳、有坍塌危险征兆时，必须立即撤离现场，并及时报告施工负责人，采取安全可靠的排险措施后，方可继续挖土。

（3）槽、坑、沟必须设置人员上下坡道或安全梯。严禁攀登固壁支撑上下，或直接从沟、坑边壁上挖洞攀登爬上或跳下。间歇时不得在槽、坑坡脚下休息。

（4）挖土过程中遇有古墓、地下管道、电缆或其他不能辨认的异物和液体、气体时，应立即停止作业，并报告施工负责人，待查明处理后再继续挖土。

（5）槽、坑、沟边 1m 以内不得堆土、堆料，停置机具。堆土高度不得超过 1.5m。槽、坑、沟与建筑物、构筑物的距离不得小于 1.5m。开挖深度超过 2m 时，必须在周边设两道牢固护身栏杆，并立挂密目安全网。

（6）人工开挖土方，两人横向间距不得小于 2m，纵向间距不得小于 3m。严禁掏洞挖土，搜底挖槽。

（7）钢钎破冻土、坚硬土时，扶钎人应站在打锤人侧面用长把夹具扶钎，打锤范围内不得有其他人停留。锤顶应平整，锤头应安装牢固。钎子应直且不得有飞刺。打锤人不得戴手套。

（8）从槽、坑、沟中吊运送土至地面时，绳索、滑轮、钩子、箩筐等垂直运输设备、工具应完好牢固。在起吊、垂直运送时，下方不得站人。

（9）配合机械挖土清理槽底作业时，严禁进入铲斗回转半径范围。必须待挖掘机停止作业后，方准进入铲斗回转半径范围内清土。

🔘 关键细节 2 挖扩桩孔作业安全要求

（1）人工挖扩桩孔的人员必须经过技术与安全操作知识培训，考试合格，持证上岗。下孔作业前，应排除孔内有害气体。并向孔内输新鲜空气或氧气。

（2）每日作业前应检查桩孔及施工工具。钻孔和挖扩桩孔施工所使用的电气设备，必须装有漏电保护装置；孔下照明必须使用 36V 安全电压灯具；提土工具、装土容器应符合轻、柔软，并有防坠措施。

（3）挖扩桩孔施工现场应配有急救用品（氧气等）。遇有异常情况，如孔、地下水、黑土层、有害气体等，应立即停止作业，撤离危险区，不得擅自处理，严禁冒险作业。

（4）孔口应设防护设施，凡下孔作业人员匀需戴安全帽、系安全绳，必须从专用爬梯上下，严禁沿孔壁或乘运土设施上下。

（5）每班作业前要打开孔盖进行通风。深度超过 5m 或遇有黑色土、深色土层时，要进行强制通风。每个施工现场应配有害气体检测器，发现有毒、有害气体必须采取防范措施。下班（完工）必须将孔口盖严、盖牢。

（6）机钻成孔作业完成后，人工清孔、验孔要先放安全防护笼，钢筋笼放入孔时，不得碰撞孔壁。

（7）人工挖孔必须采用混凝土护壁，其首层护壁应根据土质情况做成沿口护圈，护圈混凝土强度达到 5MPa 以后，方可进行下层土方的开挖。必须边挖、边打混凝土护壁（挖一节、打一节），严禁一次挖完，然后补打护壁的冒险作业。

（8）人工提土须用垫板时，垫板必须宽出孔口每侧不小于 1m，宽度不小于 30cm，板厚不小于 5cm。孔口径大于 1m 时，孔上作业人员应系安全带。

（9）挖出的土方，应随出随运，暂不运走的，应堆放在孔口边 1m 以外，高度不超过 1m。容器装土不得过满，孔口边不准堆放零散杂物，3m 内不得有机动车辆行驶或停放，严禁任何人向孔内投扔任何物料。

（10）凡孔内有人作业时，孔上必须有专人监护，并随时与孔内人员保持联系，不得擅离岗位。孔上人员应随时监护孔壁变化及孔底作业情况，发现异常，应立即协助孔内人员撤离，并向领导报告。

🔘 关键细节 3 装卸搬运作业安全要求

（1）使用手推车装运物料，必须平稳，掌握重心，不得猛跑或撒把溜车；前后车距平地不得小于 2m，下坡时不得少于 10m。向槽内下料，槽下不得有人，槽边卸料，车轮应挡掩，严禁猛推和撒把倒料。

(2)两人抬运,上下肩要同时起落,多人抬运重物时,必须由专人统一指挥、同起同落、步调一致、前后照应,注意脚下障碍物,并提醒后方人员,所抬重物离地高度一般以30cm为宜。

(3)用井架、龙门架、外用电梯垂直运输,零散材料码放整齐平稳,码放高度不得超过车厢,小推车应打好挡掩。运长料不得高出吊盘(笼),必须采取防滑落措施。

(4)跟随汽车、拖拉机运料的人员,车辆未停稳不得下车。装卸材料时禁止抛掷,并应按次序码放整齐。随车运料人员不得坐在物料前方。车辆倒退时,指挥人员应站在槽帮的侧面,并且与车辆保持一定距离,车辆行程范围内的砖垛、门垛下不得站人。

(5)装卸搬运危险物品(如炸药、氧气瓶、乙炔瓶等)和有毒物品时,必须严格按规定安全技术交底措施执行。装卸时必须轻拿轻放,不得互相碰撞或有掷扔等剧烈振动。作业人员按要求正确穿戴防护用品,严禁吸烟。

(6)不得钻到车辆下面休息。

关键细节4　人工拆除工程作业安全要求

(1)对于拆除工程,施工前,班组(队)必须组织学习专项拆除工程安全施工组织设计或安全技术措施交底。无安全技术措施的不得盲目进行拆除作业。

(2)拆除作业前必须先将电线、上水、煤气管道、热力设备等干线与该拆除建筑物的支线切断或者迁移。

(3)拆除构筑物,应按自上而下的顺序进行;当拆除某一部分的时候,必须有防止另一部分发生坍塌的安全措施。

(4)拆除作业区应设置危险区域进行围挡,负责警戒的人员应坚守岗位,非作业人员禁止进入作业区。

(5)拆除建筑物的栏杆、楼梯和楼板等,必须与整体拆除工程相配合,不得先行拆掉。建筑物的承重支柱和梁,要等待它所承担的全部结构拆掉后才可以拆除。

(6)拆除建筑物不得采用推倒或拉倒的方法,遇有特殊情况,必须报请领导同意,拟订安全技术措施,并遵守下列规定:

1)砍切墙根的深度不能超过墙厚的1/3。墙厚度小于两块半砖的时候,严禁砍切墙根掏掘。

2)为防止墙壁向掏掘方向倾倒,在掏掘前必须用支撑撑牢。在推倒前,必须发出信号,服从指挥,待全体人员避至安全地带后方准进行。

(7)高处进行拆除工程,要设置溜放槽,以便散碎废料顺槽溜下。较大或沉重的材料,要用绳或起重机械及时吊下运走,严禁向下抛掷。拆除的各种材料要及时清理,分别码放在指定地点。

(8)清理楼层施工垃圾,必须从垃圾溜放槽溜下或采用容器运下,严禁从窗口等处抛扔。

(9)清理楼层时,必须注意孔洞,遇有地面上铺有盖板,挪动时不得猛掀,可采用拉开或人抬挪开。

(10)现场的各类电气、机械设备和各种安全防护设施,如安全网、护身栏等,严禁乱动。

二、钢筋工

钢筋工是指使用工具及机械,对钢筋进行除锈、调直、连接、切断、成型、安装钢筋骨架的人员。其工作内容主要有钢筋的加工、连接、绑扎与安装等。钢筋工作业时应遵守以下安全操作一般规定：

（1）作业前必须检查机械设备、作业环境、照明设施等，并试运行达到安全要求。作业人员必须经安全培训考试合格，方准上岗作业。

（2）脚手架上不得集中码放钢筋，应随使用随运送。

（3）操作人员必须熟悉钢筋机械的构造性能和用途，并应按照清洁、调整、紧固、防腐、润滑的要求，维修保养机械。

（4）机械运行中停电时，应立即切断电源。收工时应按顺序停机、拉闸，锁好闸箱门，清理作业场所。电路故障必须由专业电工排除，严禁非电工接、拆、修电气设备。

（5）操作人员作业时必须扎紧袖口，理好衣角，扣好衣扣，严禁戴手套。女工应戴工作帽，将头发挽入帽内不得外露。

（6）机械明齿轮、皮带轮等高速运转部分，必须安装防护罩或防护板。

（7）电动机械的电闸箱必须按规定安装漏电保护器，并应灵敏有效。

（8）工作完毕后，应用工具将铁屑、钢筋头清除，严禁用手擦抹或嘴吹。切好的钢材、半成品必须按规格码放整齐。

⚙ 关键细节 5　钢筋绑扎安装作业安全要求

（1）在高处（2m 或 2m 以上）、深坑绑扎钢筋和安装钢筋骨架，必须搭投脚手架或操作平台，临边应搭设防护栏杆。

（2）绑扎立柱和墙体钢筋时，不得站在钢筋骨架上或攀登骨架上下。

（3）绑扎在建施工工程的圈梁、挑梁、挑檐、外墙和边柱等钢筋时，应站在脚手架或操作平台上作业。无脚手架必须搭设水平安全网。悬空大梁钢筋的绑扎，必须站在满铺脚手板或操作平台上操作。

（4）绑扎基础钢筋，应设钢筋支架或马凳，深基础或夜间施工应使用低压照明灯具。

（5）运送钢筋骨架时，下方严禁站人，必须待骨架降落至楼、地面 1m 以内方准靠近，就位支撑好，方可摘钩。

（6）绑扎和安装钢筋，不得将工具、箍筋或短钢筋随意放在脚手架或模板上。

（7）在高处楼层上拉钢筋或钢筋调向时，必须事先观察运行上方或周围附近是否有高压线，严防碰触。

三、混凝土工

混凝土工是指将混凝土浇筑成构件、建筑物、构筑物的人员。主要从事材料的投放及混凝土的搅拌和运输，混凝土的浇筑，混凝土的养护及缺陷修补，混凝土的质量控制、验收以及混凝土的安全生产等工作。

⚙ 关键细节 6　材料运输作业安全要求

（1）搬运袋装水泥时，必须逐层从上往下阶梯式搬运，严禁从下抽拿。存放水泥时，必须压碴码放，并不得码放过高（一般不超过 10 袋为宜）。水泥袋码放不得靠近墙壁。

（2）使用手推车运料，向搅拌机料斗内倒砂石时，应设挡掩，不得撒把倒料；运送混凝土时,装运混凝土量应低于车厢5～10cm。不得抢跑,空车应让重车;及时清扫遗撒落地材料,保持现场环境整洁。

(3)使用井架、龙门架、外用电梯垂直运输混凝土时,车把不得超出吊盘(笼)以外,车轮必须挡掩,稳起稳落;用塔式起重机运送混凝土时,小车必须焊有牢固的吊环,吊点不得少于4个,并要保持车身平衡;使用专用吊斗时,吊环应牢固可靠,吊索具应符合起重机械安全规程要求。

◎关键细节7　混凝土浇筑作业安全要求

(1)浇筑混凝土使用的溜槽节间必须连接牢靠,操作部位应设护身栏杆,不得直接站在溜放槽帮上操作。

(2)浇筑高度2m以上的框架梁、柱混凝土应搭设操作平台,不得站在模板或支撑上操作。不得直接在钢筋上踩踏、行走。

(3)浇筑拱形结构,应自两边拱脚对称同时进行;浇灌圈梁、雨篷、阳台应设置安全防护设施。

(4)使用输送泵输送混凝土时,应由两名以上人员牵引布料杆。管道接头、安全阀、管架等必须安装牢固,输送前应试送,检修时必须卸压。

(5)预应力灌浆应严格按照规定压力进行,输浆管道应畅通,阀门接头应严密牢固。

(6)混凝土振捣器使用前必须经电工检验确认合格后方可使用。开关箱内必须装设漏电保护器,插座插头应完好无损,电源线不得破皮漏电;操作者必须穿绝缘鞋(胶鞋)、戴绝缘手套。

四、抹灰工

抹灰工是指从事抹灰工程的人员,即将各种砂浆、装饰性水泥石子浆等涂抹在建筑物的墙面、地面、顶棚等表面上的施工人员。其工作内容主要包括正确识别、阅读建筑工程图与装饰施工图,选择合理的材料,对建筑物表层进行涂抹和修缮。

抹灰工作业时应遵守以下安全操作规定:

(1)脚手架使用前应检查脚手板是否有空隙、探头板、护身栏、挡脚板是否合格,只有确认合格,方可使用。吊篮架子升降由架子工负责,非架子工不得擅自拆改或升降。

(2)作业过程中遇有脚手架与建筑物之间拉接,未经领导同意,严禁拆除。必要时由架子工负责采取加固措施后,方可拆除。

(3)脚手架上的工具、材料要分散放稳,不得超过允许荷载。

(4)采用井字架、龙门架、外用电梯垂直运送材料时,预先检查卸料平台通道的两侧边安全防护是否齐全、牢固,吊盘(笼)内小推车必须加挡掩,不得向井内探头张望。

(5)外装饰为多工种立体交叉作业,必须设置可靠的安全防护隔离层。贴面使用的预制件、大理石、瓷砖等,应堆放整齐、平稳,边用边运。安装时要稳拿稳放,待灌浆凝固稳定后,方可拆除临时支撑。废料、边角料严禁随意抛掷。

(6)脚手板不得搭设在门窗、暖气片、洗脸池等非承重的物器上。阳台通廊部位抹灰,外侧必须挂设安全网。严禁踩踏脚手架的护身栏杆和阳台栏板进行操作。

(7)室内抹灰采用高凳上铺脚手板时,宽度不得少于两块(50cm)脚手板,间距不得大于 2m,移动高凳时上面不得站人,作业人员最多不得超过两人。高度超过 2m 时,应由架子工搭设脚手架。

(8)室内推小车要稳,拐弯时不得猛拐。

(9)在高大门、窗旁作业时,必须将门窗扇关好,并插上插销。

(10)夜间或阴暗处作业,应用 36V 以下安全电压照明。

(11)瓷砖墙面作业时,瓷砖碎片不得向窗外抛扔。剔凿瓷砖应戴防护镜。

(12)使用电钻、砂轮等手持电动机具,必须装有漏电保护器,作业前应试机检查,作业时应戴绝缘手套。

(13)遇有六级以上强风、大雨、大雾,应停止室外高处作业。

五、砌筑工

砌筑工是指使用手工工具或机械,利用砂浆或其他粘合材料,按建筑物、构筑物设计技术规范要求,将砖、石、砌块,砌铺成各种形状的砌体和屋面铺、挂瓦的建筑工程施工人员。砌筑工要掌握建筑制图的基本知识,能看懂较复杂的施工图,熟悉砖石结构和抗震构造的一般知识,掌握施工测量放线的基本知识。同时,也要掌握砖石基础的砌筑与空斗墙、空心砖墙、空心砌块的砌筑,了解地面砖铺砌和乱石路面的铺筑。

砌筑工作业时应遵守以下安全操作规定:

(1)在深度超过 1.5m 砌基础时,应检查槽帮有无裂缝、水浸或坍塌的危险隐患。送料、砂浆要设有溜槽,严禁向下猛倒和抛掷物料工具等。

(2)距槽帮上口 1m 以内,严禁堆积土方和材料。砌筑 2m 以上深基础时,应设有梯或坡道,不得攀跳槽、沟、坑上下,不得站在墙上操作。

(3)砌筑使用的脚手架,未经交接验收不得使用。验收使用后不准随便拆改或移动。

(4)在架子上用刨锛斩砖,操作人员必须面向里,把砖头斩在架子上。挂线用的坠物必须绑扎牢固。作业环境中的碎料、落地灰、杂物、工具集中下运,做到日产日清、自产自清、活完料净场地清。

(5)脚手架上的堆放料量不得超过规定荷载(均布荷载每平方米不得超过 3kN,集中荷载不超过 1.5kN)。

(6)采用里脚手架砌墙时,不准站在墙上清扫墙面和检查大角垂直等作业。不准在刚砌好的墙上行走。

(7)在同一垂直面上上下交叉作业时,必须设置安全隔离层。

(8)用起重机吊运砖,当采用砖笼往楼板上放砖时,要均匀分布,并必须预先在楼板底下加设支柱及横木承载。砖笼严禁直接吊放在脚手架上。

(9)在地坑、地沟砌砖时,要严防塌方并注意地下管线、电缆等。在屋面坡度大于 25°时,挂瓦必须使用移动板梯,板梯必须有牢固挂钩。檐口应搭设防护栏杆,并立挂密目安全网。

(10)屋面上瓦,瓦要放稳,应两坡同时进行,保持屋面受力均衡。屋面无望板时,应铺设通道,不准在桁条、瓦条上行走。

(11)在石棉瓦等不能承重的轻型屋面上作业时,必须搭设临时走道板,并应在屋架下弦搭设水平安全网,严禁在石棉瓦上作业和行走。

(12)冬季施工有霜、雪时,必须将脚手架等作业环境中的霜、雪清除后方可作业。

六、木工

木工是指为业主完成房屋建筑装修装饰过程中的各项木质工程的施工人员。木工的具体施工项目包括模板工程、顶棚工程(石膏吊顶)、木质隔墙工程(轻钢龙骨隔墙)、门窗工程、构件安装等。

木工作业时应遵守以下安全操作一般规定:

(1)高处作业时,材料码放必须平稳整齐。

(2)使用的工具不得乱放。地面作业时应随时放入工具箱,高处作业应放入工具袋内。

(3)作业时使用的铁钉,不得含在嘴中。

(4)作业前应检查所使用的工具,如手柄有无松动、断裂等,手持电动工具的漏电保护器应试机检查,合格后方可使用。操作时戴绝缘手套。

(5)使用手锯时,锯条必须调紧适度,下班时要放松,以防再使用时锯条突然暴断伤人。

(6)成品、半成品、木材应堆放整齐,不得任意乱放。不得存放在施工范围内,木材码放高度以不超过1.2m为宜。

(7)木工作业场所的刨花、木屑、碎木必须自产自清、日产日清、活完场清。

(8)用火必须事先申请用火证,并设专人监护。

关键细节8 模板安装作业安全要求

(1)作业前应认真检查模板、支撑等构件是否符合要求,钢模板有无严重锈蚀或变形,木模板及支撑材质是否合格。

(2)地面上的支模场地必须平整夯实,并同时排除现场的不安全因素。

(3)模板工程作业高度在2m和2m以上时,必须设置安全防护设施。

(4)操作人员登高必须走人行梯道,严禁利用模板支撑攀登上下,不得在墙顶、独立梁及其他高处狭窄而无防护的模板面上行走。

(5)模板的立柱顶撑必须设牢固的拉杆,不得与门窗等不牢靠和临时物件相连接。模板安装过程中,不得间歇,柱头、搭头、立柱顶撑、拉杆等必须安装牢固成整体后,作业人员才允许离开。

(6)基础及地下工程模板安装,必须检查基坑土壁边坡的稳定状况,基坑上口边沿1m以内不得堆放模板及材料。向槽(坑)内运送模板构件时,严禁抛掷。使用溜槽或起重机械运送,下方操作人员必须远离危险区域。

(7)组装立柱模板时,四周必须设牢固支撑,如柱模在6m以上,应将几个柱模连成整体。支设独立梁模应搭设临时操作平台,不得站在柱模上操作或在梁底模上行走和立侧模。

关键细节9 模板拆除作业安全要求

(1)拆模必须满足拆模时所需混凝土强度,经工程技术领导同意,不得因拆模而影响工程质量。

(2)拆模的顺序和方法。应按照先支后拆、后支先拆的顺序;先拆非承重模板,后拆承重的模板及支撑;在拆除用小钢模板支撑的顶板模板时,严禁将支柱全部拆除后,一次性拉拽拆除。已拆活动的模板,必须一次连续拆除完方可停歇,严禁留下安全隐患。

(3)拆模作业时,必须设警戒区,严禁下方有人进入。拆模作业人员必须站在平稳牢固可靠的地方,保持自身平衡,不得猛撬,以防失稳坠落。

(4)严禁用吊车直接吊除没有撬松动的模板,吊运大型整体模板时必须拴结牢固,且吊点平衡,吊装、运大钢模时必须用卡环连接,就位后必须拉接牢固方可卸除吊环。

(5)拆除电梯井及大型孔洞模板时,下层必须采取支搭安全网等可靠防坠落措施。

(6)拆除的模板支撑等材料,必须边拆、边清、边运、边码垛。楼层高处拆下的材料,严禁向下抛掷。

关键细节 10　门窗安装作业安全要求

(1)安装二层楼以上外墙门窗扇时,外防护应齐全可靠,操作人员必须系好安全带,工具应随手放进工具袋内。

(2)立门窗时必须将木楔楔牢,作业时不得一人独立操作,不得碰触临时电线。

(3)操作地点的杂物,工作完毕后,必须清理干净运至指定地点,集中堆放。

关键细节 11　构件安装作业安全要求

(1)在坡度大于25°的屋面操作,应设防滑板梯,系好保险绳,穿软底防滑鞋,檐口处应按规定设安全防护栏杆,并立挂密目安全网。操作人员移动时,不得直立着在屋面上行走,严禁背向檐口倒退。

(2)钉房檐板应站在脚手架上,严禁在屋面上探身操作。

(3)在没有望板的轻型屋面上安装石棉瓦等,应在屋架下弦支设水平安全网。

(4)拼装屋架应在地面进行,经工程技术人员检查,确认合格,才允许吊装就位。屋架就位后必须及时安装脊檩、拉杆或临时支撑,以防倾倒。

(5)吊运屋架及构件材料所用索具必须事先检查,确认符合要求,才准使用。绑扎屋架及构件材料必须牢固稳定。安装屋架时,下方不得有人穿行或停留。

(6)板条天棚或隔声板上不得通行和堆放材料,确因操作需要,必须在大楞上铺设通行脚手板。

七、防水工

防水工是指对建筑表层进行防水施工与维护管理等技术工作的施工人员。其工作内容包括地下防水工程中的结构自防水、卷材防水的主要施工,以及屋面防水工程中卷材防水、刚性防水施工,后浇带留设与施工,变形缝的施工与构造,穿墙管(盒)施工与构造等。

防水工作业时应遵守以下安全操作规定:

(1)材料存放于专人负责的库房,严禁烟火并挂有醒目的警告标志和防火措施。

(2)施工现场和配料场地应通风良好,操作人员应穿软底鞋、工作服,扎紧袖口,并应佩戴手套及鞋盖。涂刷处理剂和胶黏剂时,必须戴防毒口罩和防护眼镜。外露皮肤应涂擦防护膏。操作时严禁用手直接揉擦皮肤。

(3)患有皮肤病、眼病、刺激过敏者,不得参加防水作业。施工过程中发生恶心、头晕、过敏等,应停止作业。

(4)用热玛脂粘铺卷材时,浇油和铺毡人员应保持一定距离,浇油时,檐口下方不得有人行走或停留。

(5)使用液化气喷枪及汽油喷灯点火时,火嘴不准对人。汽油喷灯加油不得过满,打气不能过足。

(6)装卸溶剂(如苯、汽油等)的容器,必须配软垫,不准猛推猛撞。使用容器后,容器盖必须及时盖严。

(7)装运油的桶壶,应用铁皮咬口制成,严禁用锡焊桶壶,并应设桶壶盖。

(8)运输设备及工具,必须牢固可靠,竖直提升,平台的周边应有防护栏杆,提升时应拉牵引绳,防止油桶摇晃,吊运时油桶下方半径10m范围内严禁站人。

(9)不允许两人抬送沥青,桶内装油不得超过桶高的2/3。

(10)在坡度较大的屋面运油,应穿防滑鞋、设置防滑梯、清扫屋面上的砂粒等。油桶下设桶垫,必须放置平稳。

(11)高处作业屋面周围边沿和预留孔洞,必须按"洞口、临边"防护规定进行安全防护。

(12)防水卷材采用热熔黏结,使用明火(如喷灯)操作时,应申请办理用火证,并设专人看火。配备灭火器材,周围30m以内不准有易燃物。

(13)现场熬油作业人员和喷灯操作工作业时,应符合防火要求。

(14)雨、雪、霜天气应待屋面干燥后施工。六级以上大风天气应停止室外作业。

(15)下班清洗工具。未用完的溶剂,必须装入容器,并将盖盖严。

八、水暖工

水暖工是指负责上下水,采暖,卫生洁具安装,维修的施工人员。其工作内容包括安装室内外的上下水的管路及各配件的安装;暖气的管路及各配件的安装;卫生间各种设施设备的安装。水暖工一般要懂给排水、采暖方面的安装、运行等知识。

水暖工作业应遵守以下安全操作规定:

(1)使用机电设备、机具前应确认其性能良好,电动机具的漏电保护装置灵敏有效。不得"带病"运转。

(2)操作机电设备,袖口要扎紧,严禁戴手套。机械运转中不得进行维修保养。

(3)使用砂轮锯,压力均匀,人站在砂轮片旋转方向侧面。

(4)压力案上不得放重物和立放丝扳;手工套丝,应防止扳机滑落。

(5)用小推车运管时,要清理好道路,管放在车上必须捆绑牢固。

(6)安装立管,必须将洞口周围清理干净,严禁向下抛掷物料。作业完毕必须将洞口盖板盖牢。

(7)电气焊作业前,应申请用火证,并派专人看火,备好灭火用具。焊接地点周围不得有易燃易爆物品。

（8）散热器组拧紧对丝时，必须将散热器放稳，搬抬时两人应用力一致，相互照应。

（9）在进行水压试验时，散热器下面应垫木板。散热器按规定进行压力值试验时，加压后不得用力冲撞磕碰。

（10）人力卸散热器时，所用缆索、杠子应牢固，使用井字架、龙门架或外用电梯运输时，严禁超载或放偏。散热器运进楼层后，应分散堆放。

（11）稳挂散热器应扶好，用压杠压起后平稳放在托钩上。

（12）往沟内运管，应上下配合，不得往沟内抛掷管件。

（13）安装立、托、吊管时，要上、下配合好。尚未安装的楼板预留洞口必须盖严盖牢。使用的人字梯、临时脚手架、绳索等必须坚固、平稳。脚手架不得超重，不得有空隙和探头板。

（14）采用井字架、龙门架、外用电梯往楼层内搬运瓷器时，每次不宜放置过多。瓷器运至楼层后应选择安全地方放置，下面必须垫好草袋或木板，以免磕碰受损。

九、油漆玻璃工

油漆玻璃工是指使用手工工具或机具，把涂料涂刷或喷刷在建筑物表面和门窗表面，以及裱糊饰面和裁装玻璃的专业施工人员。其工作内容包括土木工程涂料、裱糊、玻璃裁装等。

关键细节 12　油漆作业安全要求

（1）各种油漆材料库房和调料间设置必须符合防火防爆要求。

（2）操作人员应进行体检，患有眼病、皮肤病、气管炎、结核病者不宜从事此项作业。

（3）油漆工操作应符合防火防爆要求。

（4）调制油漆应在通风良好的房间内进行。调制有害油漆涂料时，应戴好防毒口罩、护目镜，穿好与之相适应的个人防护用品。工作完毕应冲洗干净。

（5）工作完毕，各种油漆涂料的溶剂桶（箱）要加盖封严。

（6）使用人字梯应遵守以下规定：

1）高度 2m 以下作业（超过 2m 按规定搭设脚手架）使用的人字梯应四脚落地，摆放平稳，梯脚应设防滑橡皮垫和保险拉链。

2）人字梯上搭铺脚手板，脚手板两端搭接长度不得少于 20cm，脚手板中间不得两人同时操作。梯子挪动时，作业人员必须下来，严禁站在梯子上踩高跷式挪动。人字梯顶部铰轴不准站人，不准铺设脚手板。

3）人字梯应经常检查，发现开裂、腐朽、榫头松动、缺档等不得使用。

（7）外墙、外窗、外楼梯等高处作业时，应系好安全带。安全带应高挂低用，挂在牢靠处。油漆窗户时，严禁站在或骑在窗栏上操作，刷封沿板或水落管时，应利用脚手架或在专用操作平台架上进行。

（8）刷坡度大于 25°的铁皮层面时，应设置活动跳板、防护栏杆和安全网。

（9）空气压缩机压力表和安全阀必须灵敏有效。高压气管各种接头应牢固，修理料斗气管时应关闭气门，试喷时不准对人。喷涂时严禁对着喷嘴察看。

（10）喷涂人员作业时，如有头痛、恶心、胸闷和心悸等情况，应停止作业，到户外通风处换气。

◎**关键细节 13　玻璃裁装作业安全要求**

(1)裁割玻璃应在房间内进行。边角余料要集中堆放,并及时处理。

(2)搬运玻璃应戴手套或用布、纸垫着玻璃,将手及身体裸露部分隔开。散装玻璃运输必须采用专门夹具(架)。玻璃应直立堆放,不得水平堆放。

(3)安装玻璃所用工具应放入工具袋内,严禁将铁钉含在口内。

(4)高处悬空作业必须系好安全带,严禁腋下挟着玻璃,另一手扶梯攀登上下。

(5)安装窗扇玻璃时,严禁上下两层垂直交叉同时作业。安装天窗及高层房屋玻璃时,作业下方严禁走人或停留。碎玻璃不得向下抛掷。

(6)玻璃幕墙安装应利用外脚手架或吊篮架子从上往下逐层安装,抓拿玻璃时应用橡皮吸盘。

(7)门窗等安装好的玻璃应平整、牢固,不得有松动。安装完毕必须立即将风钩挂好或插上插销。

(8)安装完毕所剩残余玻璃,必须及时清扫并集中堆放到指定地点。

第二节　特殊工种安全操作

一、架子工

架子工是指使用搭设工具,将钢管、夹具和其他材料搭设成操作平台、安全栏杆、井架、吊篮架、支撑架等,且能正确拆除的人员。

架子工作业应遵守以下安全操作规定:

(1)建筑登高作业(架子工),必须经专业安全技术培训,考试合格,持特种作业操作证上岗作业。架子工的徒工必须办理学习证,在技工带领、指导下操作,非架子工,未经同意不得单独进行作业。

(2)架子工必须经过体检,凡患有高血压、心脏病、癫痫病、恐高症或视力不够,以及不适合于登高作业的,不得从事登高架设作业。

(3)正确使用个人安全防护用品,必须着装灵便(紧身紧袖),在高处(2m 以上)作业时,必须佩戴安全带与已搭好的立、横杆挂牢,穿防滑鞋。作业时精神要集中,团结协作、互相呼应、统一指挥,不得"走过档"和跳跃架子,严禁打闹斗殴、酒后上班。

(4)班组(队)接受任务后,必须组织全体人员,认真领会脚手架专项安全施工组织设计和安全技术措施交底,研讨搭设方法,明确分工,并派一名技术好、有经验的人员负责搭设技术指导和监护。

(5)风力六级以上(含六级)强风和高温、大雨、大雪、大雾等恶劣天气,应停止高处露天作业。风、雨、雪过后要进行检查,发现倾斜下沉、松扣、崩扣要及时修复,合格后方可使用。

(6)脚手架要结合工程进度搭设,未搭设完的脚手架,在离开作业岗位时,不得留有未固定构件和安全隐患,确保架子稳定。

(7)在带电设备附近搭、拆脚手架时,宜停电作业。在外电架空线路附近作业时,脚手架外侧边缘与外电架空线路的边线之间的最小安全操作距离不得小于表4-1的数值。

表4-1　在建筑工程(含脚手架具)的外侧边缘与外电架空线路的边缘之间的最小安全操作距离

外电线路电压/kV	<1	1～10	35～110	154～220	330～500
最小安全操作距离/m	4.0	6.0	8.0	10	15

注:上、下脚手架斜道不宜设在有外电线路的一侧。

(8)各种非标准的脚手架,跨度过大、负载超重等特殊架子或其他新型脚手架,按专项安全施工组织设计批准的意见进行作业。

(9)脚手架搭设到高于在建建筑物顶部时,里排立杆要低于沿口40～50mm,外排立杆高出沿口1～1.5m,搭设两道护身栏,并挂密目安全网。

(10)脚手架搭设、拆除、维修和升降必须由架子工负责,非架子工不准从事脚手架操作。

二、电工

电工是指从事电力生产和电气制造、电气维修、建筑安装行业等工业生产体系的施工人员。

电工作业是指对电气设备进行运行、维护、安装、检修、改造、施工、调试等作业(不含电力系统进网作业)。

(1)高压电工作业:指对1千伏(kV)及以上的高压电气设备进行运行、维护、安装、检修、改造、施工、调试、试验及对绝缘工、器具进行试验的作业。

(2)低压电工作业:指对1千伏(kV)以下的低压电器设备进行安装、调试、运行操作、维护、检修、改造施工和试验的作业;防爆电气作业:指对各种防爆电气设备进行安装、检修、维护的作业。

电工作业应遵守以下安全操作一般规定:

(1)电工作业必须经专业安全技术培训,经考试合格,持《特种作业操作证》方可上岗独立操作。非电工严禁进行电气作业。

(2)电工接受施工现场暂设电气安装任务后,必须认真领会落实临时用电安全施工组织设计(施工方案)和安全技术措施交底的内容,施工用电线路架设必须按施工图规定进行,凡临时用电超过六个月(含六个月)的,应按正式线路架设。改变安全施工组织设计规定,必须经原审批单位领导同意签字,未经同意不得改变。

(3)电工作业时,必须穿绝缘鞋、戴绝缘手套,严禁酒后操作。

(4)所有绝缘、检测工具应妥善保管,严禁他用,并应定期检查、校验。保证正确可靠接地或接零。所有接地或接零处,必须保证可靠电气连接。保护线PE必须采用绿/黄双色线,严格与相线、工作零线相区别,不得混用。

(5)电气设备的设置、安装、防护、使用、维修必须符合《施工现场临时用电安全技术规范》(JGJ 46—2005)的要求。

(6)在施工现场专用的中性点直接接地的电力系统中,必须采用 TN-S 接零保护。

(7)电气设备不带电的金属外壳、框架、部件、管道、金属操作台和移动式碘钨灯的金属柱等,均应做保护接零。

(8)定期和不定期对临时用电工程的接地、设备绝缘和漏电保护开关进行检测、维修,发现隐患及时消除,并建立检测维修记录。

(9)施工现场运电杆时,应由专人指挥。小车搬运,必须绑扎牢固,防止滚动。人抬时,前后要响应,协调一致。电杆不得离地过高,以防止一侧受力扭伤。

(10)人工立电杆时,应由专人指挥。立杆前应检查工具是否牢固可靠(如叉木无伤痕,链子合适,溜绳、横绳、递子绳、钢丝绳无伤痕)。地锚钎子要牢固可靠,溜绳各方向吃力应均匀。操作时,应互相配合,听从指挥,用力均衡;机械立杆,吊车臂下不准站人,上空(吊车起重臂杆回转半径内)所有带电线路必须停电。

(11)电杆就位移动时,坑内不得有人。电杆立起后,必须架好叉木,才能撤去吊钩。电杆坑填土夯实后才允许撤掉叉木、溜绳或横绳。

(12)登杆作业应符合以下要求:

1)登杆组装横担时,活板子开口要合适,不得用力过猛。

2)登杆脚扣规格应与杆径相适应。使用脚踏板,钩子应向上。使用的机具、护具应完好无损。操作时要系好安全带,并拴在安全可靠处,扣环扣牢,严禁将安全带拴在瓷瓶或横担上。

3)杆上作业时,禁止上下投掷料具。料具应放在工具袋内,上下传递料具的小绳应牢固可靠。递完料具后,要离开电杆 3m 以外。

4)杆上紧线应侧向操作,并将夹紧螺栓拧紧,紧有角度的导线时,操作人员应在外侧作业。紧线时装设的临时脚踏支架应牢固。如用大竹梯,必须用绳将梯子与电杆绑扎牢固。调整拉线时,杆上不得有人。

5)紧绳用的铅(铁)丝或钢丝绳应能承受全部拉力,与电线连接必须牢固。紧线时导线下方不得有人。终端紧线时反方向应设置临时拉线。

6)遇大雨、大雪及六级以上强风天,应停止登杆作业。

(13)架空线路和电缆线路敷设、使用、维护必须符合《施工现场临时用电安全技术规范》(JGJ 46—2005)的要求。

(14)建筑工程竣工后,临时用电工程拆除,应按顺序先断电源后拆除,不得留有隐患。

关键细节 14　设备安装作业安全要求

(1)安装高压油开关、自动空气开关等有返回弹簧的开关设备时,应将开关置于断开位置。

(2)搬运配电柜时,应由专人指挥,步调一致。多台配电盘(箱)并列安装时,手指不得放在两盘(箱)的接合部位,不得触摸连接螺孔及螺栓。

(3)露天使用的电气设备,应有良好的防雨性能或有可靠的防雨设施。配电箱必须牢固、完整、严密。使用中的配电箱内禁止放置杂物。

(4)剔槽、打洞时,必须戴防护眼镜,锤子柄不得松动。錾子不得有卷边、裂纹。打过墙、楼板透眼时,墙体后面、楼板下面不得有人靠近。

关键细节 15　内线安装作业安全要求

(1)安装照明线路时,不得直接在板条天棚或隔声板上行走或堆放材料;因作业需要行走时,必须在大楞上铺设脚手板;天棚内照明应采用36V低压电源。

(2)在脚手架上作业,脚手板必须满铺,不得有空隙和探头板。使用的料具,应放入工具袋随身携带,不得投掷。

(3)在平台、楼板上用人力弯管器煨弯时,应背向楼心,操作时面部要避开。大管径管子灌砂煨必须将砂子用火烘干后灌入。用机械敲打时,下面不得站人,人工敲打时上下要错开,管子加热时,管口前不得有人停留。

(4)管子穿带线时,不得对管口呼吸、吹气,防止带线弹出。两人穿线,应配合协调,一呼一应。高处穿线,不得用力过猛。

(5)钢索吊管敷设,在断钢索及卡固时,应预防钢索头扎伤。绷紧钢索应用力适度,防止花篮螺栓折断。

(6)使用套管机、电砂轮、台钻、手电钻时,应保证绝缘良好,有可靠的接零、接地,并漏电保护装置灵敏有效。

关键细节 16　外线安装作业安全要求

(1)作业前应检查工具(铣、镐、锤、钎等)牢固可靠。挖坑时应根据土质和深度,按规定放坡。

(2)杆坑在交通要道或人员经常通过的地方,挖好的坑应及时覆盖,夜间设红灯示警。底盘运输及下坑时,应防止碰手、砸脚。

(3)现场运杆、立杆、电杆就位和登杆作业均应按要求进行安全操作。

(4)架线时在线路的每2~3km处,应设一次临时接地线,送电前必须拆除。大雨、大雪及六级以上强风天气,应停止登杆作业。

关键细节 17　电缆安装作业安全要求

(1)架设电缆轴的地面必须平实。支架必须采用有底平面的专用支架,不得用千斤顶等代替。敷设电缆必须按安全技术措施交底内容执行,并设专人指挥。

(2)人力拉引电缆时,力量要均匀,速度应平稳,不得猛拉猛跑。看轴人员不得站在电缆轴前方。敷设电缆时,处于拐角的人员,必须站在电缆弯曲半径的外侧。过管处的人员必须做到:送电缆时手不可离管口太近;迎电缆时,眼及身体严禁直对管口。

(3)竖直敷设电缆,必须有预防电缆失控下溜的安全措施。电缆放完后,应立即固定、卡牢。

(4)人工滚运电缆时,推轴人员不得站在电缆前方,两侧人员所站位置不得超过缆轴中心。电缆上、下坡时,应采用在电缆轴中心孔穿铁管,在铁管上拴绳拉放的方法,平稳、缓慢进行。电缆停顿时,将绳拉紧,及时"打掩"制动。人力滚动电缆路面的坡度不宜超过15°。

(5)汽车运输电缆时,电缆应尽量放在车头前方(跟车人员必须站在电缆后面),并用钢丝绳固定。

(6)在已送电运行的变电室沟内进行电缆敷设时,电缆所进入的开关柜必须停电,并应采用绝缘隔板等措施。在开关柜旁操作时,安全距离不得小于1m(10kV以下开关柜)。电缆敷设完如剩余较长,必须捆扎固定或采取措施,严禁电缆与带电体接触。

(7)挖电缆沟时,应根据土质和深度情况按规定放坡。在交通道路附近或较繁华地区施工电缆沟时,应设置栏杆和标志牌,夜间设红色标志灯。

(8)在隧道内敷设电缆时,临时照明的电压不得大于36V。施工前应对地面进行清理,将积水排净。

关键细节 18 电气调试作业安全要求

(1)进行耐压试验装置的金属外壳,必须接地,被调试设备或电缆两端如不在同一地点,另一端应有专人看守或加锁,并悬挂警示牌。待仪表、接地检查无误,人员撤离后方可升压。

(2)电气设备或材料做非冲击性试验、升压或降压时,均应缓慢进行。因故暂停或试验结束,应先切断电源,安全放电,并将升压设备高压侧短路接地。

(3)电力传动装置系统及高低压各型开关调试时,应将有关的开关手柄取下或锁上,悬挂标志牌,严禁合闸。

(4)用摇表测定绝缘电阻,严禁有人触及正在测定中的线路或设备,测定容性或感性设备材料后,必须放电,遇到雷电天气,停止摇测线路绝缘。

(5)电流互感器禁止开路,电压互感器禁止短路和以升压方式进行。电气材料或设备需放电时,应穿戴绝缘防护用品,用绝缘棒安全放电。

关键细节 19 施工现场变配电及维修作业安全要求

(1)现场变配电高压设备,不论带电与否,单人值班严禁跨越栅栏或从事修理工作。

(2)高压带电区域内部分停电工作时,人体与带电部分必须保持安全距离,并应有人监护。

(3)在变配电室内、外高压部分及线路工作时,应按顺序进行。停电、验电悬挂地线,操作手柄应上锁或挂标示牌。

(4)验电时必须戴绝缘手套,按电压等级使用验电器。在设备两侧各相或线路各相分别验电。验明设备或线路确实无电后,即将检修设备或线路做短路接地。

(5)装设接地线,应由两人进行。先接接地端,后接导体端,拆除时顺序相反。拆接时均应穿戴绝缘防护用品。设备或线路检修完毕,必须全面检查无误后,方可拆除接地线。

(6)接地线应使用戴面不小于25mm²的多股软裸铜线和专用线夹。严禁使用缠绕的方法进行接地或造成短路。

(7)用绝缘棒或传动机构拉、合高压开关,应戴绝缘手套。雨天室外操作时,除穿戴绝缘防护用品外,绝缘棒应有防雨罩,应专人监护。严禁带负荷拉、合开关。

(8)电气设备的金属外壳必须接地或接零。同一设备可做接地和接零。同一供电系统不允许一部分设备采用接零,另一部分采用接地保护。

(9)电气设备所用的保险丝(片)的额定电流应与其负荷量相适应。严禁用其他金属线代替保险丝(片)。

三、焊工

焊工是指实施焊接工作的人员。焊接作业中焊工受到的危害主要有以下几个方面：

(1)由焊接火花引发的燃烧爆炸事故。

(2)由焊接火焰或烛件引起的烧伤、烫伤事故。

(3)焊接过程中发生的触电事故及高空坠落事故。

(4)焊工在作业中会引起血液、眼、皮肤、肺部等发生病变。

(5)焊接中焊工常受到的辐射危害有强光、红外线、紫外线等。焊接中的电子束产生的 X 射线，会影响焊工的身体健康。

(6)焊接过程中，由于高温使金属的焊接部位、焊条、污垢、油漆等蒸发或燃烧，形成烟雾状蒸气粉尘，引起中毒。

(7)焊接中产生的高频电磁场会使人头晕疲乏。

焊接作业的危害，并非不可避免。只要焊工在焊接作业中严格遵守焊接作业安全操作规程，这些危害都是可以预防的。

(一)电焊工

电焊工作业应遵守以下安全操作规定：

(1)金属焊接作业人员，必须经专业安全技术培训，考试合格，持《特种作业人员操作证》方准上岗独立操作。非电焊工严禁进行电焊作业。

(2)操作时应穿电焊工作服、绝缘鞋和戴电焊手套、防护面罩等安全防护用品，高处作业时系安全带。

(3)电焊作业现场周围 10m 范围内不得堆放易燃易爆物品。

(4)雨、雪、风力六级以上(含六级)天气不得露天作业。雨、雪后应清除积水、积雪后方可作业。

(5)操作前应首先检查焊机和工具，如焊钳和焊接电缆的绝缘、焊机外壳保护接地和焊机的各接线点等，确认安全合格方可作业。

(6)严禁在易燃易爆气体或液体扩散区域内、运行中的压力管道和装有易燃易爆物品的容器内以及受力构件上焊接和切割。

(7)焊接曾经储存过易燃、易爆物品的容器时，应根据介质进行多次置换及清洗，并打开所有孔口，经检测确认安全后方可施焊。

(8)在密封容器内施焊时，应采取通风措施。间歇作业时焊工应到外面休息。容器内照明电压不得超过 12V。焊工身体应用绝缘材料与焊件隔离。焊接时必须设专人监护，监护人应熟知焊接操作规程和抢救方法。

(9)焊接铜、铝、铅、锌合金金属时，必须穿戴防护用品，在通风良好的地方作业。在有害介质场所进行焊接时，应采取防毒措施，必要时进行强制通风。

(10)施焊地点潮湿或焊工身体出汗后致使衣服潮湿时，严禁靠在带电钢板或工件上，焊工应在干燥的绝缘板或胶垫上作业，配合人员应穿绝缘鞋或站在绝缘板上。

(11)焊接过程中临时接地线头严禁浮搭，必须固定、压紧，用胶布包严。

(12)操作时遇下列情况必须切断电源。

1)改变电焊机接头时。

2)更换焊件需要改接二次回路时。

3)转移工作地点搬动焊机时。

4)焊机发生故障需进行检修时。

5)更换保险装置时。

6)工作完毕或临时离开操作现场时。

(13)焊工高处作业必须遵守下列规定。

1)必须使用标准的防火安全带,并系在可靠的构架上。

2)必须在作业点正下方5m外设置护栏,并设专人监护。必须清除作业点下方区域易燃、易爆物品。

3)必须戴盔式面罩。焊接电缆应绑紧在固定处,严禁绕在身上或搭在背上作业。

4)焊工必须站在稳固的操作平台上作业,焊机必须放置平稳、牢固,设有良好的接地保护装置。

(14)操作时严禁焊钳夹在腋下去搬被焊工件或将焊接电缆挂在脖颈上。

(15)焊接时二次线必须双线到位,严禁借用金属管道、金属脚手架、轨道及结构钢筋作回路地线。确保焊把线无破损,绝缘良好。焊把线必须加装电焊机触电保护器。

(16)焊接电缆通过道路时,必须架高或采取其他保护措施。

(17)焊把线不得放在电弧附近或炽热的焊缝旁,不得碾轧焊把线。应采取防止焊把线被尖利器物损伤的措施。

(18)清除焊渣时应佩戴防护眼镜或面罩。焊条头应集中堆放。

(19)下班后必须拉闸断电,必须将地线和把线分开,并确认火已熄灭方可离开现场。

关键细节20 不锈钢焊接作业安全要求

(1)不锈钢焊接的焊工除应具备电焊工的安全操作技能外,还必须熟练地掌握氩弧焊接、等离子切割、不锈钢酸洗钝化等方面的安全防护和安全操作技能。

(2)使用直流焊机应遵守以下规定:

1)操作前应检查焊机外壳的接地保护、一次电源线接线柱的绝缘、防护罩、电压表、电流表的接线、焊机旋转方向与机身指示标志和接线螺栓等均合格、齐全、灵敏、牢固,方可操作。

2)焊机应垫平、放稳。多台焊机在一起应留有500mm以上间距,必须一机一闸,一次电源线不得大于5m。

3)旋转直流弧焊机应有补偿器和"启动""运转""停止"的标记。合闸前应确认手柄是否在"停止"位置上。启动时,辨别转子是否旋转,旋转正常再将手柄扳到"运转"位置。焊接时突然停电,必须立即将手柄扳到"停止"位置。

4)不锈钢焊接采用"反接极",即工件接负极。如焊机正负标记不清或转换钮与标记不符,必须用万能表测量出正负极性,确认后方可操作。

5)不锈钢焊条药皮易脱落,停机前必须将焊条头取下或将焊机把挂好,严禁乱放。

(3)一般不锈钢设备用于贮存或输送有腐蚀性、有毒性的液体或气体物质,不得在带压运行中的不锈钢容器或管道上施焊。不得借路设备管道做焊接导线。

(4)焊接或修理贮存过化学物品或有毒物质的容器或管道,必须采取蒸汽清扫、苏打水清洗等措施。置换后,经检测分析合格,打开孔口或注满水再进行焊接。严禁盲目动火。

(5)在不锈钢的制作和焊接过程中,焊前对坡口的修整和焊缝的清根使用砂轮打磨时,必须检查砂轮片和紧固,确认安全可靠,戴上护目镜后,方可打磨。

(6)在容器内或室内焊接时,必须有良好的通风换气措施或戴焊接专用的防尘面罩。

(7)氩弧焊应遵守以下规定:

1)手工钨极氩弧焊接不锈钢,电源采用直流正接,工件接正,钨极接负。

2)用交流钨极氩弧焊机焊接不锈钢,应采用高频为稳弧措施,将焊枪和焊接导线用金属纺织线进行屏蔽。预防高频电磁场对握焊枪和焊丝双手的刺激。

3)手工氩弧焊的操作人员必须穿工作服,扣齐纽扣、穿绝缘鞋、戴柔软的皮手套。在容器内施焊应戴送风式头盔、送风式口罩或防毒口罩等个人防护用品。

4)氩弧焊操作场所应有良好的自然通风或用换气装置将有害气体和烟尘及时排出,确保操作现场空气流通。操作人员应位于上风处,并应采取间歇作业法。

5)凡患有中枢神经系统器质性疾病、植物神经功能紊乱、活动性肺结核、肺气肿、精神病或神经官能症者,不宜从事氩弧焊不锈钢焊接作业。

6)打磨钍钨极棒时,必须佩戴防尘口罩和眼镜。接触钍钨极棒的手应及时清洗。钍钨极棒不得乱放,应存放在有盖的铅盒内,并设专人负责保管。

(8)不锈钢焊工酸洗和钝化应遵守以下规定。

1)不锈钢酸洗钝化使用不锈钢丝刷子刷焊缝时,应由里向外推刷子,不得来回刷。从事不锈钢酸洗时,必须穿防酸工作服,戴口罩、防护眼镜、乳胶手套及穿胶鞋。

2)凡患有呼吸系统疾病者,不宜从事酸洗操作。

3)化学物品,特别是氢氟酸必须妥善保管,必须有严格领用手续。

4)酸洗钝化后的废液必须经专门处理,严禁乱倒。

(9)不锈钢等金属在用等离子切割过程中,必须遵守氩弧焊接的安全操作规定。焊接时由于电弧作用所传导的高温,有色金属受热膨胀,当电弧停止时,不得立即去查看焊缝。

◎ 关键细节 21　电焊设备安全使用要求

(1)电焊机必须安放在通风良好、干燥、无腐蚀介质、远离高温高湿和多粉尘的地方。露天使用的焊机应搭设防雨棚,焊机应用绝缘物垫起,垫起高度不得小于20cm,并应按规定配备消防器材。

(2)电焊机使用前,必须检查绝缘及接线情况,接线部分必须使用绝缘胶布缠严,不得腐蚀、受潮及松动。

(3)电焊机必须设单独的电源开关、自动断电装置。一次侧电源线长度应不大于5m,二次线焊把线长度应不大于30m。两侧接应压接牢固,必须安装可靠防护罩。

(4)电焊机的外壳必须设可靠的接零或接地保护。

(5)电焊机焊接电缆线必须使用多股细铜线电缆,其截面应根据电焊机使用规定选用。电缆外皮应完好、柔软,其绝缘电阻不小于1MΩ。

(6)电焊机内部应保持清洁。定期吹净尘土。清扫时必须切断电源。

(7)电焊机启动后,必须空载运行一段时间。调节焊接电流及极性开关应在空载下进行。直流焊机空载电压不得超过90V,交流焊机空载电压不得超过80V。

(8)使用氩弧焊机作业应遵守下列规定:

1)工作前应检查管路,气管、水管不得受压、泄漏。

2)氩气减压阀、管接头不得沾有油脂。安装后应试验,管路应无障碍、不漏气。

3)水冷型焊机冷却水应保持清洁,焊接中水流量应正常,严禁断水施焊。

4)高频氩弧焊机,必须保证高频防护装置良好,不得发生短路。

5)更换钨极时,必须切断电源。磨削钨极必须戴手套和口罩。磨削下来的粉尘应及时清除。钍、铈钨极必须放置在密闭的铅盒内保存,不得随身携带。

6)氩气瓶内氩气不得用完,应保留98~226kPa。氩气瓶应直立、固定放置,不得倒放。

7)作业后切断电源,关闭水源和气源。焊接人员必须及时脱去工作服,清洗手脸和外露的皮肤。

(9)使用二氧化碳气体保护焊机作业应遵守下列规定:

1)作业前预热15min,开气时,操作人员必须站在瓶嘴的侧面。

2)二氧化碳气体预热器端的电压不得高于36V。

3)二氧化碳气瓶应放在阴凉处,不得靠近热源。最高温度不得超过30℃,并应放置牢靠。

4)作业前应进行检查,焊丝的进给机构、电源的连接部分、二氧化碳气体的供应系统以及冷却水循环系统均应符合要求。

(10)使用埋弧自动、半自动焊机作业应遵守下列规定:

1)作业前应进行检查,送丝滚轮的沟槽及齿纹应完好,滚轮、导电嘴(块)必须接触良好,减速箱油槽中的润滑油应充量合格。

2)软管式送丝机构的软管槽孔应保持清洁,定期吹洗。

(11)焊钳和焊接电缆应符合下列规定:

1)焊钳应保证任何斜度都能夹紧焊条,且便于更换焊条。

2)焊钳必须具有良好的绝缘、隔热能力,手柄绝热性能应良好。

3)焊钳与电缆的连接应简便可靠,导体不得外露。

4)焊钳弹簧失效,应立即更换。钳口处应经常保持清洁。

5)焊接电缆应具有良好的导电能力和绝缘外层。

6)焊接电缆的选择应根据焊接电流的大小和电缆长度,按规定选用较大的截面积。

7)焊接电缆接头应采用铜导体,且接触良好,安装牢固可靠。

(二)气焊工

气焊工作业应遵守以下安全操作规定:

(1)点燃焊(割)炬时,应先开乙炔阀点火,然后开氧气阀调整火焰。关闭时应先关闭乙炔阀,再关氧气阀。

(2)点火时,焊炬口不得对人,不得将正在燃烧的焊炬放在工件或地面上。焊炬带有乙炔气和氧气时,不得放在金属容器内。

(3)作业中发现气路或气阀漏气时,必须立即停止作业。

(4)作业中若氧气管着火应立即关闭氧气阀门,不得折弯胶管断气;若乙炔管着火,应先关熄炬火,可用弯折前面一段软管的办法止火。

(5)高处作业时,氧气瓶、乙炔瓶、液化气瓶不得放在作业区域正下方,应与作业点正下方保持在 10m 以上的距离。必须清除作业区域下方的易燃物。

(6)不得将橡胶软管背在背上操作。

(7)作业后应卸下减压器,拧上气瓶安全帽,将软管盘起捆好,挂在室内干燥处;检查操作场地,确认无着火危险后方可离开。

(8)冬天露天作业时,如减压阀软管和流量计冻结,应使用热水(热水袋)、蒸汽或暖气设备化冻,严禁用火烘烤。

(9)使用氧气瓶应符合以下要求:

1)氧气瓶存放必须符合防火防爆要求。

2)氧气瓶在运输时应平放,并加以固定,其高度不得超过车厢槽帮。

3)严禁用自行车、叉车或起重设备吊运高压钢瓶。

4)氧气瓶应设有防震圈和安全帽,搬运和使用时严禁撞击。

5)氧气瓶阀不得沾有油脂、灰土,不得用带油脂的工具、手套或工作服接触氧气瓶阀。

6)氧气瓶不得在强烈日光下暴晒,夏季露天工作时,应搭设防晒罩、棚。

7)开启氧气瓶阀门时,操作人员不得面对减压器,应用专用工具。开启动作要缓慢,压力表指针应灵敏、正常。氧气瓶中的氧气不得全部用尽,必须保持不小于 49kPa 的压强。

8)严禁使用无减压器的氧气瓶作业。

9)安装减压器时,应首先检查氧气瓶阀门,接头不得有油脂,并略开阀门清除油垢,然后安装减压器。作业人员不得正对氧气瓶阀门出气口。关闭氧气阀门时,必须先松开减压器的活门螺栓。

10)作业中,如发现氧气瓶阀门失灵或因损坏不能关闭时,应待瓶内的氧气自动逸尽后,再行拆卸修理。

11)检查瓶口是否漏气时,应使用肥皂水涂在瓶口上观察,不得用明火试验。冬季阀门被冻结时,可用温水或蒸汽加热,严禁用火烤。

(10)使用乙炔瓶应符合以下要求:

1)现场乙炔瓶储存量不得超过 5 瓶,5 瓶以上时应放在储存间。储存间与明火的距离不得小于 15m,并应通风良好,设有降温设施、消防设施和通道,避免阳光直射。

2)储存乙炔瓶时,乙炔瓶应直立,并采取防止倾斜的措施。严禁与氯气瓶、氧气瓶及其他易燃、易爆物同间储存。

3)储存间必须设专人管理,应在醒目的地方设安全标志。

4)应使用专用小车运送乙炔瓶。装卸乙炔瓶的动作应轻,不得抛、滑、滚、碰。严禁剧烈震动和撞击。

5)汽车运输乙炔瓶时,乙炔瓶应妥善固定。气瓶宜横向放置,头偏向一方。直立放置时,车厢高度不得低于瓶高的 2/3。

6)乙炔瓶在使用时必须直立放置。

7)乙炔瓶与热源的距离不得小于 10m。乙炔瓶表面温度不得超过 40℃。

8)乙炔瓶使用时必须装设专用减压器,减压器与瓶阀的连接应可靠,不得漏气。

9)乙炔瓶内气体不得用尽,必须保留不小于98kPa的压强。

10)严禁铜、银、汞等及其制品与乙炔接触。

(11)使用液化石油气瓶应符合以下要求:

1)液化石油气瓶必须放置在室内通风良好处,室内严禁烟火,并按规定配备消防器材。

2)气瓶冬季加温时,可使用40℃以下温水,严禁火烤或用沸水加温。

3)气瓶在运输、存储时必须直立放置,并加以固定,搬运时不得碰撞。

4)气瓶不得倒置,严禁倒出残液。

5)瓶阀管子不得漏气,丝堵、角阀丝扣不得锈蚀。

6)气瓶不得充满液体,应留出10%~15%的气化空间。

7)胶管和衬垫材料应采用耐油性材料。

8)使用时应先点火,后开气,使用后关闭全部阀门。

(12)使用减压器应符合以下要求:

1)不同气体的减压器严禁混用。

2)减压器出口接头与胶管应扎紧。

3)减压器冻结时应采用热水或蒸汽加热解冻,严禁用火烤。

4)安装减压器前,应略开氧气阀门,吹除污物。

5)安装减压器前应进行检查,减压器不得沾有油脂。

6)打开氧气阀门时,必须慢慢开启,不得用力过猛。

7)减压器发生自流现象或漏气时,必须迅速关闭氧气瓶气阀,卸下减压器进行修理。

(13)使用焊炬和割炬应符合以下要求:

1)使用焊炬和割炬前必须检查射吸情况,射吸不正常时,必须修理,正常后方可使用。

2)焊炬和割炬点火前,应检查连接处和各气阀的严密性,连接处和气阀不得漏气;焊嘴、割嘴不得漏气、堵塞。使用过程中,如发现焊炬、割炬气体通路和气阀有漏气现象,应立即停止作业,修好后再使用。

3)严禁在氧气阀门和乙炔阀门同时开启时用手或其他物体堵住焊嘴或割嘴。

4)焊嘴或割嘴不得过分受热;温度过高时,应放入水中冷却。

5)焊炬、割炬的气体通路均不得沾有油脂。

(14)橡胶软管应符合以下要求:

1)橡胶软管必须能承受气体压力,各种气体的软管不得混用。

2)胶管的长度不得小于5m,以10~15m为宜,氧气软管接头必须扎紧。

3)在使用过程中,氧气软管和乙炔软管不得沾有油脂,不得触及灼热金属或尖刃物体。

四、起重工

起重工是指具有良好的起重吊装运输、物料搬运的专业技术和相关知识,从事设备及货物的吊装搬运移位的工作人员。其工作内容主要包括以下几方面:

(1)对吊运物料进行估重。

(2)使用起重车辆进行物料起重、搬运。

(3)对起重车辆的各种安全装置进行检查、调整。

(4)对新安装的起重车辆进行试车验收。

(5)排除运行过程中的各种故障。

(6)定期对起重车辆进行维护保养。

起重工作业应遵守以下操作安全一般规定:

(1)起重工必须经专门安全技术培训,考试合格后持证上岗。严禁酒后作业。

(2)起重工应健康,两眼视力均不得低于1.0,无色盲、听力障碍、高血压、心脏病、癫痫病、眩晕、突发性昏厥及其他影响起重吊装作业的疾病与生理缺陷。

(3)作业前必须检查作业环境、吊索具、防护用品。吊装区域无闲散人员,障碍已排除。吊索具无缺陷,捆绑正确牢固,被吊物与其他物件无连接。确认安全后方可作业。

(4)轮式或履带式起重机作业时必须确定吊装区域,并设警戒标志,必要时派人监护。

(5)大雨、大雪、大雾及风力六级以上(含六级)等恶劣天气,必须停止露天起重吊装作业。严禁在带电的高压线下或一侧作业。

(6)在高压线垂直或水平方向作业时,必须保持表4-2所列的最小安全距离。

表4-2　　　　　　　　起重机与架空输电导线的最小安全距离

安全距离/m　　　　电压/kV	<1	10	35	110	220	330	500
沿垂直方向	1.5	3.0	4.0	5.0	6.0	7.0	8.5
沿水平方向	1.5	3.0	3.5	4.0	6.0	7.0	8.5

(7)起重机司机必须熟知下列知识和操作能力:

1)所操纵的起重机的构造和技术性能。

2)起重机安全技术规程、制度。

3)起重量、变幅、起升速度与机械稳定性的关系。

4)钢丝绳的类型、鉴别、保养与安全系数的选择。

5)一般仪表的使用及电气设备常见故障的排除。

6)钢丝绳接头的穿结(卡接、插接)。

7)吊装构件重量计算。

8)操作中能及时发现或判断各机构故障,并能采取有效措施。

9)制动器突然失效能做紧急处理。

(8)指挥信号工必须具备下列知识和操作能力。

1)应掌握所指挥的起重机的技术性能和起重工作性能,能定期配合司机进行检查。能熟练地运用手势、旗语、哨声和通信设备。

2)能看懂一般的建筑结构施工图,能按现场平面布置图和工艺要求指挥起吊、就位构件、材料和设备等。

3)掌握常用材料的重量和吊运就位方法及构件重心位置,并能计算非标准构件和材料的重量。

4)正确地使用吊具、索具,编插各种规格的钢丝绳。

5)有防止构件装卸、运输、堆放过程中变形的知识。

6)掌握起重机最大起重量和各种高度、幅度时的起重量,熟知吊装、起重有关知识。

7)具备指挥单机、双机或多机作业的指挥能力。

8)严格执行"十不吊"的原则。即:①被吊物重量超过机械性能允许范围;②信号不清;③吊物下方有人;④吊物上站人;⑤埋在地下物;⑥斜拉斜牵物;⑦散物捆绑不牢;⑧立式构件、大模板等不用卡环;⑨零碎物无容器;⑩吊装物重量不明。

(9)挂钩工必须相对固定并熟知下列知识和操作能力。

1)必须服从指挥信号的指挥。

2)熟练运用手势、旗语、哨声。

3)熟悉起重机的技术性能和工作性能。

4)熟悉常用材料重量,构件的重心位置及就位方法。

5)熟悉构件的装卸、运输、堆放的有关知识。

6)能正确使用吊、索具和各种构件的拴挂方法。

(10)作业时必须执行安全技术交底,听从统一指挥。

(11)使用起重机作业时,必须正确选择吊点的位置,合理穿挂索具,试吊。除指挥及挂钩人员外,严禁其他人员进入吊装作业区。

(12)使用两台吊车抬吊大型构件时,吊车性能应一致,单机荷载应合理分配,不得超过额定荷载的80%。作业时必须统一指挥,动作一致。

◎**关键细节22 起重吊装基本操作安全要求**

(1)穿绳。确定吊物重心,选好挂绳位置。穿绳应用铁钩,不得将手臂伸到吊物下面。吊运棱角坚硬或易滑的吊物,必须加衬垫,用套索。

(2)挂绳。应按顺序挂绳,吊绳不得相互挤压、交叉、扭压、绞拧。一般吊物可用兜挂法,必须保护吊物平衡,对于易滚、易滑或超长货物,宜采用绳索方法,使用卡环锁紧吊绳。

(3)试吊。吊绳套挂牢固,起重机缓慢起升,将吊绳绷紧稍停,起升不得过高。试吊中,指挥信号工、挂钩工、司机必须协调配合。如发现吊物重心偏移或其他物件粘连等情况,必须立即停止起吊,采取措施并确认安全后方可起吊。

(4)摘绳。落绳、停稳、支稳后方可放松吊绳。对易滚、易滑、易散的吊物,摘绳要用安全钩。挂钩工不得站在吊物上面。如遇不宜人工摘绳时,应选用其他机具辅助,严禁攀登吊物及绳索。

(5)抽绳。吊钩应与吊物重心保持垂直,缓慢起绳,不得斜拉、强拉,更不得旋转吊臂抽绳。如遇吊绳被压,应立即停止抽绳,可采取提头试吊方法抽绳。吊运易损、易滚、易倒的吊物不得使用起重机抽绳。

(6)吊挂作业应遵守以下规定:

1)兜绳吊挂应保持吊点位置准确、兜绳不偏移、吊物平衡。

2)锁绳吊挂应便于摘绳操作。

3)卡具吊挂时应避免卡具在吊装中被碰撞。

4)扁担吊挂时,吊点应对称于吊物中心。

(7)捆绑作业应遵守以下规定:

1)捆绑必须牢固。

2)吊运集装箱等箱式吊物装车时,应使用捆绑工具将箱体与车连接牢固,并加垫防滑。

3)管材、构件等必须用紧线器紧固。

(8)新起重工具、吊具应按说明书检验,试吊合格后方可正式使用。

(9)长期不用的超重、吊挂机具,必须进行检验、试吊,确认安全后方可使用。

(10)钢丝绳、套索等的安全系数不得小于8~10。

🎯关键细节23 三脚架(三木搭)吊装作业安全要求

(1)作业前必须按安全技术交底要求选用机具、吊具、绳索及配套材料。

(2)作业前应将作业场地整平、压实。三脚架(三木搭)底部应支垫牢固。

(3)三脚架顶端绑扎绳以上伸出长度不得小于60cm,捆绑点以下三杆长度应相等并用钢丝绳连接牢固,底部三脚距离相等,且为架高的1/3~2/3。相邻两杆用排木连接,排木间距不得大于1.5m。

(4)吊装作业时必须设专人指挥。试吊时应检查各部件,待确认安全后再正式操作。

(5)移动三脚架时必须设专人指挥,由三人以上操作。

🎯关键细节24 构件及设备吊装作业安全要求

(1)作业前应检查被吊物、场地、作业空间等,确认安全后方可作业。

(2)作业时应缓起、缓转、缓移,并用控制绳保持吊物平稳。

(3)移动构件、设备时,构件、设备必须和拍子连接牢固,保持稳定。道路应坚实平整,作业人员必须听从统一指挥,协调一致。使用卷扬机移动构件或设备时,必须用慢速卷扬机。

(4)码放构件的场地应坚实平整。码放后应支撑牢固、稳定。

(5)吊装大型构件使用千斤顶调整就位时,严禁两端千斤顶同时起落;一端使用两个千斤顶调整就位时,起落速度应一致。

(6)超长型构件运输中,悬出部分不得大于总长的1/4,并应采取防护倾覆措施。

(7)暂停作业时,必须把构件、设备支撑稳定,连接牢固后方可离开现场。

🎯关键细节25 吊索具使用安全要求

(1)作业时必须根据吊物的重量、体积、形状等选用合适的吊索具。

(2)严禁在吊钩上补焊、打孔。吊钩表面必须保持光滑,不得有裂纹。严禁使用危险断面磨损程度达到原尺寸的10%、钩口开口度尺寸比原尺寸增大15%、扭转变形超过

10%、危险断面或颈部产生塑性变形的吊钩。板钩衬套磨损达原尺寸的50%时,应报废衬套。板钩心轴磨损达原尺寸的5%时,应报废心轴。

(3)编插钢丝绳索具宜用6×37mm的钢丝绳。编插段的长度不得小于钢丝绳直径的20倍,且不得小于300mm。编插钢丝绳的强度应按原钢丝绳强度的70%计算。

(4)吊索的水平夹角应大于45°。

(5)使用卡环时,严禁卡环侧向受力,起吊前必须检查封闭销是否拧紧。不得使用有裂纹、变形的卡环。严禁用焊补方法修复卡环。

(6)凡有下列情况之一的钢丝绳不得继续使用:

1)在一个节距内的断丝数量超过总丝数的10%。

2)出现拧扭死结、死弯、压扁、股松明显、波浪形、钢丝外飞、绳芯挤出以及断股等现象。

3)钢丝绳直径减少7%~10%。

4)钢丝绳表面钢丝磨损或腐蚀程度达表面钢丝直径的40%以上,或钢丝绳被腐蚀后,表面麻痕清晰可见,整根钢丝绳明显变硬。

(7)使用新购置的吊索具前应检查其合格证,并试吊,确认安全。

五、电梯安装工

电梯安装工是指从事电梯设备的安装、改造、调试、维修、保养及外围设备保障的操作与维护人员。电梯安装工应符合以下要求:

(1)具有较强的机械操作能力,以及电气设备、测量、测绘、仪器仪表操作能力。

(2)现场应对故障和突发事件的能力。

(3)头脑灵活,手指、手臂灵活。

(4)无色盲、色弱、肢体残疾,无不能胜任该工作的其他疾病。

电梯安装工作业应遵守以下操作安全一般规定:

(1)电梯安装操作人员,必须经身体检查,凡患心脏病、高血压病者,不得从事电梯安装操作。

(2)进入施工现场,必须遵守现场安全制度。操作时精神集中,严禁饮酒,并按规定穿戴个人防护用品。

(3)电梯安装井道内使用的照明灯,其电压不得超过36V。操作用的手持电动工具必须绝缘良好,漏电保护器灵敏、有效。

(4)梯井内操作必须系安全带;上、下走爬梯,不得爬脚手架;操作使用的工具用毕必须装入工具袋;物料严禁上、下抛扔。

(5)电梯安装使用脚手架必须经组织验收合格,办理交接手续后方可使用。

(6)焊接动火应办理用火证,备好灭火器材,严格执行消防制度。施焊完毕必须检查火种,确认已熄灭方可离开现场。

(7)设备拆箱、搬运时,拆箱板必须及时清运码放指定地点。拆箱板钉子应打弯。抬运重物前后呼应,配合协调。

(8)长形部件及材料必须平放,严禁竖放。

关键细节 26 样板架设作业安全要求

(1)架样板木方应按工艺规定牢固地安装在井道壁上,不允许作承重它用。

(2)放钢丝线时,钢丝线上临时所拴重物重量不得过大,必须捆扎牢固。放线时,下方不得站人。

关键细节 27 导轨安装作业安全要求

(1)剔墙、打设膨胀螺栓,操作时应站好位置,系好安全带,戴防护眼镜,持拿榔头不得戴手套,不得上下交叉作业。

(2)电锤应用保险绳拴牢,打孔不得用力过猛,防止遇钢筋卡住。

(3)剔下的混凝土块等物,应边剔边清理,不得留在脚手架上。

(4)用气焊切割后的导轨支架必须冷却后再焊接。

(5)导轨支架应随稳随取,不得大量堆积于脚手板上。

(6)导轨支架与承埋铁先行点焊,每侧必须上、中、下三点焊牢,待导轨调整完毕之后,再按全位置焊牢。

(7)在井道内紧固膨胀螺栓时,必须站好位置,扳子口应与螺栓规格协调一致,紧固时用力不得过猛。

(8)做好立道前的准备,应根据操作需要,由架子工对脚手板等进行重新铺设,准备导轨吊装的通道,挂滑轮处进行加固等,必须满足吊装轨道承重的安全要求。

(9)采用卷扬机立道,起吊速度必须低于8m/min。必须检查起重工具设备,确认符合规定方可操作。

(10)立轨道应统一行动,密切配合,指挥信号清晰明确,吊升轨道时,下方不得站人,并设专人随层进行监护。

(11)轨道就位连接或轨道暂时立于脚手架时,回绳不得过猛,导轨上端未与导轨支架固定好时,严禁摘下吊钩。

(12)导轨凸凹榫头相接入槽时,必须听从接道人员信号,落道要稳。

(13)紧固压道螺栓和接道螺栓时,上下要配合好。

关键细节 28 轨道调整作业安全要求

(1)轨道调整时,上下必须走梯道,严禁爬架子。

(2)所用的工具器材(如垫片、螺栓等)应随时装入工具袋内,不得乱放。

(3)无围墙梯井,如观光梯,严禁利用后沿的护身栏当梯子,梯外必须按高处作业规定进行安全防护。

关键细节 29 厅门及其部件安装作业安全要求

(1)安装上坎时(尤其货梯)必须互相配合,重量大宜用滑轮等起重工具进行。

(2)厅门门扇的安装必须按工艺防坠落的安全技术措施执行。

(3)井道安全防护门在厅门系统正式安装完毕前严禁拆除。

(4)机锁、电锁的安装,用电钻打定位销孔时,必须站好位置,工具应按规定随身携带。

🎯关键细节 30　机房内机械设备安装作业安全要求

(1)搬抬钢架、主机、控制柜等应互相配合;在尚无机房地板的梯井上稳装钢梁时,必须站在操作平台上操作。

(2)对于机房在下面的情况,其顶层钢梁正式安装前,禁止将绳轮放在上面;钢梁应稳装在梯井承重墙或承重梁的上方,在此之前,不允许将主机、抗绳轮置于钢梁上。

(3)进行曳引机吊装前,必须校核吊装环的载荷强度。

(4)安装抗绳轮应采用倒链等工具进行,可先安装轴承架,再进行全部安装,操作时下方严禁站人。

🎯关键细节 31　井道内运行设备安装作业安全要求

(1)安装配重前检查倒链及承重点是否符合安全要求。

(2)配重框架吊装时,井道内不得站人,放入井道应用溜绳缓慢进行。

(3)导靴安装前、安装中不可拆除倒链,并应将配重框架支牢固、扶稳。

(4)安装配重块应放入一端再放入另一端,两人必须配合协调,配重块重量较大时,宜采用吊装工具进行。

(5)轿厢安装前,轿厢下面的脚手架必须满铺脚手板。

(6)倒链固定要牢固,不得长时间吊挂重物。

(7)轿厢载重量在1000kg,井道进深不大于2.3m,可用两根不小于200mm×200mm坚硬木方支撑;载重量在3000kg以下,井道深度不大于4m,可用两根18号工字钢或20号槽钢作支撑;如载重量及井道进深超过上述规定时,应增加支撑物规格尺寸。

(8)两人以上扛抬重物应密切配合(如:上下底盘),部件必须拴牢。

(9)吊装底盘就位时,应用倒链或溜绳缓慢进行,操作人员不得站在井道内侧。

(10)吊装上梁、轿顶等重物时,必须捆绑牢固。操作倒链,严禁直立于重物下面。

(11)轿厢调整完毕,所有螺栓必须拧紧。

(12)钢丝绳安装放测量绳线时,绳头必须拴牢,下方不得站人。

(13)使用电炉熔化钨金时,炉架应做好接地保护;绳头灌钨金,应将勺及绳头进行预热,化钨金的锅中不得掉进水点,操作时必须戴手套及防护眼镜。

(14)放钢丝绳时,要有足够的人力,人员严禁站于钢丝绳盘线圈内,手脚应远离导向物体;采用直接挂钢丝绳工艺,制作绳头时,辅助人员必须将钢丝绳拽稳,不得滑落。

(15)对于复线式电梯,用大绳等牵引钢丝绳,绳头拴绑处必须牢固,严禁钢丝绳坠落。

🎯关键细节 32　电线管、电线槽制作安装作业安全要求

(1)使用砂轮锯切割电线管,应将工件放平,压力不得过猛。管槽锯口应去掉毛刺。

(2)在井道进行线槽及铁管安装时,应随用随取,不得大量堆于脚手板上,使用电钻,严禁戴手套。

(3)穿线、拉送线双方呼应联系要准确,送线人员的手应远离管口,双方用力不可过急过猛。

(4)机房内采用沿地面厚板明线槽,穿线后确认没有硌伤导线,必须加盖牢固。

关键细节 33 慢车准备及慢车运行作业安全要求

(1)轿顶护身栏安装完毕,轿顶照明应完备。

(2)井道内障碍物应清除,孔洞盖严,存储器运行中不碰撞。

(3)因故厅门暂不能关闭,必须设专人监护,装好安全防护门(栏),挂警告牌。

(4)若总承包单位(客户)在初次运行之前未装修好门套部分,必须将门厅两侧空隙封严,物料不得伸入梯井。

(5)暂不用的按钮应用铁盖等措施保护封闭。

(6)慢车运行。任何人在任何地方使轿厢运行时(机房、轿顶、轿内),必须取得联系方可运行。

(7)轿顶操作人员应选好位置,并注意井道器件,建筑物凸出结构、错车(与对重交错0位置,以及复绕绳轮)。到达预定位置开始工作前,必须扳断电梯轿顶(或轿内)急停开关,再次运行前方可恢复。

(8)在任何情况下,不得跨于轿厢与厅门门口之间进行工作。严禁探头于中间梁下、门厅口下、各种支架之下进行操作。特殊情况,必须切断电源。

(9)对于多部并列电梯,各电梯操作人员应互相照顾,如确实难以达到安全时,必须使相邻电梯工作时间错开。

(10)轿厢上行时,轿顶上的操作人员必须站好位置,停止其他工作,轿厢行驶中,严禁人员出入。

(11)轿厢因故停驶,轿厢底坎如高于厅门底坎600mm,轿内人员不得向外跳出,外出必须从轿顶进行。

(12)在机房内,应注意曳引绳、曳引轮、抗绳轮、限速器等运动部分,必须设置围栏或防护装置,严禁手扶。

关键细节 34 快车准备及快车运行(试车)作业安全要求

快车运行之前,上述慢车运行的各条必须全部满足。安装工作全部结束后,快车运行还必须具备以下条件:

(1)经过慢车全程试车,各部位均正常无误。

(2)各种安全装置、安全开关等均动作灵敏可靠。

(3)各层厅门完全关闭,机、电锁作用可靠。

(4)快车运行中,轿顶不得站人。

(5)电梯试车过程中严禁携带乘客。

关键细节 35 电梯局部检查及调整作业安全要求

(1)在机房工作时,应将主电源切断,挂好标志牌,并设专人监护。

(2)盘车时,应将主电源切断,并采取断续动作方式,随时准备刹车。无齿轮电梯不准盘车。

(3)在各层操作时,进入轿厢前必须确认其停在本层,不得只看楼层灯即进入。在底坑操作时应切断停车开关或将动力电源切断。

(4)电梯的动力电源有改变时,再次送电之前,必须核对相序,防止电梯失控或电机烧毁。

(5)冬季试梯,曳引机应加入低温齿轮油,若停梯时间较长,检查润滑油是否有凝结现象,若有必须采取措施,处理后方可开车。

六、司炉工

司炉工是锅炉司炉人员的简称,是操作锅炉这种特殊设备的特种技术作业的专门人员。

司炉工作业应遵守以下操作安全规定:

(1)锅炉司炉必须经专业安全技术培训,考试合格后,持特种作业操作证上岗作业。

(2)作业时必须佩戴防护用品。严禁擅离工作岗位,接班人员未到位前不得离岗。严禁酒后作业。

(3)安全阀应符合下列要求:

1)锅炉运行期间必须按规程要求调试定压。

2)锅炉运行期间必须每月进行一次升压试验,安全阀必须灵敏有效。

3)必须每周进行一次手动试验。

(4)压力表应符合下列要求:

1)锅炉运行前,将锅炉工作压力值用红线标注在压力表的盘面上。严禁标注在玻璃表面。锅炉运行中应随时观察压力表,压力表的指针不得超过盘面上的红线。如安全阀在排气而压力表尚未达到工作压力,应立即查明原因后进行处理。

2)锅炉运行时,每班必须冲洗一次压力表连通管,保证连通管畅通,并做回零试验,确保压力表灵敏有效。

3)锅炉运行中发现锅炉本体两阀压力表指示值相差 0.05MPa 时,应立即查明原因,并采取措施。

(5)水位计应符合下列要求:

1)锅炉运行前,必须标明最高和最低水位线。

2)锅炉运行时,必须严密观察水位计的水面,应经常保持在正常水位线之间并有轻微变动,如水位计中的水面呆滞不动,应立即查明原因并采取措施。

3)锅炉运行时,水位计不得有泄露现象,每班必须冲洗水位计连通管,保持连通管畅通。

(6)锅炉自动报警装置在运行中发出报警信号时,应立即进行处理。

(7)锅炉运行中启闭阀门时,严禁身体正对着阀门操作。

(8)锅炉如使用提升式上煤装置,在作业前应检查钢丝绳及其连接状态,确认完好牢固。在料斗下方清扫作业前,必须将料斗固定。

(9)排污作业应在锅炉低负荷、高水位时进行。

(10)停炉后进入炉膛清除积渣瘤时,应先清除上部积渣瘤。

(11)运行中如发现锅筒变形,必须立即停炉处理。

(12)燃油、燃气锅炉作业应遵守下列要求:

1)必须按设备使用说明书规定的程序操作。

2)运行中程序系统发生故障时,应立即切断燃料源,并及时处理。

3)运行中发生自锁,必须查明原因,排除故障,严禁用手动开关强行启动。

4)锅炉房内严禁烟火。

(13)运行中严禁敲击锅炉受压元件。

(14)严禁常压锅炉带压运行。

第五章　高处作业及季节性施工安全管理

第一节　高处作业安全管理

一、高处作业的定义及分级

国家标准《高处作业分级》(GB 3608—2008)规定:高处作业是指在距坠落高度基准面(3.2)2m 或 2m 以上有可能坠落的高处进行的作业。

所谓基准面,指坠落到的底面,如地面、楼面、楼梯平台、相邻较低建筑物的屋面、基坑的底面、脚手架的通道板等;坠落高度基准面则是通过可能坠落范围(3.3)内最低处的水平面。可能坠落范围是以作业位置为中心,可能坠落范围半径(3.4)为半径划成的与水平面垂直的柱形空间。可能坠落范围半径则为确定可能坠落范围(3.3)而规定的相对于作业位置的一段水平距离(用 m 表示),其大小取决于作业现场的地形、地势或建筑物分布等有关的基础高度(3.5)。基础高度是以作业位置为中心,6m 为半径,所划出的一个垂直水平面的柱形空间内的最低处与作业位置间的高度差(用 m 表示)。因此,高处作业高度(简称作业高度)是以从作业区各作业位置至相应的坠落基准面(3.2)的垂直距离中的最大值。

高处作业的分级应执行以下规定:

(1)高处作业高度分为 2~5m、5~15m、15~30m 及 30m 以上四个区段。

(2)直接引起坠落的客观危险因素为 11 种:

1)阵风风力五级(风速 8.0m/s)以上;

2)《高温作业分级》(GB/T 4200—2008)规定的Ⅱ级或Ⅱ级以上的高温作业;

3)平均气温等于或低于 5℃的作业环境;

4)接触冷水温度等于或低于 12℃的作业;

5)作业场地有冰、雪、霜、水、油等易滑物;

6)作业场所光线不足,能见度差;

7)作业活动范围与危险电压带电体的距离小于表 5-1 的规定;

表 5-1　　　　　　　　作业活动范围与危险电压带电体的距离

危险电压带电体的电压等级/kV	距离/m
≤10	1.7
35	2.0
63~110	2.5
220	4.0
330	5.0
500	6.0

8)摆动,立足处不是平面或只有很小的平面,即任一边小于500mm的矩形平面、直径小于500mm的圆形平面或具有类似尺寸的其他形状的平面,致使作业者无法维持正常姿势;

9)《体力劳动强度分级》(GB 3869—1997)规定的Ⅲ级或Ⅲ级以上的体力劳动强度;

10)存在有毒气体或空气中含氧量低于0.195的作业环境;

11)可能会引起各种灾害事故的作业环境和抢救突然发生的各种灾害事故。

上述(3)项不存在(2)项中列出的任一种客观危险因素的高处作业按表5-2规定的A类法分级,存在(2)项中列出的一种或一种以上客观危险因素的高处作业按表5-2规定的B类法分级。

表 5-2 高处作业分级

分类法	高处作业高度/m			
	$2 \leqslant h_w \leqslant 5$	$5 < h_w \leqslant 15$	$15 < h_w \leqslant 30$	$h_w > 30$
A	Ⅰ	Ⅱ	Ⅲ	Ⅳ
B	Ⅱ	Ⅲ	Ⅳ	Ⅳ

二、高处作业基本安全要求

(1)高处作业的安全技术措施及其所需料具,必须列入工程的施工组织设计。

(2)单位工程施工负责人应对工程的高处作业安全技术负责并建立相应的责任制。施工前,应逐级进行安全技术教育及交底,落实所有安全技术措施和人身防护用品,未经落实不得施工。

(3)高处作业中的安全标志、工具、仪表、电气设施和各种设备,必须在施工前加以检查,确认完好方能投入使用。

(4)攀登和悬空高处作业人员以及搭设高处作业安全设施的人员,必须经过专业技术培训及专业考试合格,持证上岗,并必须定期进行体格检查。

(5)施工中对高处作业的安全技术设施,发现有缺陷和隐患时,必须及时解决;危及人身安全时,必须停止作业。

(6)施工作业场所有坠落可能的物件,应一律先行撤除或加以固定。高处作业中所用的物料,均应堆放平稳,不妨碍通行和装卸。工具应随手放入工具袋;作业中的走道、通道板和登高用具,应随时清扫干净;拆卸下的物件及余料和废料均应及时清理运走,不得任意乱置或向下丢弃。传递物件禁止抛掷。

(7)雨天和雪天进行高处作业时,必须采取可靠的防滑、防寒和防冻措施。凡水、冰、霜、雪均应及时清除。对进行高处作业的高耸建筑物,应事先设置避雷设施。遇有六级以上强风、浓雾等恶劣气候,不得进行露天攀登与悬空高处作业。暴风雪及台风暴雨后,应对高处作业安全设施逐一加以检查,发现有松动、变形、损坏或脱落等现象,应立即修理完善。

(8)因作业必需,临时拆除或变动安全防护设施时,必须经施工负责人同意,并采取相应的可靠措施,作业后应立即恢复。

(9)防护棚搭设与拆除时,应设警戒区,并应派专人监护。严禁上下同时拆除。

(10)高处作业安全设施的主要受力杆件,力学计算按一般结构力学公式,强度及挠度计算按现行有关规范进行,但钢受弯构件的强度计算不考虑塑性影响,构造上应符合现行相应规范的要求。

三、临边与洞口作业安全防护

临边作业是指施工现场中,工作面边沿无围护设施或围护设施高度低于80cm时的高处作业。临边作业的范围包括:

(1)基坑周边。

(2)尚未安装栏杆或栏板的阳台、料台与挑平台周边。

(3)雨篷与挑檐边,无外架防护的屋面与楼层周边。

(4)水箱与水塔周边。

(5)斜道两侧边,卸料平台外侧边,分层施工的楼梯口和梯段边以及井架与施工用电梯和脚手架等与建筑物通道的两侧边等处。

孔是指楼板、屋面、平台等面上,短边尺寸小于25cm的;墙上高度小于75cm的孔洞。洞是指楼板、屋面、平台等面上,短边尺寸等于或大于25cm的孔洞;墙上,高度等于或大于75cm,宽度大于45cm的孔洞。洞口作业是指孔与洞边口旁的高处作业,包括施工现场及通道旁深度在2m及2m以上的桩孔、人孔、沟槽与管道、孔洞等边沿上的作业。

洞口作业的范围主要包括施工现场常常会因工程和工序需要而产生洞口,常见的有楼梯口、电梯井口、预留洞口(坑、井)、井架通道口。

◎关键细节 1　临边作业安全防护

(1)对临边高处作业,必须设置防护措施,并符合下列要求:

1)基坑周边,尚未安装栏杆或栏板的阳台、料台与挑平台周边雨篷与挑檐边,无外脚手的屋面与楼层周边及水箱与水塔周边等处,必须设置防护栏杆。

2)头层墙高度超过3.2m的二层楼面周边以及无外脚手的高度超过3.2m的楼层周边,必须在外围架设安全平网一道。

3)分层施工的楼梯口和梯段边,必须安装临时护栏。顶层楼梯口应随工程结构进度安装正式防护栏杆。

4)井架与施工用电梯和脚手架等与建筑物通道的两侧边,必须设防护栏杆。地面通道上部应装设安全防护棚。双笼井架通道中间,应予分隔封闭。

5)各种垂直运输接料平台,除两侧设防护栏杆外,平台口还应设置安全门或活动防护栏杆。

(2)临边防护栏杆杆件的规格及连接要求如下:

1)毛竹横杆小头有效直径不应小于70mm,栏杆柱小头直径不应小于80mm,并须用不小于16号的镀锌钢丝绑扎,不应少于3圈,要求无泻滑。

2)原木横杆上干梢径不应小于70mm,下杆梢经不应小于60mm,栏杆柱梢径不应小于75mm。须用相应长度的圆钉钉紧,或用不小于12号的镀锌钢丝绑扎,并要求表面平顺、稳固无动摇。

3)钢筋横杆上杆直径不应小于16mm,下杆直径不应小于14mm,栏杆柱直径不应小于18mm,采用电焊或镀锌钢丝绑扎固定。

4)钢管横杆及栏杆柱均采用 $\phi48\times(2.75\sim3.5)$mm 的管材,以扣件或电焊固定。

5)以其他钢材如角钢等作防护栏杆杆件时,应选用强度相当的规格以电焊固定。

(3)搭设临边防护栏杆时,必须符合下列要求:

1)防护栏杆应由上、下两道横杆及栏杆柱组成,上杆离地高度为 1.0～1.2m,下杆离地高度为 0.5～0.6m。坡度大于 1:2.2 的屋面,防护栏杆应高 1.5m,并加挂安全立网。除经设计计算外,横杆长度大于2m时,必须加设栏杆柱。

2)栏杆柱的固定应符合下列要求:

①当在基坑四周固定时,可采用钢管并打入地面 50～70cm 深。钢管离边口的距离不应小于50cm。当基坑周边采用板桩时,钢管可打在板桩外侧。

②当在混凝土楼面、屋面或墙面固定时,可用预埋件与钢管或钢筋焊牢。采用竹、木栏杆时,可在预埋件上焊接 30cm 长的∟50×5角钢,其上下各钻一孔,然后用 10mm 螺栓与竹、木杆件拴牢。

③当在砖或砌块等砌体上固定时,可预先砌入规格相适应的 80×6 弯转扁钢作预埋铁的混凝土块,然后用上项方法固定。

3)栏杆柱的固定及其与横杆的连接,其整体构造应使防护栏杆在上杆任何处,能经受任何方向的 1000N 外力。当栏杆所处位置有发生人群拥挤、车辆冲击或物件碰撞等可能时,应加大横杆截面或加密柱距。

4)防护栏杆必须自上而下用安全立网封闭,或在栏杆下边设置严密固定的高度不低于 18cm 的挡脚板或 40cm 的挡脚笆。挡脚板与挡脚笆上如有孔眼,不应大于 25mm。板与笆下边距离底面的空隙不应大于10mm。

接料平台两侧的栏杆必须自上而下加挂安全立网或满扎竹笆。

5)当临边的外侧面临街道时,除防护栏杆外,敞口立面必须采取挂满安全网或其他可靠措施作全封闭处理。

◉关键细节2　洞口作业安全防护

(1)进行洞口作业以及在因工程和工序需要而产生的,使人与物有坠落危险或危及人身安全的其他洞口进行高处作业时,必须按下列规定采取防护措施。

1)板与墙的洞口必须设置牢固的盖板、防护栏杆、安全网或其他防坠落的防护设施。

2)电梯井口必须设防护栏杆或固定栅门;电梯井内应每隔两层并最多隔10m设一道安全网。

3)钢管桩、钻孔桩等桩孔上口,杯形、条形基础上口,未填土的坑槽,以及人孔、天窗、地板门等处,均应按洞口防护设置稳固的盖件。

4)施工现场通道附近的各类洞口与坑槽等处,除设置防护设施与安全标志外,夜间还应设红灯示警。

(2)洞口根据具体情况采取设防护栏杆、加盖件、张挂安全网与装栅门等措施时,必须符合下列要求:

1)楼板、屋面和平台等面上短边尺寸小于25cm但大于2.5cm的孔口,必须用坚实的盖板盖没。盖板应能防止挪动移位。

2)楼板面等处边长为25～50cm的洞口、安装预制构件时的洞口以及缺件临时形成的洞口,可用竹、木等作盖板盖住洞口。盖板须能保持周围搁置均衡,并有固定其位置的措施。

3)边长为50～150cm的洞口。必须设置以扣件扣接钢管而网格,并在其上满铺竹笆或脚手板。也可采用贯穿于混凝土板内的钢筋构成防护网,钢筋网格间距不得大于20cm。

4)边长在150cm以上的洞口,四周设防护栏杆,洞口下张设安全网。

5)垃圾井道和烟道,应随楼层的砌筑或安装而消除洞口,或参照预留洞口作防护。管道井施工时,除按上款办理外,还应加设明显的标志。如有临时性拆移,需经施工负责人核准,工作完毕后必须恢复防护设施。

6)位于车辆行驶道旁的洞口、深沟与管道坑、槽,所加盖板应能承受不小于当地额定卡车后轮有效承载力2倍的荷载。

7)墙面等处的竖向洞口,凡落地的洞口应加装开关式、工具式或固定式的防护门,门栅网格的间距不应大于15cm,也可采用防护栏杆,下设挡脚板(笆)。

8)下边沿至楼板或底面低于80cm的窗台等竖向洞口,如侧边落差大于2m时,应加设1.2m高的临时护栏。

9)对邻近的人与物有坠落危险性的其他竖向的孔、洞口,均应予以盖设或加以防护,并有固定其位置的措施。

(3)洞口防护栏杆的杆件及其搭设应符合相关规定的要求。

四、攀登与悬空作业安全防护

攀登作业是指借助登高用具或登高设施,在攀登条件下进行的高处作业。

悬空作业是指在周边临空状态下进行的高处作业。悬空作业应遵守以下一般规定:

(1)悬空作业处应有牢靠的立足处并必须视具体情况,配置防护栏网、栏杆或其他安全设施。

(2)悬空作业所用的索具、脚手板、吊篮、吊笼、平台等设备,均需经过技术鉴定或验证方可使用。

⊙关键细节3 攀登作业安全防护

(1)在施工组织设计中应确定用于现场施工的登高和攀登设施。现场登高可借助建筑结构或脚手架上的登高设施,也可采用载人的垂直运输设备。进行攀登作业时可使用梯子或采用其他攀登设施。

(2)柱、梁和行车梁等构件吊装所需的直爬梯及其他登高用拉攀件，应在构件施工图或说明内作出规定。

(3)攀登的用具，结构构造上必须牢固可靠。供人上下的踏板，其使用荷载不应大于1100N。当梯面上有特殊作业，重量超过上述荷载时，应按实际情况加以验算。

(4)移动式梯子，均应按现行的国家标准验收其质量。

(5)梯脚底部应坚实，不得垫高使用。梯子的上端应有固定措施。立梯工作角度以75°±5°为宜，踏板上下间距以30cm为宜，不得有缺档。

(6)梯子如需接长使用，必须有可靠的连接措施，且接头不得超过1处。连接后梯梁的强度，不应低于单梯梯梁的强度。

(7)折梯使用时上部夹角以35°～45°为宜，铰链必须牢固，并应有可靠的拉撑措施。

(8)固定式直爬梯应用金属材料制成。梯宽不应大于50cm，支撑应采用不小于∟70×6的角钢，埋设与焊接均须牢固。梯子顶端的踏棍应与攀登的顶面齐平，并加设1～1.5m高的扶手。使用直爬梯进行攀登作业时，攀登高度以5m为宜。超过2m时，宜加设护笼，超过8m时，必须设置梯间平台。

(9)作业人员应从规定的通道上下，不得在阳台之间等非规定通道进行攀登，也不得任意利用吊车臂架等施工设备进行攀登。上下梯子时，必须面向梯子，且不得手持器物。

(10)钢柱安装登高时，应使用钢挂梯或设置在钢柱上的爬梯。钢柱的接柱应使用梯子或操作台，当无电焊防风要求时，操作台横杆高度不宜小于1m、有电焊防风要求时，其高度不宜小于1.8m。

(11)登高安装钢梁时，应视钢梁高度，在两端设置挂梯或搭设钢管脚手架。梁面上需行走时其一侧的临时护栏横杆可采用钢索，当改用扶手绳时，绳的自然下垂度不应大于$l/20$，并应控制在10cm以内。

(12)钢屋架的安装，应符合下列要求：

1)在屋架上下弦登高操作时，对于三角形屋架应在屋脊处，梯形屋架应在两端，设置攀登时上下的梯架。材料可选用毛竹或原木，踏步间距不应大于40cm，毛竹梢径不应小于70mm。

2)屋架吊装以前，应在上弦设置防护栏杆。

3)屋架吊装以前，应预先在下弦挂设安全网；吊装完毕后，即将安全网铺设固定。

关键细节4 构件吊装和管道安装时悬空作业安全防护

(1)钢结构的吊装，构件应尽可能在地面组装，并应搭设进行临时固定、电焊、高强螺栓连接等工序的高空安全设施，随构件同时上吊就位。拆卸时的安全措施，应一并考虑和落实。高空吊装预应力钢筋混凝土屋架、桁架等大型构件前，也应搭设悬空作业中所需的安全设施。

(2)悬空安装大模板、吊装第一块预制构件、吊装单独的大中型预制构件时，必须站在操作平台上操作。吊装中的大模板和预制构件以及石棉水泥板等屋面板上，严禁站人和行走。

(3)安装管道时必须有已完结构或操作平台为立足点,严禁在安装的管道上站立和行走。

关键细节 5　模板支撑和拆卸时悬空作业安全防护

(1)支模应按规定的作业程序进行,模板未固定前不得进行下一道工序。严禁在连接件和支撑件上攀登上下,并严禁在上下同一垂直面上装、拆模板。结构复杂的模板,装、拆应严格按照施工组织设计的措施进行。

(2)支设高度在3m以上的柱模板,四周应设斜撑,并应设立操作平台。低于3m的可使用马凳操作。

(3)支设悬挑形式的模板时,应有稳固的立足点。支设临空构筑物模板时,应搭设支架或脚手架。模板上有预留洞时,应在交装后将洞盖没。混凝土板上拆模后形成的临边或洞口,应按规定进行防护。

拆模高处作业,应配置登高用具或搭设支架。

关键细节 6　钢筋绑扎时悬空作业安全防护

(1)绑扎钢筋和安装钢筋骨架时,必须搭设脚手架和马道。

(2)绑扎圈梁、挑梁、挑檐、外墙和边柱等钢筋时,应搭设操作台和张挂安全网。悬空大梁钢筋的绑扎,必须在满铺脚手板的支架或操作平台上操作。

(3)绑扎立柱和墙体钢筋时,不得站在钢筋骨架上或攀登骨架上下。3m以内的柱钢筋,可在地面或楼面上绑扎,整体竖立。绑扎3m以上的柱钢筋,必须搭设操作平台。

关键细节 7　混凝土浇筑时悬空作业安全防护

(1)浇筑离地2m以上框架、过梁、雨篷和小平台时,应设操作平台,不得直接站在模板或支撑件上操作。

(2)浇筑拱形结构,应自两边拱脚对称地相向进行。浇筑储仓,下口应先行封闭,并搭设脚手架以防人员坠落。

(3)特殊情况下如无可靠的安全设施,必须系好安全带并扣好保险钩,或架设安全网。

关键细节 8　预应力筋张拉时悬空作业安全防护

(1)进行预应力筋张拉时,应搭设站立操作人员和设置张拉设备用的牢固可靠的脚手架或操作平台。雨天张拉,还应架设防雨棚。

(2)预应力筋张拉区域应标有明显的安全标志,禁止非操作人员进入。张拉钢筋的两端必须设置挡板。挡板应距所张拉钢筋的端部1.5~2m,且应高出最上一组张拉钢筋0.5m,其宽度应距张拉钢筋两外侧各不小于1m。

(3)孔道灌浆应按预应力张拉安全设施的有关规定进行。

关键细节 9　门窗安装时悬空作业安全防护

(1)安装门、窗、油漆及安装玻璃时,严禁操作人员站在樘子、阳台栏板上操作。门、窗临时固定,封填材料未达到强度,以及电焊时,严禁手拉门、窗进行攀登。

(2)在高处外墙安装门、窗,无脚手架时,应张挂安全网。无安全网时,操作人员应系好安全带,其保险钩应挂在操作人员上方的可靠物件上。

(3)进行各项窗口作业时,操作人员的重心应位于室内,不得在窗台上站立,必要时应系好安全带进行操作。

五、操作平台与交叉作业安全防护

操作平台是指现场施工中用以站人、载料并可进行操作的平台。可分为移动式操作平台和悬挑式钢平台两种。移动式操作平台是指可以搬移的用于结构施工、室内装饰和水电安装等的操作平台。悬挑式钢平台是指可以吊运和搁支于楼层边的用于接送物料和转运模板等的悬挑型式的操作平台,通常采用钢构件制作。操作平台上应显著地标明容许荷载值。操作平台上人员和物料的总重量,严禁超过设计的容许荷载,并应配备专人加以监督。

交叉作业是指在施工现场的上下不同层次,于空间贯通状态下同时进行的高处作业。

◎关键细节 10   移动式操作平台安全防护

(1)操作平台应由专业技术人员按现行的相应规范进行设计,计算书及图纸应编入施工组织设计。

(2)操作平台的面积不应超过10m²,高度不应超过5m。还应进行稳定验算,并采取措施减少立柱的长细比。

(3)装设轮子的移动式操作平台,轮子与平台的接合处应牢固可靠,立柱底端离地面不得超过80mm。

(4)操作平台可采用 ϕ(48~51)×3.5mm钢管以扣件连接,亦可采用门架式或承插式钢管脚手架部件,按产品使用要求进行组装。平台的次梁,间距不应大于40cm;台面应满铺3cm厚的木板或竹笆。

(5)操作平台四周必须按临边作业要求设置防护栏杆,并布置登高扶梯。

◎关键细节 11   悬挑式钢平台安全防护

(1)悬挑式钢平台应按现行的相应规范进行设计,其结构构造应能防止左右晃动,计算书及图纸应编入施工组织设计。

(2)悬挑式钢平台的搁支点与上部拉结点,必须位于建筑物上,不得设置在脚手架等施工设备上。

(3)斜拉杆或钢丝绳,构造上宜两边各设前后两道,两道中的每一道均应作单道受力计算。

(4)应设置4个经过验算的吊环。吊运平台时应使用卡环,不得使吊钩直接钩挂吊环。

(5)安装钢平台时,钢丝绳应采用专用的挂钩挂牢,采取其他方式时卡头的卡子不得少于3个。建筑物锐角利口围系钢丝绳处应加衬软垫物,钢平台外口应略高于内口。

(6)钢平台左右两侧必须装置固定的防护栏杆。

(7)钢平台吊装,需待横梁支撑点电焊固定,接好钢丝绳调整完毕,经过检查验收,方可松卸起重吊钩、上下操作。

(8)使用钢平台时,应由专人进行检查,发现钢丝绳有锈蚀损坏应及时调换,有焊缝脱焊应及时修复。

◎关键细节 12　交叉作业安全防护

(1)支模、粉刷、砌墙等各工种进行上下立体交叉作业时,不得在同一垂直方向上操作,下层作业的位置,必须处于依上层高度确定的可能坠落范围半径之外。不符合以上条件时,应设置安全防护层。

(2)拆除钢模板、脚手架等时,下方不得有其他操作人员。

(3)钢模板部件拆除后,临时堆放处离楼层边沿不得超过1m,堆放高度不得超过1m。楼层边口、通道口、脚手架边缘严禁堆放任何拆下物件。

(4)结构施工自二层起,凡人员进出的通道口(包括井架、施工用电梯的进出通道口)均应搭设安全防护棚。高度超过24m的楼层上的交叉作业,应设双层防护。

(5)由于上方施工可能坠落物件或处于起重机把杆回转范围之内的通道,在其受影响的范围内,必须搭设顶部能防止穿透的双层防护廊。

六、建筑施工安全"三宝"

建筑施工安全"三宝"是指现场施工作业中必备的安全帽、安全带和安全网。安全帽是用来避免或减轻外来冲击和碰撞对头部造成伤害的防护用品。安全带是高处作业工人预防伤亡的防护用品。安全网是用来防止人、物坠落,或用来避免、减轻坠落及物击伤害的网具。操作工人进入施工现场首先必须熟练掌握"三宝"的正确使用方法,达到辅助预防施工伤亡事故发生的效果。

◎关键细节 13　安全帽安全使用要求

(1)检查外壳是否破损,如有破损,其分解和削减外来冲击力的性能已减弱或丧失,不可再用。

(2)检查有无合格帽衬,帽衬的作用在于吸收和缓解冲击力,安全帽无帽衬,就失去了保护头部的功能。

(3)检查帽带是否齐全。

(4)佩戴前调整好帽衬间距(约4～5cm),调整好帽箍;戴帽后必须系好帽带。

(5)现场作业中,不得随意将安全帽脱下搁置一旁,或当坐垫使用。

◎关键细节 14　安全带安全使用要求

(1)应当使用经质检部门检查合格的安全带。

(2)不得私自拆换安全带的各种配件,在使用前,应确认安全带各部分构件无破损时才能佩系。

(3)使用过程中,安全带应高挂低用,并防止摆动、碰撞,避开尖刺和不接触明火,不能将钩直接挂在安全绳上,一般应挂到连接环上。

(4)严禁使用打结和继接的安全绳,以防坠落时腰部受到较大冲力伤害。

(5)作业时应将安全带的钩、环牢挂在系留点上,各卡接扣紧,以防脱落。

(6)在温度较低的环境中使用安全带时,要注意防止安全绳的硬化割裂。

(7)使用后,将安全带、绳卷成盘,放在无化学试剂、阳光的场所中,切不可折叠。在金属配件上涂些机油,以防生锈。

(8)安全带的使用期3~5年,在此期间安全绳磨损时应及时更换,如果带子破裂应提前报废。

◎ 关键细节 15 安全网安全使用要求

(1)施工现场使用的安全网必须有产品质量检验合格证,旧网必须有允许使用的证明书。

(2)根据安装形式和使用目的,安全网可分为平网和立网。施工现场立网不能代替平网。

(3)安装前必须对网及支撑物(架)进行检查,要求支撑物(架)有足够的强度、刚性和稳定性,且系网处无撑角及尖锐边缘,确认无误后方可安装。

(4)安全网搬运时,禁止使用钩子,禁止把网拖过粗糙的表面或锐边。

(5)在施工现场安全网的支搭和拆除要严格按照施工负责人的安排进行,不得随意拆毁安全网。

(6)在使用过程中不得随意向网上乱抛杂物或撕坏网片。

(7)安装时,在每个系结点上,边绳应与支撑物(架)靠紧,并用一根独立的系绳连接,系结点沿网边均匀分布,其距离不得大于750mm。系结点应符合打结方便,连接牢固又容易解开,受力后又不会散脱的原则。有筋绳的网在安装时,必须把筋绳连接在支撑物(架)上。

(8)多张网连接使用时,相邻部分应靠紧或重叠,连接绳材料与网相同,强力不得低于网绳强力。

(9)安装平网应外高里低,以15°为宜,网不宜绑紧。

(10)装立网时,安装平面应与水平面垂直,立网底部必须与脚手架全部封严。

(11)要保证安全网受力均匀。必须经常清理网上落物,网内不得有积物。

(12)安全网安装后,必须经专人检查验收合格签字后才能使用。

七、高处作业安全防护设施验收

建筑施工进行高处作业之前,应进行安全防护设施的逐项检查和验收。验收合格后,方可进行高处作业。验收也可分层进行,或分阶段进行。安全防护设施,应由单位工程负责人验收,并组织有关人员参加。

(1)安全防护设施的验收,应具备下列资料:

1)施工组织设计及有关验算数据;

2)安全防护设施验收记录;

3)安全防护设施变更记录及签证。

(2)安全防护设施的验收,主要包括以下内容:

1)所有临边、洞口等各类技术措施的设置状况。

2)技术措施所用的配件、材料和工具的规格和材质。

3)技术措施的节点构造及其与建筑物的固定情况。

4)扣件和连接件的紧固程度。

5)安全防护设施的用品及设备的性能与质量是否合格的验证。

安全防护设施的验收应按类别逐项查验,并作出验收记录。凡不符合规定者,必须修整合格后再行查验。施工工期内还应定期进行抽查。

第二节　季节性施工安全管理

一、冬期与暑期施工安全措施

冬期施工主要应制定防冻、防滑、防火、防中毒等安全措施。夏季气候炎热,高温持续时间较长,主要应制定防火、防暑、降温等安全措施。

◎关键细节 16　冬期施工防冻安全措施

(1)入冬前,应按照冬期施工方案材料要求提前备好保温材料,对施工现场怕受冻材料和施工作业面(如现浇混凝土),按技术要求采取保温措施。

(2)冬期施工工地(指北方的),应尽量安装地下消火栓,在入冬前应进行一次试水,加少量润滑油。

(3)消火栓用草帘、锯末等覆盖,做好保温工作,以防冻结。

(4)冬天下雪时,应及时扫除消火栓上的积雪,以免雪化后将消火栓井盖冻住。

(5)高层临时消防竖管应进行保温或将水放空,消防水泵内应考虑采暖措施,以免冻结。

(6)入冬前,应做好消防水池的保温工作,随时进行检查,发现冻结时应进行破冻处理。一般方法是在水池上盖上木板,木板上再盖上不小于40~50cm厚的稻草、锯末等。

(7)入冬前应将泡沫灭火器、清水灭火器等放入有采暖的地方,并套上保温套。

◎关键细节 17　冬期施工防滑安全措施

(1)冬期施工中,在施工作业前,对斜道、通行道、爬梯等作业面上的霜冻、冰块、积雪要及时清除。

(2)冬期施工中,现场脚手架搭设接高前必须将钢管上的积雪清除,等到霜冻、冰块融化后再施工。

(3)冬期施工中,若通道防滑条有损坏要及时补修。

◎关键细节 18　冬期施工防火安全措施

(1)加强冬期防火安全教育,提高全体人员的防火意识。普遍教育与特殊防火工种的教育相结合,根据冬期施工防火工作的特点,入冬前对电气焊工、司炉工、木工、油漆工、电工、炉火安装和管理人员、警卫巡逻人员进行有针对性的教育和考试。

(2)冬期施工中,国家级重点工程、地区级重点工程、高层建筑工程及起火后不易扑救的工程,禁止使用可燃材料作为保温材料,应采用不燃或难燃材料进行保温。

(3)冬期施工中,保温材料定位以后,禁止一切用火、用电作业,且照明线路、照明灯具应远离可燃的保温材料。

(4)冬期施工中,保温材料使用完以后,要随时进行清理,集中进行存放保管。

(5)冬期现场供暖锅炉房宜建造在施工现场的下风方向,远离在建工程,易燃、可燃建筑,露天可燃材料堆场、料库等;锅炉房应不低于二级耐火等级。

(6)冬期施工的加热采暖方法,应尽量使用暖气,如果用火炉,必须事先提出方案和防火措施,经消防保卫部门同意后方能开火。但在油漆、喷漆、油漆调料间、木工房、料库、使用高分子装修材料的装修阶段,禁止用火炉采暖。

(7)各种金属与砖砌火炉,必须完整良好,不得有裂缝,各种金属火炉与模板支柱、斜撑、拉杆等可燃物和易燃保温材料的距离不得小于 1m,已做保护层的火炉距可燃物的距离不得小于 70cm。各种砖砌火炉壁厚不得小于 30cm。在没有烟囱的火炉上方不得有拉杆、斜撑等可燃物,必要时须架设铁板等非燃材料隔热,其隔热板应比炉顶外围的每一边都多出 15cm 以上。

(8)在木地板上安装火炉,必须设置炉盘,有脚的火炉炉盘厚度不得小于 12cm,无脚的火炉炉盘厚度不得小于 18cm。炉盘应伸出炉门前 50cm,伸出炉后左右各 15cm。

(9)各种火炉应根据需要设置高出炉身的火档。各种火炉的炉身、烟囱和烟囱出口等部分与电源线和电气设备应保持 50cm 以上的距离。

(10)炉火必须由受过职业健康安全消防常识教育的专人看守,每人看管火炉的数量不应过多。

(11)火炉看火人严格执行检查值班制度和操作程序。火炉着火后,不准离开工作岗位,值班时间不允许睡觉或做无关的事情。

(12)移动各种加热火炉时,必须先将火熄灭后方准移动。掏出的炉灰必须随时用水浇灭后倒在指定地点。禁止用易燃、可燃液体点火。填的煤不应过多,以不超出炉口上沿为宜,防止热煤掉出引起可燃物起火。不准在火炉上熬炼油料、烘烤易燃物品。

(13)工程的每层都应配备灭火器材。

(14)用热电法施工,要加强检查和维修,防止触电和火灾。

⊙ 关键细节 19　冬期施工防中毒安全措施

(1)冬季取暖炉的防煤气中毒设施必须齐全、有效,建立验收合格证制度,经验收合格发证后方准使用。

(2)冬期施工现场加热采暖和宿舍取暖用火炉时,要注意经常通风换气。

(3)对亚硝酸钠要加强管理,严格发放制度,要按定量改革小包装并加上水泥、细砂、粉煤灰等,将其改变颜色,以防止误食中毒。

⊙ 关键细节 20　暑期施工防火、防暑降温安全措施

(1)合理调整作息时间,避开中午高温时间工作,严格控制工人加班加点,工作时间要适当缩短,保证工人有充足的休息和睡眠时间。

(2)对容器内和高温条件下的作业场所,要采取措施搞好通风和降温。

(3)对露天作业集中和固定场所,应搭设歇凉棚,防止热辐射,并要经常洒水降温。高温、高处作业的工人,需经常进行健康检查,发现有作业禁忌症者应及时调离高温和高处作业岗位。

(4)要及时供应合乎卫生要求的茶水、清凉含盐饮料、绿豆汤等。

(5)要经常组织医护人员深入工地进行巡回医疗和预防工作。重视年老体弱、有过中暑者和血压较高的工人身体情况的变化。

(6)及时给职工发放防暑降温的急救药品和劳动保护用品。

二、雨期施工安全措施

雨期施工主要应制定防雷、防触电、防坍塌、防火等安全措施。

◎关键细节 21 雨期施工防雷安全措施

(1)雨期到来前,塔式起重机、外用电梯、钢管脚手架、井字架、龙门架等高大设施,以及在施工的高层建筑工程等应安装可靠的避雷设施。

(2)塔式起重机的轨道,一般应设两组接地装置;对较长的轨道应每隔20m补做一组接地装置。

(3)高度在20m及以上的井字架、门式架等垂直运输的机具金属构架上,应将一侧的中间立杆接高,高出顶端2m作为接闪器,在该立杆的下部设置接地线与接地极相连,同时应将卷扬机的金属外壳可靠接地。

(4)高大建筑工程的脚手架,应沿建筑物四角及四边利用钢脚手本身加高2~3m做接闪器,下端与接地极相连,接闪器间距不应超过24m。如施工的建筑物中都有突出高点,也应做类似避雷针。随着脚手架的升高,接闪器也应及时加高。防雷引下线不应少于两处。

(5)雷雨季节拆除烟囱、水塔等高大建(构)筑物脚手架时,应待正式工程防雷装置安装完毕并已接地之后,再拆除脚手架。

(6)塔式起重机等施工机具的接地电阻应不大于4Ω,其他防雷接地电阻一般不大于10Ω。

◎关键细节 22 雨期施工防触电安全措施

(1)雨期施工到来之前,应对现场每个配电箱,用电设备,外敷电线、电缆进行一次彻底的检查,采取相应的防雨、防潮措施。

(2)配电箱必须防雨、防水,电器布置符合规定,电器元件不应破损,严禁带电明露。机电设备的金属外壳,必须采取可靠的接地或接零保护措施。

(3)外敷电线、电缆不得有破损,电源线不得使用裸导线和塑料线,也不得沿地面敷设,防止因短路造成起火事故。

(4)雨期到来前,应检查手持电动工具漏电保护装置是否灵敏。工地临时照明灯、标志灯,其电压不超过36V。特别潮湿的场所以及金属管道和容器内的照明灯不超过12V。

(5)阴雨天气,电气作业人员应尽量避免露天作业。

关键细节 23　雨期施工防坍塌安全措施

(1)暴雨、台风前后,应检查工地临时设施,脚手架、机电设施有无倾斜,基土有无变形、下沉等现象,发现问题及时修理加固,有严重危险的,应立即排除。

(2)雨期中,应尽量避免挖土方、管沟等作业,已挖好的基坑和沟边应采取挡水措施和排水措施。

(3)雨后施工前,应检查沟槽边有无积水,坑槽有无裂纹或土质松动现象,防止积水渗漏,造成塌方。

关键细节 24　雨期施工防火安全措施

(1)雨期中,生石灰、石灰粉的堆放应远离可燃材料,防止因受潮或雨淋产生高热引起周围可燃材料起火。

(2)雨期中,稻草、草帘、草袋等堆垛不宜过大,垛中应留通气孔,顶部应防雨,防止因受潮、遇雨发生自燃。

(3)雨期中,电石、乙炔气瓶、氧气瓶、易燃液体等应在库内或棚内存放,禁止露天存放,防止因受雷雨、日晒发生火灾事故。

第六章 施工现场临时用电安全管理

第一节 施工现场临时用电安全基本规定

一、施工现场临时用电的特点

建筑施工现场环境具有的特殊性、复杂性，使得施工现场临时用电与一般工业或居民生活用电相比具有其特殊性，有别于正式"永久"性用电工程，具有暂时性、流动性、露天性和不可选择性等特点。

为有效地防止建筑施工现场各种意外的触电伤害事故发生，保障人身与财产安全，每一个进入施工现场的人员必须高度重视安全用电工作，掌握必备的用电安全技术知识。施工现场应当严格按《施工现场临时用电安全技术规范》(JGJ 46—2005)的要求，在用电技术上采取完备、可靠的安全防护措施，尽量减少人身意外触电伤害事故的发生。

二、临时用电组织设计

按照《施工现场临时用电安全技术规范》(JGJ 46—2005)的规定，临时用电设备在 5 台及 5 台以上或设备总容量在 50kW 及 50kW 以上者，应编制临时用电施工组织设计，临时用电设备在 5 台以下或设备总容量在 50kW 以下者，应制定安全用电技术措施及电气防火措施。

◎关键细节 1 临时用电组织设计的主要内容

施工现场临时用电组织设计应包括下列内容：

(1)现场勘测。

(2)确定电源进线、变电所或配电室、配电装置、用电设备位置及线路走向。

(3)进行负荷计算。

(4)选择变压器。

(5)设计配电系统。

1)设计配电线路，选择导线或电缆；

2)设计配电装置，选择电器；

3)设计接地装置；

4)绘制临时用电工程图纸，主要包括用电工程总平面图、配电装置布置图、配电系统接线图、接地装置设计图。

(6)设计防雷装置。

(7)确定防护措施。

(8)制定安全用电措施和电气防火措施。

关键细节2 临时用电组织设计的步骤

(1)临时用电工程图纸应单独绘制,临时用电工程应按图施工。

(2)临时用电组织设计及变更时,必须履行"编制、审核、批准"程序,由电气工程技术人员组织编制,经相关部门审核及具有法人资格企业的技术负责人批准后实施。变更用电组织设计时应补充有关图纸资料。

(3)临时用电工程必须经编制、审核、批准部门和使用单位共同验收合格后方可投入使用。

关键细节3 临时用电施工组织设计的审批

(1)施工现场临时用电施工组织设计必须由施工单位的电气工程技术人员编制,技术负责人审核。封面上要注明工程名称、施工单位、编制人并加盖单位公章。

(2)施工单位所编制的施工组织设计,必须符合《施工现场临时用电安全技术规范》(JGJ 46—2005)中的有关规定。

(3)临时用电施工组织设计必须在开工前15d内报上级主管部门审核,批准后方可进行临时用电施工。施工时要严格执行审核后的施工组织设计,并按图施工。当需要变更施工组织设计时,应补充有关图纸资料,同样需要上报主管部门批准,待批准后,按照修改前、后的临时用电施工组织设计对照施工。

三、电工及用电人员

施工现场临时电工及用电人员应遵守以下基本规定:

(1)电工必须经过按国家现行标准考核合格后持证上岗工作;其他用电人员必须通过相关安全教育培训和技术交底,待考核合格后方可上岗工作。

(2)安装、巡检、维修或拆除临时用电设备和线路,必须由电工完成,并应有人监护。电工等级应同工程的难易程度和技术复杂性相适应。

(3)各类用电人员应掌握安全用电基本知识和所用设备的性能,并应符合下列要求:

1)使用电气设备前必须按规定穿戴和配备好相应的劳动防护用品,并应检查电气装置和保护设施,严禁设备带"缺陷"运转。

2)保管和维护所用设备,发现问题及时报告解决。

3)暂时停用设备的开关箱必须分断电源隔离开关,并应关门上锁。

4)移动电气设备时,必须经电工切断电源并做妥善处理后进行。

四、临时用电安全技术档案管理

施工现场临时用电安全技术档案应由主管该现场的电气技术人员负责建立与管理。其中"电工安装、巡检、维修、拆除工作记录"可指定电工代管,每周由项目经理审核认可,并应在临时用电工程拆除后统一归档。

关键细节4 临时用电安全技术档案的内容

施工现场临时用电安全技术档案应包括下列内容:

(1)用电组织设计的全部资料。

(2)修改用电组织设计的资料。

(3)用电技术交底资料。

(4)用电工程检查验收表。

(5)电气设备的试验、检验凭单和调试记录。

(6)接地电阻、绝缘电阻和漏电保护器漏电动作参数测定记录表。

(7)定期检(复)查表。

(8)电工安装、巡检、维修、拆除工作记录。

第二节　外电线路、接地与防雷安全管理

一、外电线路防护

外电线路一般为架空线路,也有个别施工现场会遇到地下电缆线路,甚至有两者都存在的情况发生。而有些外电线路紧靠在建工程,则在现场施工中常常会造成施工人员搬运物料或操作过程中意外触碰外电线路,甚至有些外电线路在塔吊的回转半径范围内,那外电线路就给施工安全带来了非常不安全的因素,极易酿成触电伤害事故。

为了确保现场的施工安全,防止外电线路对施工的危害,在建工程现场的各种设施与外电线路之间必须保持可靠的安全距离,或采取必要的安全防护措施。

外电线路防护应符合以下基本要求:

(1)在建工程不得在外电架空线路正下方施工、搭设作业棚、建造生活设施或堆放构件、架具、材料及其他杂物等。

(2)当在架空线路一侧作业时,必须保持安全操作距离。

(3)当在建工程与外电线路无法保证规定的最小安全距离时,必须采取绝缘隔离防护措施,并应悬挂醒目的警告标志。

◎关键细节5　外电线路最小安全操作距离

《施工现场临时用电安全技术规范》(JGJ 46—2005)规定了各种情况下的最小安全操作距离,即与外电架空线路的边线之间必须保持的距离。

(1)在建工程(含脚手架)的周边与外电架空线路的边线之间的最小安全操作距离应符合表 4-1 的规定。

(2)施工现场的机动车道与外电架空线路交叉时最低点与路面的最小垂直距离应符合表 6-1 的规定。

表 6-1　　　施工现场的机动车道与架空线路交叉时的最小垂直距离

外电线路电压等级/kV	<1	1~10	35
最小垂直距离/m	6.0	7.0	7.0

(3)起重机严禁越过无防护设施的外电架空线路作业。在外电架空线路附近吊装时,

起重机的任何部位或被吊物边缘在最大偏斜时与架空线路边线的最小安全距离应符合表4-2的规定。

(4)施工现场开挖沟槽边缘与外电埋地电缆沟槽边缘之间的距离不得小于0.5m。

◎关键细节6 外电线路防护措施

当达不到《施工现场临时用电安全技术规范》(JGJ 46—2005)中的要求时,必须采取绝缘隔离防护措施。架设防护设施时,必须经有关部门批准,采用线路暂时停电或其他可靠的安全技术措施,并应有电气工程技术人员和专职安全人员监护。

(1)增设屏障、遮栏或保护网,并悬挂醒目的警告标志。

(2)防护设施必须使用非导电材料,并考虑到防护棚本身的安全(防风、防大雨、防雪等)。

(3)防护设施与外电线路之间的安全距离不应小于表6-2所列数值。

表6-2　　　　　　　防护设施与外电线路之间的最小安全距离

外电线路电压等级/kV	≤10	35	110	220	330	500
最小安全距离/m	1.7	2.0	2.5	4.0	5.0	6.0

(4)防护设施应坚固、稳定,且对外电线路的隔离防护应达到IP30级。

(5)特殊情况下无法采用防护设施,则应与有关部门协商,采取停电、迁移外电线路或改变工程位置等措施,未采取上述措施的严禁施工。

◎关键细节7 电气设备防护措施

(1)电气设备现场周围不得存放易燃易爆物、污染源和腐蚀介质,否则应予清除或作防护处置,其防护等级必须与环境条件相适应。

(2)电气设备设置场所应能避免物体打击和机械损伤,否则应作防护处置。

二、接地与接零保护系统

所谓接地,就是将电气设备的某一可导电部分与大地之间用导体作电气连接(在理论上,电气连接是指导体与导体之间电阻为零的连接;实际上,用金属等导体将两个或两个以上的导体连接起来即可称为电气连接,又称为金属性连接)。接地主要有以下几种类别:

(1)工作接地。在正常或故障情况下,为了保证电气设备能安全工作,必须把电力系统(电网上)某一点,通常为变压器的中性点接地,称为工作接地。工作接地在减轻故障接地的危险、稳定系统的电位等方面起着重要的作用。

(2)保护接地。把在正常情况下不带电,而在故障情况下可能呈现危险的对地电压的金属外壳和机械设备的金属构件,用导线和接地体连接起来,称为保护接地。保护接地适用于不接地电网。

(3)重复接地。在保护接地系统中,为了防止三相负载不均匀,特别是零线断后使中心点飘移,造成单相用电设备损坏,将零线多处与大地连接的措施称为重复接地。重复接地对稳定相电压能起到一定作用。

(4)防雷接地。为了消除雷击和过电压的危险影响而设置的接地。一般指防雷装置

(避雷针、避雷器、避雷线等)的接地。

所谓接零,就是将电气设备在正常情况下不带电的金属部分与供电系统的零线(中性线)直接连接起来。

建筑施工现场的临时供电系统,通常是采用380/220V三相四线制供电、变压器中性点直接接地的系统。为了防止发生间接触电事故,技术上的安全措施普遍采用保护接零(简称接零)。

在380/220V三相四线制低压供电电网中,变压器中心点接地方式和设备采用的保护方式,可分成以下几种,由字符表示如下:

□□:IT 或 TT

□□—□:TN-C 或 TN-S

□□—□—□:TN-C-S

第一个字符表示三相电力变压器中心点对地关系:I 表示不接地或经阻抗接地;T 表示直接接地。

第二个字符表示用电设备外露导电部分采用的保护方式:T 表示采用保护接地;N 表示采用保护接零。

第三、四个字符表示在 TN 系统中工作零线 N 和保护零线 PE 按不同的分合状态可分成三种型式:

TN-C 系统:表示在 380/220V 三相四线制低压供电电网中,工作零线 N 和保护零线 PE 合二为一为 PEN。

TN-S 系统:表示在 380/220V 三相四线制低压供电电网中,工作零线 N 和保护零线 PE 从变压器工作接地线或变压器总配电房总零母线处分别引出。

TN-C-S 系统:表示在 380/220V 三相四线制低压供电电网中,前部分工作零线 N 和保护零线 PE 未分开设置,而后部分工作零线 N 和保护零线 PE 分开设置。

从上面的分类可以看出,IT 系统就是接地保护系统,TT 系统就是将电气设备的金属外壳作接地保护的系统,而 TN 系统就是将电气设备的金属外壳作接零保护的系统。

接地与接零保护系统应遵守以下基本规定:

(1)在施工现场专用变压器的供电的 TN-S 接零保护系统中,电气设备的金属外壳必须与保护零线连接。保护零线应由工作接地线、配电室(总配电箱)电源侧零线或总漏电保护器电源侧零线处引出,如图 6-1 所示。

(2)当施工现场与外电线路共用同一供电系统时,电气设备的接地、接零保护应与原系统保持一致。不得一部分设备做保护接零,另一部分设备做保护接地。

采用 TN 系统做保护接零时,工作零线(N 线)必须通过总漏电保护器,保护零线(PE 线)必须由电源进线零线重复接地处或总漏电保护器电源侧零线处,引出形成局部 TN-S 接零保护系统,如图 6-2 所示。

(3)在 TN 接零保护系统中,通过总漏电保护器的工作零线与保护零线之间不得再做电气连接。

(4)在 TN 接零保护系统中,PE 零线应单独敷设。重复接地线必须与 PE 线相连接,严禁与 N 线相连接。

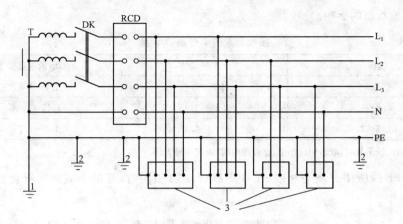

图 6-1 专用变压器供电时 TN-S 接零保护系统示意

1—工作接地;2—PE 线重复接地;3—电气设备金属外壳(正常不带电的外露可导电部分);

L_1—相线;L_2—相线;L_3—相线;N—工作零线;PE—保护零线;DK—总电源隔离开关;

RCD—总漏电保护器(兼有短路、过载、漏电保护功能的漏电断路器);T—变压器

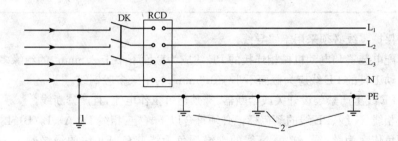

图 6-2 三相四线供电时局部 TN-S 接零保护系统保护零线引出示意

1—NPE 线重复接地;2—PE 线重复接地;L_1、L_2、L_3—相线;N—工作零线;

PE—保护零线;DK—总电源隔离开关;RCD—总漏电保护器

(兼有短路、过载、漏电保护功能的漏电断路器)

(5)使用一次侧由 50V 以上电压的接零保护系统供电,二次侧为 50V 及以下电压的安全隔离变压器时,二次侧不得接地,并应将二次线路用绝缘管保护或采用橡皮护套软线。当采用普通隔离变压器时,其二次侧一端应接地,且变压器正常不带电的外露可导电部分应与一次回路保护零线相连接。

(6)变压器应采取防直接接触带电体的保护措施。

(7)施工现场的临时用电电力系统严禁利用大地做相线或零线。

(8)TN 系统中的保护零线除必须在配电室或总配电箱处做重复接地外,还必须在配电系统的中间处和末端处做重复接地。

(9)在 TN 系统中,严禁将单独敷设的工作零线再做重复接地。

(10)接地装置的设置应考虑土壤干燥或冻结及季节变化的影响,并应符合表 6-3 的规定,接地电阻值在四季中均应符合要求。防雷装置的冲击接地电阻值只考虑在雷雨季节中土壤干燥状态的影响。

表 6-3   接地装置的季节系数 ψ 值

埋深/m	水平接地体	长 2～3m 的垂直接地体
0.5	1.4～1.8	1.2～1.4
0.8～1.0	1.25～1.45	1.15～1.3
2.5～3.0	1.0～1.1	1.0～1.1

注:大地比较干燥时,取表中较小值;比较潮湿时,取表中较大值。

(11)PE线所用材质与相线、工作零线(N线)相同时,其最小截面应符合表 6-4 的规定。

表 6-4   PE 线截面与相线截面的关系   mm²

相线芯线截面 S	PE 线最小截面
$S \leqslant 16$	S
$16 < S \leqslant 35$	16
$S > 35$	$S/2$

(12)保护零线必须采用绝缘导线。

(13)配电装置和电动机械相连接的 PE 线应为截面不小于 2.5mm^2 的绝缘多股铜线。手持式电动工具的 PE 线应为截面不小于 1.5mm^2 的绝缘多股铜线。

(14)PE 线上严禁装设开关或熔断器,严禁通过工作电流,且严禁断线。

(15)相线、N 线、PE 线的颜色标记必须符合以下规定:相线 L_1(A)、L_2(B)、L_3(C)相序的绝缘颜色依次为黄、绿、红色,N 线的绝缘颜色为淡蓝色,PE 线的绝缘颜色为绿/黄双色。任何情况下上述颜色标记严禁混用和互相代用。

关键细节 8 保护接零安全要求

(1)在 TN 系统中,下列电气设备不带电的外露可导电部分应做保护接零。

1)电机、变压器、电器、照明器具、手持式电动工具的金属外壳。

2)电气设备传动装置的金属部件。

3)配电柜与控制柜的金属框架。

4)配电装置的金属箱体、框架及靠近带电部分的金属围栏和金属门。

5)电力线路的金属保护管、敷线的钢索、起重机的底座和轨道、滑升模板金属操作平台等。

6)安装在电力线路杆(塔)上的开关、电容器等电气装置的金属外壳及支架。

(2)城防、人防、隧道等潮湿或条件特别恶劣施工现场的电气设备必须采用保护接零。

(3)在 TN 系统中,下列电气设备不带电的外露可导电部分,可不做保护接零。

1)在木质、沥青等不良导电地坪的干燥房间内,交流电压 380V 及以下的电气装置金属外壳(当维修人员可能同时触及电气设备金属外壳和接地金属物件时除外)可不做接零保护。

2)安装在配电柜、控制柜金属框架和配电箱的金属箱体上,且与其可靠电气连接的电气测量仪表、电流互感器、电器的金属外壳可不做接零保护。

🎯 **关键细节 9　接地与接地电阻安全要求**

（1）单台容量超过 $100kV \cdot A$ 或使用同一接地装置并联运行且总容量超过 $100kV \cdot A$ 的电力变压器或发电机的工作接地电阻值不得大于 4Ω。单台容量不超过 $100kV \cdot A$ 或使用同一接地装置并联运行且总容量不超过 $100kV \cdot A$ 的电力变压器或发电机的工作接地电阻值不得大于 10Ω。

在土壤电阻率大于 $1000\Omega \cdot m$ 的地区，当达到上述接地电阻值有困难时，工作接地电阻值可提高到 30Ω。

（2）TN 系统中的保护零线除必须在配电室或总配电箱处做重复接地外，还必须在配电系统的中间处和末端处做重复接地。

在 TN 系统中，保护零线每一处重复接地装置的接地电阻值不应大于 10Ω。在工作接地电阻值允许达到 10Ω 的电力系统中，所有重复接地的等效电阻值不应大于 10Ω。

（3）在 TN 系统中，严禁将单独敷设的工作零线再做重复接地。

（4）每一接地装置的接地线应采用一根及以上导体，在不同点与接地体做电气连接。不得采用铝导体做接地体或地下接地线。垂直接地体宜采用角钢、钢管或光面圆钢，不得采用螺纹钢。接地可利用自然接地体，但应保证其电气连接和热稳定。

（5）移动式发电机供电的用电设备，其金属外壳或底座应与发电机电源的接地装置有可靠的电气连接。

（6）移动式发电机系统接地应符合电力变压器系统接地的要求。下列情况可不另做保护接零：

1）移动式发电机和用电设备固定在同一金属支架上供给其他设备用电。

2）不超过 2 台的用电设备由专用的移动式发电机供电，供、用电设备间距不超过 50m，且供、用电设备的金属外壳之间有可靠的电气连接时。

（7）在有静电的施工现场内，对集聚在机械设备上的静电应采取接地泄漏措施。每组专设的静电接地体的接地电阻值不应大于 100Ω，高土壤电阻率地区不应大于 1000Ω。

三、防雷

当雷电对地放电时，在雷击点主放电过程中，雷击点附近的架空电力线路、电气设备或架空金属管道上，由于静电感应产生感应过电压，过电压幅值可达几十万伏，使电气设备的绝缘物被击穿，而引起火灾或爆炸，造成设备损坏和人身伤亡。

雷电产生的危害主要有以下几种：

（1）静电效应危害。当雷电对地放电时，在雷击点主放电过程中，雷击点附近的架空电力线路、电气设备或架空金属管道上，由于静电感应产生感应过电压，过电压幅值可达几十万伏，使电气设备的绝缘被击穿，而引起火灾或爆炸，造成设备损坏和人身伤亡。

（2）电磁效应危害。当雷电对地放电时，在雷击点主放电过程中，雷击点附近的架空电力线路、电气设备或架空金属管道上，由于电磁感应产生电磁感应过电压，过电压幅值可达几十万伏，使电气设备的绝缘被击穿，而引起火灾或爆炸，造成设备损坏和人身伤亡。

（3）热效应危害。由于雷电电流很大，雷电电流通过导体时，在放电的一瞬间，数值可达几十至几百千安。在极短的时间内可使导体温度达几万度,造成金属熔化、周围易燃物起火燃烧或爆炸、电气设备损坏、烧毁电线电缆、人员伤亡和引起火灾等。

(4)机械效应危害。强大的雷电电流在通过被击物时,由于电动力的作用以及被击物缝隙中的水分因急剧受热而蒸发气体,体积瞬间膨胀,使建筑物、电力线路的杆塔等遭受到劈裂损坏。

建筑施工现场雷电防护应遵守以下规定:

(1)在土壤电阻率低于200Ω·m区域的电杆可不另设防雷接地装置,但在配电室的架空进线或出线处将绝缘子铁脚与配电室的接地装置相连接。

(2)施工现场内的起重机、井字架、龙门架等机械设备,以及钢脚手架和正在施工的在建工程等的金属结构,当在相邻建筑物、构筑物等设施的防雷装置接闪器的保护范围以外时,应按表6-5中地区年均雷暴日(d)规定执行。

当最高机械设备上避雷针(接闪器)的保护范围能覆盖其他设备,且又最后退出现场时,则其他设备可不设防雷装置。

表6-5 施工现场内机械设备及高架设施需安装防雷装置的规定

地区年平均雷暴日/d	机械设备高度/m
≤15	≥50
>15,<40	≥32
≥40,<90	≥20
≥90及雷害特别严重地区	≥12

(3)机械设备或设施的防雷引下线可利用该设备或设施的金属结构体,但应保证电气连接。

(4)机械化设备上的避雷针(接闪器)长度应为1~2m。塔式起重机可不另设避雷针(接闪器)。

(5)安装避雷针(接闪器)的机械设备,所有固定的动力、控制、照明、信号及通信线路宜采用铜管敷设。钢管与该机械设备的金属结构体应做电气连接。

(6)施工现场内所有防雷装置的冲击接地电阻值不得大于30Ω。

(7)做防雷接地机械上的电气设备,所连接的PE线必须同时做重复接地,同一台机械电气设备的重复接地和机械的防雷接地可共用同一接地体,但接地电阻应符合重复接地电阻值的要求。

第三节 配电系统与施工照明安全管理

一、配电室

施工现场临时用电,无论系统容量大小,均应设置现场配电室。其位置应方便电源进线和负荷出线,不影响在建工程正常施工。

关键细节 10 配电室的选址要求

(1)配电室应靠近电源,并应设在灰尘少、潮气少、振动小、无腐蚀介质、无易燃易爆物及道路畅通的地方。

(2)进出线方便,且便于电气设备的搬运。

(3)尽量设在污染源的上风侧,以防止因空气污秽而引起电气设备绝缘、导电水平下降。

(4)不应设在容易积水的地方或者它的正下方。

(5)成列的配电柜和控制柜两端应与重复接地线及保护零线做电气连接。

(6)配电室和控制室应能自然通风,并应采取防止雨雪侵入和动物进入的措施。

关键细节 11 配电室的布置要求

(1)配电柜正面的操作通道宽度,单列布置或双列背对背布置不小于1.5m,双列面对面布置不小于2m。

(2)配电柜后面的维护通道宽度,单列布置或双列面对面布置不小于0.8m,双列背对背布置不小于1.5m,个别地点有建筑物结构凸出的地方,则此点通道宽度可减少0.2m。

(3)配电柜侧面的维护通道宽度不小于1m。

(4)配电室的顶棚与地面的距离不低于3m。

(5)配电室内设置值班或检修室时,该室边缘距配电柜的水平距离大于1m,并采取屏障隔离。

(6)配电室内的裸母线与地面垂直距离小于2.5m时,采用遮栏隔离,遮栏下面通道的高度不小于1.9m。

(7)配电室围栏上端与其正上方带电部分的净距不小于0.075m。

(8)配电装置的上端距顶棚不小于0.5m。

(9)配电室内的母线涂刷有色油漆,以标志相序方向为基准,其涂色应符合表6-6规定。

表6-6 母线涂色

相别	颜色	垂直排列	水平排列	引下排列
L₁(A)	黄	上	后	左
L₂(B)	绿	中	中	中
L₃(C)	红	下	前	右
N	淡蓝	—	—	—

(10)配电室的建筑物和构筑物的耐火等级不低于3级,室内配电砂箱和可用于扑灭电气火灾的灭火器。

(11)配电室的门向外开并配锁。

(12)配电室的照明分别设置正常照明和事故照明。

关键细节 12 配电室作业安全措施

(1)配电柜应装设电度表,并应装设电流、电压表。电流表与计费电度表不得共用一组电流互感器。

(2)配电柜应设电源隔离开关及短路、过载、漏电保护器。电源隔离开关分断时应有明显可见分断点。

(3)配电柜应编号,并应有用途标记。

(4)配电柜或配电线路停电维修时,应挂接地线,应悬挂"禁止合闸、有人工作"停电标志牌。停送电必须由专人负责。

(5)配电室应保持整洁,不得堆放任何妨碍操作、维修的杂物。

二、配电线路

施工现场的配电线路是指为现场施工需要而敷设的配电线路,一般包括室外线路和室内线路。室外线路主要有绝缘导线架空敷设(架空线路)和绝缘电缆埋地敷设(电缆线路)两种,也有室外电缆明敷设或架空敷设的。室内线路通常有绝缘导线或电缆明敷设和暗敷设两种。

架空电力线路的材料及设备应满足下列基本要求:

(1)所使用的器材及设备均应符合国家或部颁的现行技术标准,并有合格证明。设备应有铭牌。

(2)设备安装用的紧固件,除地脚螺栓外,应采用镀锌制品。采用黑色金属制造的金具零件应热镀锌。

(3)当采用无正式标准的新型器材或对合格证件有疑问时,安装前应经过技术鉴定或试验,证明质量合格后方可使用,避免安装后发现造成返工。对此应有足够的认识,必须把好质量检验关。

架空线路的导线通常采用铝绞线。当高压线路档距较长或交叉档距较长,杆位高差较大时,架空线应采用钢芯铝绞线。在我国沿海地区,由于盐雾或有化学腐蚀的气体会对架空线路的导线造成腐蚀,因而降低导线的使用年限,施工时宜采用防腐铝绞线、铜绞线或采取其他措施。在城市中,为了安全,在街道狭窄和建筑物稠密地区应采用绝缘导线,避免造成漏电伤人事故,保证输电正常。

施工现场常用的绝缘电缆主要有橡皮绝缘和塑料绝缘两种,其型号及性能参数见表6-7。

表 6-7   **常用绝缘电缆性能参数表**

型号		名　称	性能及用途	标称截面/mm²
铜芯	铝芯			
VV	VLV	聚氯乙烯绝缘聚氯乙烯护套电力电缆(一至四芯)	敷设在室内、隧道内及管道中,不能承受机械外力作用。适用于交流0.6/1.0kV级以下的输配电线路中,长期工作温度不超过65℃,环境温度低于0℃敷设时必须预先加热,电缆弯曲半径不小于电缆外径的10倍	一芯时为 1.5～500 二芯时为 1.5～150 三芯时为 1.5～300 四芯时为 4～185

(续)

型 号		名 称	性能及用途	标称截面/mm²
铜芯	铝芯			
XV	XLV	橡皮绝缘聚氯乙烯护套电力电缆（一至四芯）	敷设在室内、电缆沟内及管道中，不能承受机械外力作用。适用于交流6kV级以下输配电线路中作固定敷设，长期允许工作温度不超过65℃，敷设温度不低于−15℃，弯曲半径不小于电缆外径的10倍	XV 一芯时为 1～240 XLV 一芯时为 2.5～630 XV 二芯时为 1～185 XLV 二芯时为 2.5～240 XV 三至四芯时为 1～185 XLV 三至四芯时为 2.5～240
XF	XLF	橡皮绝缘氯丁护套电力电缆（一至四芯）	敷设在室内、电缆沟内及管道中，不能承受机械外力作用。适用于交流6kV级以下输配电线路中作固定敷设，长期允许工作温度不超过65℃，敷设温度不低于−15℃，弯曲半径不小于电缆外径的10倍	同上
YQ YQW	—	轻型橡套电缆（一至三芯）	连接交流250V及以下轻型移动电气设备；YQW型具有耐气候和一定的耐油性能	0.3～0.75
YZ YZW	—	中型橡套电缆（一至四芯）	连接交流500V及以下轻型移动电气设备；YZW型具有耐气候和一定的耐油性能	0.5～6
YC YCW	—	重型橡套电缆（一至四芯）	连接交流500V及以下轻型移动电气设备；YCW型具有耐气候和一定的耐油性能	2.5～120

在上述电缆中，橡套电缆一般用于连接各种移动式用电设备，而工地配电线路的干、支线一般采用各种电力电缆。

关键细节 13　架空线路安全要求

(1)架空线必须采用绝缘导线。

(2)架空线必须架设在专用电杆上，严禁架设在树木、脚手架及其他设施上。

(3)架空线导线截面的选择应符合下列要求：

1)导线中的计算负荷电流不大于其长期连续负荷允许载流量。

2)线路末端电压偏移不大于其额定电压的5%。

3)三相四线制线路的 N 线和 PE 线截面不小于相线截面的 50％，单相线路的零线截面与相线截面相同。

4)按机械强度要求，绝缘铜线截面不小于 $10mm^2$，绝缘铝线截面不小于 $16mm^2$。

5)在跨越铁路、公路、河流、电力线路档距内，绝缘铜线截面不小于 $16mm^2$，绝缘铝线截面不小于 $25mm^2$。

(4)架空线在一个档距内，每层导线的接头数不得超过该层导线条数的 50％，且一条导线应只有一个接头。在跨越铁路、公路、河流、电力线路档距内，架空线不得有接头。

(5)架空线路相序排列应符合下列要求：

1)动力、照明线在同一横担上架设时，面向负荷从左侧起依次为 L_1、N、L_2、L_3、PE。

2)动力、照明线在二层横担上分别架设时，导线相序排列是：上层横担面向负荷从左侧起依次为 L_1、L_2、L_3；下层横担面向负荷从左侧起依次为 $L_1(L_2、L_3)$、N、PE。

(6)架空线路的档距不得大于 35m。

(7)架空线路的线间距不得小于 0.3m，靠近电杆的两导线间距不得小于 0.5m。

(8)架空线路横担间的最小垂直距离不得小于表 6-8 所列数值；横担宜采用角钢或方木，低压铁横担角钢应按表 6-9 选用，方木横截面应按 80mm×80mm 选用；横担长度应按表 6-10 选用。

表 6-8　　　　　　　　　　　横担间的最小垂直距离　　　　　　　　　　　　m

排列方式	直线杆	分支或转角杆
高压与低压	1.2	1.0
低压与低压	0.6	0.3

表 6-9　　　　　　　　　　　低压铁横担角钢选用

导线截面/mm²	直线杆	分支或转角杆	
		二线及三线	四线及以上
16 25 35 50	L 50×5	2×L 50×5	2×L 63×5
70 95 120	L 63×5	2×L 63×5	2×L 70×6

表 6-10　　　　　　　　　　　横担长度选用　　　　　　　　　　　　m

二　线	三线,四线	五　线
0.7	1.5	1.8

(9)架空线路与邻近线路或固定物的距离应符合表 6-11 的规定。

表6-11 架空线路与邻近线路或固定物的距离 m

项目	距离类别					
最小净空距离	架空线路的过引线、接下线与邻线		架空线与架空线电杆外缘		架空线与摆动最大时距树梢	
	0.13		0.05		0.50	
最小垂直距离	架空线同杆架设下方的通信、广播线路	架空线最大弧垂与地面			架空线最大弧垂与暂设工程顶端	架空线与邻近电力线路交叉
		施工现场	机动车道	铁路轨道		1kV以下 / 1~10kV
	1.0	4.0	6.0	7.5	2.5	1.2 / 2.5
最小水平距离	架空线电杆与路基边缘		架空线电杆与铁路轨道边缘		架空线边线与建筑物凸出部分	
	1.0		杆高(m)+3.0		1.0	

(10)直线杆和15°以下的转角杆,可采用单横担单绝缘子,但跨越机动车道时应采用单横担双绝缘子;15°～45°的转角杆应采用双横担双绝缘子;45°以上的转角杆,应采用十字横担。

(11)电杆的拉线宜采用不少于3根 ϕ4.0 的镀锌钢丝。拉线与电杆的夹角应在30°～45°之间。拉线埋设深度不得小于1m。电杆拉线如从导线之间穿过,应在高于地面2.5m处装设拉线绝缘子。

(12)因受地形环境限制不能装设拉线时,可采用撑杆代替拉线,撑杆埋设深度不得小于0.8m,其底部应垫底盘或石块。撑杆与电杆夹角宜为30°。

(13)接户线在档距内不得有接头,进线处离地高度不得小于2.5m。接户线最小截面应符合表6-12的规定。接户线路间及与邻近线路间的距离应符合表6-13的要求。

表6-12 接户线的最小截面

接户线架设方式	接户线长度/m	接户线截面/mm²	
		铜 线	铝 线
架空或沿墙敷设	10～25	6.0	10.0
	≤10	4.0	6.0

表6-13 接户线线间及与邻近线路间的距离

接户线架设方式	接户线档距/m	接户线线间距离/mm
架空敷设	≤25	150
	＞25	200
沿墙敷设	≤6	100
	＞6	150

（续）

接户线架设方式	接户线档距/m	接户线线间距离/mm
架空接户线与广播电话线交叉时的距离/mm		接户线在上部,600 接户线在下部,300
架空或沿墙敷设的接户线零线和相线交叉时的距离/mm		100

(14)架空线路宜采用钢筋混凝土杆或木杆。钢筋混凝土杆不得有露筋、宽度大于0.4mm的裂纹和扭曲;木杆不得腐朽,其梢径不应小于140mm。

(15)电杆埋设深度宜为杆长的1/10加0.6m,回填土应分层夯实。在松软土质处宜加大埋入深度或采用卡盘等加固。

🎯 关键细节 14　电缆线路安全要求

(1)电缆中必须包含全部工作芯线和用作保护零线或保护线的芯线。需要三相四线制配电的电缆线路必须采用五芯电缆。五芯电缆必须包含淡蓝、绿/黄两种颜色绝缘芯线。淡蓝色芯线必须用作N线;绿/黄双色芯线必须用作PE线,严禁混用。

(2)电缆截面的选择应符合《施工现场临时用电安全技术规范》(JGJ 46—2005)中的规定,根据其长期连续负荷允许载流量和允许电压偏移确定。

(3)电缆线路应采用埋地或架空敷设,严禁沿地面明设,并应避免机械损伤和介质腐蚀。埋地电缆路径应设方位标志。

(4)电缆类型应根据敷设方式、环境条件选择。埋地敷设宜选用铠装电缆;当选用无铠装电缆时,应能防水、防腐。架空敷设宜选用无铠装电缆。

(5)电缆直接埋地敷设的深度不应小于0.7m,并应在电缆紧邻上、下、左、右侧均匀敷设不小于50mm厚的细砂,然后覆盖砖或混凝土板等硬质保护层。

(6)埋地电缆在穿越建筑物、构筑物、道路、易受机械损伤、介质腐蚀场所及引出地面从2.0m高到地下0.2m处,必须加设防护套管,防护套管内径不应小于电缆外径的1.5倍。

(7)埋地电缆与其附近外电电缆和管沟的平行间距不得小于2m,交叉间距不得小于1m。

(8)埋地电缆的接头应设在地面上的接线盒内,接线盒应能防水、防尘、防机械损伤,并应远离易燃、易爆、易腐蚀场所。

(9)架空电缆应沿电杆、支架或墙壁敷设,并应采用绝缘子固定,绑扎线必须采用绝缘线,固定点间距应保证电缆能承受自重所带来的荷载,敷设高度应符合《施工现场临时用电安全技术规范》(JGJ 46—2005)中架空线路敷设高度的要求,但沿墙壁敷设时最大弧垂距地不得小于2.0m。架空电缆严禁沿脚手架、树木或其他设施敷设。

(10)在建工程内的电缆线路必须采用电缆埋地引入,严禁穿越脚手架引入。电缆垂直敷设应充分利用在建工程的竖井、垂直孔洞等,并宜靠近用电负荷中心,固定点每楼层不得少于一处。电缆水平敷设宜沿墙或门口刚性固定,最大弧垂距地不得小于2.0m。

(11)装饰装修工程或其他特殊阶段,应补充编制单项施工用电方案。电源线可沿墙角、地面敷设,但应采取防机械损伤和电火措施。

(12)电缆线路必须有短路保护和过载保护,保护电器与电缆的选配应符合相关规定。

关键细节 15 室内配线安全要求

（1）室内配线必须采用绝缘导线或电缆。

（2）室内配线应根据配线类型采用瓷瓶、瓷（塑料）夹、嵌绝缘槽、穿管或钢索敷设。潮湿场所或埋地非电缆配线必须穿管敷设，管口和管接头应密封；当采用金属管敷设时，金属管必须做等电位连接，必须与 PE 线相连接。

（3）室内非埋地明敷主干线距地面高度不得小于 2.5m。

（4）架空进户线的室外端应采用绝缘子固定，过墙处应穿管保护，距地面高度不得小于 2.5m，并应采取防雨措施。

（5）室内配线所用导线或电缆的截面应根据用电设备或线路的计算负荷确定，但铜线截面不应小于 1.5mm²，铝线截面不应小于 2.5mm²。

（6）钢索配线的吊架间距不宜大于 12m。采用瓷夹固定导线时，导线间距不应小于 35mm，瓷夹间距不应大于 800mm，采用瓷瓶固定导线时，导线间距不应小于 100mm，瓷瓶间距不应大于 1.5m；采用护套绝缘导线或电缆时，可直接敷设于钢索上。

（7）室内配线必须有短路保护和过载保护电器与绝缘导线。对穿管敷设的绝缘导线线路，其短路保护熔断器的熔体额定电流不应大于穿管绝缘导线长期连续负荷允许载荷量的 2.5 倍。

三、配电箱与开关箱

施工现场的配电箱是接受外来电源并分配电力的装置。一般无特殊情况下，总配电箱和分配电箱合称为配电箱。

施工现场临时用电系统，总配电箱是工地用电的总控制箱；分配电箱是在总配电箱控制下，供给各开关箱电源的控制箱，用在各用电设备上。开关箱受分配电箱的控制并接受分配电箱提供的电源，是直接用于控制用电设备的操作箱。它们的设置和运用直接影响着施工现场的用电安全。

配电箱与开关箱的配电应遵守以下原则：

（1）"三级配电、两级保护"原则。"三级配电"是指配电系统应设置总配电箱、分配电箱、开关箱，形成三级配电，这样配电层次清楚，便于管理与查找故障。"两级保护"主要指采用漏电保护措施，除在末级开关箱内加装漏电保护器外，还要在上一级分配电箱或总配电箱中再加装一级漏电保护器，总体上形成两级保护。

（2）"一机、一闸、一箱、一锁"原则。《建筑施工安全检查标准》中对"一机、一闸、一漏、一箱"的开关箱配置提出了要求，由于每台设备有各自专用的开关箱，工人停机切断电源后锁好开关箱，从而提高了临时用电的安全。

（3）动力、照明配电分设原则。动力配电箱与照明配电箱宜分别设置，当合并设置为同一配电箱时，动力和照明应分路配电；动力开关箱与照明开关箱必须分设。

关键细节 16 配电箱及开关箱的设置要求

（1）配电箱、开关箱应装设在干燥、通风及常温场所，不得装设在有严重损伤作用的瓦斯、烟气、潮气及其他有害介质中,亦不得装设在易受外来固体物撞击、强烈振动、液体浸溅及热源烘烤场所。否则,应予清除或做防护处理。

(2)配电箱、开关箱周围应有足够两人同时工作的空间和通道,不得堆放任何妨碍操作、维修的物品,不得有灌木、杂草。

(3)总配电箱应设在靠近电源的区域,分配电箱应设在用电设备或负荷相对集中的区域。

(4)动力配电箱与照明配电箱若合并设置为同一配电箱时,动力和照明应分路配电;动力开关箱与照明开关箱必须分设。

(5)配电箱、开关箱应采用冷轧钢板或阻燃绝缘材料制作,钢板厚度应为1.2~2.0mm,其中开关箱箱体钢板厚度不得小于1.2mm,配电箱箱体钢板厚度不得小于1.5mm,箱体表面应做防腐处理。

(6)配电箱、开关箱应装设端正、牢固。固定式配电箱、开关箱的中心点与地面的垂直距离应为1.4~1.6m。移动式配电箱、开关箱应装设在坚固、稳定的支架上。其中心点与地面的垂直距离宜为0.8~1.6m。

(7)配电箱、开关箱内的电器(含插座)应先安装在金属或非木质阻燃绝缘电器安装板上,然后方可整体紧固在配电箱、开关箱箱体内。金属电器安装板与金属箱体应做电气连接。

(8)配电箱、开关箱内的电器(含插座)应按其规定位置紧固在电器安装板上,不得歪斜和松动。

(9)配电箱的电器安装板上必须分设N线端子板和线端子板。N线端子板必须与金属电器安装板绝缘,PE线端子板必须与金属电器安装板做电气连接。进出线中的N线必须通过N线端子板连接,PE线必须通过PE线端子板连接。

(10)配电箱、开关箱的箱体尺寸应与箱内电器的数量和尺寸相适应,箱内电器安装板板面电器安装尺寸可按照表6-14确定。

表6-14   **配电箱、开关箱内电器安装尺寸选择值**

间 距 名 称	最小净距/mm
并列电器(含单极熔断器)间	30
电器进、出线瓷管(塑胶管)孔与电器边沿间	15A,30 20~30A,50 60A及以上,80
上、下排电器进出线瓷管(塑胶管)孔间	25
电器进、出线瓷管(塑胶管)孔至板边	40
电器至板边	40

(11)配电箱、开关箱内的连接线必须采用铜芯绝缘导线。导线绝缘的颜色标志应按要求配置并排列整齐;导线分支接头不得采用螺栓压接,应采用焊接并做绝缘包扎,不得有外露带电部分。

(12)配电箱、开关箱的金属箱体、金属电器安装板以及电器正常不带电的金属底座、外壳等必须通过 PE 线端子板与 PE 线做电气连接,金属箱门与金属箱体必须通过采用编织软铜线做电气连接。

(13)配电箱、开关箱中导线的进线口和出线口应设在箱体的下底面。

(14)配电箱、开关箱的进、出线口应配置固定线卡,进出线应加绝缘护套并成束卡固在箱体上,不得与箱体直接接触。移动式配电箱、开关箱的进、出线应采用橡皮护套绝缘电缆,不得有接头。

(15)配电箱、开关箱外形结构应能防雨、防尘。

关键细节 17 电器装置的选择

(1)配电箱、开关箱内的电器必须可靠、完好,严禁使用破损、不合格的电器。

(2)总配电箱的电器应具备电源隔离,正常接通与分断电路,以及短路、过载、漏电保护功能。电器设置应符合下列原则:

1)当总路设置总漏电保护器时,还应装设总隔离开关、分路隔离开关以及总断路器、分路断路器或总熔断器、分路熔断器。当所设总漏电保护器是同时具备短路、过载、漏电保护功能的漏电断路器时,可不设总断路器或总熔断器。

2)当各分路设置分路漏电保护器时,还应装设总隔离开关、分路隔离开关以及总断路器、分路断路器或总熔断器、分路熔断器。当分路所设漏电保护器是同时具备短路、过载、漏电保护功能的漏电断路器时,可不设分路断路器或分路熔断器。

3)隔离开关应设置于电源进线端,应采用分断时具有可见分断点,并能同时断开电源所有极的隔离电器。如采用分断时具有可见分断点的断路器,可不另设隔离开关。

4)熔断器应选用具有可靠灭弧分断功能的产品。

5)总开关电器的额定值、动作整定值应与分路开关电器的额定值、动作整定值相适应。

(3)总配电箱应装设电压表、总电流表、电度表及其他需要的仪表。专用电能计量仪表的装设应符合当地供用电管理部门的要求。装设电流互感器时,其二次回路必须与保护零线有一个连接点,严禁断开电路。

(4)分配电箱应装设总隔离开关、分路隔离开关以及总断路器、分路断路器或总熔断器、分路熔断器。

(5)开关箱必须装设隔离开关、断路器或熔断器,以及漏电保护器。当漏电保护器是同时具有短路、过载、漏电保护功能的漏电断路器时,可不装设断路器或熔断器。隔离开关应采用分断时具有可见分断点,能同时断开电源所有极的隔离电器,并应设置于电源进线端。当断路器是具有可见分断点时,可不另设隔离开关。

(6)开关箱中的隔离开关只可直接控制照明电路和容量不大于 3.0kW 的动力电路,但不应频繁操作。容量大于 3.0kW 的动力电路应采用断路器控制,操作频繁时还应附设接触器或其他启动控制装置。

(7)开关箱中各种开关电器的额定值和动作整定值应与其控制用电设备的额定值和特性相适应。

(8)漏电保护器应装设在总配电箱、开关箱靠近负荷的一侧,且不得用于启动电气设备的操作。

(9)开关箱中漏电保护器的额定漏电动作电流不应大于 30mA,额定漏电动作时间不应大于 0.1s。

使用于潮湿或有腐蚀介质场所的漏电保护器应采用防溅型产品,其额定漏电动作电流不应大于 15mA,额定漏电动作时间不应大于 0.1s。

(10)总配电箱中漏电保护器的额定漏电动作电流应大于 30mA,额定漏电动作时间应大于 0.1s,但其额定漏电动作电流与额定漏电动作时间的乘积不应大于 30mA·s。

(11)总配电箱和开关箱中漏电保护器的极数和线数必须与其负荷侧负荷的相数和线数一致。

(12)配电箱、开关箱中的漏电保护器宜选用无辅助电源型(电磁式)产品,或选用辅助电源故障时能自动断开的辅助电源型(电子式)产品。当选用辅助电源故障时不能自动断开的辅助电源型(电子式)产品时,应同时设置缺相保护。

(13)漏电保护器应按产品说明书安装、使用。对搁置已久重新使用或连续使用的漏电保护器应逐月检测其特性,发现问题应及时修理或更换。

(14)配电箱、开关箱的电源进线端严禁采用插头和插座做活动连接。

◉关键细节18 配电箱、开关箱的使用和维护

(1)配电箱、开关箱应有名称、用途、分路标记及系统接线图。

(2)配电箱、开关箱箱门应配锁,并应由专人负责。

(3)配电箱、开关箱应定期检查、维修。检查、维修人员必须是专业电工。检查、维修时必须按规定穿绝缘鞋、戴绝缘手套,必须使用电工绝缘工具,并应做检查、维修工作记录。

(4)对配电箱、开关箱进行定期维修、检查时,必须将其前一级相应的电源开关分闸断电,并悬挂"禁止合闸、有人工作"停电标志牌,严禁带电作业。

(5)配电箱、开关箱必须按照下列顺序操作:

1)送电操作顺序为:总配电箱→分配电箱→开关箱。

2)停电操作顺序为:开关箱→分配电箱→总配电箱。

但出现电气故障的紧急情况可除外。

(6)施工现场停止作业 1 小时以上时,应将动力开关箱断电上锁。

(7)配电箱、开关箱内不得放置任何杂物,并应保持整洁。

(8)配电箱、开关箱内不得随意挂接其他用电设备。

(9)配电箱、开关箱内的电器配置和接线严禁随意改动。熔断器的熔体更换时,严禁采用不符合原规格的熔体代替。漏电保护器每天使用前应启动漏电试验按钮试跳一次,试跳不正常时严禁继续使用。

(10)配电箱、开关箱的进线和出线严禁承受外力,严禁与金属尖锐断口、强腐蚀介质和易燃易爆物接触。

四、施工照明安全管理

施工现场照明应遵守以下基本规定:

（1）在坑、洞、井内作业、夜间施工或厂房、道路、仓库、办公室、食堂、宿舍、料具堆放场及自然采光差等场所,应设一般照明、局部照明或混合照明。在一个工作场所内,不得只设局部照明。停电后,操作人员需及时撤离施工现场,必须装设自备电源的应急照明。

（2）现场照明应采用高光效、长寿命的照明光源。对需大面积照明的场所,应采用高压汞灯、高压钠灯或混光用的卤钨灯等。

（3）照明器的选择必须按下列环境条件确定:

1）正常湿度一般场所,选用开启式照明器;

2）潮湿或特别潮湿场所,选用密闭型防水照明器或配有防水灯头的开启式照明器;

3）含有大量尘埃但无爆炸和火灾危险的场所,选用防尘型照明器;

4）有爆炸和火灾危险的场所,按危险场所等级选用防爆型照明器;

5）存在较强振动的场所,选用防振型照明器;

6）有酸碱等强腐蚀介质场所,选用耐酸碱型照明器。

（4）照明器具和器材的质量应符合国家现行有关强制性标准的规定,不得使用绝缘老化或破损的器具和器材。

（5）无自然采光的地下大空间施工场所,应编制单项照明用电方案。

🔴 关键细节 19　照明供电安全要求

（1）一般场所宜选用额定电压为 220V 的照明器。

（2）下列特殊场所应使用安全特低电压照明器:

1）隧道、人防工程、高温、有导电灰尘,比较潮湿或灯具离地面高度低于 2.5m 等场所的照明,电源电压不应大于 36V;

2）潮湿和易触及带电体场所的照明,电源电压不得大于 24V;

3）特别潮湿场所、导电良好的地面、锅炉或金属容器内的,电源电压不得大于 12V。

（3）使用行灯应符合下列要求:

1）电源电压不大于 36V;

2）灯体与手柄应坚固、绝缘良好并耐热耐潮湿;

3）灯头与灯体结合牢固,灯头无开关;

4）灯泡外部有金属保护网;

5）金属网、反光罩、悬吊挂钩固定在灯具的绝缘部位上。

（4）照明变压器必须使用双绕组型安全隔离变压器,严禁使用自耦变压器。

（5）照明系统宜使三相负荷平衡,其中每一单相回路上,灯具和插座数量不宜超过 25 个,负荷电流不宜超过 15A。

（6）携带式变压器的一次侧电源线应采用橡皮护套或塑料护套铜芯软电缆,中间不得有接头,长度不宜超过 3m,其中绿/黄双色线只可作 PE 线使用,电源插销应有保护触头。

（7）工作零线截面应按下列规定选择:

1）单相二线及二相二线线路中,零线截面与相线截面相同;

2）三相四线制线路中,当照明器为白炽灯时,零线截面不小于相线截面的 50%;当照明器为气体放电灯时,零线截面按最大负载相的电流选择;

3）在逐相切断的三相照明电路中,零线截面与最大负载相相线截面相同。

◎关键细节 20　照明装置安全要求

(1)照明灯具的金属外壳必须与 PE 线相连接,照明开关箱内必须装设隔离开关、短路与过载保护电器和漏电保护器。

(2)室外 220V 灯具距地面不得低于 3m,室内 220V 灯具距地面不得低于 2.5m。普通灯具与易燃物距离不宜小于 300mm;聚光灯、碘钨灯等高热灯具与易燃物距离不宜小于 500mm,且不得直接照射易燃物。达不到规定安全距离时,应采取隔热措施。

(3)路灯的每个灯具应单独装设熔断器保护。灯头线应做防水弯。

(4)荧光灯管应采用管座固定或用吊链悬挂。荧光灯的镇流器不得安装在易燃的结构物上。

(5)碘钨灯及钠、铊、铟等金属卤化物灯具的安装高度宜在 3m 以上,灯线应固定在接线柱上,不得靠近灯具表面。

(6)投光灯的底座应安装牢固,按需要的光轴方向将枢轴拧紧固定。

(7)螺口灯头及其接线应符合下列要求:

1)灯头的绝缘外壳无损伤、无漏电;

2)相线接在与中心触头相连的一端,零线接在与螺纹口相连的一端。

(8)灯具内的接线必须牢固,灯具外的接线必须做可靠的防水绝缘包扎。

(9)暂设工程的照明灯具宜采用拉线开关控制,开关安装位置宜符合下列要求:

1)拉线开关距地面高度为 2~3m,与出入口的水平距离为 0.15~0.2m,拉线的出口向下;

2)其他开关距地面高度为 1.3m,与出入口的水平距离为 0.15~0.2m。

(10)灯具的相线必须经开关控制,不得将相线直接引入灯具。

(11)对夜间影响飞机或车辆通行的在建工程及机械设备,必须设置醒目的红色信号灯,其电源应设在施工现场总电源开关的前侧,并应设置外电线路停止供电时的应急自备电源。

第七章　施工现场防火安全管理

第一节　消防安全基本知识

一、火灾的定义分类及等级

火灾是指失去控制并对财物和人身造成损害的燃烧现象。所有火灾无论损失大小，都必须实事求是地按照一次火灾事故所造成的人员伤亡、受灾户数和财物直接损失金额进行统计。

火灾的分类与分级见表 7-1。

表 7-1　　　　　　　　　　　　　　火灾的分类与分级

序号	项目	内容
1	火灾的分类	(1)按发生地点，火灾通常分为森林火灾、建筑火灾、工业火灾、城市火灾等。 (2)根据可燃物的类型和燃烧特性，火灾分为 A、B、C、D、E、F 六类。 　A 类火灾：指固体物质火灾。这种物质通常具有有机物质性质，一般在燃烧时能产生灼热的余烬。如木材、煤、棉、毛、麻、纸张等火灾。 　B 类火灾：指液体或可熔化的固体物质火灾。如煤油、柴油、原油，甲醇、乙醇、沥青、石蜡等火灾。 　C 类火灾：指气体火灾。如煤气、天然气、甲烷、乙烷、丙烷、氢气等火灾。 　D 类火灾：指金属火灾。如钾、钠、镁、铝镁合金等火灾。 　E 类火灾：带电火灾。物体带电燃烧的火灾。 　F 类火灾：烹饪器具内的烹饪物(如动植物油脂)火灾。
2	火灾的分级	根据 2007 年 6 月 26 日，公安部下发的《关于调整火灾等级标准的通知》。新的火灾等级标准由原来的特大火灾、重大火灾、一般火灾三个等级调整为特别重大火灾、重大火灾、较大火灾和一般火灾四个等级。 　(1)特别重大火灾：指造成 30 人以上死亡，或者 100 人以上重伤，或者 1 亿元以上直接财产损失的火灾。 　(2)重大火灾：指造成 10 人以上 30 人以下死亡，或者 50 人以上 100 人以下重伤，或者 5000 万元以上 1 亿元以下直接财产损失的火灾。 　(3)较大火灾：指造成 3 人以上 10 人以下死亡，或者 10 人以上 50 人以下重伤，或者 1000 万元以上 5000 万元以下直接财产损失的火灾。 　(4)一般火灾：指造成 3 人以下死亡，或者 10 人以下重伤，或者 1000 万元以下直接财产损失的火灾。 (注："以上"包括本数，"以下"不包括本数。)

二、火灾发生的原因

火灾的发生具有自然属性（雷击、可燃物自燃）和人为属性（烟头、炉子、喷灯等），多数火灾都是人为因索引起的。建筑施工现场火灾发生的原因主要有：

(1)建筑结构不合理。

(2)火源或热源靠近可燃物。

(3)电器设备绝缘不良、接触不牢、超负荷运行、缺少安全装置；电器设备的类型与使用场所不相适应。

(4)化学易燃品生产、储存、运输、包装方法不符合要求，或在性质上相反应的物品混存在一起。

(5)应有避雷设备的场所而没有避雷设备或避雷设备失效失灵。

(6)易燃物品堆积过密，缺少防火间距。

(7)动火时易燃物品未清除干净。

(8)从事火灾危险性较大的操作，没有防火制度，操作人员不懂防火和灭火知识。

(9)潮湿易燃物品的库房地面比周围环境地面低。

(10)车辆进入易燃场所没有防火的措施。

三、施工现场防火基本规定

(1)施工现场的消防安全由施工单位负责。

实行施工总承包的，应由总承包单位负责。分包单位向总承包单位负责，并应服从总承包单位的管理，同时应承担国家法律、法规规定的消防责任和义务。

(2)监理单位应对施工现场的消防安全实施监理。

(3)施工单位应根据建设项目规模、现场防火管理的重点，在施工现场建立消防安全管理组织机构及义务消防组织，并应确定消防安全负责人及消防安全管理人员，同时应落实消防安全管理责任。

(4)施工单位应针对施工现场可能导致火灾发生的施工作业及其他活动，制订消防安全管理制度。消防安全管理制度主要包括以下内容：

1)消防安全教育与培训制度；

2)可燃及易燃易爆危险品管理制度；

3)用火用电用气管理制度；

4)消防安全检查制度；

5)应急预案演练制度。

(5)施工单位应编制施工现场防火技术方案，并根据现场情况变化及时对其修改、完善。防火技术方案应包括以下主要内容：

1)施工现场重大火灾危险源辨识；

2)施工现场防火技术措施；

3)临时消防设施、疏散设施的配备；

4)临时消防设施和消防警示标识布置图。

(6)施工单位应编制施工现场灭火及应急疏散预案。灭火及应急疏散预案应包括下列主要内容：

1)应急灭火处置机构及各级人员应急处置职责；

2)报警、接警处置的程序和通讯联络的方式；

3)扑救初起火灾的程序和措施；

4)应急疏散及救援的程序和措施。

(7)施工人员进场时,施工现场的消防安全管理人员应向施工人员进行消防安全教育和培训。消防安全教育和培训应包括下列内容：

1)施工现场消防安全管理制度、防火技术方案、灭火及应急疏散预案；

2)施工现场临时消防设施的性能及使用、维护方法；

3)扑灭初起火灾及自救逃生的知识和技能。

4)报警、接警的程序和方法。

(8)施工作业前,施工现场的施工管理人员应向作业人员进行防火安全技术交底。防火安全技术交底应包括以下主要内容：

1)施工过程中可能发生火灾的部位或环节；

2)施工过程应采取的防火措施及应配备的临时消防设施；

3)初起火灾的扑灭方法及注意事项；

4)逃生方法及路线。

(9)施工过程中,施工现场消防安全负责人应定期组织消防安全管理人员对施工现场的消防安全进行检查。消防安全检查应包括下列主要内容：

1)可燃物、易燃易爆危险品的管理是否落实；

2)动火作业的防火措施是否落实；

3)用火、用电、用气是否存在违章操作,电气焊及保温防水施工是否执行操作规程；

4)临时消防设施是否完好有效；

5)临时消防车道及临时疏散是否畅通。

(10)施工单位应根据消防安全应急预案,定期开展灭火和应急疏散的演练。

(11)施工单位应做好并保存施工现场防火安全管理的相关文件和记录,建立现场防火安全管理档案。

四、可燃物及易燃易爆危险品管理

(1)用于在建工程的保温、防水、装饰及防腐等材料的燃烧性等级应符合要求。

(2)可燃材料及易燃易爆危险品应按计划限量进场。进场后,可燃材料宜存放于库房内,露天存施时,应分类成垛堆放,垛高不应超过2m,单垛体积不应超过50m³,垛与垛之间的最小间距不应小于2m,且应采用为燃或难燃材料覆盖；易燃易爆危险品应分类专库储存,库房内应通风良好,并应设置严禁明火标志。

(3)室内使用油漆及其有机溶剂、乙二胺、冷底子油等易挥发产生易燃气体的物资作业时,应保持室内良好通风,作业场所严禁明火,并并应避免产生静电。

(4)施工产生的可燃、易燃建筑垃圾应及时处理。

五、用火、用电、用气管理

(1)施工现场用火,应符合下列规定:

1)动火作业应办理动火许可证,动火许可证的签发人收到动火审请后,应前往现场查验并确认动火作业的防火措施落实后,再签发动火许可证;

2)动火操作人员应具有相应资格;

3)焊接、切割、烘烤或加热等动火作业前,应对作业现场的可燃物进行清理;作业现场及其附近无法移走的可燃物应采用不燃材料覆盖或隔离。

4)施工作业安排时,宜将动火作业安排在使用可燃建筑材料施工作业之前进行。确需在可燃建筑材料施工作业之后进行动火作业的,应采取可靠的防火保护措施。

5)裸露的可燃材料上严禁直接进行动火作业。

6)焊接、切割、烘烤或加热等动火作业应配备灭火器材,并应设置动火监护人进行现场监护,每个动火作业点均应设置一个监护人。

7)五级(含五级)以上风力时,应停止焊接、切割等室外动火作业,确需动火作业时,应采取可靠的挡风措施;

8)动火作业后,应对现场进行检查,并应在确认无火灾危险后,动火操作人员再离开。

9)具有火灾、爆炸危险的场所严禁明火。

10)施工现场不应采用明火取暖。

11)厨房操作间炉灶使用完毕后,应将炉火熄灭,排油烟机及油烟管道应定期清理油垢。

(2)施工现场用电,应符合下列规定:

1)施工现场供用电设施的设计、施工、运行、维护应符合现行国家标准《建设工程施工现场用电安全规范》(GB 50194—1993)的有关规定;

2)电气线路应具有相应的绝缘强度和机械强度,禁止使用绝缘老化或失去绝缘性能的电气线路,严禁在电气线路上悬挂物品。破损、烧焦的插座、插头应及时更换。

3)电气设备与可燃、易燃易爆和腐蚀性物品应保持一定的安全距离。

4)有爆炸和火灾危险的场所,按危险场所等级选用相应的电气设备。

5)配电盘上每个回路应设置漏电保护器、过载保护器。距配电盘 2m 范围内不得堆放可燃物,5m 范围内不应设置可能产生较多易燃、易爆气体、粉尘的作业区。

6)可燃库房不应使用高热灯具,易燃易爆危险品库房内应使用防爆灯具。

7)普通灯具与易燃物距离不宜小于 300mm;聚光灯、碘钨灯等高热灯具与易燃物距离不宜小于 500mm。

8)电气设备不应超负荷运行或带故障使用;

9)严禁私自改装现场供用电设施。

10)应定期对电气设备的运行及维护情况进行检查。

(3)施工现场用气应符合下列规定:

1)储装气体罐瓶及其附件应合格、完好和有效;严禁使用减压器及其他附件缺损的氧气瓶,严禁使用乙炔专用减压器、回火防止器及其他附件缺损的乙炔瓶。

2)气瓶运输、存放、使用时,应符合下列规定:

①气瓶应保持直立状态,并采取防倾倒措施,乙炔瓶严禁横躺卧放

②严禁碰撞、敲打、抛掷、溜坡或滚动气瓶;

③气瓶应远离火源,与火源的距离不应小于10m,并应采取避免高温和防止曝晒的措施;

④燃气储罐应设置防静电装置。

3)气瓶应分类储存,库房内应通风良好;空瓶和实瓶同库存放时,应分开放置,两者间距不应小于1.5m;

4)气瓶使用时应符合下列规定:

①瓶装气体使用前,应检查气瓶及气瓶附件的完好性,检查连接气路的气密性,并采取避免气体泄漏的措施,严禁使用已老化的橡皮气管;

②氧气瓶与乙炔瓶的工作间距不应小于5m,气瓶与明火作业点的距离不应小于10m。

③冬季使用气瓶,气瓶的瓶阀、减压阀等发生冻结时,严禁用火烘烤或用铁器敲击瓶阀,严禁猛拧减压器的调节螺丝;

④氧气瓶内剩余气体的压力不应少于0.1MPa。

⑤气瓶用后应及时归库。

六、其他防火管理

(1)施工现场的重点防火部位或区域,应设置防火警示标识。

(2)施工单位应做好施工现场临时消防设施的日常维护工作,对已失效、损坏或丢失的消防设施,应及时更换、修复或补充。

(3)临时消防车道、临时疏散通道、安全出口应保持畅通,不得遮挡、挪动疏散指示标识,不得挪用消防设施。

(4)施工期间,不应拆除临时消防设施及疏散设施。

(5)施工现场严禁吸烟。

第二节　施工现场重点部位、工种与特殊场所防火要求

一、重点部位防火要求

施工现场防火重点部位主要有易燃仓库、电石库、乙炔站、木工操作间、油漆库和调料间、喷灯作业现场等。

◎关键细节1　易燃仓库防火要求

(1)易燃仓库应设在工地下风方向、水源充足和消防车能驶到的地方。

(2)易燃露天仓库四周应有6m宽平坦空地的消防通道,禁止堆放障碍物。

(3)贮存量大的易燃仓库应设两个以上的大门,并将堆放区与有明火的生活区、生

辅助区分开布置,至少应保持30m的防火距离,有飞火的烟囱应布置在仓库的下风方向。

(4)易燃仓库和堆料场应分组设置堆垛,堆垛之间应有3m宽的消防通道,每个堆垛的面积不得大于:木材(板材)300m²、稻草150m²、锯木200m²。

(5)库存物品应分类分堆贮存编号,对危险物品应加强入库检验,易燃易爆物品应使用不发火的工具、设备搬运和装卸。

(6)库房内防火设施齐全,应分组布置种类适合的灭火器,每组不少于4个,组间距不大于30m,重点防火区应每25m²布置一个灭火器。

(7)库房不得兼做加工、办公等其他用途。

(8)库房内严禁使用碘钨灯,电气线路和照明应符合安全规定。

(9)易燃材料堆垛应保持良好通风,应经常检查其温、湿度,防止自燃起火。

(10)拖拉机不得进入仓库和料场进行装卸作业;其他车辆进入易燃料场仓库时,应安装符合要求的火星熄灭器。

(11)露天油桶堆放场应有醒目的禁火标志和防火防爆措施,润滑油桶应双行并列卧放、桶底相对,桶口朝外,出口向上;轻质油桶应与地面成75°鱼鳞相靠式斜放,各堆之间应保持防火安全距离。

(12)各种气瓶均应单独设库存放。

◎**关键细节2 电石库防火要求**

(1)电石库属于甲类物品储存仓库,电石库的建筑应采用一、二级耐火等级。

(2)电石库应建在长年风向的下风方向,与其他建筑及临时设施的防火间距,应符合《建筑设计防火规范》(GB 50016—2006)的要求。

(3)电石库不应建在低洼处,库内地面应高于库外地面20cm,同时不能采用易发火花的地面,可用木板或橡胶等铺垫。

(4)电石库应保持干燥、通风,不漏雨水。

(5)电石库的照明设备应采用防爆型,应使用不发火花型的开启工具。

(6)电石渣及粉末应随时进行清扫。

◎**关键细节3 乙炔站防火要求**

(1)乙炔属于甲类易燃易爆物品,乙炔站的建筑物应采用一、二级耐火等级;一般应为单层建筑,与有明火的操作场所应保持30～50m间距。

(2)乙炔站泄压面积与乙炔站容积的比值应采用0.05～0.22m²/m³。房间和乙炔发生器操作平台应有安全出口,应安装百叶窗和出气口,门应向外开启。

(3)乙炔房与其他建筑物和临时设施的防火间距,应符合《建筑设计防火规范》(GB 50016—2006)的要求。

(4)乙炔房宜采用不发火花的地面,金属平台应铺设橡皮垫层。

(5)有乙炔爆炸危险的房间与无爆炸危险的房间(更衣室、值班室)不能直通。

(6)操作人员不应穿着带铁钉的鞋及易产生静电的服装进入乙炔站。

◎**关键细节4 木工操作间防火要求**

(1)操作间建筑应采用阻燃材料搭建。

(2)操作间冬季宜采用暖气(水暖)供暖,如用火炉取暖时,必须在四周采取挡火措施;不应用燃烧劈柴、刨花代煤取暖。

(3)每个火炉都要有专人负责,下班时要将余火彻底熄灭。

(4)电气设备的安装要符合要求。抛光、电锯等部位的电气设备应采用密封式或防爆式。刨花、锯末较多部位的电动机,应安装防尘罩。

(5)操作间内严禁吸烟和用明火作业。

🎯关键细节5 油漆库与调料间防火要求

(1)油漆料库与调料间应分开设置,油漆料库和调料间应与散发火花的场所保持一定的防火间距。

(2)性质相抵触、灭火方法不同的品种,应分库存放。

(3)涂料和稀释剂的存放和管理,应符合《仓库防火安全管理规则》的要求。

(4)调料间应有良好的通风,并采用防爆电器设备,室内禁止一切火源,调料间不能兼做更衣室和休息室。

(5)调料人员应穿不易产生静电的工作服,不带钉子的鞋。使用开启涂料和稀释剂包装的工具,应采用不易产生火花型的工具。

(6)调料人员应严格遵守操作规程,调料间内不应存放超过当日加工所用的原料。

🎯关键细节6 喷灯作业现场防火要求

(1)作业开始前,要将作业现场下方和周围的易燃、可燃物清理干净,清除不了的易燃、可燃物要采取浇湿、隔离等可靠的安全措施。作业结束时,要认真检查现场,在确认无余热引起燃烧危险时,才能离开。

(2)在相互连接的金属工件上使用喷灯烘烤时,要防止由于热传导作用,将靠近金属工件上的易燃、可燃物烤着引起火灾。喷灯火焰与带电导线的距离是:10kV及以下的为1.5m;20~35kV的为3m;110kV及以上的为5m,并应用石棉布等绝缘隔热材料将绝缘层、绝缘油等可燃物遮盖,防止烤着。

(3)电话电缆,常常需要干燥芯线,芯线干燥严禁用喷灯直接烘烤,应在蜡中去潮,熔蜡不应在工程车上进行,烘烤蜡锅的喷灯周围应设三面挡风板,控制温度不宜过高。熔蜡时,容器内放入的蜡不要超过容积的3/4,防止熔蜡渗漏,避免蜡液外溢造成火燃烧。

(4)在易燃易爆场所或在其他禁火的区域使用喷灯烘烤时,事先必须制定相应的防火、灭火方案,办理动火审批手续,未经批准不得动用喷灯烘烤。

(5)作业现场要准备一定数量的灭火器材,一旦起火便能及时扑灭。

二、重点工种防火要求

施工现场防火重点工种主要有电气焊工、油漆工、电工、木工、喷灯操作工、熬炼工、煅炉工与仓库保管员等。

🎯关键细节7 电焊工防火要求

(1)电焊工在操作前,要严格检查所用工具(包括电焊机设备、线路敷设、电缆线的接点等),使用的工具均应符合标准,保持完好状态。

(2)电焊机应有单独开关,装在防火、防雨的闸箱内,电焊机应设防雨棚(罩)。开关的保险丝容量应为该机的1.5倍,保险丝不准用铜丝或铁丝代替。

(3)焊割部位必须与氧气瓶、乙炔瓶、乙炔发生器及各种易燃、可燃材料隔离,两瓶之间不得小于5m,与明火的距离不得小于10m。

(4)电焊机必须设有专用接地线,直接放在焊件上,接地线不准接在建筑物、机械设备、各种管道、避雷引下线和金属架上借路使用,防止接触火花,造成起火事故。

(5)电焊机一、二次线应用线鼻子压接牢固,同时应加装防护罩,防止松动、短路引燃可燃物。

(6)严格执行防火规定和操作规程,操作时采取相应的防火措施,与看火人员密切配合,防止引起火灾。

◎关键细节8　气焊工防火要求

(1)乙炔发生器、乙炔瓶、氧气瓶和焊割具的安全设备必须齐全有效。

(2)乙炔发生器、乙炔瓶、液化石油气罐和氧气瓶在新建、维修工程内存放,应设置专用房间单独分开存放并有专人管理,要有灭火器材和防火标志。

(3)乙炔发生器和乙炔瓶等与氧气瓶应保持距离。在乙炔发生器旁严禁一切火源。夜间添加电石时,应使用防爆手电筒照明,禁止用明火照明。

(4)乙炔发生器、乙炔瓶和氧气瓶不准放在高低压架空线路下方或变压器旁。在高空焊割时,也不要放在焊割部位的下方,应保持一定的水平距离。

(5)乙炔瓶、氧气瓶应直立使用,禁止平放卧倒使用,以防止油类落在氧气瓶上;油脂或沾油的物品,不要接触氧气瓶、导管及其零部件。

(6)氧气瓶、乙炔瓶严禁暴晒、撞击,防止受热膨胀。开启阀门时要缓慢开启,防止升压过速产生高温、火花引起爆炸和火灾。

(7)乙炔发生器、回火阻止器及导管发生冻结时,只能用蒸汽、热水等解冻,严禁使用火烤或金属敲打。测定气体导管及其分配装置有无漏气现象时,应用气体探测仪或用肥皂水等简单方法测试,严禁用明火测试。

(8)操作乙炔发生器和电石桶时,应使用不产生火花的工具,在乙炔发生器上不能装有纯铜的配件。加入乙炔发生器中的水,不能含油脂,以免油脂与氧气接触发生反应,引起燃烧或爆炸。

(9)防爆膜失去作用后,要按照规定规格型号进行更换,严禁任意更换防爆膜规格、型号,禁止使用胶皮等代替防爆膜。浮桶式乙炔发生器上面不准堆压其他物品。

(10)电石应存放在电石库内,不准在潮湿场所和露天存放。

(11)焊割时要严格执行操作规程和程序。焊割操作时先开乙炔气点燃,然后再开氧气进行调火。操作完毕时按相反程序关闭。瓶内气体不能用尽,必须留有余气。

(12)工作完毕,应将乙炔发生器内电石、污水及其残渣清除干净,倒在指定的安全地点,并要排除内腔和其他部分的气体。禁止电石、污水到处乱放乱排。

◎关键细节9　油漆工防火要求

(1)喷漆、涂漆的场所应有良好的通风,防止形成爆炸极限浓度,引起火灾或爆炸。

(2)喷漆、涂漆的场所内禁止一切火源,应采用防爆的电器设备。

(3)禁止与焊工同时间、同部位的上下交叉作业。

(4)油漆工不能穿易产生静电的工作服。接触涂料、稀释剂的工具应采用防火花型的。

(5)浸有涂料、稀释剂的破布、纱团、手套和工作服等,应及时清理,不能随意堆放,防止因化学反应而生热,发生自燃。

(6)对使用中能分解、发热自燃的物料,要妥善管理。

◎ 关键细节 10 电工防火要求

(1)电工应经过专门培训,掌握安装与维修的安全技术,并经过考试合格后,方准独立操作。

(2)施工现场暂设线路、电气设备的安装与维修应执行《施工现场临时用电安全技术规范》(JGJ 46—2005)。

(3)新设、增设的电气设备,必须由主管部门或人员检查合格后,方可通电使用。

(4)各种电气设备或线路,不应超过安全负荷,且要是牢靠、绝缘良好和安装合格的保险设备,严禁用铜丝、铁丝等代替保险丝。

(5)放置及使用易燃液体、气体的场所,应采用防爆型电气设备及照明灯具。

(6)定期检查电气设备的绝缘电阻是否符合"不低于 $1k\Omega/V$(如对地 220V 绝缘电阻应不低于 $0.22M\Omega$)"的规定,发现隐患,应及时排除。

(7)不可用纸、布或其他可燃材料做无骨架的灯罩,灯泡距可燃物应保持一定距离。

(8)变(配)电室应保持清洁、干燥。变电室要有良好的通风。配电室内禁止吸烟、生火及保存与配电无关的物品(如食物等)。

(9)当电线穿过墙壁、苇席或与其他物体接触时,应当在电线上套磁管等非燃材料加以隔绝。

(10)电气设备和线路应经常检查,发现可能引起火花、短路、发热和绝缘损坏等情况时,必须立即修理。

(11)各种机械设备的电闸箱内,必须保持清洁,不得存放其他物品,电闸箱应配锁。

(12)电气设备应安装在干燥处;各种电气设备应有妥善的防雨、防潮设施。

◎ 关键细节 11 木工防火要求

(1)操作间只能存放当班的用料,成品及半成品要及时运走。木工应做到活完场清,刨花、锯末每班都要打扫干净,倒在指定地点。

(2)严格遵守操作规程,对旧木料一定要经过检查,起出铁钉等金属后,方可上锯锯料。

(3)配电盘、刀闸下方不能堆放成品、半成品及废料。

(4)工作完毕应拉闸断电,并经检查确认无火险后方可离开。

◎ 关键细节 12 喷灯操作工防火要求

(1)喷灯加油时,要选择好安全地点,并认真检查喷灯是否有漏油或渗油的地方,发现漏油或渗油,应禁止使用。因为汽油的渗透性和流散性极好,一旦加油不慎倒出油或喷灯渗油,点火时极易引起着火。

(2)喷灯加油时,应将加油防爆盖旋开,用漏斗灌入汽油。如加油不慎,油洒在灯体上,则应将油擦干净,同时放置在通风良好的地方,使汽油挥发掉再点火使用。加油不能过满,加到灯体容积的3/4即可。

(3)喷灯在使用过程中需要添油时,应首先把灯的火焰熄灭,然后慢慢地旋松加油防爆盖放气,待放尽气和灯体冷却以后再添油。严禁带火加油。

(4)喷灯点火后先要预热喷嘴。预热喷嘴应利用喷灯上的贮油杯,不能图省事采取喷灯对喷的方法或用炉火烘烤的方法进行预热,防止造成灯内的油类蒸气膨胀,使灯体爆破伤人或引起火灾。放气点火时,要慢慢地旋开手轮,防止放气太急将油带出起火。

(5)喷灯作业时,火焰与加工件应注意保持适当的距离,防止高热反射造成灯体内气体膨胀而发生事故。

(6)高空作业使用喷灯时,应在地面上点燃喷灯后,将火焰调至最小,用绳子吊上去,不应携带点燃的喷灯攀高。作业点下面及周围不允许堆放可燃物,以防止金属熔渣及火花掉落在可燃物上发生火灾。

(7)在地下人井或地沟内使用喷灯时,应先进行通风,排除该场所内的易燃、可燃气体。严禁在地下人井或地沟内进行点火,若需点火也应在距离人井或地沟1.5~2m以外的地面点火,然后用绳子将喷灯吊下去使用。

(8)使用喷灯,禁止与喷漆、木工等工序同时间、同部位、上下交叉作业。

(9)喷灯连续使用时间不宜过长,发现灯体发烫时,应停止使用,并进行冷却,以防止气体膨胀发生爆炸,引起火灾。

(10)使用喷灯的操作人员,应经过专门训练,其他人员不应随便使用喷灯。

(11)喷灯使用一段时间后应进行检查和保养。手动泵应保持清洁,不应有污物进入泵体内,手动泵内的活塞应经常加少量机油,保持润滑,防止活塞干燥碎裂,加油防爆盖上装有安全防爆器,在压力600~800Pa范围内能自动开启或关闭,在一般情况下不应拆开,以防失效。

(12)煤油和汽油喷灯,应有明显的标志,煤油喷灯严禁使用汽油燃料。

(13)使用后的喷灯,应冷却后将余气放掉,再存放在安全地点,不应与废棉纱、手套、绳子等可燃物混放。

◉关键细节 13 沥青熬炼工防火要求

(1)熬沥青灶应设在工程的下风方向,不得设在电线垂直下方,距离新建工程、料场、库房和临时工棚等应在25m以外。现场窄小的工地有困难时,应采取相应的防火措施或尽量采用冷防水施工工艺。

(2)沥青锅灶必须坚固、无裂缝,靠近火门上部的锅台,应砌筑18~24cm的砖沿,防止沥青溢出引燃。火口与锅边应有70cm的隔离设施,锅与烟囱的距离应大于80cm,锅与锅的距离应大于2m。锅灶高度不宜超过地面60cm。

(3)熬沥青应由熟悉此项操作的技工进行,操作人员不得擅离岗位。

(4)不准使用薄铁锅或劣质铁锅熬制沥青,锅内的沥青一般不应超过锅容量的3/4,不准向锅内投入有水分的沥青。配制冷底子油,不得超过锅容量的1/2,温度不得超过80℃。熬沥青的温度应控制在275℃以下(沥青在常温下为固态,其闪点为200~230℃,自燃点为270~300℃)。

(5)降雨、雪或刮五级以上大风时,严禁露天熬制沥青。

(6)使用燃油灶具时,必须先熄火后再加油。

(7)沥青锅处要备有铁质锅盖或铁板,并配备相适应的消防器材或设备,熬炼场所应配备温度计或测温仪。

(8)沥青锅要随时进行检查,防止漏油。沥青熬制完毕,要彻底熄灭余火,盖好锅盖后(防止雨雪浸入,或熬油时产生溢锅引起着火)方可离开。

(9)向熔化的沥青内添加汽油、苯等易燃稀释剂时,要离开锅灶和散发火花地点的下风方向10m以外,并应严格遵守操作程序。

(10)施工人员应穿不易产生静电的工作服及不带钉子的鞋。

(11)施工区域内禁止一切火源,不准与电、气焊同时间、同部位、上下交叉作业。

(12)严禁在屋顶用明火熔化柏油。

🎯关键细节14 煅炉工防火要求

(1)煅炉宜独立设置,并应选择在距可燃建筑、可燃材料堆垛5m以外的地点。

(2)煅炉不能设在电源线的下方,其建筑应采用不燃或难燃材料修建。

(3)煅炉建造好后,须经工地消防保卫或安全技术部门检查合格,并领取用火审批合格证后,方准进行操作及使用。

(4)禁止使用可燃液体开火,工作完毕,应将余火彻底熄灭后方可离开。

(5)鼓风机等电器设备要安装合理,符合防火要求。

(6)加工完的钎子要码放整齐,与可燃材料的防火间距应不小于1m。

(7)遇有五级以上的大风天气,应停止露天煅炉作业。

(8)使用可燃液体或硝石溶液淬火时,要控制好油温,防止因液体加热而自燃。

(9)煅炉间应配备适量的灭火器材。

🎯关键细节15 仓库保管员防火要求

(1)仓库保管员要牢记《仓库防火安全管理规则》。

(2)熟悉存放物品的性质、储存中的防火要求及灭火方法,要严格按照其性质、包装、灭火方法、储存防火要求和密封条件等分别存放。性质相抵触的物品不得混存在一起。

(3)严格按照"五距"储存物资。即垛与垛间距不小于1m,垛与墙间距不小于0.5m,垛与梁、柱的间距不小于0.3m,垛与散热器、供暖管道的间距不小于0.3m,照明灯具垂直下方与垛的水平间距不得小于0.5m。

(4)库存物品应分类、分垛储存,主要通道的宽度不小于2m。

(5)露天存放物品应当分类、分堆、分组和分垛,并留出必要的防火间距。甲、乙类桶装液体不宜露天存放。

(6)物品入库前应当进行检查,确定无火种等隐患后方准入库。

(7)库房门窗等应当严密,物资不能储存在预留孔洞的下方。

(8)库房内照明灯具不准超过60W,并做到人走断电、锁门。

(9)库房内严禁吸烟或使用明火。

(10)库房管理人员在每日下班前,应对经管的库房巡查一遍,确认无火灾隐患后,关好门窗,切断电源后方准离开。

(11)随时清扫库房内的可燃材料,保持地面清洁。

(12)严禁在仓库内兼设办公室、休息室或更衣室、值班室以及各种加工作业等。

三、特殊施工场所防火要求

施工现场防火特殊场所主要有设备安装与调试、地下工程施工及古建筑物修缮等。

◎关键细节16 设备安装与调试防火要求

(1)在设备安装与调试施工前,应进行详细的调查,根据设备安装与调试施工中的火灾危险性及特点,制定消防保卫工作方案,建立必要的制度和采取相应措施,制定调试运行过程中单项的和整体的调试运行工作计划或方案,做到定人、定岗、定要求。

(2)在有易燃、易爆气体和液体的附近进行用火作业前,应先用测量仪器测试可燃气体的爆炸浓度,然后再进行动火作业。动火作业时间长,应设专人随时进行测试。

(3)调试过的可燃、易燃液体和气体的管道、塔、容器、设备等,在进行修理时,必须使用惰性气体或蒸汽进行置换和吹扫,用测量仪器测定爆炸浓度后,进行修理。

(4)在调试过程中,应组织一支专门的应急力量,随时处理一些紧急事故。

(5)在有可燃、易燃液体及气体附近的用电设备,应采用与该场所相匹配的防火等级的临时用电设备。

(6)调试过程中,应准备一定数量的填料、堵料及工具、设备,以应对滴、漏、跑、冒的发生,减少火灾和险患。

◎关键细节17 地下工程施工防火要求

(1)施工现场的临时电源线不宜直接敷设在墙壁或土墙上,应用绝缘材料架空安装。配电箱应采取防水措施,潮湿地段或渗水部位照明灯具应采取相应措施或安装防潮灯具。

(2)施工现场应有不少于两个出入口或坡道,施工距离长时应适当增加出入口的数量。施工区面积不超过 $50m^2$,且施工人员不超过 20 人时,可只设一个直通地上的安全出口。

(3)安全出入口、疏散走道和楼梯的宽度应按其通过人数每 100 人不小于 1m 的净宽计算。每个出入口的疏散人数不宜超过 250 人。安全出入口、疏散走道、楼梯的最小净宽不应小于1m。

(4)疏散走道、楼梯及坡道内,不宜设置突出物或堆放施工材料和机具。

(5)疏散走道、安全出入口、疏散马道(楼梯)、操作区域等部位,应设置火灾事故照明灯。火灾事故照明灯在上述部位的最低光照度应不低于5lx[勒(克斯)]。

(6)疏散走道及其交叉口、拐弯处、安全出口处应设置疏散指示标志灯。疏散指示标志灯的间距不易过大,距地面高度应为 1～1.2m,标志灯正前方 0.5m 处的地面照度不应低于11x。

(7)火灾事故照明灯和疏散指示灯工作电源断电后,应能自动投合。

(8)地下工程施工区域应设置消防给水管道和消火栓,消防给水管道可以与施工用水管道合用。特殊地下工程不能设置消防用水时,应配备足够数量的轻便消防器材。

（9）大面积油漆粉刷和喷漆应在地面施工，局部的粉刷可在地下工程内部进行，但一次粉刷的量不宜过多，同时在粉刷区域内禁止一切火源，加强通风。

（10）禁止中压式乙炔发生器在地下工程内部使用及存放。

（11）地下工程施工前必须制定应急的疏散计划。

关键细节 18 古建筑物修缮防火要求

（1）电源线、照明灯具不应直接敷设在古建筑的柱、梁上。照明灯具应安装在支架上或吊装，同时加装防护罩。

（2）古建筑的修缮若是在雨季施工，应考虑安装避雷设备（因修缮时原有避雷设备被拆除）对古建筑及架子进行保护。

（3）加强用火管理，对电、气焊实施一次动焊的审批制度和管理。

（4）在室内油漆彩画时，应逐项进行，每次安排油漆彩画量不宜过大，以不达到局部形成爆炸极限为前提。油漆彩画时应禁止一切火源。夏季对剩下的油皮子要及时处理，防止因高温而造成自燃。施工中的油棉丝、手套、油皮子等不要乱扔，应集中进行处理。

（5）冬期进行油漆彩画时，不应使用炉火进行采暖，应尽量使用暖气采暖。

（6）古建筑施工中，剩余的可燃材料（刨花、锯末、贴金纸）较多，应随时随地进行清理，做到活完脚下清。

（7）易燃、可燃材料应选择在安全地点存放，不宜靠近树林等。

（8）施工现场应考虑设置消防给水设施、水池或消防水桶。

第三节 高层建筑工程施工防火要求

一、高层建筑施工的特点

与中低层建筑产品施工相比，高层建筑施工具有以下特点：

（1）高层建筑楼层多，施工零散，参加施工的单位多，人员复杂。有些高层建筑高度在百米以上，建筑面积从数万到数十万平方米，施工过程中各工种交叉作业，人员来自四面八方和不同单位，特别在内装饰阶段，不同的楼层有不同地区的施工队伍在施工。在立体交叉施工中，施工的节奏快、变化大。

（2）高层建筑由于造价高，因此有各单位集资，有国内、国外合资，有我国港澳地区的商人投资，有外国人独资，投资的单位多、投资的数额大，在工程施工中运用的材料国外进口多，新型材料、设备多。一旦这些工程施工中发生火灾事故，会造成不良的社会影响及经济损失。

（3）由于各地区进行城市规划，进行老城区的改造，新的高层建筑都建在人口密集的闹市地区，与周围的商业、居民区毗邻，施工场地狭小，参加施工的人员挤在施工现场内，住宿、生活、环境条件差。

（4）高层施工现场所需建筑材料多，而且日有所进，堆放杂乱，特别是化学易燃和可燃材料多，储存保管和管理条件差。

(5)高层施工电气设备多,用电量大,建筑机械和车辆进出频繁;有效机械部件和保养电气场所多,因此存在着不同的薄弱环节。

(6)在高层建筑工程施工中,面临外脚手架,内堆材料、外部临口临边、内部洞孔井道,层层楼面相通垂直上下,动用明火多,电焊气割作业多,而且动火的点多、面广、量大的问题。

二、高层建筑施工防火防爆

根据高层建筑施工的特点,施工中必须从实际出发,始终贯彻"预防为主,防消结合"的消防工作方针,因地制宜,进行科学管理。

高层建筑施工过程中经常出现的火灾隐患见表7-2。

表7-2 **高层建筑施工火灾隐患**

序 号	项 目	内 容
1	施工管理方面	施工管理方面存在的火灾隐患主要有: (1)管理人员缺乏消防业务知识。 (2)防火安全管理经验不足。 (3)对班组防火安全技术交底不清或不全。 (4)对违章人员处理和教育不严。 (5)对施工中所使用材料和设备、性质不熟悉,以及执行防火制度不严格。 (6)管理人员马虎草率。 (7)动火审批手续不严。 (8)防火管理意识差。 (9)三级动火监护措施不落实等
2	施工操作方面	施工操作方面存在的火灾隐患主要有: (1)由于防火意识不强,缺乏防火知识,往往存在侥幸心理和一定的盲目性;或者急于求成而违章作业。 (2)对明火作业中,火星可能从层层相通的洞孔中溅落在某一层存放的易燃物品上,一遇火星即刻会引起燃烧的预料不足。 (3)对高层建筑施工多层次立体交叉作业,堆放不同性质的材料设备等易发生火灾认识不足
3	设备器材方面	在设备器材方面存在的火灾隐患主要有: (1)由于高层建筑施工消防器材设备没有配齐配足。 (2)对施工材料性能、工程特点不熟悉,配置器材针对性不强。 (3)对多层次作业的工程,没有设专用水泵,无消防水源,造成楼层缺水等

(续)

序 号	项 目	内 容
4	防火措施方面	防火措施方面存在的火灾隐患主要有： (1)高层建筑施工防火安全管理力量不足，或无专兼职监护人员。 (2)对义务消防队没有按建设规模组织，或组织后人员调动频繁和没有进行防火业务知识培训。 (3)施工中未采取有针对性的防火措施

关键细节 19 高层建筑防火措施

(1)施工单位各级领导要重视施工防火安全，始终将防火工作放在首要位置。将防火工作列入高层施工生产的全过程，做到同计划、同布置、同检查、同总结、同评比，交施工任务的同时要提防火要求，使防火工作做到经常化、制度化、群众化。

(2)要按照"谁主管，谁负责"的原则，从上到下建立多层次的防火管理网络，实行分工负责制，明确高层建筑工程施工防火的目标和任务，使高层施工现场防火安全得到组织保证。

(3)高层施工工地要建立防火领导小组，多单位施工的工程要以甲方为主成立甲方、施工单位、安装单位等参加的联合治安防火办公室，协调工地防火管理。领导小组或联合办公室要坚持每月召开防火会议和每月进行一次防火安全检查制度，认真分析研究施工过程中的薄弱环节，制订落实整改措施。

(4)现场要成立义务消防队，每个班组都要有一名义务消防员为班组防火员，负责班组施工的防火。同时要根据工程建筑面积、楼层的层数和防火重要程度，配专职防火干部、专职消防员、专职动火监护员，对整个工程进行防火管理、检查督促、配置器材和巡逻监护。

(5)高层施工必须制定工地的《消防管理制度》、《施工材料和化学危险品仓库管理制度》，建立各工种的安全操作责任制，明确工程各个部位的动火等级，严格动火申请和审批手续、权限，强调电焊工等动火人员防火责任制；对无证人员、仓库保管员进行专业培训，做到持证上岗；进入内装饰阶段，要明确规定吸烟点等。

(6)对参加高层建筑施工的外包队伍，要同每支队伍领队签订防火安全协议书，详细进行防火安全技术措施的交底。针对木工操作场所，明确人员对木屑、刨花做到日做、日清，油漆等易燃物品要妥善保管，不准在更衣室等场所乱堆乱放，力求减少火险隐患。

(7)高层建筑工程施工材料，有不少是国外进口的，属高分子合成的易燃物品，防火管理部门应责成有关部门加强对这些原材料的管理，做到专人、专库、专管，施工前向施工班组做好安全技术交底；并实行限额领料，余料回收制度。

(8)施工中要将易燃材料的施工区域划为禁火区域，安置醒目的警戒标志并加强专人巡逻监护。施工完毕，负责施工的班组要对易燃的包装材料、装饰材料进行清理，要求做到随时做、随时清，现场不留火险。

(9)严格控制火源和执行动火过程中的安全技术措施。在焊割方面的措施如下：

1)每项工程都要划分动火级别。一般的高层动火划为二、三级,在外墙、电梯井、洞孔等部位,垂直穿到底及登高焊割,均应划为二级动火,其余所有场所均为三级动火。

2)按照动火级别进行动火申请和审批。二级动火应由施工管理人员在4天前提出申请并附上安全技术措施方案,报工地主管领导审批,批准动火期限一般为3天。复杂危险场所,审批人在审批前应到现场察看确无危险或措施落实才予批准,准许动火的动火证要同时交焊割工、监护人。三级动火由焊割班组长在动火前3天提出申请,报防火管理人员批准,动火期限一般为7天。

3)焊割工要持操作证、动火证进行操作,并接受监护人的监护和配合。监护人要持动火证,在配有灭火器材的情况下进行监护,监护时严格履行监护人的职责。

4)复杂的、危险性大的场所焊割,工程技术人员要按照规定制订专项安全技术措施方案,焊割工必须按方案程序进行动火操作。

5)在焊割工动火操作中要严格执行焊割操作规程。

(10)按照规定配置消防器材,重点部位器材配置分布要合理、有针对性,各种器材要性能良好、安全,通讯联络工具要有效、齐全:

1)20层(含20层)以上高级宾馆、饭店、办公楼等高层建筑施工,应设置灭火专用的高压水泵,每个楼层应安装消火栓、配置消防水龙带,配置数量应视楼面大小而定。为保证水源,大楼底层应设蓄水池(不小于20m³)。高层建筑层次高而水压不足的,在楼层中间应设接力泵。

2)高压水泵、消防水管只限消防专用,要明确专人管理、使用和维修、保养,以保证水泵完好且运转正常。

3)所有高层建筑设置的消防泵、消火栓和其他消防器材的部位,都要有醒目的防火标志。

4)高层建筑(含8层以上、20层以下)工程施工,应按楼层面积,一般每100m²设两个灭火器。

5)施工现场灭火器材的配置,应机动灵活,即易燃物品多的场所、动用明火多的部位相应要多配一些。

6)重点部位分布合理,是指木工操作处不应与机修、电工操作处紧邻。灭火器材配置要有针对性,如配电间不应配酸式泡沫灭火机,仪器仪表室要配干粉灭火机等。

(11)一般的高层建筑施工期间,不得堆放易燃易爆危险物品。如确需存放,应在堆放区域配置专用灭火器材并加强管理措施。

(12)工程技术的管理人员在制订施工组织设计时,要考虑防火安全技术措施,并及时征求防火管理人员的意见。防火管理人员在审核现场布图时,要根据现场布置图到现场实地察看,了解工程四周状况、现场大的临时设施布置是否安全合理,有权提出修改施工组织设计中的问题。

第四节　施工现场消防设施及器材设置

一、施工现场消防给水系统布置要求

施工现场消防给水系统,在城市主要采用市政给水,在农村及边远地区,采用地面水源(江河、湖泊、储水池及海水)和地下水源(潜水、自流水、泉水)。无论采用何种消防给水,均应保证枯水期最低水位时供水的可靠性。施工现场的消防给水系统可与施工、生活用水系统合并。

高度超过24m的工程,层数超过10层的工程,重要的及施工面积较大(超过施工现场内临时消火栓保护范围)的工程,均应在工程内设置临时消防给水(可与施工用水合用)。

🎯关键细节20　施工现场消防给水管网布置要求

(1)工程临时竖管不应少于两条,呈环状布置,每根竖管的直径应根据要求的水柱股数,按最上层消火栓出水计算,但不小于100mm。

(2)高度小于50m,每层面积不超过500m²的普通塔式住宅及公共建筑,可设一条临时竖管。

(3)仓库的室外消防用水量,应按照《建筑设计防火规范》(GB 50016—2006)的有关规定执行。

(4)应有足够的消防水源,其进水口一般不应少于两处。

(5)采用低压给水系统,管道内的压力在消防用水量达到最大时,不低于0.1 MPa;采用高压给水系统,管道内的压力应保证两支水枪同时布置在堆场内最远和最高处的要求,水枪充实水柱不小于13m,每支水枪的流量不应小于5L/s。

🎯关键细节21　施工现场消火栓布置要求

施工现场的消火栓有地下消火栓和地上消火栓两种,我国北方寒冷地区宜采用地下消火栓,南方温暖地区既可采用地上消火栓,也可采用地下消火栓。

(1)施工现场消火栓的数量,应根据消火栓的保护半径(150m)及消火栓的间距(不超过120m)来确定。

(2)施工现场内的任何部位必须在消火栓的保护范围以内。如施工现场周围有公共消火栓,且施工现场内的设施在公共消火栓的保护范围以内时,施工现场内消火栓的数量可酌情减少。

(3)在市政消火栓保护半径内的施工现场,当施工现场消防用水量小于15L/s时,该施工现场可不再设置临时消火栓。

(4)为了便于火场使用安全,消火栓应沿施工道路两旁设置。消火栓距道路边不应大于2m,距房屋或临时暂设外墙不应小于5m,设地上消火栓距房屋外墙5m有困难时,可适当减小距离,但最小不应小于1.5m。

🎯关键细节22　施工现场消防水泵设置要求

(1)消防水泵的型号规格应根据工程需要的消防用水量、水压进行确定。宜采用自灌式引水,并应保证在起火后 5min 内开始工作,确保不间断的动力供应。

(2)消防泵若采用双电源或双回路供电有困难时,也可采用一个电源供电,但应将消防系统的供电与生活、生产供电分开,当其他用电因事故停止时,消防水泵仍能正常运转。

(3)消防水泵应设机工专门值班。

二、施工现场消防器材的设置

施工现场常用灭火器材主要有以下几种:

(1)泡沫灭火器:油脂、石油产品及一般固体物质的初起火灾。

(2)酸碱灭火器:竹、木、棉、毛、草、纸等一般可燃物质的初起火灾。

(3)干粉灭火器:石油及其产品、可燃气体和电气设备的初起火灾。

(4)二氧化碳灭火器:贵重设备、档案资料、仪器仪表、600V 以下电器及油脂火灾。

(5)水:适用范围较广,但不得用于以下几个方面:

1)非水溶性可燃、易燃物体火灾。

2)与水反应产生可燃气体、可引起爆炸的物质起火。

3)直流水不得用于带电设备和可燃粉尘集聚处的火灾,以及贮存大量浓硫、硝酸场所的火灾。

常用灭火器的性能及用途见表 7-3。

表 7-3   **常用灭火器的性能及用途**

灭火器种类	二氧化碳灭火器	四氧化碳灭火器	干粉灭火器
规格	2kg 以下 2~3kg 5~7kg	2kg 以下 2~3kg 5~7kg	8kg 50kg
药剂	液态二氧化碳	四氧化碳液体,并有一定压力	钾盐或钠盐干粉并有盛装压缩气体的小钢瓶
用途	不导电 扑救电气精密仪器、油类和分类火灾;不能扑救钾、钠、镁、铝等引起的火灾	不导电 扑救电气设备火灾;不能扑救钾、钠、镁、铝、乙炔、二硫化碳引起的火灾	不导电 扑救电气设备火灾,石油产品、油漆、有机溶剂、天然气火灾,不宜扑救电机火灾
效能	射程 3m	3kg,喷射时间 30s,射程 7m	8kg,喷射时间 4~8s,射程 4.5m
使用方法	一手拿喇叭筒对着火源,另一手打开开关	只要打开开关,液体就可喷出	提起圈环,干粉就可喷出
检查方法	每 3 月测量一次,当减少原重 1/10 时,应充气	每 3 月试喷少许,压力不够时应充气	每年检查一次干粉:是否受潮或结块;小钢瓶内气体压力。每半年检查一次,如重量减少 1/10,应换气

◎ **关键细节 23** 　施工现场灭火器材的配备

(1)一般临时设施区,每 100m² 配备两个 10L 灭火器,大型临时设施总面积超过 1200m² 的,应备有专供消防用的太平桶、积水桶(池)、黄沙池等器材设施。上述设施周围不得堆放物品。

(2)临时木工间,油漆间,木、机具间等,每 25m² 应配置一个种类合适的灭火器;油库、危险品仓库应配备足够数量、种类的灭火器。

(3)仓库或堆料场内,应根据灭火对象的特性,分组布置酸碱、泡沫、二氧化碳等灭火器,每组灭火器不应少于 4 个,每组灭火器之间的距离不应大于 30m。

◎ **关键细节 24** 　施工现场灭火器设置要求

(1)灭火器应设置在明显的地点,如房间出入口、通道、走廊、门厅及楼梯等部位。

(2)灭火器的铭牌必须朝外,以方便人们直接看到灭火器的主要性能指标。

(3)手提式灭火器设置在挂钩、托架上或灭火器箱内,其顶部离地面高度应小于 1.5m,底部离地面高度不宜小于 0.15m。

第五节　施工现场灭火方法与防火检查

一、施工现场灭火方法

一切灭火措施都是为了破坏已经产生的燃烧条件,或使燃烧反应中的游离基中断而终止燃烧。根据物质燃烧原理和总结长期来扑救火灾的实践经验,施工现场灭火方法可归纳为四种:窒息灭火法、冷却灭火法、隔离灭火法和抑制灭火法。

◎ **关键细节 25** 　窒息灭火法

窒息灭火法是指阻止空气流入燃烧区,或用不燃物质(气体)冲淡空气,使燃烧物质断绝氧气的助燃而使火熄灭。这种灭火方法,仅适应于扑救比较密闭的房间、地下室和生产装置设备等部位发生的火灾。

当施工现场发生火灾运用窒息法扑灭时,具体可采取以下灭火措施:

(1)采用石棉布,浸湿的棉被、帆布、海草席等不燃或难燃材料覆盖燃烧物或封闭孔洞。

(2)将水蒸气、惰性气体(二氧化碳、氮气)充入燃烧区域内。

(3)利用建筑物原有的门、窗以及生产贮运设备上的部件,封闭燃烧区,阻止新鲜空气流入,以降低燃烧区内氧气的含量,从而达到窒息燃烧的目的。

采取窒息法扑救火灾时,必须注意以下几个问题:

(1)燃烧部位的空间必须较小,容易堵塞封闭,且在燃烧区域内没有氧化剂物质存在时。

(2)采取水淹方法扑救火灾时,必须考虑到水对可燃物质作用后不致产生不良后果。

(3)采取窒息法灭火后,必须在确认火已熄灭时,方可打开孔洞进行检查,严防因过早打开封闭的房间或生产装置,而使新鲜空气流入燃烧区,引起新的燃烧,导致火势猛烈发展。

(4)在条件允许的情况下,为阻止火势迅速蔓延,争取灭火战斗的准备时间,可先采取临时性的封闭窒息措施或先不打开门、窗,使燃烧速度控制在最低程度,在组织好扑救力量后,再打开门、窗解除窒息封闭措施。

(5)采用惰性气体灭火时,必须要保证充入燃烧区域内的惰性气体的数量,使燃烧区域内氧气的含量控制在14%以下,以达到灭火的目的。

◎关键细节26　冷却灭火法

冷却灭火法是指将灭火剂直接喷洒在燃烧物体上,使可燃物质的温度降低到燃点以下,以终止燃烧。这种方法是扑救火灾常用的方法。

在施工现场,当火灾发生时,除了用冷却法扑灭火灾外,在必要的情况下,可用冷却剂冷却建筑构件、生产装置、设备容器等,以防止建筑结构变形造成更大的损失。

◎关键细节27　隔离灭火法

隔离灭火法是指将燃烧物体与附近的可燃物质、火源隔离或疏散开,使燃烧因失去可燃物质而停止。这种方法适用于扑救各种固体、液体和气体火灾。

当施工现场火灾发生时,采取隔离灭火法的具体措施有:

(1)将燃烧区附近的可燃、易燃、易爆和助燃物质转移到安全地点;关闭阀门,阻止气体、液体流入燃烧区。

(2)设法阻拦流散的易燃、可燃液体或扩散的可燃气体。

(3)拆除与燃烧区相毗连的可燃建筑物,形成防止火势蔓延的间距。

◎关键细节28　抑制灭火法

抑制灭火法是使灭火剂参与燃烧反应过程,使燃烧过程中产生的游离基消失,从而形成稳定分子或低活性的游离基,使燃烧反应停止。

二、施工现场防火检查

施工现场防火检查的目的在于发现和消除火险隐患,因此在防火管理中,相当时间内是在检查中做好各项工作的。

◎关键细节29　防火检查的内容

(1)检查用火、用电和易燃易爆物品及其他重点部位生产、储存、运输过程中的防火安全情况和建筑结构、平面布局、水源、道路是否符合防火要求。

(2)检查火险隐患整改情况。

(3)检查义务和专职消防队组织及活动情况。

(4)检查各级防火责任制、岗位责任制、工种责任书和各项防火安全制度执行情况。

(5)检查三级动火审批及动火证、操作证、消防设施、器材管理及使用情况。

(6)检查防火安全宣传教育、外包工管理等情况。

(7)检查消防基础管理是否健全,防火档案资料是否齐全,发生事故是否按"四不放过"原则进行处理。

🎯关键细节30　防火检查的方式

施工现场防火检查的方式主要有以下三种:

(1)班组检查。以班组长为主,按照防火安全责任制和操作规程的要求,通过班组的安全员、义务消防员对班组所在的施工场所或仓库等重点部位的防火安全进行检查。

(2)夜间检查。依靠值班的管理人员、警卫人员和担任夜间施工、生产的工人,检查电源、火源和施工、生活场所有无异常情况。

(3)定期检查。由项目经理组织,除了对所有部位进行普遍检查外,还应对防火重点部位进行重点检查。

第八章　施工现场文明施工与环境卫生管理

第一节　文明施工

一、文明施工基本条件及要求

文明施工是指保持施工场地整洁卫生、施工组织科学、施工程序合理的一种施工活动。实现文明施工，不仅要着重做好现场的场容管理工作，而且还要相应做好现场材料、机械、安全、技术、保卫、消防和生活卫生等方面的管理工作。一个工地的文明施工水平是该工地乃至所在企业各项管理工作水平的综合体现。

施工现场文明施工需具备下列基本条件：

(1)有整套的施工组织设计(或施工方案)。

(2)有健全的施工指挥系统和岗位责任制度。

(3)工序衔接交叉合理，交接责任明确。

(4)有严格的成品保护措施和制度。

(5)大小临时设施和各种材料、构件、半成品按平面布置堆放整齐。

(6)施工场地平整，道路畅通，排水措施得当，水电线路整齐。

(7)机具设备状况良好，使用合理，施工作业符合消防和安全要求。

施工现场文明施工应满足以下基本要求：

(1)工地主要入口要设置简朴、规整的大门，门旁必须设立明显的标牌，标明工程名称、施工单位和工程负责人姓名等内容。

(2)施工现场建立文明施工责任制，划分区域，明确管理负责人，实行挂牌制，做到现场清洁、整齐。

(3)施工现场场地平整，道路坚实、畅通，有排水措施，基础、地下管道施工完后要及时回填平整，清除积土。

(4)现场施工临时水电要有专人管理，不得有长流水、长明灯。

(5)施工现场的临时设施，包括生产、办公、生活用房、仓库、料场、临时上下水管道以及照明、动力线路，要严格按施工组织设计确定的施工平面图布置、搭设或埋设整齐。

(6)工人操作地点和周围必须清洁、整齐，做到活完脚下清，工完场地清，丢洒在楼梯、楼板上的砂浆、混凝土要及时清除，落地灰要回收过筛后使用。

(7)砂浆、混凝土在搅拌、运输、使用过程中，要做到不洒、不漏、不剩，使用地点盛放砂浆、混凝土必须有容器或垫板，如有洒、漏要及时清理。

(8)要有严格的成品保护措施，严禁损坏污染成品，堵塞管道。高层建筑要设置临时便桶,严禁在建筑物内大小便。

(9)建筑物内清除的垃圾渣土,要通过临时搭设的竖井或利用电梯井或采取其他措施稳妥下卸,严禁从门窗口向外抛掷。

(10)施工现场不准乱堆垃圾及余物。应在适当地点设置临时堆放点,并定期外运。清运渣土垃圾及流体物品,要采取遮盖防漏措施,运送途中不得遗撒。

(11)根据工程性质和所在地区的不同情况,采取必要的围护和遮挡措施,并保持外观整洁。

(12)针对施工现场情况设置宣传标语和黑板报,并适时更换内容,切实起到表扬先进、促进后进的作用。

(13)施工现场严禁居住家属,严禁居民、家属、小孩在施工现场穿行、玩耍。

(14)现场使用的机械设备,要按平面布置规划固定点存放,遵守机械安全规程,经常保持机身及周围环境的清洁,机械的标记、编号明显,安全装置可靠。

(15)清洗机械排出的污水要有排放措施,不得随地流淌。

(16)在用的搅拌机、砂浆机旁必须设有沉淀池,不得将浆水直接排放到下水道及河流等处。

(17)塔式起重机轨道应按规定铺设整齐、稳固,塔边要封闭,道渣不外溢,路基内外排水畅通。

(18)施工现场应建立不扰民措施,针对施工特点设置防尘和防噪声设施,夜间施工必须有当地主管部门的批准。

二、文明施工的工作内容及要求

施工现场文明施工工作内容应包括以下几个方面:

(1)进行现场文化建设。

(2)规范场容,保持作业环境整洁卫生。

(3)创造有序生产的条件。

(4)减少对居民和环境的不利影响。

◎关键细节1 施工现场文明施工要求

(1)施工现场的大门设置牢固、美观,符合设置规定的要求。

(2)施工现场的围挡设置牢固、整齐美观,设置连续严密,外侧颜色搭配合理。

(3)施工现场的安全防护、消防设施、用电设备等设备齐全,设置合理,管理完善。

(4)施工现场的机械设备工作性能良好,安装位置符合平面布置的要求。

(5)施工现场的料具码放外侧整齐统一,码放位置符合平面布置图的要求,有标识。

(6)施工现场的道路硬化符合要求,保持畅通,并有回转余地,经常洒水,防止扬尘。

(7)施工现场的排水设施畅通,场地平整无积水。

(8)施工垃圾应集中存放,有分拣站,及时分拣、回收、利用和清运,生活垃圾应集中存放、及时清理,保持现场清洁卫生。

(9)施工区与生活区有明确划分,办公室、宿舍搭设符合要求,室内设置符合要求,摆放有序,经常保持清洁,并有专人管理。

(10)食堂设置符合要求,有卫生许可证及炊事员健康证,食堂卫生符合卫生管理要求。

(11)施工现场的厕所设置、卫生管理符合要求。

(12)施工现场设有材料库和危险品库,库房内物品摆放分类明确、整齐、有标识,有三防措施。

(13)施工现场有切实有效的防噪措施。

(14)施工现场大门处设车辆出场冲水设施,运输车辆不准带泥砂出场,不沿途遗洒。

(15)施工现场严禁吸烟,严禁穿拖鞋,严禁穿高跟鞋,进入现场必须戴好安全帽。

(16)施工现场大门口设有警卫和值班人员,并有详细的进出场人员、车辆登记记录。

第二节 施工现场环境保护

一、施工现场环境保护基本规定

环境保护是按照法律法规、各级主管部门和企业的要求,保护和改善作业现场的环境,控制现场的各种粉尘、废水、废气、固体废弃物、噪声、振动等对环境的污染和危害。

施工现场环境保护应遵守以下基本规定:

(1)把环保指标以责任书的形式层层分解到有关单位和个人,列入承包合同和岗位责任制,建立一支懂行善管的环保自我监控体系。

(2)要加强检查,加强对施工现场粉尘、噪声、废气的监测和监控工作。要与文明施工现场管理一起检查、考核、奖罚,及时采取措施消除粉尘、废气和污水的污染。

(3)施工单位要制定有效措施,控制人为噪声、粉尘的污染,并采取技术措施控制烟尘、污水、噪声污染。建设单位应该负责协调外部关系,同当地居委会、村委会、办事处、派出所、居民、施工单位、环保部门加强联系。

(4)要有技术措施,严格执行国家的法律、法规。在编制施工组织设计时,必须有环境保护的技术措施。在施工现场平面布置和组织施工过程中,要执行国家、地区、行业和企业有关防治空气污染、水源污染、噪声污染等环境保护的法律、法规和规章制度。

(5)建筑工程施工由于技术、经济条件限制,对环境的污染不能控制在规定范围内的,建设单位应当同施工单位事先报请当地人民政府建设行政主管部门和环境行政主管部门批准。

二、防治大气污染

大气污染通常是指由于人类活动或自然过程引起某些物质进入大气中,呈现出足够的浓度,达到足够的时间,并因此危害了人体的舒适、健康和福利或造成环境污染的现象。

凡是能使空气质量变差的物质都是大气污染物。大气污染物可分为自然因素(如森林火灾、火山爆发等)和人为因素(如工业废气、生活燃煤、汽车尾气等)两种,并且以后者为主要因素,工业生产和交通运输所造成的污染尤为严重。大气污染主要过程由污染源排放、大气传播、人与物受害这三个环节所构成。

施工现场产生大气污染的施工环节见表8-1。

表8-1 施工现场产生大气污染的施工环节

序　号	项　　目	内　　容
1	扬尘污染	产生扬尘污染的施工环节有： (1)搅拌桩、灌注桩施工的水泥扬尘； (2)土方施工过程及土方堆放的扬尘； (3)建筑材料(砂、石、黏土砖、塑料泡沫、膨胀珍珠岩粉等)堆放的扬尘； (4)脚手架清理、拆除过程的扬尘； (5)混凝土、砂浆拌制过程中的水泥扬尘； (6)木工机械作业的木屑扬尘； (7)道路清扫扬尘； (8)运输车辆扬尘； (9)砖槽、石切割加工作业扬尘； (10)建筑垃圾清扫扬尘； (11)生活垃圾清扫扬尘
2	空气污染	产生空气污染的施工环节主要有： (1)某些防水涂料施工过程； (2)化学加固施工过程； (3)油漆涂料施工过程； (4)施工现场的机械设备、车辆的尾气排放； (5)工地擅自焚烧对空气有污染的废弃物

◎关键细节2　施工现场防治大气污染措施

(1)施工现场的主要道路必须进行硬化处理，土方应集中堆放。裸露的场地和集中堆放的土方应采取覆盖、固化或绿化等措施。

(2)拆除建筑物、构筑物时，应采用隔离、洒水等措施，并应在规定期限内将废弃物清理完毕。

(3)施工现场土方作业应采取防止扬尘措施。

(4)从事土方、渣土和施工垃圾运输应采取密闭式运输车辆或采取覆盖措施；施工现场出入口处应采取保证车辆清洁的措施。

(5)施工现场的材料和大模板等存放场地必须平整坚实。水泥和其它易飞扬的细颗粒建筑材料应密闭存放或采取覆盖等措施。

(6)施工现场混凝土搅拌场所应采取封闭、降尘措施。

(7)建筑物内施工垃圾的清运，必须采用相应容器或管道运输，严禁凌空抛掷。

(8)施工现场应设置密封式垃圾站，施工垃圾、生活垃圾应分类存放，并应及时清运出场。

(9)城区、旅游景点、疗养区、重点文物保护地及人口密集区的施工现场应使用清洁能源。

(10)施工现场的机械设备、车辆的尾气排放应符合国家环保排放标准的要求。

(11)施工现场严禁焚烧各类废弃物。

三、防治水污染

水污染是指水体因某种物质的介入,而导致其化学、物理、生物或者放射性等方面特征的改变,从而影响水的有效利用,危害人体健康或者破坏生态环境,造成水质恶化的现象。

人类的活动会使大量的工业、农业和生活废弃物排入水中,使水受到污染。水污染物主要来源于工业、农业和生活污染。包括各种工业废水向自然水体的排放,化肥、农药、食物废渣、食油、粪便、合成洗涤剂、杀虫剂、病原微生物等对水体的污染。

施工现场废水和固体废物随水流流入水体部分,包括泥浆、水泥、油漆、各种油类、混凝土外加剂、重金属、酸碱盐、非金属无机毒物等。产生水污染的施工环节主要有:

(1)桩基施工、基坑护壁施工过程中的泥浆。

(2)混凝土(砂浆)搅拌机械、模板、工具的清洗产生的水泥浆污水。

(3)现浇水磨石施工的水泥浆。

(4)油料、化学溶剂泄漏。

(5)生活污水。

🎯**关键细节3** 施工现场防治水污染措施

(1)施工现场应设置水沟及沉淀池,施工污水经沉淀后方可排放市政污水管网或河流。

(2)施工现场存放的油料和化学溶剂等物品应设有专门的库房,地面应做防渗漏处理。废弃的油料和化学溶剂应集中处理,不得随意倾倒。

(3)食堂应设置隔油池,并应及时清理。

(4)厕所的化粪池应做抗渗处理。

(5)食堂、盥洗室、淋浴间的下水管线应设置过滤网,并应与市政府污水管线连接,保证排水通畅。

四、防治施工噪声污染

噪声是影响与危害非常广泛的环境污染问题。噪声环境可以干扰人的睡眠与工作,影响人的心理状态与情绪,造成人的听力损失,甚至引起许多疾病。此外,噪声对人们的对话干扰也是相当大的。

施工现场应按照现行国家标准《建筑施工场界环境噪声排放标准》(GB 12523—2011)及《建筑施工场界噪声测量方法》(GB 12524—1990)制定降噪措施,并应对施工现场的噪声值进行监测和记录。

🎯**关键细节4** 施工现场防治噪声污染措施

(1)施工现场的强噪声设备宜设置在远离居民区的一侧,并应采取降低噪声措施。

(2)对因生产工艺要求或其他特殊需要,确需在夜间进行超过噪声标准施工的,施工前建设单位应向有关部门提出申请,经批准后方可进行夜间施工。

(3)运输材料的车辆进入施工现场,严禁鸣笛,装卸材料应做到轻拿轻放。

第三节 施工现场环境卫生与防疫管理

一、施工区环境卫生管理

为创造舒适的工作环境,养成良好的文明施工作风,保证职工身体健康,施工区域和生活区域应有明确划分,把施工区和生活区分成若干片,分片包干,建立责任区,从道路交通、消防器材、材料堆放到垃圾、厕所、厨房、宿舍、火炉、吸烟等都有专人负责,做到责任落实到人(名单上墙),使文明施工、环境卫生工作保持经常化、制度化。

◎ **关键细节5 施工现场环境卫生管理措施**

(1)施工现场要天天打扫,保持整洁卫生、场地平整,各类物品要堆放整齐,道路平坦畅通,无堆放物、无散落物,做到无积水、无黑臭、无垃圾,有排水措施。生活垃圾与建筑垃圾要分别定点堆放,严禁混放,并应及时清运。

(2)施工现场严禁大小便,发现有随地大小便现象要对责任区负责人进行处罚。施工区、生活区有明确划分,设置标志牌,标牌上注明责任人姓名和管理范围。

(3)卫生区的平面图应按比例绘制,并注明责任区编号和负责人姓名。

(4)施工现场零散材料和垃圾要及时清理,垃圾临时存放不得超过3天,如违反本条规定要处罚工地负责人。

(5)办公室内要做到天天打扫,保持整洁卫生,做到窗明、地净,文具摆放整齐,达不到要求要对当天卫生值班员罚款。

(6)职工宿舍铺上、铺下做到整洁有序,室内和宿舍四周保持干净,污水和污物、生活垃圾集中堆放并及时外运,发现不符合此条要求的要处罚当天卫生值班员。

(7)冬季办公室和职工宿舍取暖炉必须有验收手续,合格后方可使用。

(8)楼内清理出的垃圾,要用容器或小推车,以塔式起重机或提升设备运下,严禁高空抛撒。

(9)施工现场的厕所,做到有顶、门窗齐全,并有纱,坚持天天打扫,每周撒白灰或打药1~2次,消灭蝇蛆。便坑须加盖。

(10)为了广大职工身体健康,施工现场必须设置保温桶(冬季)和开水(水杯自备),公用杯子必须采取消毒措施,茶水桶必须有盖并加锁。

(11)施工现场的卫生要定期进行检查,发现问题要限期改正。

二、生活区卫生管理

生活区内应设置醒目的环境卫生宣传标牌和责任区包干图。按照卫生标准和环境卫生作业要求,生活区要"五有",即要有食堂、宿舍、厕所、医务室、茶水供应点等。冬季应注意防寒保暖,夏季应有防暑降温措施。生活"五有"设施须制定管理制度和责任制并落实责任人。

> ◎**关键细节6** 宿舍卫生管理规定

(1)职工宿舍要有卫生管理制度,实行室长负责制,规定一周内每天卫生值日名单张贴上墙,做到天天有人打扫,保持室内窗明地净、通风良好。

(2)宿舍内各类物品应堆放整齐,不到处乱放,做到整齐美观。

(3)宿舍内保持清洁卫生,清扫出的垃圾倒在指定的垃圾站堆放,并及时清理。

(4)生活废水应有污水池,二楼以上也要有水源及水池,做到卫生区内无污水、无污物,废水不得乱倒乱流。

(5)夏季宿舍应有消暑和防蚊虫叮咬措施。冬季取暖炉的防煤气中毒设施必须齐全、有效,建立验收合格证制度,经验收合格发证后,方准使用。

(6)未经许可一律禁止使用电炉及其他用电加热器具。

> ◎**关键细节7** 办公室卫生管理规定

(1)办公室的卫生由办公室全体人员轮流值班,负责打扫,排出值班表。

(2)值班人员负责打扫卫生、打水,做好来访记录。整理文具,文具应摆放整齐,做到窗明、地净,无蝇,无鼠。

(3)冬季负责取暖炉的人员,落地炉灰要及时清扫,炉灰按指定地点堆放,定期清理外运,防止发生火灾。

(4)未经许可一律禁止使用电炉及其他电加热器具。

三、食堂卫生管理

为加强建筑工地食堂管理,严防肠道传染病的发生,杜绝食物中毒,把住病从口入关,各单位要加强对食堂的治理整顿。依照食堂规模的大小、入伙人数的多少,应当有相应的食品原料处理、加工、贮存等场所及必要的上、下水等卫生设施。要做到防尘、防蝇,与污染源(污水沟、厕所、垃圾箱等)应保持30m以上的距离。食堂内外每天做到清洗打扫,并保持内外环境的整洁。

> ◎**关键细节8** 食品采购运输规定

(1)采购外地食品应向供货单位索取县级以上食品卫生监督机构开具的检验合格证或检验单。必要时可请当地食品卫生监督机构进行复验。

(2)采购食品使用的车辆、容器要清洁卫生,做到生熟分开,防尘、防蝇、防雨、防晒。

(3)不得采购制售腐败变质、霉变、生虫、有异味或国家规定禁止生产经营的食品。

> ◎**关键细节9** 食品贮存、保管规定

(1)食品不得接触有毒物、不洁物。建筑工程使用的防冻盐(亚硝酸钠)等有毒有害物质,各施工单位要设专人专库存放,严禁亚硝酸盐和食盐同仓共贮,要建立、健全管理制度。

(2)贮存食品要隔墙、离地,注意做到通风、防潮、防虫、防鼠。食堂内必须设置合格的密封熟食间,有条件的单位应设冷藏设备。主副食品、原料、半成品、成品要分开存放。

(3)盛放酱油、盐等副食调料要做到容器物见本色,加盖存放,清洁卫生。

(4)禁止用铝制品、非食用性塑料制品盛放熟菜。

◎ 关键细节 10　食品制售过程的卫生管理

(1)制作食品的原料要新鲜卫生,做到不用、不卖腐败变质的食品,各种食品要烧熟煮透,以免发生食物中毒。

(2)制售过程中刀、墩、案板、盆、碗及其他盛器、筐、水池子、抹布和冰箱等工具要严格做到生熟分开,售饭时要用工具销售直接入口食品。

(3)非经过卫生监督管理部门批准,工地食堂禁止供应生吃凉拌菜,以防止肠道传染疾病。剩饭、剩菜要回锅彻底加热再食用,一旦发现变质,不得食用。

(4)共用食具要洗净消毒,应有符合卫生要求的洗手和餐具洗涤设备。

(5)使用的代价券必须每天消毒,防止交叉污染。

(6)盛放丢弃食物的桶(缸)必须有盖,并及时清运。

◎ 关键细节 11　炊管人员卫生管理

(1)凡在岗位上的炊管人员,必须持有所在地区卫生防疫部门办理的健康证和岗位培训合格证,并且每年进行一次体检。

(2)凡患有痢疾、肝炎、伤寒、活动性肺结核、渗出性皮肤病以及其他有碍食品卫生的疾病,不得参加接触直接入口食品的制售及食品洗涤工作。

(3)民工炊管人员无健康证的不准上岗,否则予以经济处罚,责令关闭食堂,并追究有关领导的责任。

(4)炊管人员操作时必须穿戴好工作服、发帽,做到"三白"(白衣、白帽、白口罩),并保持清洁整齐,做到文明操作,不赤背、不光脚,禁止随地吐痰。

(5)炊管人员必须做好个人卫生,要坚持做到"四勤"(勤理发、勤洗澡、勤换衣、勤剪指甲)。

◎ 关键细节 12　集体食堂发放卫生许可证验收标准

(1)新建、改建、扩建的集体食堂,在选址和设计时应符合卫生要求,远离有毒有害场所,30m 内不得有露天坑式厕所、暴露垃圾堆(站)和粪堆畜圈等污染源。

(2)需有与进餐人数相适应的餐厅、制作间和原料库等辅助用房。餐厅和制作间(含库房)建筑面积比例一般应为 1∶1.5,其地面和墙裙的建筑材料,要用具有防鼠、防潮和便于洗刷的水泥等。有条件的食堂,制作间灶台及其周围要镶嵌白瓷砖,炉灶应有通风排烟设备。

(3)制作间应分为主食间、副食间、烧火间,有条件的可开设生间、择菜间、炒菜间、冷荤间、面点间。做到生与熟,原料与成品,半成品、食品与杂物、毒物(亚硝酸盐、农药、化肥等)严格分开。冷荤间应具备"五专"(专人、专室、专容器用具、专消毒、专冷藏)。

(4)主、副食应分开存放。易腐食品应有冷藏设备(冷藏库或冰箱)。

(5)食品加工机械、用具、炊具、容器应有防蝇、防尘设备。用具、容器和食用苫布(棉被)要有生、熟及反、正面标记,防止食品污染。

(6)采购运输要有专用食品容器及专用车。

(7)食堂应有相应的更衣、消毒、盥洗、采光、照明、通风和防蝇、防尘设备,以及通畅的上下水管道。

(8)餐厅设有洗碗池、残渣桶和洗手设备。

(9)公用餐具应有专用洗刷、消毒和存放设备。

(10)食堂炊管人员(包括合同工、临时工)必须按有关规定进行健康检查和卫生知识培训并取得健康合格证和培训证。

(11)具有健全的卫生管理制度。单位领导要负责食堂管理工作,并将提高食品卫生质量、预防食物中毒列入岗位责任制的考核评奖条件中。

(12)集体食堂的经常性食品卫生检查工作,各单位要根据《食品安全法》有关规定进行管理检查。

四、安全色标管理

(1)安全色。安全色是表达信息含义的颜色,用来表示禁止、警告、指令、指示等,其作用在于使人们能迅速发现或分辨职业健康安全标志,提醒人们注意,预防事故发生。

1)红色表示禁止、停止、消防和危险的意思。

2)蓝色表示指令与必须遵守的规定。

3)黄色表示通行、安全和提供信息的意思。

4)绿色表示传递安全提示性信息的意思。

(2)安全标志。安全标志是指在操作人员容易产生错误,有造成事故危险的场所,为了确保安全所采取的一种标示。此标示由安全色、几何图形符号构成,是用以表达特定安全信息的特殊标示。设置安全标志的目的,是为了引起人们对不安全因素的注意,预防事故发生。

1)禁止标志是不准或制止人们的某种行为(图形为黑色,禁止符号与文字底色为红色)。

2)警告标志是使人们注意可能发生的危险(图形警告符号及字体为黑色,图形底色为黄色)。

3)指令标志是告诉人们必须遵守的意思(图形为白色,指令标志底色均为蓝色)。

4)提示标志是向人们提示目标的方向,用于消防提示(消防提示标志的底色为红色,文字、图形为白色)。

◎关键细节 13　施工现场安全色标数量及位置

施工现场安全色标数量及位置见表8-2。

表 8-2　　　　　　　　　　施工现场安全色标分布表

类　别		数量	位　　置
禁止类 (红色)	禁止吸烟	8个	材料库房、成品库、油料堆放处、易燃易爆场所、材料场地、木工棚、施工现场、打字复印室
	禁止通行	7个	外架拆除、坑、沟、洞、槽、吊钩下方、危险部位
	禁止攀登	6个	外用电梯出口、通道口、马道出入口
	禁止跨越	6个	首层外架四面、栏杆、未验收的外架

（续）

类　别		数　量	位　　置
指令类（蓝色）	必须戴安全帽	7个	外用电梯出入口、现场大门口、吊钩下方、危险部位、马道出入口、通道口、上下交叉作业
	必须系安全带	5个	现场大门口、马道出入口、外用电梯出入口、高处作业场所、特种作业场所
	必须穿防护服	5个	通道口、马道出入口、外用电梯出入口、电焊作业场所、油漆防水施工场所
	必须戴防护眼镜	12个	通道口、马道出入口、外用电梯出入、通道出入口、马道出入口、车工操作间、焊工操作场所、抹灰操作场所、机械喷漆场所、修理间、电度车间、钢筋加工场所
警告类（黄色）	当心弧光	1个	焊工操作场所
	当心塌方	2个	坑下作业场所、土方开挖
	机械伤人	6个	机械操作场所、电锯、电钻、电刨、钢筋加工现场、机械修理场所
提示类（绿色）	安全状态通　行	5个	安全通道、行人车辆通道、外架施工层防护、人行通道、防护棚

第九章 施工现场安全检查验收与评定

第一节 施工现场安全检查

一、安全检查的意义

施工现场安全检查是指对施工项目贯彻安全生产法律法规的情况、安全生产状况、劳动条件、事故隐患等所进行的检查。其目的是为了及时发现事故隐患,排除施工中的不安全因素,纠正违章作业,监督安全技术措施的执行,堵塞漏洞,以改善劳动条件,防止工伤事故、设备事故发生。

施工现场安全检查的意义主要表现为以下几个方面:

(1)可以发现施工生产中人的不安全行为和物的不安全状态,从而采取对策,消除不安全因素,保障安全生产。

(2)了解和掌握安全生产状态,为分析安全生产形势,强化安全管理提供信息和依据。

(3)进一步宣传、贯彻、落实国家的安全生产方针、政策和企业的各项规章制度。

(3)深入开展群众性的安全教育,不断增强领导和全体员工的安全意识,纠正违章指挥、违章作业,不断提高搞好安全生产的自觉性和责任感。

(4)互相学习、总结经验、吸取教训、取长补短,进一步促进安全生产工作。

二、安全检查的内容

施工现场安全检查工作的内容主要包括以下两个方面:

(1)各级管理人员对职业健康安全施工规章制度的建立与落实。规章制度的内容包括:职业健康安全施工责任制、岗位责任制、职业健康安全教育制度、职业健康安全检查制度等。

(2)施工现场职业健康安全措施的落实和有关职业健康安全规定的执行情况。

◎关键细节 1 临时用电系统和设施安全检查工作重点

(1)临时用电是否采用 TN-S 接零保护系统。

1)TN-S 系统就是五线制,保护零线和工作零线分开。在一级配电柜设立两个端子板,即工作零线和保护零线端子板,此时入线是一根中性线,出线就是两根线,也就是工作零线和保护零线分别由各自端子板引出。

2)现场塔式起重机等设备要求电源从一级配电柜直接引入,引到塔式起重机专用箱,不允许与其他设备共用。

3)现场一级配电柜要做重复接地。

（2）施工中临时用电的负荷匹配和电箱合理配置、配设问题。负荷匹配和电箱合理配置、配设要达到"三级配电、两级保护"要求，符合《施工现场临时用电安全技术规范》(JGJ 46—2005)和《建筑施工安全检查标准》(JGJ 59—2011)等规范和标准。

（3）临电器材和用电设备是否具备安全防护装置和有无安全措施。

1）对室外及固定的配电箱要有防雨防砸棚、围栏，如果是金属的，还要接保护零线、箱子下方砌台、箱门配锁、有警告标志和制度责任人等。

2）木工机械等，环境和防护设施齐全有效。

3）手持电动工具达标等。

（4）生活和施工照明的特殊要求。

1）灯具(碘钨灯、镝灯、探照灯、手把灯等)高度、防护、接线、材料符合规范要求。

2）走线要符合规范和必要的保护措施。

3）在需要使用安全电压场所要采用低压照明，低压变压器配置要符合要求。

（5）消防泵、大型机械的特殊用电要求。对塔式起重机、消防泵、外用电梯等配置专用电箱，做好防雷接地，对塔式起重机、外用电梯电缆要做合适的处理等。

（6）雨期施工中，对绝缘和接地电阻进行及时摇测并记录情况。

⚙关键细节2 施工准备阶段安全检查工作重点

（1）如施工区域内有地下电缆、水管或防空洞等，要指令专人进行妥善处理。

（2）现场内或施工区域附近有高压架空线时，要在施工组织设计中采取相应的技术措施，确保施工安全。

（3）施工现场的周围如临近居民住宅或交通要道，要充分考虑施工扰民、妨碍交通、发生安全事故的各种可能因素，以确保人员安全。对有可能发生的危险隐患，要有相应的防护措施，如搭设过街、民房防护棚，以及施工中作业层的全封闭措施等。

（4）在现场内设金属加工、混凝土搅拌站时，要尽量远离居民区及交通要道，防止施工中噪声干扰居民正常生活。

⚙关键细节3 基础施工阶段安全检查工作重点

（1）土方施工前，检查是否有针对性的安全技术交底并督促执行。

（2）在雨期或地下水位较高的区域施工时，是否有排水、挡水和降水措施。

（3）根据组织设计放坡比例是否合理，有没有支护措施或打坡护桩。

（4）深基础施工，作业人员工作环境和通风是否良好。

（5）工作位置距基础2m以下是否有基础周边防护措施。

⚙关键细节4 结构施工阶段安全检查工作重点

（1）做好对外脚手架的安全检查与验收，预防高处坠落和预防物体打击。

1）搭设材料和安全网合格与检测。

2）水平6m支网和3m挑网。

3）出入口的护头棚。

4）脚手架搭设基础、间距、拉结点、扣件连接。

5）卸荷措施。

6)结构施工层和距地 2m 以上操作部位的外防护等。

(2)做好对"三宝"等安全防护用品(安全帽、安全带、安全网、绝缘手套、防护鞋等)的使用检查与验收。

(3)做好对孔、洞口(楼梯口、预留洞口、电梯井口、管道井口、首层出入口等)的安全检查与验收。

(4)做好对临边(阳台边、屋面周边、结构楼层周边、雨篷与挑檐边、水箱与水塔周边、斜道两侧边、卸料平台外侧边、梯段边)的安全检查与验收。

(5)做好对机械设备人员的教育,要求其持证上岗,对所有设备进行检查与验收。

(6)检查材料特别是大模板存放和吊装使用情况。

(7)施工人员上下通道。

(8)对一些特殊结构工程,如钢结构吊装、大型梁架吊装以及特殊危险作业,要对施工方案、安全措施和技术交底进行检查与验收。

🎯关键细节5 装饰装修施工阶段安全检查工作重点

(1)对外装修脚手架、吊篮、桥式架子的保险装置、防护措施在投入使用前进行检查与验收,日常期间要进行安全检查。

(2)室内管线洞口防护设施。

(3)室内使用的单梯、双梯、高凳等工具及使用人员的安全技术交底。

(4)内装修使用的架子搭设和防护。

(5)内装修作业所使用的各种染料、涂料和胶黏剂是否挥发有毒气体。

(6)多工种的交叉作业。

🎯关键细节6 竣工收尾阶段安全检查工作重点

(1)外装修脚手架的拆除。

(2)现场清理工作。

🎯关键细节7 安全检查日检记录

施工现场安全检查日检记录可参见表 9-1。

表 9-1　　　　　　　　建筑施工现场安全检查日检表

施工单位		检查日期		气象	
工程名称		检查人员		负责人	
序号	检查项目	检查内容		存在问题及处理	
1	脚手架	间距、拉结、脚手板、载重、卸荷			
2	吊篮架子	保险绳、就位固定、升降工具、吊点			
3	插口架子(挂架)	吊钩保险、别杠			
4	桥式架子	立柱垂直、安全装置、升降工具			
5	坑槽边坡	边坡状况、放坡、支撑、边缘荷载、堆物状况			
6	临边防护	坑(槽)边和屋面、进出料口、楼梯、阳台、平台、框架结构四周防护及安全网支搭			

（续）

序号	检查项目	检查内容	存在问题及处理
7	孔洞	电梯井口、预留洞口、楼梯口、通道口	
8	电气	漏电保护器、闸具、闸箱、导线、接线、照明、电动工具	
9	垂直运输机械	吊具、钢丝绳、防护设施、信号指挥	
10	中小型机械	防护装置、接地、接零保护	
11	料具存放	模板、料具、构件的安全存放	
12	电气焊	焊机间距离、焊机、中压罐、气瓶	
13	防护用品使用	安全帽、安全带、防护鞋、防护手套	
14	施工道路	交通标志、路面、安全通道	
15	特殊情况	脚手架基础、塔基、电气设备、防雨措施、交叉作业、揽风绳	
16	违章	持证上岗、违章指挥、违章作业	
17	重大隐患		
18	备注		

三、安全检查的实施

施工现场安全检查应符合《建筑施工安全检查标准》(JGJ 59—2011)的规定。

关键细节 8 施工现场安全检查的要求

（1）各种安全检查都须根据检查要求配备足够的资源。大范围、全面性的安全检查须明确检查负责人，选调专业人员，并明确分工，检查内容、标准等要求。

（2）每种安全检查都须有明确的检查目的、检查项目、内容及标准。特殊过程、关键部位须重点检查。检查时须尽量采用检测工具，用数据说话。对现场管理人员及操作人员应检查是否有违章指挥和违章作业的行为，还须进行应知应会知识的抽查，以便了解管理人员及操作工人的安全素质。

（3）检查记录是安全评价的依据，须做到认真详细、真实可靠，特别是对隐患的检查记录要具体。应采用安全检查评分表的，须记录每项扣分的原因。

（4）对安全检查记录须用定性定量的方法，认真进行系统分析安全评价。哪些检查项目已达标，哪些项目没有达标，哪些方面需要进行改进，哪些问题需要进行整改，受检单位须根据安全检查评价及时制定改进的对策及措施。

（5）整改是安全检查工作的重要组成部分，也是检查结果的归宿。

关键细节 9 施工现场安全检查的方式

施工现场安全检查的方式，主要有定期检查、专业性检查、经常性检查、季节性检查、节假日前后检查以及自行检查等，见表9-2。

表 9-2 施工现场安全检查方式

序号	检查方式	内　　　　　容
1	定期检查	企业一定要建立定期分级安全生产检查制度,每季度组织一次全面的安全生产检查;分公司、工程处、工区、施工队每月组织一次安全生产检查;项目经理部应每旬组织一次安全生产检查。对施工规模较大的工地可以每月组织一次安全生产检查。每次安全生产检查须由单位主管生产的领导或技术负责人带队,由相关的安全、劳资、保卫等部门联合组织检查
2	经常性安全检查	经常性的检查包括公司组织的、项目经理部组织的安全生产检查,项目安全管理小组成员,安全专职、兼职人员及安全值日人员对工地进行日常的巡回安全生产检查。施工班组每天由班组长及安全值日人员组织的班前班后安全检查等
3	专业性安全检查	专业安全生产检查的内容包括对物料提升机、脚手架、施工用电、起重机、压力容器、登高设施等的安全生产问题及普遍性安全问题进行单项专业检查。这类检查专业性强,也可以结合单项评比进行,参加专业安全生产检查组的人员须由技术负责人、安全管理小组、职能部门人员、专职安全员、专业技术人员、专项作业负责人组成
4	季节性安全检查	季节性安全生产检查是针对施工所在地冬期及雨期气候的特点,就可能给施工带来危害而组织的安全生产检查
5	节假日前后安全检查	节假日前后安全生产检查是指针对节假日前后职工思想松懈而进行的安全生产检查
6	自行检查	施工人员在施工过程中还要经常进行自检、互检和交接检查。自检是施工人员工作前、后对自身所处的环境和工作程序进行安全检查,以随时消除安全隐患。互检是指班组之间、员工之间开展的安全检查,以便互相帮助,共同防范事故。交接检查是指上道工序完毕,交给下道工序使用前,在工地负责人组织工长、安全员、班组及其他有关人员参加情况下,由上道工序施工人员进行安全交底并一起进行安全检查和验收,认为合格后,才能交给下道工序使用

◎关键细节 10　施工现场安全检查的方法

施工现场安全检查一般方法主要是通过看、听、嗅、问、查、测、验、析等手段进行检查。

看——就是看现场环境和作业条件,看实物和实际操作,看记录和资料等,通过看来发现隐患。

听——听汇报、听介绍、听反映、听意见或批评、听机械设备的运转响声或承重物发出的微弱声等,通过听来判断施工操作是否符合安全规范的规定。

嗅——通过嗅来发现有无不安全或影响职工健康的因素。

问——就影响安全的问题,详细询问,寻根究底。

查——查安全隐患问题,对发生的事故,要查清原因,追究责任。

测——对影响安全的有关因素、问题,进行必要的测量、测试、监测等。

验——对影响安全的有关因素进行必要的试验或化验。

析——分析资料、试验结果等,查清原因,清除安全隐患。

第二节　施工现场安全验收

一、施工现场安全验收的含义

施工现场安全验收是指对于施工项目的各项安全技术措施(方案)和施工现场新搭设的脚手架、井字架、门式架、爬架等架体、塔式起重机等大中小型机械设备、临电线路及电气设施等设备设施,在使用前要经过详细的安全检查,发现问题及时纠正,确认合格后进行验收签字,并由工长进行使用安全技术交底后,方准使用。

二、安全技术措施(方案)验收

(1)施工项目的安全技术方案的实施情况由项目总工程师带头组织验收。

(2)交叉作业施工的安全技术措施的实施由区域责任工程师组织验收。

(3)分部分项工程安全技术措施的实施由专业责任工程师组织验收。

(4)一次验收严重不合格的安全技术措施应重新组织验收。

(5)项目安全总监要参与以上验收活动,并提出自己的具体意见或见解,对需重新组织验收的项目要督促有关人员尽快整改。

三、安全设施与设备验收

施工现场安全设施与设备验收项目主要包括:

(1)一般防护设施和中小型机械。

(2)脚手架。

(3)高大外脚手架、满堂脚手架。

(4)吊篮架、挑架、外挂脚手架、卸料平台。

(5)整体式提升架。

(6)高 20m 以上的物料提升架。

(7)施工用电梯。

(8)塔式起重机。

(9)临电设施。

(10)钢结构吊装吊索具等配套防护设施。

(11)30m³/h 以上的搅拌站。

(12)其他大型防护设施。

关键细节 11　安全设施与设备验收内容

(1)一般脚手架的验收(20m 及其以下井字架、门式架)。对按照验收表格的验收项目、内容、标准进行详细检查,确无危险隐患,达到搭设图要求和规范的要求后,检查组成员签字正式验收。

(2)20m以上架体(包括爬架)的验收。按照检查表所列项目、内容、标准进行详细检查,并空载运行,检查无误后,进行满载升降运行试验,检查无误,最后进行超载15%～25%和升降运行试验。实验中认真观察安全装置的灵敏状况,试验后,对揽风绳锚桩、起重绳、天滑轮、定向滑轮、转向滑轮、金属结构、卷扬机等进行全面检查,确认无损坏且运行正常,检查组成员共同签字验收通过。

(3)塔式起重机等大中小型机械设备的验收。按照检查表所列项目、内容、标准进行详细检查。进行空载试验,验证无误,进行满负荷动载试验;再次全面检查无误,将夹轨夹牢后,进行超载15%～25%的动载运行试验。试验中,派专人观察安全装置是否灵敏可靠,对轨道机身吊杆起重绳、卡扣、滑轮等详细检查,确无损坏,运行正常,检查组成员共同签字验收通过。

(4)对于临电线路及电气设施的验收。按照临电验收所列项目、内容、标准进行详细检查。针对施工方案中的明确设置、方式、路线等进行检查。确认无误后,由检查组成员共同签字验收通过。

◉关键细节 12 安全设施与设备验收程序

施工现场安全设施与设备验收应按以下程序进行:

(1)一般防护设施和中小型机械设备由项目经理部专业责任工程师会同分包有关责任人共同进行验收。

(2)整体防护设施以及重点防护设施由项目总(主任)工程师组织区域责任工程师、专业责任工程师及有关人员进行验收。

(3)区域内的单位工程防护设施及重点防护设施,由区域工程师组织专业责任工程师、分包商施工,技术负责人、工长进行验收;项目经理部安全总监及相关分包安全员参加验收,其验收资料分专业归档。

(4)对于高度超过20m的高大架子等防护设施、临电设施和大型设备施工项目,在自检自验基础上报请公司安全主管部门进行验收。

第三节 施工现场安全性评定

为科学评价建筑施工现场安全生产,预防生产安全事故的发生,保障施工人员的安全和健康,提高施工管理水平,实现安全检查工作的标准化,房屋建筑工程施工过程中应按住建部颁布实施的《建筑施工安全检查标准》(JGJ 59—2011)对施工现场安全生产进行检查评定。

一、安全检查评定项目

1. 安全管理

安全管理检查评定应符合国家现行有关安全生产的法律、法规、标准的规定。安全管理检查评定保证项目应包括:安全生产责任制、施工组织设计及专项施工方案、安全技术交底、安全检查、安全教育、应急救援。一般项目应包括:分包单位安全管理、持证上岗、生产安全事故处理、安全标志。

2. 文明施工

文明施工检查评定应符合国家现行标准《建设工程施工现场消防安全技术规范》(GB 50720—2011)和《建筑施工现场环境与卫生标准》(JGJ 146—2004)、《施工现场临时建筑物技术规范》(JGJ/T 188—2009)的规定。文明施工检查评定保证项目应包括:现场围挡、封闭管理、施工场地、材料管理、现场办公与住宿、现场防火。一般项目应包括:综合治理、公示标牌、生活设施、社区服务。

3. 扣件式钢管脚手架

扣件式钢管脚手架检查评定应符合现行行业标准《建筑施工扣件式钢管脚手架安全技术规范》(JGJ 130—2011)的规定。扣件式钢管脚手架检查评定保证项目包括:施工方案、立杆基础、架体与建筑物结构拉结、杆件间距与剪刀撑、脚手板与防护栏杆、交底与验收。一般项目包括:横向水平杆设置、杆件搭接、架体防护、脚手架材质、通道。

4. 悬挑式脚手架

悬挑式脚手架检查评定应符合现行行业标准《建筑施工扣件式钢管脚手架安全技术规范》(JGJ 130—2011)和《建筑施工门式钢管脚手架安全技术规范》(JGJ 128—2010)的规定。悬挑式脚手架检查评定保证项目包括:施工方案、悬挑钢梁、架体稳定、脚手板、荷载、交底与验收。一般项目包括:杆件间距、架体防护、层间防护、脚手架材质。

5. 门式钢管脚手架

门式钢管脚手架检查评定应符合现行行业标准《建筑施工门式钢管脚手架安全技术规范》(JGJ 128—2010)的规定。门式钢管脚手检查评定保证项目包括:施工方案、架体基础、架体稳定、杆件锁件、脚手板、交底与验收。一般项目包括:架体防护、材质、荷载、通道。

6. 碗扣式钢管脚手架

碗扣式钢管脚手架检查评定应符合现行行业标准《建筑施工碗扣式钢管脚手架安全技术规范》(JGJ 166—2008)的规定。碗扣式钢管脚手架检查评定保证项目包括:施工方案、架体基础、架体稳定、杆件锁件、脚手板、交底与防护验收。一般项目包括:架体防护、材质、荷载、通道。

7. 附着式升降脚手架

附着式升降脚手架检查评定应符合现行行业标准《建筑施工工具式脚手架安全技术规范》(JGJ 202—2010)的规定。附着式升降脚手架检查评定保证项目包括:施工方案、安全装置、架体构造、附着支座、架体安装、架体升降。一般项目包括:检查验收、脚手板、防护、操作。

8. 承插型盘扣式钢管支架

承插型盘扣式钢管支架检查评定应符合现行行业标准《建筑施工承插型盘扣式钢管支架安全技术规程》(JGJ 231—2010)的规定。承插型盘扣式钢管支架检查评定保证项目包括：施工方案、架体基础、架体稳定、杆件、脚手板、交底与防护验收。一般项目包括：架体防护、杆件接长、架体内封闭、材质、通道。

9. 高处作业吊篮

高处作业吊篮检查评定应符合现行行业标准《建筑施工工具式脚手架安全技术规程》（JGJ 202—2010）的规定。高处作业吊篮检查评定保证项目包括：施工方案、安全装置、悬挂机构、钢丝绳、安装、升降操作。一般项目包括：交底与验收、防护、吊篮稳定、荷载。

10. 满堂式脚手架

满堂式脚手架检查评定除符合现行行业标准《建筑施工扣件式钢管脚手架安全技术规范》（JGJ 130—2011）的规定外，尚应符合其他现行脚手架安全技术规范。满堂式脚手架检查评定保证项目包括：施工方案、架体基础、架体稳定、杆件锁件、脚手板、交底与验收。一般项目包括：架体防护、材质、荷载、通道。

11. 基坑支护、土方作业

基坑支护、土方作业安全检查评定除符合现行国家标准《建筑基坑工程监测技术规范》（GB 50497—2009）、现行行业标准《建筑基坑支护技术规程》（JGJ 120—1999）、《建筑施工土石方工程安全技术规范》（JGJ 180—2009）的规定。基坑支护、土方作业检查评定保证项目包括：施工方案、临边防护、基坑支护及支撑拆除、基坑降排水、坑边荷载。一般项目包括：上下通道、土方开挖、基坑工程监测、作业环境。

12. 模板支架

模板支架安全检查评定应符合现行行业标准《建筑施工模板安全技术规范》（JGJ 162—2008）和《建筑施工扣件式钢管脚手架安全技术规范》（JGJ 130—2011）的规定。模板支架检查评定保证项目包括：施工方案、立杆基础、支架稳定、施工荷载、交底与验收。一般项目包括：立杆设置、水平杆设置、支架拆除、支架材质。

13. "三宝、四口"及临边防护

"三宝、四口"及临边防护检查评定应符合现行行业标准《建筑施工高处作业安全技术规范》（JGJ 80—1991）的规定。"三宝、四口"及临边防护检查评定项目包括：安全帽、安全网、安全带、临边防护、洞口防护、通道口防护、攀登作业、悬空作业、移动式操作平台、物料平台、悬挑式钢平台。

14. 施工用电

施工用电检查评定应符合国家现行标准《建设工程施工现场供用电安全规范》（GB 50194—1993）和《施工现场临时用电安全技术规范》（JGJ 46—2005）的规定。施工用电检查评定的保证项目应包括：外电防护、接地与接零保护系统、配电线路、配电箱与开关箱。一般项目应包括：配电室与配电装置、现场照明、用电档案。

15. 物料提升机

物料提升机检查评定应符合现行行业标准《龙门架及井架物料提升机安全技术规范》（JGJ 88—2010）的规定。物料提升机检查评定保证项目应包括：安全装置、防护设施、附墙架与缆风绳、钢丝绳、安拆、验收与使用。一般项目应包括：基础与导轨架、动力与传动、通信装置、卷扬机操作棚、避雷装置。

16. 施工升降机

施工升降机检查评定应符合国家现行标准《施工升降机安全规程》(GB 10055—2007)和《建筑施工升降机安装、使用、拆卸安全技术规程》(JGJ 215—2010)的规定。施工升降机检查评定保证项目应包括：安全装置、限位装置、防护设施、附墙架、钢丝绳、滑轮与对重、安拆、验收与使用。一般项目应包括：导轨架、基础、电气安全、通信装置。

17. 塔式起重机

塔式起重机检查评定应符合国家现行标准《塔式起重机安全规程》(GB 5144—2006)和《建筑施工塔式起重机安装、使用、拆卸安全技术规程》(JGJ 196—2010)的规定。塔式起重机检查评定保证项目应包括：载荷限制装置、行程限位装置、保护装置、吊钩、滑轮、卷筒与钢丝绳、多塔作业、安拆、验收与使用。一般项目应包括：附着、基础与轨道、结构设施、电气安全。

18. 起重吊装

起重吊装检查评定应符合现行国家标准《起重机械安全规程　第1部分：总则》(GB 6067.1—2010)的规定。起重吊装检查评定保证项目应包括：施工方案、起重机械、钢丝绳与地锚、索具、作业环境、作业人员。一般项目应包括：起重吊装、高处作业、构件码放、警戒监护。

19. 施工机具

施工机具检查评定应符合现行行业标准《建筑机械使用安全技术规程》(JGJ 33—2001)和《施工现场机械设备检查技术规程》(JGJ 160—2008)的规定。施工机具检查评定项目应包括：平刨、圆盘锯、手持电动工具、钢筋机械、电焊机、搅拌机、气瓶、翻斗车、潜水泵、振捣器、桩工机械。

二、安全检查评分方法

(1)建筑施工安全检查评定中，保证项目应全数检查。

(2)建筑施工安全检查评定应符合《建筑施工安全检查评价标准》(JGJ 59—2011)中各检查评定项目的有关规定，并应按规定的评分表进行评分。检查评分表应分为安全管理、文明施工、脚手架、基坑工程、模板支架、高处作业、施工用电、物料提升机与施工升降机、塔式起重机与起重吊装、施工机具分项检查评分表和检查评分汇总表。

(3)各评分表的评分应符合下列规定：

1)分项检查评分表和检查评分汇总表的满分分值均应为100分，评分表的实得分值应为各检查项目所得分值之和；

2)评分应采用扣减分值的方法，扣减分值总和不得超过该检查项目的应得分值；

3)当按分项检查评分表评分时，保证项目中有一项未得分或保证项目小计得分不足40分，此分项检查评分表不应得分；

4)检查评分汇总表中各分项项目实得分值应按下式计算：

$$A_1 = \frac{B \times C}{100}$$

式中　A_1——汇总表各分项项目实得分值；

  B——汇总表中该项应得满分值；

  C——该项检查评分表实得分值。

  5)当评分遇有缺项时，分项检查评分表或检查评分汇总表的总得分值应按下式计算：

$$A_2 = \frac{D}{E} \times 100$$

式中 A_2——遇有缺项时总得分值；

  D——实查项目在该表的实得分值之和；

  E——实查项目在该表的应得满分值之和。

  6)脚手架、物料提升机与施工升降机、塔式起重机与起重吊装项目的实得分值,应为所对应专业的分项检查评分表实得分值的算术平均值。

三、检查评定等级

  应按安全检查评分汇总表的总得分和分项检查评分表的得分,对建筑施工安全检查评定划分为优良、合格、不合格三个等级。

  当建筑施工安全检查评定的等级为不合格时,必须限期整改达到合格。

  ◎**关键细节 13** 建筑施工安全检查评定的等级划分

  (1)优良:分项检查评分表无零分,汇总表得分值应在80分及以上。

  (2)合格:分项检查评分表无零分,汇总表得分值应在80分以下,70分及以上。

  (3)不合格:

  1)当汇总表得分值不足70分时;

  2)当有一分项检查评分表得零分时。

第十章　工伤事故管理

第一节　工伤事故的定义与分类

一、工伤事故的定义

事故是指人们在进行有目的的活动过程中,发生了违背人们意愿的不幸事件,使其有目的的行动暂时或永久地停止。事故可能造成人员的死亡、伤害、职业病、财产损失或其他损失。

工伤事故是指职工在劳动生产过程中发生的人身伤害、急性中毒事故。根据《中华人民共和国安全生产法》和有关法律法规及 2007 年 6 月起施行的《生产安全事故报告和调查处理条例》的有关规定,因工伤亡事故是指职工在本岗位劳动或虽不在本岗位劳动,但由于企业的设备和设施不安全、劳动条件和作业环境不良、管理不善以及企业领导指定到本企业外从事本企业活动,所发生的人身伤害(包括轻伤、重伤、死亡)和急性中毒事故。

通常情况下,构成工伤事故须具备以下四个条件:

(1)工伤必须有人身伤亡的客观结果。

(2)受到人身伤害的人必须与企事业单位有合法的劳动关系,即是企业的合法职工。这里的合法劳动关系包括没有签订劳动合同但具有事实劳动关系的劳动关系。没有单位归属的无业人员或者是没有雇工的从事个体劳动的农民、小商贩、没有雇工的个体工商户,一般不会存在工伤问题,对非法雇佣工人的,其相关赔偿问题依照国家有关规定执行,比如人力资源和社会保障部颁布《非法用工单位伤亡人员一次性赔偿办法》。

(3)工伤必须是在工作时间,由于工作原因而引发的对职工生命健康权的损害。

(4)工伤必须是在法定条件和状态下发生的伤害。现有的法律一般都规定了在什么情况下所受到的伤害构成工伤,在什么情况下所受到的伤害不属于工伤;并且规定了在哪些情况下具备什么样的条件的伤害属于工伤。判断是否属于工伤必须依照法律的规定行事,这是由工伤的法定性决定的。

二、工伤事故的分类

工伤事故的分类见表 10-1。

表 10-1　　　　　　　　　　　　工伤事故分类

序号	分类方法	内　　容
1	按伤害程度划分	(1)轻伤——指损失工作日低于 105 日的失能伤害。 (2)重伤——指损失工作日等于或超过 105 日的失能伤害。 (3)死亡

（续）

序号	分类方法	内　　　容
2	按事故严重程度划分	(1)轻伤事故——指只有轻伤的事故。 (2)重伤事故——指有重伤而无死亡的事故。 (3)死亡事故——分重大伤亡事故和特大伤亡事故: 1)重大伤亡事故指一次事故死亡1~2人的事故。 2)特大伤亡事故指一次事故死亡3人以上(含3人)的事故
3	按伤害方式划分	物体打击;车辆伤害;机械伤害;起重伤害;触电;淹溺;灼烫;火灾;高处坠落;坍塌;冒顶片帮;透水;放炮;火药爆炸;瓦斯爆炸;锅炉爆炸;容器爆炸;其他爆炸;中毒和窒息;其他伤害
4	按事故的等级划分	根据生产安全事故(以下简称事故)造成的人员伤亡或者直接经济损失,事故一般分为以下等级: (1)特别重大事故,是造成30人以上死亡,或者100人以上重伤(包括急性工业中毒,下同),或者1亿元以上直接经济损失的事故。 (2)重大事故,是指造成10人以上30人以下死亡,或者50人以上100人以下重伤,或者5000万元以上1亿元以下直接经济损失的事故。 (3)较大事故,是指造成3人以上10人以下死亡,或者10人以上50人以下重伤,或者1000万元以上5000万元以下直接经济损失的事故。 (4)一般事故,是指造成3人以下死亡,或者10人以下重伤,或者1000万元以下直接经济损失的事故。 注:所称的"以上"包括本数,所称的"以下"不包括本数

第二节　工伤事故报告与统计

一、工伤事故报告

事故发生后应及时上报,事故报告应当及时、准确、完整,任何单位和个人对事故不得迟报、漏报、谎报或者瞒报。任何单位和个人不得阻挠或干涉对事故的报告。对事故报告和调查处理中的违法行为,任何单位和个人有权向安全生产监督管理部门、监察机关或者其他有关部门举报,接到举报的部门应当依法及时处理。

◎关键细节1　事故报告程序

发生事故后,负伤者或最先发现事故的人,应立即报告领导。企业领导在接到重伤、死亡、重大死亡事故报告后,应按规定用快速方法,立即向工程所在地建设行政主管部门以及国家安全生产监督部门、公安、工会等相关部门报告。各有关部门接到报告后,应立即转报各自的上级主管部门。

一般伤亡事故在24小时以内,重大和特大伤亡事故在2小时以内报到主管部门。

◎关键细节2 事故报告的内容

(1)事故发生单位概况。

(2)事故发生的时间、地点以及事故现场情况。

(3)事故的简要经过。

(4)事故已经造成或者可能造成的伤亡人数(包括下落不明的人数)和初步估计的直接经济损失。

(5)已经采取的措施。

(6)其他应当报告的情况。

二、工伤事故统计

工伤事故的统计是根据每次事故的登记资料进行的,在一定时期(月、季、年)以报告形式向企业主管部门和劳动部门综合汇报一次。为了研究事故发生的趋势,评估安全动态,以便拟定有效的预防措施。

工伤事故的统计是安全管理的一项重要内容,其统计的目的在于以下几个方面:

(1)及时反映企业安全生产状态,掌握事故情况,查明事故原因,分清责任,吸取教训,拟定改进措施,防止事故重复发生。

(2)分析比较各单位、各地区之间的安全工作情况,分析安全工作形势,为制定安全管理法规提供依据。

(3)事故资料是进行安全教育的宝贵材料,对生产、设计、科研工作也都有指导作用,为研究事故规律、消除隐患、保障安全提供基础资料。

◎关键细节3 事故报告统计计算方法

(1)适用于企业以及各省、市、县上报企业职工伤亡事故时使用的计算方法有:

1)千人死亡率:表示某时期内,平均每千名职工中,因工伤事故造成的死亡人数。其计算公式为:

$$千人死亡率＝(死亡人数/平均职工人数)×10^3$$

2)千人重伤率:表示某时期内,平均每千名职工因工伤事故造成的重伤人数。其计算公式为:

$$千人重伤率＝(重伤人数/平均职工人数)×10^3$$

(2)适用于企业、企业内部事故统计分析使用的计算方法有:

1)伤害频率:表示某时期内,每百万工时,事故造成伤害的人数。伤害数指轻伤、重伤、死亡人数之和。其计算公式为:

$$伤害频率＝(伤亡人数/实际总工时)×10^6$$

2)伤害严重率:表示某时期内,每百万工时,事故造成的损失工作日数。其计算公式为:

$$伤害严重率＝(总损失工作日/实际总工时)×10^6$$

3)伤害平均严重率:表示每人受伤害的平均损失工作日。其计算公式为:

$$伤害平均严重率＝总损失工作日/伤害人数$$

(3)适用于以吨、立方米产量为计算单位的行业、企业使用的计算方法有:

按产品产量计算的死亡率,计算公式为:

$$百万吨死亡率＝[死亡人数/实际产量(吨)]×10^6$$

$$万米木材死亡率＝[死亡人数/木材产量(m^3)]×10^4$$

第三节　工伤事故的调查处理

一、工伤事故的调查处理程序

事故发生后,事故发生单位应当立即采取有效措施对事故进行调查处理。对于事故的调查处理,必须坚持"事故原因分析不清不放过,事故责任者和群众没有受到教育不放过,没有防范措施不放过,事故的责任者没受到处罚不放过"的"四不放过"原则,按照下列步骤进行:

(1)迅速抢救伤员并保护事故现场。

(2)组织事故调查组。

(3)现场勘察。

(4)分析事故原因,明确责任者。

(5)提出处理意见,写出调查报告。

(6)事故的结案处理。

二、迅速抢救伤员并保护事故现场

事故发生后,现场人员要有组织、听指挥,迅速做好两件事情:

(1)抢救伤员,排除险情,制止事故蔓延扩大。抢救伤员时,要采取正确的救助方法,避免二次伤害;同时遵循救助的科学性和实效性,防止抢救阻碍或事故蔓延;对于伤员救治医院的选择要迅速、准确,减少不必要的转院,以免贻误治疗时机。

(2)为了事故调查分析需要,保护好事故现场。由于事故现场是提供有关物证的主要场所,是调查事故原因不可缺少的客观条件,要求现场各种物件的位置、颜色、形状及其物理、化学性质等尽可能保持事故结束时的原来状态。因此,在事故排险、伤员抢救过程中,要保护好事故现场,确因抢救伤员或为防止事故继续扩大而必须移动现场设备、设施时,现场负责人应组织现场人员查清现场情况,做出标志和记明数据,绘出现场示意图,任何单位和个人不得以抢救伤员等名义故意破坏或者伪造事故现场。必须采取一切可能的措施,防止人为或自然因素的破坏。

发生事故的项目,其生产作业场所仍然存在危及人身职业健康安全的事故隐患,要立即停工,进行全面的检查和整改。

三、工伤事故调查

在接到事故报告后,企业主管领导应立即赶赴现场组织抢救,并迅速组织调查组开展事故调查。组织事故调查应遵守以下规定:

(1)轻伤事故:由项目经理牵头,项目经理部生产、技术、安全、人事、保卫、工会等有关部门的成员组成事故调查组。

(2)重伤事故:由企业负责人或其指定人员牵头,企业生产、技术、安全、人事、保卫、工会、监察等有关部门的成员,会同上级主管部门负责人组成事故调查组。

(3)死亡事故:由企业负责人或其指定人员牵头,企业生产、技术、安全、人事、保卫、工会、监察等有关部门的成员,会同上级主管部门负责人、政府安全监察部门、行业主管部门、公安部门、工会组织组成事故调查组。

(4)重大死亡事故:按照企业的隶属关系,由省、自治区、直辖市企业主管部门或者国务院有关主管部门会同同级行政安全管理部门、公安部门、监察部门、工会组成事故调查组,进行调查。重大死亡事故调查组应邀请人民检察院参加,还可邀请有关专业技术人员参加。

调查组成立后,应立即对事故现场进行勘察。现场勘察是技术性很强的工作,涉及广泛的科技知识和实践经验,调查组对事故的现场勘察必须做到及时、全面、准确、客观。

关键细节4 事故调查组成员应符合的条件

(1)与所发生事故没有直接利害关系。

(2)具有事故调查所需要的某一方面业务的专长。

(3)满足事故调查中涉及企业管理范围的需要。

关键细节5 事故调查组应履行的职责

(1)查明事故发生的经过、原因、人员伤亡情况及直接经济损失。

(2)认定事故的性质和事故责任。

(3)提出对事故责任者的处理建议。

(4)总结事故教训,提出防范和整改措施。

(5)提交事故调查报告。

关键细节6 事故现场勘察的内容

(1)现场作业笔录。

1)发生事故的时间、地点、气象等。

2)现场勘察人员姓名、单位、职务。

3)现场勘察起止时间、勘察过程。

4)能量失散所造成的破坏情况、状态、程度等。

5)设备损坏或异常情况及事故前后的位置。

6)事故发生前劳动组合、现场人员的位置和行动。

7)散落情况。

8)重要物证的特征、位置及检验情况等。

(2)现场拍照或摄像。

1)方位拍照,能反映事故现场在周围环境中的位置。

2)全面拍照,能反映事故现场各部分之间的联系。

3)中心拍照,反映事故现场中心情况。

4)细目拍照,提示事故直接原因的痕迹物、致害物等。

5)人体拍照,反映伤亡者主要受伤和造成死亡的伤害部位。

(3)绘制现场图。据事故类别和规模以及调查工作的需要应绘出下列示意图:

1)建筑物平面图、剖面图。

2)事故发生时人员位置及活动图。

3)破坏物立体图或展开图。

4)涉及范围图。

5)设备或工具、器具构造简图等。

(4)收集事故资料。

1)事故单位的营业执照及复印件。

2)有关经营承包经济合同。

3)安全生产管理制度。

4)技术标准、安全操作规程、安全技术交底。

5)安全培训材料及安全培训教育记录。

6)项目安全施工资质和证件。

7)伤亡人员证件(包括特种作业证、就业证、身份证)。

8)劳务用工注册手续。

9)事故调查的初步情况(包括:伤亡人员的自然情况、事故的初步原因分析等)。

10)事故现场示意图。

四、工伤事故分析

通过对事故进行全面充分的调查后,查明事故经过,弄清造成事故的各种因素,包括人、物、生产管理和技术管理等方面的问题,经过认真、客观、全面、细致、准确地分析,确定事故的性质和责任。

◎关键细节7 事故性质的确定

(1)责任事故:责任事故是指由于人的过失造成的事故。

(2)非责任事故:即由于人们不能预见或不可抗力的自然条件变化所造成的事故,或是在技术改造、发明创造、科学试验活动中,由于科学技术条件的限制而发生的无法预料的事故。但是,对于能够预见并可以采取措施加以避免的伤亡事故,或没有经过认真研究解决技术问题而造成的事故,不能包括在内。

(3)破坏性事故:即为达到既定目的而故意制造的事故。对已确定为破坏性事故的,由公安机关认真追查破案,依法处理。

关键细节 8 事故原因分析

(1)直接原因。根据《企业职工伤亡事故分类》(GB 6441—1986)附录 A,直接导致伤亡事故发生的机械、物质和环境的不安全状态,以及人的不安全行为,是造成事故的直接原因。

(2)间接原因。事故中属于技术和设计上的缺陷,教育培训不够、未经培训、缺乏或不懂安全操作技术知识,劳动组织不合理,对现场工作缺乏检查或指导错误,没有安全操作规程或不健全,没有或不认真实施事故防范措施,对事故隐患整改不利等,是造成事故的间接原因。

(3)主要原因。导致事故发生的主要因素,是事故的主要原因。

关键细节 9 事故分析步骤

(1)整理和阅读调查材料。

(2)根据《企业职工伤亡事故分类》(GB 6441—1986)附录 A,按以下七项内容进行分析:受伤部位;受伤性质;起因物;致害物;伤害方法;不安全状态;不安全行为。

(3)确定事故的直接原因。

(4)确定事故的间接原因。

关键细节 10 事故分析方法

进行事故分析必须做到:收集的资料必须准确可靠;资料整理时必须进行科学的分类和汇总;统计图表清晰明了,且便于分析和比较。

工伤事故分析方法很多,应根据不同的目的和要求,选择分析方法。一般常用以下几种方法。

(1)数理统计和统计表。把统计调查所得的数字资料,通过汇总整理,按一定的顺序填列在一定的表格之内。通过表中的数字、比例可以进行安全动态分析,研究对策,实现安全生产动态控制。

(2)图表分析法。它是以统计数字为基础,用几何图形等绘制的各种图形来表达统计结果。

(3)系统安全分析法。这种方法既能作综合分析,也可作个别案例分析。这种方法科学性、逻辑性强,较直观和形象,考虑问题比较系统、全面。

关键细节 11 事故责任者的确定

在分析事故原因时,应根据调查所确认的事实,从直接原因入手,逐步深入到间接原因,从而掌握事故的全部原因。通过对直接原因和间接原因的分析,确定事故中的直接责任者和领导责任者,再根据其在事故发生过程中的作用,确定主要责任者。

在查清伤亡事故原因后,必须对事故进行责任分析,目的在于使事故责任者、单位领导人和广大职工群众吸取教训,接受教育,改进工作。

责任分析可以通过事故调查所确认的事实,根据事故发生的直接和间接原因,按有关人员的职责、分工、工作状态和在具体事故中所起的作用,追究其所应负的责任;按照有关组织管理人员及生产技术因素,追究最初造成不安全状态的责任;按照有关技术规定的性质、明确程度、技术难度,追究属于明显违反技术规定的责任;不追究属于未知领域的责任。根据事故性质、事故后果、情节轻重、认识态度等,提出对事故责任者的处理意见。

确定责任者的原则为:因设计上的错误和缺陷而发生的事故,由设计者负责;因施工、制造、安装和检修上的错误或缺陷而发生的事故,分别由施工、制造、安装、检修及检验者负责;因缺少职业健康安全规章制度而发生的事故,由生产组织者负责;已发生事故未及时采取有效措施,致使类似事故重复发生的,由有关领导负责。

根据对事故应负责任的程度不同,事故责任者分为直接责任者、主要责任者、重要责任者和领导责任者。对事故责任者的处理,在以教育为主的同时,还必须按责任大小、情节轻重等,根据有关规定,分别给予经济处罚、行政处分,直至追究刑事责任。对事故责任者的处理意见形成之后,企业有关部门必须按照人事管理的权限尽快办理报批手续。

五、工伤事故的结案处理

(1)事故调查处理结论,应经有关机关审批后,方可结案。工伤事故处理工作一般应当在90天内结案,遇特殊情况不得超过180天。

(2)事故案件的审批权限,同企业的隶属关系及人事管理权限一致。

(3)对事故责任者的处理,应根据其情节轻重和损失大小,谁有责任、主要责任、次要责任、重要责任、一般责任、领导责任等,按规定给予处分。

(4)企业接到政府机关的结案批复后,进行事故建档,并接受政府主管部门的行政处罚。事故档案登记应包括:

1)员工重伤、死亡事故调查报告书,现场勘察资料(记录、图纸、照片)。

2)技术鉴定和试验报告。

3)物证、人证调查材料。

4)医疗部门对伤亡者的诊断结论及影印件。

5)事故调查组人员的姓名、职务,并签字。

6)企业或其主管部门对该事故所作的结案报告。

7)受处理人员的检查材料。

8)有关部门对事故的结案批复等。

⊙关键细节 12　事故调查报告书

事故调查组在查清事实、分析原因的基础上,组织召开事故分析会,按照"四不放过"的原则,对事故原因进行全面调查分析,制定出切实可行的防范措施,提出对事故有关责任人员的处理意见,填写《企业职工因工伤亡事故调查报告书》,经调查组全体人员签字后报批。如调查组内部意见有分歧,应在弄清事实的基础上,对照法律法规进行研究,统一认识。对个别仍持有不同意见的允许保留,并在签字时写明意见。报告书的基本格式如下。

企业职工因工伤亡事故调查报告书

一、企业详细名称

地址：

电话：

二、经济类型

国民经济类型：

隶属关系：

直接主管部门：

三、事故发生时间

四、事故发生地点

五、事故类别

六、事故原因

其中直接原因：

七、事故严重级别

八、伤亡人员情况

姓名	性别	年龄	文化程度	用工形式	工种及级别	本工种工龄	职业健康安全教育情况	伤害部位	伤害程度	损失工作日

九、本次事故损失工作日总数

十、本次事故经济损失　　　　　　其中直接经济损失：

十一、事故详细经过

十二、事故原因分析

1. 直接原因：

2. 间接原因：

3. 主要原因：

十三、预防事故重复发生的措施

十四、事故责任分析和对事故责任者的处理

十五、事故调查的有关资料

十六、事故调查组成员名单

在报批《企业职工因工伤亡事故调查报告书》时,应将下列资料作为附件一同上报：

(1)企业营业执照复印件。

(2)事故现场示意图。

(3)反映事故情况的相关照片。

(4)事故伤亡人员的相关医疗诊断书。

(5)负责本事故调查处理的政府主管部门要求提供的与本事故有关的其他材料。

第四节 工伤事故的预防

一、施工项目危害辨识及危险评价

造成事故的原因很多,归纳起来有四类(即事故的4M构成要素):人的错误推测与错误行为,物的不安全状态,危险的环境和较差的管理。由于管理较差,人的不安全行为和物、环境的不安全状态发生接触时就会发生工伤事故。而在各种事故原因构成中,人的不安全行为和物的不安全状态是造成事故的直接原因。物的不安全状态和人的不安全行为在一定时空里发生交叉就是事故的触发点。因此,预防事故发生的根本是消除物的不安全状态,控制人的不安全行为,原则上讲,只要人们认识并制止了危险行为的发生或控制了危险因素向事故转化的条件,事故是可以避免的。

◉ 关键细节 13　人的本质安全因素的辨识

人的不安全行为有两种情况,一是由于安全意识差而做的有意的行为或错误的行为;二是由于人的大脑对信息处理不当所做的无意行为。前者如使塔式起重机、搅拌机超速运行,未经许可或未发出警告就开动机器、使用有缺陷的木工机械、私自拆除安全装置或造成安全装置失效、没有使用个人防护用品、机器运转中进行维修和调整或清扫等作业。后者如误操作、误动作;调整的错误,造成安全装置失效;开动、关停机器时未给信号;开关未锁紧,造成意外转动、通电或泄漏;忘记关闭设备等错误。引起行为失误的原因有物缺陷、人方面的缺陷和管理缺陷等,详见表10-2。

表10-2 人为失误原因

失误类型	失误原因
感觉、判断过程失误	显示不完善,输入信息混乱,知觉能力缺陷,错觉
联络失误,确认不充分	联络信息的方式与判断的方法不完全;联络信息的实施不彻底;联络信息的表达内容不全面;接受信息时,没有充分确认,错误领会了所表达的内容
由反射行为引起的失误	反射行为造成的危害很多,特别是在危险场所里,以不自然的姿势作业等都会造成事故发生
遗忘	没有想起来,暂时记忆消失,过程中断的遗忘
单调作业引起瞌睡、失神	在简单、重复、没有什么变化和刺激的单调作业中,人的知识和思考力便会下降,出现回忆和发愣状态,同时冲动性行为增多,此时极易出现失误
精神不集中	信息处理时间间隔长,易使人思想开小差,结果忘记或影响了应当进行的信息处理;思想水平模糊,对信息难以处理
不良习惯引起失误	习惯性违章作业,对作业厌烦、懒惰,随大流,逞能好胜
疲劳引起的失误	对信息的方向、选择性能和过滤性能差;输出时的程序混乱,行为缺乏准确性;带病操作,连续加班作业
操作方向引起失误	无操作方向显示,与人体习惯方向相反
操作调整失误	技能水平低,操作不熟练;操作繁琐、困难;教育、训练不够;意识水平低下

（续）

失误类型	失误原因
操作工具的形状、布置等缺陷引起失误	操作工具的形状、布置不合理，记错了操作对象的位置，产生方向性混乱，工具、用品等选择错误
异常状态下产生错误行为	在紧急状态下缺乏经验；惊慌失措，草木皆兵；注意力集中于一点
存在环境原因	如光线、潮湿度、空气质量、噪声振动、色彩、作业场所布置等，不符合有关规定与要求
存在管理方面的原因	制度不够健全，工作安排不妥；安全教育不够；安全意识、安全技能掌握不够

关键细节 14 现场物态本质安全因素的辨识

对现场物态本质安全因素的辨识也就是对事故发生的危险源进行的有效控制。危险源是指一个施工项目整个系统中具有潜在能量和物质释放危险的、在一定的触发因素作用下可转化为事故的部位、区域、场所、空间、设备及其位置。危险源由三个要素构成：潜在危险性、存在条件和触发因素。

对现场物态本质安全因素进行辨识的目的就是通过对整个施工项目进行系统地分析，界定出系统中的哪些部分、区域是危险源，其危险性质、危害程度、存在状况、危险源能量与物质转化为事故的转化过程规律、转化的条件、触发因素等，以便有效地控制能量和物质的转化，使危险源不至于转化为事故。它是利用科学方法对生产过程中那些具有能量、物质的性质、类型、构成要素、触发因素或条件以及后果进行分析与研究，做出科学判断，为控制事故发生提供必要、可靠的依据。

分析项目施工特点和施工阶段性特点及部位，调查事故危险源：

（1）了解施工工艺、设备、设施和使用材料的情况。现场所使用的生产材料、设备名称、设备性能及所使用的材料种类、性质、危害，使用的能量类型及强度。

（2）作业环境情况。安全通道情况，生产系统的结构、布局，作业空间的布置等。

（3）操作情况。依据过去的事故及危害状况来确定操作过程中的危险、工人接触危险的程度、过去事故处理应急方法及故障处理措施。

（4）安全防护情况。危险部位是否有安全防护措施、安全标志的使用是否正确、易燃易爆物品存放是否采取了安全措施等。

关键细节 15 施工现场危害辨识的类别

（1）管理类：包括设备、材料、劳动保护用品、化学危险品、施工组织设计、事故调查、培训等内容。

（2）工业与民用建筑的建筑施工、机电安装、市政工程和装饰工程类，应考虑以下情况：

1）基础施工：如土石方工程，挡土墙、护坡桩、大孔径桩及扩底桩施工。

2）脚手架作业、井字架与龙门架搭设。

3）临边与洞口防护：如楼梯口、电梯口防护，预留洞口，坑井防护，通道口防护。

4）木工房。

5）油漆工程。

6）塔式起重机、电梯拆装。

7）防水作业。

8）电气焊作业。

9）高处作业，如攀登作业、悬空作业、吊篮作业。

(3)职业健康、消防、交通安全类。

(4)其他类别。

关键细节 16　施工现场危险评价

(1)危险评价方法:施工项目危险因素评价采用直接判断法和作业条件危险性评价法相结合,评价时要考虑三种时态(过去、现在、将来)、三种状态(正常、异常、紧急)下的危险,通过定量的评价方法分析危害导致危险事件发生的可能性和后果,确定危险的大小。

系统危险性 D 取决于以下三个因素:

$$D = L \times E \times C$$

式中　L——发生事故或危险事件的可能性(用 L 值表示),见表10-3;

E——人体暴露于危险环境的频繁程度(用 E 值表示),表10-4;

C——发生事故产生的后果(用 C 值表示),见表10-5。

危险性分值 D:$D = L \times E \times C$,危险程度(D)见表10-6。

表10-3　　　　　　　　　　L 值表

分数值	发生事故或危险事件的可能性	分数值	发生事故或危险事件的可能性
10	完全可能预料	0.5	可以设想,但极少可能
6	相当可能	0.2	极不可能
3	可能,但不经常	0.1	实际不可能
1	完全意外,极少可能		

表10-4　　　　　　　　　　E 值表

分数值	人体暴露于危险环境的频繁程度	分数值	人体暴露于危险环境的频繁程度
10	连续暴露	2	每月一次或偶尔暴露
6	每天在工作时间内暴露	1	每年几次暴露在危险环境中
3	每周一次暴露	0.5	非常罕见地暴露

表10-5　　　　　　　　　　C 值表

分数值	发生事故产生的后果	
	经济损失/万元	伤亡人数
100	≥1000	死亡10人以上
40	[500,1000]	死亡3~10人
15	[100,500]	死亡1~2人
7	[50,100]	多人中毒或重伤
3	[10,50]	至少一人致残
1	[1,10]	轻伤

表10-6　　　　　　　　　危险程度(D)表

分数值	危险程度	分数值	危险程度
>320	极其危险,不能继续作业	20~70	可能危险,需要注意
160~320	高度危险,须立即整改	<20	稍有危险,或许能接受
70~160	显著危险,需要整改		

(2)危害辨识与危险评价结果,重大危险因素清单见表10-7。

表 10-7　　　　　　　　　　　　　重大危险因素清单

序号	类别	活动名称		危险因素	可导致的事故	活动类型	控制方法
		施工区	生活区				
01	临时用电	施工用电		漏电跳闸不灵敏	触电	电能	方案
				电机缺相	触电	电能	操作规程
				线路破损	火灾	电能	
				导线联结不好	火灾	电能	
				接线柱接不实	火灾	电能	
				开关触点接触不良	火灾	电能	
		照明	照明	私自接线	触电	电能	规程
		碘钨		使用位置不当	火灾	电能	管理规定
			取暖	使用电炉	火灾	电能	
		降水		电缆拖水、有积水	触电	电能	管理规定
		电梯安装		使用高压照明	触电	电能	
02	机械设备	电气设备使用		裸线外露	触电	电能	管理规定
		打夯机			电能	触电	电能
		电焊机用电		双线老化	触电	电能	规定
				双线不到位	触电	电能	操作规程
				二次线超长	触电	电能	
				不使用防触电保护器	触电	电能	
		电锯		未安分料器、安全档		机械能	规定
		切割机		切割片松动		机械能	规程
				切割短料		人机因素	规程
		卷扬机		安装不规范	机械伤害	机械能	方案
				制动器失灵		机械能	
				钢丝绳排列不整齐		机械能	操作规程
				作业中停电	其他伤害	机械能	
		电动工具		使用花线	触电	电能	管理规定
				使用一类工具	触电	电能	
		搅拌机作业		制动器失灵	机械伤害	机械能	操作规程
				人员进筒清洗	人身伤害	机械能	
				场地堆积	触电	电能	
				料斗升起	机械伤害	机械能	
		车辆使用		车辆进出倒车	撞人	机械能	操作规程
				司机疲劳驾驶	人身伤害	机械能	

（续一）

序号	类别	活动名称 施工区	活动名称 生活区	危险因素	可导致的事故	活动类型	控制方法
02	机械设备	机动车驾驶		酒后非司机驾驶	机械伤害	机械能	操作规程
		钢筋加工		机械有故障	机械伤害	机械能	
		手持电动工具		使用不规范	触电	机械能	管理规定
		塔式起重机运转作业		材料高空坠落	物体打击	机械能	管理规定 操作规定
				吊物碰撞四周材料	物体打击	机械能	
				吊物超重	起重伤害	机械能	
				大风天气	倾翻	机械能	
		塔式起重机拆除		高空配件下掉	物体打击	人机工程	操作规程
03	基础工程	土方开挖		放坡不够	坍塌	人机工程	施工方案
				防护栏未跟上	坠落	人机工程	
		挡土墙		倾斜	坍塌	人机工程	
04	结构工程	大模板施工		大模板无防护栏杆	坠落	人机因素	管理规定 操作规程
				大模板少支腿	倾倒	人机因素	
				大模板无操作平台	坠落	人机因素	
				大模板单板存放	倾倒	人机因素	
		高空作业		向下扔物	物体打击	人机因素	
		脚手架搭设		立杆横杆间距大于规定	坍塌	机械能	方案管理规定 操作规程
				拉接点水平间距>6m	坍塌	机械能	
				拉接点垂直间距<4m	坍塌	机械能	
				作业面未满铺脚手板	坠落	机械能	
				有探头板、飞跳板	坠落	机械能	
				脚手板下无水平接网	坠落	机械能	
				小横杆大于1m	坍塌	机械能	
				私拆拉接点	坍塌	机械能	
				对接头在同一水平线上	坍塌	机械能	
				架体距结构过宽	坍塌	机械能	
		架子拆除		乱扔管件	物体打击	机械能	管理规定
				个人防护不到位	高处坠落	机械能	

(续二)

序号	类别	活动名称 施工区	活动名称 生活区	危险因素	可导致的事故	活动类型	控制方法
05	装修工程	电梯安装		操作使用单板	坠落	人机工程	管理规定
		电梯安装		井内使用高压照明	触电	人机工程	
		内外装修		交叉作业	物体打击	人机工程	管理规定
		内外装修		高处作业	坠落	人机工程	
		内外装修		简易架子无防护	坠落	人机工程	
		内外装修		墙体上行走	坠落	人机工程	
		外装修		私自拆除外架拉接点	坍塌	人机工程	规定
06	个人防护	个人违章		进入现场不戴安全帽	物体打击	人机工程	管理规定
		个人违章		高处作业不系安全带	坠落	人机工程	
		个人违章		穿拖鞋上岗	其他伤害	人机工程	
		个人违章		不持证上岗	其他伤害	人机工程	
		个人违章		现场抽烟	火灾	人机工程	
		四口防护		楼梯无防护栏	坠落	人机工程	
		四口防护		电梯井口无防护门	坠落	人机工程	
		四口防护		井内无接网、无护头棚	坠落打击	人机工程	
		四口防护		防护门无插销	坠落	人机工程	
		四口防护		洞口无防护	坠落打击	人机工程	管理规定
		五临边		无防护栏杆	坠落	人机工程	
		五临边		无防护网	物体打击	人机工程	
		五临边		楼顶周边低于1.5m	坠落	人机工程	
		五临边		阳台未挂安全网	坠落	人机工程	
		五临边		基坑边堆放材料	坍塌	人机工程	
07	料具管理	违章		现场抽烟	火灾	人机工程	规定
		电焊作业		无灭火器材	火灾	人机工程	管理规定
		气焊作业		乙炔、氧气瓶间距小	火灾	人机工程	规定
		钢材码放		超高	坍塌	人机工程	
		油漆稀料存放		吸烟、用火	火灾	化学能	管理规定
		油漆稀料存放		有热源	火灾	化学能	
		油漆稀料存放		无防火措施	火灾	化学能	

(续三)

序号	类别	活动名称 施工区	活动名称 生活区	危险因素	可导致的事故	活动类型	控制方法
08	卫生防疫		煤气使用	漏气	中毒窒息	放射能	管理
			煤火取暖	一氧化碳	中毒窒息	化学能	管理规定
			疫情	病毒	中毒窒息	生物因素	预防
			食堂饮食	生熟食品未分开存放	中毒窒息	人机因素	规定
				无食品卫生许可证	中毒窒息	人机因素	
				食堂无防蝇措施	中毒窒息	人机因素	
				容器未消毒	中毒窒息	人机因素	方案管理规定制度
				购买变质食品	中毒窒息	人机因素	
				做凉拌菜	中毒窒息	人机因素	
				豆角未做熟	中毒窒息	人机因素	
09	交通安全	车辆使用		车辆进出倒车	车辆撞人	机械能	管理规定
				司机疲劳驾驶	车辆撞人	人机因素	

二、施工现场工伤事故预防原则

(1)消除潜在危险的原则。

(2)降低、控制潜在危险数值的原则。

(3)提高安全系数、增加安全余量的坚固原则。

(4)闭锁原则(自动防止故障的互锁原则)。

(5)代替作业者的原则。

(6)屏障原则。

(7)距离防护的原则。

(8)时间防护原则。

(9)薄弱环节原则(损失最小化原则)。

(10)警告和禁止信息原则。

(11)个人防护原则。

(12)不予接近原则。

(13)避难、生存和救护原则。

三、施工现场工伤事故预防措施

预防事故的发生,就是要消除人和物的不安全因素,实现作业行为和作业条件安全化。在建筑施工现场,为了切实达到预防和减少事故损失,应采取一系列的安全管理措施。

◎**关键细节 17** 改进生产工艺,实现机械化、自动化

机械化、自动化不仅是发展生产的重要手段,而且是提高安全技术措施的根本途径。

机械化是在生产过程中使用由驱动的机械设备代替手工劳动进行生产,这无疑会大大减轻工人的劳动强度。但是需要工人直接操纵与管理这些机器设备,工人还不能脱离有危害的作业环境。生产过程自动化,是工人通过仪器、仪表来控制各种机械自动进行生产。在自动化条件下,生产过程中一切工序的操作都是自动进行的,工人的劳动只限于调整设备,监视所有的自动装置动作,保持整个设备处于正常运转状态。自动化使工人脱离机器设备和危险地带,只是在操纵台或中心调度室对生产进行遥控和管理,因此,工人就不受机器设备尘毒的危害,如自动的机械操作手和机械人就是自动化的高度发展。

◎关键细节 18 设置安全装置

(1)防护装置。防护装置就是用屏保方法与手段把人体与生产活动中出现的危险部位隔离开来的设施和设备。施工活动中的危险部位主要有“四口”(是指楼梯口、电梯井口、预留洞口、通道口)、机具、车辆、暂设电器、高温、高压容器及原始环境中遗留下来的不安全因素等。

防护装置的种类繁多,企业购入的设备应该有严密的安全防护装置,但由于建筑业流动性强、人员繁杂及生产厂家的问题,均可能造成无防护或缺少、遗失的现象。因此,应随时检查增补,做到防护严密。在“四口”、“五临边”处理上要按部颁标准设置水平及立体防护,使劳动者有安全感;在机械设备上做到轮有罩、轴有套,使其转动部分与人体绝对隔离开来;在施工用电中,要做到“四级”保险;遗留在施工现场的危险因素,要有隔离措施,如高压线路的隔离防护设施等。项目经理和管理人员应经常检查并教育施工人员正确使用安全防护装置并严加保护。不得随意破坏、拆卸和废弃。

(2)保险装置。保险装置是指机械设备在非正常操作和运行中能够自动控制和消除危险的设施设备,也可以说它是保障设施设备正常运转和人身安全的装置,如锅炉、压力容器的安全阀,供电设施的触电保安器,各种提升设备的断绳保险器等。

(3)信号装置。信号装置是利用人的视、听觉反应原理制造的装置。它是应用信号指示或警告工人该做什么、该躲避什么。信号装置本身无排除危险的功能,它仅是提示工人注意,遇到不安全状况立即采取有效措施脱离危险区或采取预防措施。因此,它的效果取决于工人的注意力和识别信号的能力。

信号装置可分为三种:即颜色信号,如指挥起重工的红、绿手旗,场内道路上的红、绿、黄灯;音响信号,如塔式起重机上的电铃、指挥吹的口哨等;指示仪表信号,如压力表、水位表、温度计等。

(4)危险警示标志。危险警示标志是警示工人进入施工现场应注意或必须做到的统一措施。通常它以简短的文字或明确的图形符号予以显示,如“禁止烟火!”、“危险!”、“有电!”等。各类图形通常配以红、蓝、黄、绿颜色。红色表示危险禁止,蓝色表示指令,黄色表示警告,绿色表示安全。国家发布的安全标志对保持安全生产起到了促进作用,必须按标准予以实施。

◎关键细节 19 预防性机械强度试验及电气绝缘检验

(1)预防性的机械强度试验。施工现场的机械设备,特别是自行设计组装的临时设施和各种材料、构件、部件均应进行机械强度试验。必须在满足设计和使用功能时方可投入正常使用。有些还须定期或不定期地进行试验,如施工用的钢丝绳、钢材、钢筋、机件及自行设计的吊栏架、外挂架子等,在使用前必须做承载试验,这种试验是确保施工安全的有效措施。

(2)电气绝缘检验。电气设备的绝缘是否可靠,不仅关乎电业人员的安全问题,也关系到整个施工现场财产、人员与设施。由于施工现场多工种联合作业,使用电器设备的工种不断增多,更应重视电气绝缘问题。因此,要保证良好的作业环境,使机电设施、设备正常运转,不断更新老化及被损坏的电气设备和线路是必须采取的预防措施。为及时发现隐患,消除危险源,则要求在施工前、施工中、施工后均应对电气绝缘进行检验。

关键细节 20 机械设备维修保养和有计划检修

(1)机械设备的维修和保养。各种机械设备是根据不同的使用功能设计生产出来的,除了一般的要求外,也具有特殊的要求。即要严格坚持机械设备的维护保养规则,要按照其操作过程进行保护,使用后需及时加油清洗,使其减少磨损,确保正常运转,尽量延长寿命,提高完好率和使用率。

(2)计划检修。为了确保机械设备正常运转,对每类机械设备均应建立档案(租赁的设备由设备产权单位建档),以便及时地按每台机械设备的具体情况,进行定期的大、中、小修,在检修中要严格遵守规章制度,遵守安全技术规定,遵守先检查后使用的原则,绝不允许为了赶进度,违章指挥、违章作业,让机械设备"带病"工作。

关键细节 21 工作地点的布置与整洁

工作地点指工人使用机器设备、工具及其他辅助设备对原料和半成品进行加工的地点。完善的组织与合理的布置地点,不仅能够促进生产,而且是保证职工安全与健康的必要条件。施工场地的材料半成品要堆放整齐,合理布置,一方面便于施工,另一方面也能使现场文明整齐,道路畅通,以保证安全。施工平面布置图集中反映了现场施工的条件。

关键细节 22 合理使用劳动保护用品

适时地供应劳动保护用品,是在施工生产过程中预防事故、保护工人安全和健康的一种辅助手段。它虽不是主要手段,但在一定的地点、时间条件下却能起到不可估量的作用。不少企业和施工现场曾多次出现有惊无险的事例,也出现了不少因不适时发放和不正确使用劳保用品而丧生的例子。因此,统一采购、妥善保管、正确使用防护用品也是预防事故、减轻伤害程度不可缺少的措施之一。

关键细节 23 制定与执行操作规程,普及安全技术知识教育

随着改革开放的深入,大量农村富余劳动力以各种形式进入了施工现场,从事他们所不熟悉的工作,而他们十分缺乏建筑施工安全知识。因此,绝大多数事故发生在他们身上。据有关部门统计,一般因工伤亡事故的农民工占80%以上,有的企业100%出现在他们身上,如果能从招工审查、技术培训、施工管理、行政生活上严格管理,将事故减少50%以上,则许多生命将被挽救。因此,这是当前以及将来预防事故的一个重要方面。

随着国家法制建设的不断加强,建筑企业施工的法律、规程、标准已经大量出台。只要认真地贯彻安全技术操作规程,并不断补充完善其实施细则,建筑业落实"安全第一,预防为主"的方针就会实现,大量的伤亡事故就会减少甚至杜绝。

第五节　施工现场安全紧急救护

一、现场急救的含义和步骤

现场急救,就是应用急救知识和最简单的急救技术进行现场初级救生,最大程度地稳定伤病员的伤、病情,减少并发症,维持伤病员的最基本的生命体征,现场急救是否及时和正确,关系到伤病员生命和伤害的结果。

现场急救应按以下步骤进行:

(1)当出现事故后,迅速让伤者脱离危险区,若是触电事故,必须先切断电源;若为机械设备事故,必须先停止机械设备运转。

(2)初步检查伤员,判断其神志、呼吸是否有问题,视情况采取有效的止血、防休克、包扎伤口、固定、保存好断离的器官或组织、预防感染、止痛等措施。

(3)施救同时请人呼叫救护车,并继续施救到救护人员到达现场接替为止。

(4)迅速上报上级有关领导和部门,以便采取更有效的救护措施。

二、施工现场安全紧急救护

(一)火灾事故的紧急救护

(1)施工现场发生火灾事故时,应立即了解起火部位、燃烧的物质等基本情况,拨打"119"向消防部门报警,同时组织撤离和扑救。

(2)在消防部门到达前,对易燃易爆的物质采取正确有效的隔离措施。如切断电源,撤离火场内的人员和周围易燃易爆物及一切贵重物品,根据火场情况机动灵活地选择灭火器具。

(3)救火人员应注意自我保护,使用灭火器材救火时应站在上风位置,以防因烈火、浓烟熏烤而受到伤害。

(4)必须穿越浓烟逃走时,应尽量用浸湿的衣物披裹身体,用湿毛巾或湿布捂住口鼻,或贴近地面爬行。身上着火时,可就地打滚,或用厚重衣物覆盖压灭火苗。

(5)大火封门无法逃生时,可用浸湿的被褥衣物等堵塞门缝,泼水降温,呼救待援。

(6)在扑救的同时要注意周围情况,防止中毒、坍塌、坠落、触电、物体打击等二次事故的发生。

(7)在灭火后,应保护火灾现场,以便事后调查起火原因。

关键细节 24　烧伤人员现场救治

(1)伤员身上燃烧着的衣服一时难以脱下时,可让伤员躺在地上滚动,或洒水扑灭火焰。如附近有河沟或水池,可让伤员跳入水中。如为肢体烧伤则可把肢体直接浸入冷水中灭火和降温,以保护身体组织免受灼烧的伤害。

(2)用清洁包布覆盖烧伤面做简单包扎,避免创面污染。

(3)伤员口渴时可给适量饮水或含盐饮料。

(4)经现场处理后的伤员要迅速转送医院救治,转送过程中要注意观察呼吸、脉搏、血压等的变化。

(二)严重创伤出血的紧急救护

施工现场创伤性出血的紧急救护是根据现场实际条件及时、正确地采取暂时性止血、清理包扎、固定和运送等方面的措施。

关键细节 25 止血

(1)当肢体受伤出血时,先抬高伤肢,然后用消毒纱布或棉垫覆盖在伤口表面,在现场可用清洁的手帕、毛巾或其他棉织品代替,再用绷带或布条加压包扎止血。

(2)当肢体动脉创伤出血时,一般的止血包扎达不到理想的止血效果。这时,就先抬高肢体,使静脉血充分回流,然后在创伤部位的近心端放上弹性止血带,在止血带与皮肤间垫上消毒纱布棉垫,以免扎紧止血带时损伤局部皮肤。止血带必须扎紧,要加压扎紧到切实将该处动脉压闭。同时记录上止血带的具体时间,争取在上止血带后 2 小时以内尽快将伤员转送到医院救治。要注意过长时间地使用止血带,肢体会因严重缺血而坏死。

关键细节 26 包扎、固定

(1)创伤处用消毒的敷料或清洁的医用纱布覆盖,再用绷带或布条包扎,既可以保护创口、预防感染,又可减少出血、帮助止血。

(2)在肢体骨折时,可借助绷带包扎夹板来固定受伤部位上下两个关节,减少损伤和疼痛,预防休克。

(3)在房屋倒塌、陷落过程中,一般受伤人员均表现为肢体受压。在解除肢体压迫后,应马上用弹性绷带绑绕伤肢,以免发生组织肿胀。这种情况下的伤肢就不应该抬高,不应该局部按摩,不应该施行热敷,不应该继续活动。

关键细节 27 搬运

(1)肢体受伤有骨折时,宜在止血包扎固定后再搬运,防止骨折端因搬运振动而移位,致使疼痛加重,继续损伤附近的血管神经,使创伤加重。

(2)处于休克状态的伤员要让其安静、保暖、平卧、少动,并将下肢抬高约 20°左右,及时止血、包扎、固定伤肢以减少创伤疼痛,然后尽快送医院进行抢救治疗。

(3)在搬运严重创伤伴有大出血或已休克的伤员时,要平卧运送伤员,头部可放置冰袋或戴冰帽,路途中要尽量避免振荡。

(4)在搬运高处坠落伤员时,若疑有脊椎受伤可能的,一定要使伤员平卧在硬板上搬运,切忌只抬伤员的两肩与两腿或单肩背运伤员。因为这样会使伤员的躯干过分屈曲或过分伸展,致使已受伤的脊椎移位甚至断裂,将造成截瘫甚至导致死亡。

(三)触电事故的紧急救护

(1)假如触电者伤势不重,神志清醒,未失去知觉,但内心有些惊慌,四肢发麻,全身无力;或触电者在触电过程中曾一度昏迷,但已清醒过来,则应保持空气流通和注意保暖,使触电者安静休息,不要走动,严密观察,并请医生前来诊治或者送往医院。

(2)假如触电者伤势较重,已失去知觉,但心脏跳动和呼吸还存在,对于此种情况,应使触电者舒适、安静地平卧;周围不围人,使空气流通;解开他的衣服以利于呼吸,若天气寒冷要注意保温,并迅速请医生诊治或送往医院。如果发现触电者呼吸困难,严重缺氧,面色发白或发生痉挛,应立即请医生做进一步抢救。

(3)假如触电者伤势严重,呼吸停止或心跳停止,或二者都已停止,仍不可以认为已经死亡,应立即进行人工呼吸或胸外心脏按压,并迅速请医生诊治或送医院。

(4)如果触电人受外伤,可先用无菌生理盐水和温开水洗伤,再用干净绷带或布类包扎,然后送医院处理。如伤口出血,则应设法止血。通常方法是:将出血肢体高高举起,或用干净纱布扎紧止血等,同时急请医生处理。

(四)中毒事故的紧急救护

(1)施工现场一旦发生中毒事故,均应设法尽快使中毒人员脱离中毒现场、中毒物源,排除吸收的和未吸收的毒物。

(2)救护人员在将中毒人员脱离中毒现场的急救时,应注意自身的保护,在有毒有害气体发生场所,应视情况,采用加强通风或用湿毛巾等捂住口、鼻,腰系安全绳,并由场外人员控制、应急,如有条件的要使用防毒面具。

(3)在施工现场因接触油漆、涂料、沥青、外掺剂、添加剂、化学制品等有毒物品中毒时,应脱去污染的衣物并用大量的微温水清洗污染的皮肤、头发以及指甲等,对不溶于水的毒物用适宜的溶剂进行清洗。吸入毒物中毒人员尽可能送往有高压氧舱的医院救治。

(4)在施工现场食物中毒,对一般神志清楚者应设法催吐:喝微温水 300～500mL,用压舌板等刺激咽喉壁或舌根部以催吐,如此反复,直到吐出物为清亮物体为止。对催吐无效或神志不清者,则送往医院救治。

(5)在施工现场如已发现心跳、呼吸不规则或停止呼吸、心跳的时间不长,则应把中毒人员移到空气新鲜处,立即施行口对口(口对鼻)呼吸法和体外心脏按压法进行抢救。

第六节　工伤事故案例剖析

一、坍塌伤亡事故剖析

(一)事故案例

(1)事故时间:2010 年 8 月 29 日。

(2)事故类别:坍塌。

(3)伤亡人员情况:2 人死亡。

(4)直接经济损失:25 万余元。

(5)事故概况。

2010 年 8 月 29 日,某公司在海淀区××小区工地进行基础回填作业时,由于回填的土方集中,致使该工程南侧的防水墙受侧压力的作用,呈一字形倒塌(倒塌墙的长度为35m,高 2.3m、厚 0.24m),将在防水墙前做清理工作的两名农工砸伤致死。在此事故处理中,对有关责任者给予了行政处分,并对该工地进行了停工整顿的处理。

(二)事故原因分析

(1)施工人员违反施工技术交底的有关规定,墙体未达到一定强度就进行回填,且一次回填的高度又超过了规定的要求,加之回填的土方又相对集中,墙体受侧压力的作用,向内呈一字形倒塌是事故发生的直接原因。

(2)有关技术人员未结合现场的实际情况制定切实可行的施工方案,未针对实际在墙体砌筑宽度较小的部位进行稳固的技术措施,在施工技术方面有疏漏,这是造成事故发生的一个重要原因。

(3)负责施工生产的管理人员,对安全生产工作没有给予足够的重视,对施工现场的安全状况失察,以致颠倒施工程序,这是事故发生的主要原因。

(三)预防措施

根据统计,坍塌事故点排列见图10-1。

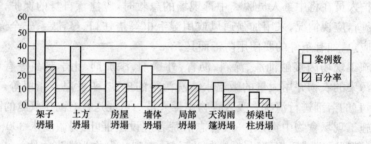

图 10-1　坍塌事故排列图

关键细节28　预防井字架、门式架倒塌的措施

(1)把好设计制作关。井字架、门式架倒塌的重要原因之一是设计不按规范,相互仿制时也不进行复算,制作时没有质量检验标准。因此,井字架、门式架均必须按《钢结构设计规范》(GB 50017—2003)进行设计,并经公司总工程师、机动科、安全科、技术科审查批准后,按设计图纸制作。制作井字架、门式架的金属材料,必须有出厂证明,按设计要求对号加工,焊接工作必须由经过考试合格并持证的焊工进行。

(2)做好基础。井字架、门式架倒塌的重要原因之二是基础不牢。在安装井字架、门式架之前,首先应对土质进行夯实,然后用条石、砂夹卵石分层夯实或用C10~C20级混凝土现浇简易基础,预埋地脚螺栓。其面积要比架体四周大50cm,高出地面20~30cm,并做好排水沟,保证排水良好,使基础不受水淹,防止基础沉陷或架体倾斜。再将井字架、门式架底座放在基础上,与基础预埋螺栓扭紧。凡装有起重臂杆的井字架底部应设压重物,总压重不得小于井字架总重量的1.9~2倍。井字架竖立高于6m时,应先加6t压重,以利于架设作业的安全。

(3)钢管井字架的搭设。用钢管搭设井字架,相邻的两根立杆接头错开长度不得少于50cm,横杆和剪刀撑(十字撑)必须同时安装。滑轨必须垂直,两滑轨间距误差不得超过10mm。

(4)钢制门式架的搭设。钢制门式架整体竖立时,底部须用拉索与地锚固定,防止滑移,上部应绑好缆风绳,对角拉牢,就位后收紧并固定缆风绳。

(5)要设置牢固的缆风绳。较多的井字架、门式架倒塌事故发生的主要原因是缆风绳不牢。如有的井架已安装 25m 高,尚不拉缆风绳,造成安装中井字架倒塌。也有的井字架、门式架使用报废的钢丝绳作缆风绳,导致绳断而倒塌;还有的用钢筋或 8 号钢丝作缆风绳因拉断而倒塌。因此,设置牢固的缆风绳,是预防井字架、门式架倒塌事故的重要措施。

1)井字架、门式架的缆风绳,必须根据最大起重量和架设的高度,通过计算,选用最大拉力 6 倍安全系数的钢丝绳,设置四角缆风。如井字架增设双扒杆,每层应设置 6 根缆风绳为宜。

2)安装高度达到 10～15m 的井字架、门式架,必须设一组 4 根固定缆风绳,每增高 10m 再加设一组(一层)固定缆风绳。搭设井字架、门式架高度达到 10m 时,应先设一组 4 根临时缆风绳,待固定缆风绳安装稳妥后,再拆除临时缆风绳,以确保井架搭设时的安全。

3)缆风绳与地面的角度应为 45°～60°。每根缆风绳底端,必须设置一个花篮螺栓(又称松紧器),以便随时调整缆风绳的松紧度。花篮螺栓与缆风绳和锚桩连接必须用同一规格的钢丝绳。缆风绳的顶端,不得直接拴在井字架角钢上,应在连接处设置套管或活动环等,把缆风绳拴在套管或活动环上,以减少磨损。禁止用 8 号钢丝或钢筋作缆风绳。

(6)要设置牢固的地龙、锚桩。井字架、门式架的地龙、锚桩,必须严格,按规定设置。

1)地龙坑的深度,应根据地龙受力大小和土质坚硬程度而定。一般坑深 1.5～3.5m,将横梁卧放在坑底,在梁中绑上钢丝绳,从坑的前槽引出与花篮螺栓连接,坑内放一些石头等压重物,然后回填土夯实。起重量较大或井字架、门式架较高时,设地龙为宜。

2)锚桩由 2m 长的 $\phi 48 \sim \phi 51$ 的钢管或 $75mm \times 60mm$ 的角钢制作,与缆风绳相反方向倾斜打入地下 1.5m 深。

3)如要利用建筑物或构筑物代替锚桩,必须事先经过验算,证明确实安全可靠方可使用。

4)严禁把缆风绳拴在树上、电杆上、门窗上等危险作法。

5)为了确保使用安全,安装后要由工长会同有关人员检查验收,必要时要试拉。使用中要明确专人定期检查,发现变形应立即采取补救措施,以防止事故发生。

(7)采用附着式井字架、门式架。随着高层建筑增多,高井架、高门架的缆风成为施工现场的一大难题,很多施工现场场地窄小,根本无法拉缆风绳。因此,附着式井字架、门式架出现了,井字架架设高度可达 100m,门式架架设高度可达 65m,实际的架设高度,应根据使用要求进行计算后确定。

(8)要设置避雷装置。井字架、门式架高出周围避雷设施,必须设置避雷装置,其避雷针必须高出两架最高点 3m,引下线和接地极必须连接紧密,接地电阻不得大于 4Ω。

(9)要设置升高限位装置。有的井字架、门式架倒塌,是由于卷扬机司机操作失误,又没装升高限位装置,以致把井字架、门式架拉翻。因此,井字架、门式架均必须设置升高限位装置。目前井字架、门式架的升高限位装置有如下三种。

1)在井字架、门式架天滑轮下方 4m 处设置升高限位装置。缺点是必须把电线顺井字架、门式架拉到高处,如果导线绝缘损坏,随时可能造成金属架导电而发生触电事故。再者,限位开关发生故障,检查维修必须爬到两架顶部,很不方便。

2)在卷扬机的卷筒上方设置一个横杆,在杆上装上可横向移动的升高限位装置,当吊篮升到最高允许位置时,卷筒上钢丝绳触碰限位开关,卷扬机断电停转。缺点是当卷筒上钢丝绳乱绳时,就会提前触碰限位开关,吊篮未能到位,卷扬机断电停转。

3)在卷扬机卷筒轴上安装一个过卷限位开关,对吊篮起升高度进行控制。

(10)要设断绳保险装置。

(11)要设吊篮定层装置。

🎯 关键细节 29　预防脚手架倒塌的措施

(1)高层脚手架基础应符合以下要求:

1)脚手架地基与基础的施工,必须根据脚手架搭设高度、搭设场地土质情况与现行国家标准《建筑地基基础工程施工质量验收规范》(GB 50202—2002)的有关规定进行。

2)脚手架底座底面标高宜高于自然地坪50mm。

3)脚手架基础经验收合格后,应按施工组织设计的要求放线定位。

4)脚手架底座、垫板必须准确放在定位线上,垫板宜用木板或槽钢。

(2)脚手架结构加强措施。脚手架的立杆、横杆、扣件、剪刀撑及与结构的拉结必须符合《建筑施工扣件式钢管脚手架安全技术规范》(JGJ 130—2011)的具体要求。

(3)脚手架搭设前要编制搭设方案并经过审查和审批;超过50m的高层脚手架要经过专门设计计算。

🎯 关键细节 30　预防土石方坍塌的措施

(1)要放足边坡。土方边坡的稳定,主要由土体的内摩阻力和粘结力来保持平衡。一旦土体失去平衡,边坡就会塌方,造成人身伤亡,影响施工正常进行,同时还会危及附近建筑物的安全。因此,必须做到以下几点。

1)土方施工前要做好调查研究工作。土方工程施工前,应做好必要的地质、水文和地下设备(如天然气管道、瓦斯管道、电缆等)的调查和勘察工作,制定出土方开挖的方案。在深坑、深井内作业时,还应采取测毒和通风换气的措施。

2)挖土方应从上而下分层进行,禁止采用挖空底脚的操作方法(即挖神仙土),挖坑、沟、槽、井坑时,应视土的性质、湿度和开挖深度,选择安全边坡或设置固壁支撑。在沟、坑边堆放泥土、材料,至少要距离沟、坑边沿1m以外,高度不得超过1.5m。

3)所放边坡要适当,边坡放得太大会增加开支;边坡放得太小又会造成塌方事故。边坡坡度应根据挖方深度、土的物理性质和地下水位的高低,按《建筑地基基础工程施工质量验收规范》(GB 50202—2002)的规定选用。

4)挖大孔径及扩底桩施工前,必须按规定制定防坠落物、防坍塌、防人员窒息等安全防护措施,并指定专人实施。

(2)支好固坡支撑。

(3)做好排水等措施。

1)在平地土方工程施工前,应认真挖好地面临时排水沟或筑土堤等设施,防止施工用水和地面雨水流入坑、沟、槽,造成边坡坍塌。

2)在山坡地区施工,应尽量按设计要求先做好永久性截水沟。确因特殊情况来不及做好永久性截水沟时,也必须设置临时截水沟,阻止山坡水流入施工现场,以防止向坑、沟、槽壁、底渗漏,造成坍塌。临时截水沟至挖方边坡上缘的距离,应根据土质确定,一般不得小于 3m。

3)开挖低于地下水位的基坑、基槽、管沟和其他挖方时,应根据开挖层的地质资料、挖方深度等实际情况,选用集水坑降水、井点降水或两种方法相结合等措施,降低地下水位,以防地基土结构遭受破坏,造成边坡塌方或影响施工质量。

4)土方工程尽量在雨期到来之前完成,必须在雨期前开挖坑、槽、沟等,应注意边坡稳定。必要时可适当放缓边坡坡度或设置支撑。施工时应由专人负责加强对边坡和支撑的检查。

5)冬期采用蒸汽法和电热法等融化冻土时,应按开挖顺序分段进行。冬期开挖土方,有可能引起邻近建筑物或构筑物坍塌或冻坏其他地下设施时,应事先采取防护措施。

6)凡挖方的壁坡中有危石或爆破作业中有危石,必须经及时处理后方准继续施工。

⊙ 关键细节31 防止模板及其支架系统倒塌的措施

(1)模板、支架系统必须进行设计计算,以保证其具有足够的强度、刚度和稳定性,能可靠地承受钢筋和新浇筑混凝土的重量以及在施工过程中所产生的荷载。

(2)模板和支架所用材料可选钢材和木材。钢材应符合《碳素结构钢》(GB/T 700—2006)中的相关规定。木材应符合《木结构工程施工质量验收规范》(GB 50206—2002)中的承重结构选材标准,其树种可按各地区实际情况选用,材质不宜低于Ⅲ等材。

(3)模板的安装和支架的搭设必须符合设计要求和有关规范的规定。

(4)模板和支架的拆除应符合设计要求,如设计无要求时,应在与现场同条件养护的混凝土试块的强度达到设计强度后,方能拆除。

(5)模板和支架的拆除应编制可靠的拆除方案,并向工人做好安全技术交底,严格按照拆除方案的要求拆除。

(6)大模板存放必须将地脚螺栓提上去,使自稳角成为 70°~80°。长期存放的大模板,必须用拉杆连接绑牢。没有支撑或自稳角不足的大模板,要存放在专用的堆放架内。

二、高处坠落事故剖析

(一)事故案例

(1)事故时间:2009 年 8 月 11 日。

(2)事故类别:高处坠落。

(3)伤亡人员情况:8 人死亡,11 人受伤。

(4)直接经济损失:200 余万元。

(5)事故概况。

2009 年 8 月 11 日,某单位在承接的××小区三期工程施工中,外檐装修采用的是可分段式整体提升脚手架。由于该脚手架设计获有专利权,且使用情况特殊,升降难度较大,故将其脚手架的全部安装升降作业,以工程分包的形式交给了该脚手架的设计单位进行。当日,在进行降架作业时,突然两个机位的承重螺栓断裂,造成连续 5 个机位上的 10 条承重螺栓相继被剪切,楼南侧 51m 长的架体与支撑架脱离,自 44.3m 高度坠落至地面,致使在架体上和地面上作业的 20 名工人,除一人从架体上跳入室内幸免外,其余 19 人中有 8 人死亡,11 人受伤。在此事故处理中,对 3 名直接责任者追究了刑事责任,判处有期徒刑 3～4 年,对另外 5 名有关责任人分别给予了撤职、记过等行政处分。

(二)事故原因分析

(1)承重螺栓安装不合理,造成螺栓实际承受的载荷远远超过材料能够承受的载荷;脚手架整体超重,实际载荷是原设计载荷的 2.7 倍,这是事故发生的直接原因。

(2)施工管理混乱,规章制度不落实,在事故调查中,发现该设计施工方案与现场实际情况不符;盲目和擅自变更施工方案;发现事故隐患不及时整改;提升机承力架未与工程结构固定;施工队伍管理松弛是造成事故发生的主要原因。

(3)可分段式整体提升脚手架这一专项技术本身存在重大缺陷。该脚手架没有完整的防下坠安全装置;架体承重螺栓的安全裕度不足,也是造成事故的一个重要因素。

综合多年高处坠落案例,其原因统计排列见图 10-2。

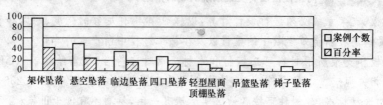

图 10-2 高处坠落事故点分布排列图

(三)预防措施

关键细节 32　预防架体上坠落的措施

(1)各种类型的脚手架必须由架子工进行搭设及拆除,架子工高处作业必须系挂安全带。

(2)脚手架的搭设和拆除必须认真把好九道关口。

1)安全交底关。搭设和拆除脚手架之前,工长必须向架子工进行详细安全技术交底,明确架子类型、用途及搭拆标准和安全作业要求。

2)材质检查关。严格按照规范规定的质量和规格选择架材。

3)搭设尺寸关。严格按照规范规定的间距尺寸搭设脚手架的立杆、大横杆、小横杆、剪刀撑等。

4)铺板关。脚手架作业层脚手板必须铺满、铺稳,离开墙面 120～150mm;板与板之间不得有空隙和探头板、飞跳板;脚手板搭接长度不得小于 200mm,脚手板对接时应架设双排小横杆,间距不大于 300mm;在架子转弯处的脚手板应交叉搭接,脚手板应用木块垫平并要钉牢,不得用砖垫板;上料斜道的铺设宽度不得小于 1.5m,坡度不得大于 1∶3,防滑条的间距不得大于 30cm,并要经常清除架板上的杂物、冰雪,保持清洁、平整、畅通。

5)护栏关。脚手架外侧、斜道(跑道)两侧、卸料台周边设1m高的防护栏杆和挡脚板，或者设防护栏杆，立挂安全网，下口封严。

6)连接关。脚手架自身连接牢固程度和脚手架与构筑物连接牢固程度，直接关系到架子的稳定性，必须达到架子不摇晃；脚手架两端、转角处以及每隔6～7根立杆应设一组剪刀撑，自下而上循序连续设置到顶，每组剪刀撑纵向长度以9m为宜；最下面的撑与地面的角度不得大于60°，与立杆的连接点离地面不得大于30cm，剪刀撑杆的接长，应用搭接方法，搭接长度不小于40cm，用两只转向扣件锁紧，禁止用对接扣件；脚手架两端、转角处以及每隔6～7根立杆应设支杆，支杆与地面角度不得大于60°，支杆底端要埋入地下不小于30cm，架子高度在7m以上或无法设支杆时，每高4m，水平每隔7m，脚手架必须同建筑物连接牢固，拆除脚手架时从上至下随拆架同时拆除连接点。

7)承重关。脚手架的均布荷载，不得超过270kg/m²时，在脚手架中堆砖，只允许堆放单行侧摆三层，用于装修工程的脚手架均布荷载不得超过200kg/m²，如必须超载，应按施工方案采取加固措施，以保证安全。

8)上下关。搭设各类脚手架，均必须为施工人员上下架子搭设斜道(跑道)或阶梯，严禁施工人员从架子爬上爬下。

9)保险关。吊篮架子和桥式架子是一种工具式脚手架，设计、制造、安装质量直接关系到能否保证安全使用，因此，必须对吊篮架子和桥式架子的设计图纸、制造工艺及安装质量进行严格的检查、试验。使用期间，必须经常检查吊篮的防护措施、挑梁、手扳葫芦、倒链、吊索、钢丝绳，发现问题立即解决，严禁工人在有隐患的吊篮内作业。除此之外，在使用中一定要装好、用好吊篮安全保险绳，每次放绳不得超过1m长，并要卡牢所有卡子，吊篮上的吊钩必须设保险措施，防止吊索脱钩。升降吊篮的手扳葫芦，最好采用带保险装置的手扳葫芦。在使用期间，要对桥式架立柱与构筑物的联结、升降倒链、钢丝绳吊索、联结卡具等进行经常性检查，发现隐患立即解决，严禁使用有隐患的桥式架。

🎯关键细节33　预防悬空坠落的措施

(1)从事悬空作业人员，每年要定期进行一次身体检查。凡患有高血压、心脏病、低血压、贫血病、癫痫病、神经衰弱及四肢有残缺的人员，以及年龄不满18周岁人员，均不得从事悬空作业。

(2)六级以上的大风及雷暴雨天，禁止在露天进行悬空作业。

(3)夜间施工，照明光线不足，不得从事悬空作业。

(4)悬空作业人员，必须佩戴符合国家标准并具有检验合格证的安全帽，系牢帽带，以保护头部。

(5)凡从事2m以上悬空作业人员，必须佩带符合国家标准并有检验机关检验合格证的安全带。每次使用安全带之前，必须对安全带进行详细检查，确无损坏方准使用。上下高处时，应把安全带的系绳盘绕在身上，防止碰挂。悬空作业前必须把安全带的系绳挂在牢固的结构物、吊环或安全拉绳上，且应认真复查，严防发生虚挂、脱钩等现象。

(6)使用安全带系绳长度需要3m以上时，应购买加有缓冲器装置的专用安全带。

(7)使用安全带应高挂低用,减少坠落时的冲击高度。

(8)安全带使用两年后,应按批量购入情况抽验一次。悬空安全带以80kg重量做自由坠落试验,若不破断,该批安全带可继续使用。对抽试过的样品,必须更换悬挂的安全系绳后才能继续使用。

(9)安全带的使用期为3~5年,使用期中如发现异常现象,应提前报废。

(10)悬空作业上方,凡无处挂安全带时,工长或施工负责人应为工人专设挂安全带的安全拉绳、安全栏杆等。如施工厂房的行车梁上部、吊装屋架的上部均系悬空,工人行走或作业,安全带无处挂,因此,必须在其上方设置安全拉绳或栏杆,以保证工人行走和作业时的安全。

◎关键细节34 预防临边坠落的措施

(1)外架防护措施。在高层建筑施工中,往往采用双排外脚手架,操作层满铺脚手板,操作面外侧设两道护身栏杆和一道挡脚板或设一道护身栏杆,立挂安全网。下口封严,防护高度应为1.2m。

(2)外护架防护措施。外护架是根据构筑物楼层,每一层楼搭设一层保护层,平铺、立设脚手板,护架外侧设立网密封。这种外护架在工程上不作为操作架,主要用来防止施工楼面作业人员从周边向外侧坠落。当装饰工程开始时,可在两步架板之间,再搭一步架板,供外装修工人操作使用。

(3)插口架防护措施。有些高层建筑,采用外挂内浇或现浇钢筋混凝土剪力墙的施工方法。为了保护施工层临边作业人员的安全,起到结构施工的立体防护作用,并作为施工人员在高层外围的人行通道,采用了工具式插口架。即把事先预制好的插口架,用起重机械吊起插入作业层下一层的窗口处,在墙内用木方垫好、钢管扣件卡牢,并用钢丝绳将插口架与室内地面临时拉结牢固,插口架别杠应用10cm×10cm的木方,别杠每端应长于所别实墙20cm,插口架子上端的钢管应用双扣件锁牢。由于插口架保护高度超过一个楼层,防止施工层周边作业人员向外侧坠落效果比较好。

(4)外挂架防护措施。利用外挂架临边防护并提供临边作业面时,外挂架必用有防脱钩装置的穿墙螺栓,里侧加垫板并用双螺母紧固。

(5)楼面斜挑架防护措施。有的混凝土框架高层建筑,由于起重设备不足,不便安装楼面护架,就利用施工楼层钢模板支撑,在构筑物施工楼面周边搭设斜挑梁,垂直高度与施工楼层高度相同,挑杆上搭设大横杆,斜向满拉安全网。

(6)附着升降脚手架防护措施。在高层、超高层建筑工程结构中常使用由不同形式的架体、附着支撑结构、升降设备和升降方式组成的附着升降脚手架。该脚手架必须按照《建筑施工工具式脚手架安全技术规范》(JGJ 202—2010)进行设计与加工制作,其构造和防倾覆、防坠落装置必须符合规范要求,其安全防护措施必须满足以下几点。

1)架体外侧必须用密目安全网围挡,密目安全网必须可靠固定在架体上。

2)架体底层的脚手板必须铺设严密,且应用平网及密目安全网兜底。应设置架体升降时底层脚手板可折起的翻板构造,保持架体底层脚手板与建筑物表面在升降和正常使用中的间隙,防止物料坠落。

3)在每一作业层架体外侧必须设置上、下两道防护栏杆(上杆高度1.2m,下杆高度0.6m)和挡脚板(高度180mm)。

4)单片式和中间断开的整体式附着升降脚手架,在使用工况下,其断开处必须封闭并加设栏杆;在升降工况下,架体开口处必须有可靠的防止人员及物料坠落的措施。同时,在安装、使用和拆卸过程中,必须符合规定。

(7)临边作业防护措施。

1)阳台栏板应随层安装。不能随层安装的,必须设两道防护栏杆或立挂安全网封闭。

2)建筑物楼层临边四周,无维护结构时,必须设两道防护栏杆或立挂安全网加一道防护栏杆。

3)井字架、龙门架每层卸料平台应有防护门,两侧应绑两道护身栏杆,并设挡脚板。

🎯 关键细节35 "四口"防护措施

(1)楼梯口的防护措施。楼梯踏步及休息平台处,要设两道牢固防护栏杆或用立挂安全网做防护。回转式楼梯间应支设首层水平安全网。每隔四层设一道水平安全网。

(2)电梯井口的防护。电梯井口必须设高低不低于1.2m的金属防护门。电梯井内首层和首层以上每隔四层设一道水平安全网,安全网应封闭严密。未经上级主管技术部门批准,电梯井内不得做垂直运输通道和垃圾通道。

(3)预留洞口的防护。1.5m×1.5m以下的孔洞,预埋通长钢筋网或加固定盖板。1.5m×1.5m以上的孔洞,四周设两道护身栏杆,中间支挂水平安全网。

(4)通道口的防护。建筑物的出入口搭设长3～6m,宽于出入通道两侧各1m的防护棚,棚顶应满铺不小于5cm厚的脚手板,非出入口和通道两侧必须封严。

🎯 关键细节36 使用梯子的防护措施

(1)梯上作业,是建筑施工行业中较低的高处作业。坠落事故普遍发生在1～5m之间,造成死亡事故主要是坠落时伤害了人的要害部位——头部。因此,必须克服作业点不高,不会发生事故的麻痹思想和不愿意戴安全帽的错误行为。必须坚持上梯作业前,把安全帽戴好,帽带系牢,万一架上人员向下坠落时,帽子不会滑落,可以保护坠落者的头部。

(2)各种梯子的制作,必须分别按有关规定进行选材、制作和试验检查,防止因梯子不符合安全要求,使用时折断而造成坠落伤亡事故。

(3)凡是购买的梯子,必须严格按国标的技术要求,进行检查验收,不符合国标要求的,不准发给工人使用。

(4)梯子长度不应超过5m,宽度不应小于30cm,踏板间距为27.5～30cm,最下一个踏板与两梯梁底端的距离均为27.5cm。

(5)每部木直梯两端踏板的下面和木折梯底端踏板下面,必须用直径不小于5mm钢杆加固,其螺母与梯梁接触面应加金属垫圈。

(6)所有梯子的梯踏板面应采用通用的合成橡胶(丁苯橡胶)制作防滑结构。

(7)各种梯子在使用前,使用者必须对梯子的梯梁、踏板、钢拉杆螺母、梯角防滑措施等进行认真检查,凡有损坏、松动等,必须进行加固后方准使用。

(8)各种梯子使用的工作角度为(75±5)°。角度太大容易倾倒,角度太小容易滑落。

(9)每部梯子上只允许一个人作业,不准两人同时在一个梯子上操作。

(10)不准用梯子搭设临时操作架,也不准在脚手架上搭设小模杆代替爬梯。

(11)上折梯前,必须将固定梯子工作角度的撑杆装牢。

(12)凡在梯上进行用力较大的操作,作业前应将梯子上端绑扎在构筑物上。在通道处使用梯子,应设专人在地面扶梯监护。

(13)梯上作业人员应配带工具袋,上下梯前,应将工具装入工具袋内,双手抓住梯梁进行攀登,以防失手坠落。

第十一章　职业卫生与劳动保护

第一节　职业卫生

一、职业危害因素与职业病

职业危害因素是指与生产有关的劳动条件,包括生产过程、劳动过程和生产环境中,对劳动者的健康和劳动能力产生有害作用的职业因素。职业危害因素按其来源可分为三类,见表11-1。

表 11-1　职业危害因素的分类

序号	项目	内容
1	生产过程中的有害因素	(1)化学因素。 1)有毒物质,如铅、苯、汞、锰、氯、一氧化碳、有机磷农药等。 2)生产性粉尘,如矽尘、水泥尘、金属尘(如铁末)、煤尘、有机粉尘(木质尘)等。 (2)物理因素。 1)异常气压条件,如高温、高湿、低温。 2)异常气压,如高气压、低气压。 3)噪声、振动、超声波等。 4)非电离辐射,如可见光、紫外线、红外线、射频、微波、激光等。 5)电离辐射,如 X 射线、γ 射线等。 (3)生物因素。如附着于皮毛上的炭疽杆菌,蔗渣上的霉菌等
2	劳动过程中的有害因素	(1)劳动组织和制度不合理,劳动作息制度不合理:如劳动时间过长,缺乏工间休息。 (2)精神紧张。 (3)劳动强度过大或生产定额不当,如安排的作业与劳动者生理状况不相适应等。 (4)个别器官或系统过度紧张,如电焊、气焊工人的视力紧张,重体力劳动易发生腹股沟疝,瓦工、抹灰工、锻工易发生腱鞘囊肿。 (5)长时间处于某种不良体位,或使用不合理的工具等
3	生产环境中的有害因素	(1)自然环境因素,如夏季炎热季节,露天作业的工人受到太阳的辐射。 (2)厂房建筑或布置不合理,如有毒作业或无毒作业安排在一个车间;或厂房面积狭小,布置不合理等。 (3)缺乏适当的卫生技术设备(如缺乏通风设备);在照明上有缺陷,如照明不足或设备安装不好。 (4)缺乏防尘、防毒设备,或设备不完善。 (5)缺乏安全防护设备,或缺乏个人防护用品

职业病是指企业、事业单位和个体经济组织等用人单位的劳动者在职业活动中,因接触粉尘、放射性物质和其他有毒、有害物质等因素而引起的疾病。

职业病患者必须具备以下四个条件:

(1)患病主体是企业、事业单位或个体经济组织的劳动者;

(2)必须是在从事职业活动的过程中产生的;

(3)必须是因接触粉尘、放射性物质和其他有毒、有害物质等职业病危害因素引起的;

(4)必须是国家公布的职业病分类和目录所列的职业病。

职业病有一定范围,必须是国家规定的法定职业病。根据《中华人民共和国职业病防治法》第二条的规定,职业病目录如下:

(1)尘肺。①矽肺;②煤工尘肺;③石墨尘肺;④炭黑尘肺;⑤石棉肺;⑥滑石尘肺;⑦水泥尘肺;⑧云母尘肺;⑨陶工尘肺;⑩铝尘肺;⑪电焊工尘肺;⑫铸工尘肺;⑬根据《尘肺病诊断标准》和《尘肺病理诊断标准》可以诊断的其他尘肺。

(2)职业性放射性疾病。①外照射急性放射病;②外照射亚急性放射病;③外照射慢性放射病;④内照射放射病;⑤放射性皮肤疾病;⑥放射性肿瘤;⑦放射性骨损伤;⑧放射性甲状腺疾病;⑨放射性性腺疾病;⑩放射复合伤;⑪根据《职业性放射性疾病诊断标准(总则)》可以诊断的其他放射性损伤。

(3)职业中毒。

1)铅及其化合物中毒(不包括四乙基铅);

2)汞及其化合物中毒;

3)锰及其化合物中毒;

4)镉及其化合物中毒;

5)铍病;

6)铊及其化合物中毒;

7)钡及其化合物中毒;

8)钒及其化合物中毒;

9)磷及其化合物中毒;

10)砷及其化合物中毒;

11)铀中毒;

12)砷化氢中毒;

13)氯气中毒;

14)二氧化硫中毒;

15)光气中毒;

16)氨中毒;

17)偏二甲基肼中毒;

18)氮氧化合物中毒;

19)一氧化碳中毒;

20)二硫化碳中毒;

21)硫化氢中毒；

22)磷化氢、磷化锌、磷化铝中毒；

23)工业性氟病；

24)氰及腈类化合物中毒；

25)四乙基铅中毒；

26)有机锡中毒；

27)羰基镍中毒；

28)苯中毒；

29)甲苯中毒；

30)二甲苯中毒；

31)正己烷中毒；

32)汽油中毒；

33)一甲胺中毒；

34)有机氟聚合物单体及其热裂解物中毒；

35)二氯乙烷中毒；

36)四氯化碳中毒；

37)氯乙烯中毒；

38)三氯乙烯中毒；

39)氯丙烯中毒；

40)氯丁二烯中毒；

41)苯的氨基及硝基化合物(不包括三硝基甲苯)中毒；

42)三硝基甲苯中毒；

43)甲醇中毒；

44)酚中毒；

45)五氯酚(钠)中毒；

46)甲醛中毒；

47)硫酸二甲酯中毒；

48)丙烯酰胺中毒；

49)二甲基甲酰胺中毒；

50)有机磷农药中毒；

51)氨基甲酸酯类农药中毒；

52)杀虫脒中毒；

53)溴甲烷中毒；

54)拟除虫菊酯类农药中毒；

55)根据《职业性中毒性肝病诊断标准》可以诊断的职业性中毒性肝病；

56)根据《职业性急性化学物中毒诊断标准(总则)》可以诊断的其他职业性急性中毒。

(4)物理因素所致职业病。

1)中暑；

2)减压病；

3)高原病；

4)航空病；

5)手臂振动病。

(5)生物因素所致职业病。

1)炭疽；

2)森林脑炎；

3)布氏杆菌病。

(6)职业性皮肤病。

1)接触性皮炎；

2)光敏性皮炎；

3)电光性皮炎；

4)黑变病；

5)痤疮；

6)溃疡；

7)化学性皮肤灼伤；

8)根据《职业性皮肤病诊断标准(总则)》可以诊断的其他职业性皮肤病。

(7)职业性眼病。

1)化学性眼部灼伤；

2)电光性眼炎；

3)职业性白内障(含辐射性白内障、三硝基甲苯白内障)。

(8)职业性耳鼻喉口腔疾病。

1)噪声聋；

2)铬鼻病；

3)牙酸蚀病。

(9)职业性肿瘤。

1)石棉所致肺癌、间皮瘤；

2)联苯胺所致膀胱癌；

3)苯所致白血病；

4)氯甲醚所致肺癌；

5)砷所致肺癌、皮肤癌；

6)氯乙烯所致肝血管肉瘤；

7)焦炉工人肺癌；

8)铬酸盐制造业工人肺癌。

(10)其他职业病。

1)金属烟热；

2)职业性哮喘；

3)职业性变态反应性肺泡炎；

4)棉尘病；

5)煤矿井下工人滑囊炎。

二、职业病的预防

职业病的预防应遵循以下三级预防原则：

(1)一级预防。即从根本上使劳动者不接触职业病危害因素，如改变工艺，改进生产过程，确定容许接触量或接触水平，使生产过程达到安全标准，对人群中的易感者根据职业禁忌证避免有关人员进入职业禁忌岗位。

(2)二级预防。在一级预防达不到要求，职业病危害因素已开始损伤劳动者的健康时，应及时发现，并采取补救措施，主要工作为进行职业危害及健康的早期检测与及时处理，防止其进一步发展。

(3)三级预防。即对已患职业病者，作出正确诊断，及时处理，包括及时脱离接触进行治疗，防止恶化和并发症，使其恢复健康。

职业病的预防需要采取以下措施：

(1)增强法制观念，提高对职业病防治工作的认识。各级政府应将职业病预防工作纳入国民经济和社会发展规划。用人单位要认真贯彻执行职业卫生和职业病防治的法规、标准。要制定规划，有计划地改善职工的生产工作环境和条件，依法参加工伤保险，并采取措施保障劳动者获得职业卫生保护。劳动者依法享有获得职业卫生保护的权利，国家应保障其权益不受侵害。

(2)认真做好前期预防工作。工作场所必须符合国家卫生标准和卫生要求。新建、扩建和技术改造建设项目可能产生职业危害的，必须进行职业危害评价，并向有关部门提交预评价报告，提出职业危害的预防与治理措施。建设项目的职业卫生防护设施应当纳入建设项目工程预算，并与主体工程同时设计、同时施工，经有关部门验收合格后方可正式运行、使用。

(3)对存在放射性及高毒、致畸、致癌、致突变等因素的工作场所实行特殊管理。任何单位和个人不得将产生职业危害的作业转移给没有职业卫生防护条件的用人单位和个人。

(4)生产、经营、进口可能产生职业危害因素的设备，必须提供中文说明书。说明书应当载明设备性能、可能产生的职业危害、安全操作和维护注意事项、卫生防护和应急措施等内容。生产、经营、进口化学品、放射性同位素等原材料的，除提供中文说明书外，产品包装应当有警示标志和中文警示说明。新原材料应当附有由取得相应资格的技术机构出具的毒性鉴定报告书。

(5)用人单位必须建立职业危害档案和职业卫生管理制度，制定职业卫生操作规程、职业危害事故应急救援措施。对从事接触职业危害作业的劳动者，必须建立健康监护制度，记录其职业病接触史和职业性健康检查结果。同时，职工上岗前必须进行职业性健康检查，调离接触职业危害作业岗位也要进行离岗前职业性健康检查。

(6)用人单位应当建立职业卫生宣传、培训教育制度，对劳动者进行上岗前的职业卫生培训、健康教育,普及职业卫生知识,督促劳动者遵守职业病防治法律、规章制度、操作规程,指导劳动者正确使用职业卫生防护设备、个人职业卫生防护用品。

(7)劳动者应当学习和掌握相关的职业卫生知识,遵守职业病防治法律、法规、规章和操作规程,正确使用、维护职业卫生防护设备和个人职业卫生防护用品,发现职业危害事故隐患及时报告。

三、建筑业职业病及其防治

(一)建筑行业职业病危害因素的识别

建筑业职业病危害具有以下特点:

(1)职业病危害因素种类繁多、复杂。建筑行业职业病危害因素来源多、种类多,几乎涵盖所有类型的职业病危害因素(表11-2)。既有施工工艺产生的危害因素,也有自然环境、施工环境产生的危害因素,还有施工过程产生的危害因素。既存在粉尘、噪声、放射性物质和其他有毒有害物质等的危害,也存在高处作业、密闭空间作业、高温作业、低温作业、高原(低气压)作业、水下(高压)作业等产生的危害,劳动强度大、劳动时间长的危害也相当突出。一个施工现场往往同时存在多种职业病危害因素,不同施工过程存在不同的职业病危害因素。

(2)职业病危害防护难度大。建筑施工工程类型有房屋建筑工程、市政基础设施工程、交通工程、通信工程、水利工程、铁道工程、冶金工程、电力工程、港湾工程等;建筑施工地点可以是高原、海洋、水下、室外、室内、箱体、城市、农村、荒原、疫区,小范围的作业点、长距离的施工线等;作业方式有挖方、掘进、爆破、砌筑、电焊、抹灰、油漆、喷砂除锈、拆除和翻修等,有机械施工,也有人工施工等。施工工程和施工地点的多样化,导致职业病危害的多变性,受施工现场和条件的限制,往往难以采取有效的工程控制技术措施。

表11-2　　　　　　　　建筑行业劳动者接触的主要职业病危害因素

序号	工种		主要职业病危害因素	可能引起的法定职业病	主要防护措施
1	土石方施工人员	凿岩工	粉尘、噪声、高温、局部振动、电离辐射	尘肺、噪声聋、中暑、手臂振动病、放射性疾病	防尘口罩、护耳器、热辐射防护服、防振手套、放射防护
		爆破工	噪声、粉尘、高温、氮氧化物、一氧化碳、三硝基甲苯	噪声聋、尘肺、中暑、氮氧化物中毒、一氧化碳中毒、三硝基甲苯中毒、三硝基甲苯白内障	护耳器、防尘防毒口罩、热辐射防护服
		挖掘机、推土机、铲运机驾驶员	噪声、粉尘、高温、全身振动	噪声聋、尘肺、中暑	驾驶室密闭、设置空调、减振处理;护耳器、防尘口罩、热辐射防护服
		打桩工	粉尘、噪声、高温	尘肺、噪声聋、中暑	防尘口罩、护耳器、热辐射防护服

（续一）

序号	工种		主要职业病危害因素	可能引起的法定职业病	主要防护措施
2	砌筑人员	砌筑工	高温、高处作业	中暑	热辐射防护服
		石工	粉尘、高温	尘肺、中暑	防尘口罩、热辐射防护服
3	混凝土配制及制品加工人员	混凝土工	噪声、局部振动、高温	噪声聋、手臂振动病、中暑	护耳器、防振手套、热辐射防护服
		混凝土制品模具工	粉尘、噪声、高温	尘肺、噪声聋、中暑	防尘口罩、护耳器、热辐射防护服
		混凝土搅拌机械操作工	噪声、高温、粉尘、沥青烟	噪声聋、中暑、尘肺、接触性皮炎、痤疮	护耳器、热辐射防护服、防尘防毒口罩
4	钢筋加工人员	钢筋工	噪声、金属粉尘、高温、高处作业	噪声聋、尘肺、中暑	护耳器、防尘口罩、热辐射防护服
5	施工架子搭设人员	架子工	高温、高处作业	中暑	热辐射防护服
6	工程防水人员	防水工	高温、沥青烟、煤焦油、甲苯、二甲苯、汽油等有机溶剂、石棉	甲苯中毒、二甲苯中毒、接触性皮炎、痤疮、中暑	防毒口罩、防护手套、防护工作服
		防渗墙工	噪声、高温、局部振动	噪声聋、中暑、手臂振动病	护耳器、热辐射防护服、防振手套
7	装饰装修人员	抹灰工	粉尘、高温、高处作业	尘肺、中暑	防尘口罩、热辐射防护服
		金属门窗工	噪声、金属粉尘、高温、高处作业	噪声聋、尘肺、中暑	护耳器、防尘口罩、热辐射防护服
		油漆工	有机溶剂、铅、汞、镉、铬、甲醛、甲苯二异氰酸酯、粉尘、高温	苯中毒、甲苯中毒、二甲苯中毒、铅及其化合物中毒、汞及其化合物中毒、镉及其化合物中毒、甲醛中毒、苯致白血病、接触性皮炎、尘肺、中暑	通风、防毒防尘口罩、防护手套、防护工作服
		室内成套设施装饰工	噪声、高温	噪声聋、中暑	护耳器、热辐射防护服

（续二）

序号	工种		主要职业病危害因素	可能引起的法定职业病	主要防护措施
8	筑路、养护、维修人员	沥青混凝土摊铺机操作工	噪声、高温、沥青烟、全身振动	噪声聋、中暑、接触性皮炎、痤疮	驾驶室密闭、设置空调、减振处理；护耳器、防毒口罩、防护手套、防护工作服
		水泥混凝土摊铺机操作工	噪声、高温、全身振动	噪声聋、中暑	驾驶室密闭、设置空调、减振处理；护耳器、热辐射防护服
		压路机操作工	噪声、高温、全身振动、粉尘	噪声聋、中暑、尘肺	驾驶室密闭、设置空调、减振处理；护耳器、热辐射防护服、防尘口罩
		筑路工	粉尘、噪声、高温	尘肺、噪声聋、中暑	防尘口罩、护耳器、热辐射防护服
		乳化沥青工	沥青烟、高温	接触性皮炎、痤疮、中暑	防毒口罩、防护手套、防护工作服
		铺轨机司机、轨道车司机、大型线路机械司机	噪声、高温	噪声聋、中暑	护耳器、热辐射防护服
		路基工	噪声、粉尘、高温	噪声聋、尘肺、中暑	护耳器、防尘口罩、热辐射防护服
		隧道工	噪声、高温、粉尘、一氧化碳、氮氧化物、甲烷、硫化氢、电离辐射	噪声聋、中暑、尘肺、一氧化碳中毒、氮氧化物中毒、硫化氢中毒、放射性疾病	通风、防尘防毒口罩、护耳器、热辐射防护服、放射防护
		桥梁工	噪声、高温、高处作业	噪声聋、中暑	护耳器、热辐射防护服
9	工程设备安装工	机械设备安装工	噪声、高温、高处作业	噪声聋、中暑	护耳器、热辐射防护服
		电气设备安装工	噪声、高温、高处作业、工频电场、工频磁场	噪声聋、中暑	护耳器、热辐射防护服、工频电磁场防护服
		管工	噪声、高温、粉尘	噪声聋、中暑、尘肺	护耳器、热辐射防护服、防尘口罩

（续三）

序号	工种		主要职业病危害因素	可能引起的法定职业病	主要防护措施
10	中小型施工机械操作工	卷扬机操作工	噪声、高温、全身振动	噪声聋、中暑	护耳器、热辐射防护服
		平地机操作工	粉尘、噪声、高温、全身振动	尘肺、噪声聋、中暑	操作室密闭、设置空调、减振处理；防尘口罩、护耳器、热辐射防护服
11	其他	电焊工	电焊烟尘、锰及其化合物、一氧化碳、氮氧化物、臭氧、紫外线、红外线、高温、高处作业	电焊工尘肺、金属烟热、锰及其化合物中毒、一氧化碳中毒、氮氧化物中毒、电光性眼炎、电光性皮炎、中暑	防尘防毒口罩、护目镜、防护面罩、热辐射防护服
		起重机操作工	噪声、高温	噪声聋、中暑	操作室密闭、设置空调；护耳器、热辐射防护服
		石棉拆除工	石棉粉尘、高温、噪声	石棉肺、石棉所致肺癌、间皮瘤、中暑、噪声聋	防尘口罩、护耳器、石棉防护服
		木工	粉尘、噪声、高温、甲醛	尘肺、噪声聋、中暑、甲醛中毒	防尘防毒口罩、护耳器、热辐射防护服
		探伤工	X射线、γ射线、超声波	放射性疾病	放射防护
		沉箱及水下作业者	高气压	减压病	严格遵守操作规程
		防腐工	噪声、高温、苯、甲苯、二甲苯、铅、汞、汽油、沥青烟	噪声聋、中暑、苯中毒、甲苯中毒、二甲苯中毒、汽油中毒、铅及其化合物中毒、汞及其化合物中毒、苯致白血病、接触性皮炎、痤疮	护耳器、热辐射防护服、通风、防毒口罩、护目镜、防护手套

关键细节 1 施工前职业病危害因素识别

（1）施工企业应在施工前进行施工现场卫生状况调查，明确施工现场是否存在排污管道、历史化学废弃物填埋、垃圾填埋和放射性物质污染等情况。

（2）项目经理部在施工前应根据施工工艺、施工现场的自然条件对不同施工阶段存在的职业病危害因素进行识别,列出职业病危害因素清单。职业病危害因素的识别范围必须覆盖施工过程中所有活动,包括常规和非常规(如特殊季节的施工和临时性作业)活动、所有进入施工现场人员(包括供货方、访问者)的活动,以及所有物料、设备和设施(包括自有的、租赁的、借用的)可能产生的职业病危害因素。

◎关键细节 2 施工过程职业病危害因素识别

(1)项目经理部应委托有资质的职业卫生服务机构根据职业病危害因素的种类、浓度(或强度)、接触人数、频度及时间,职业病危害防护措施和发生职业病的危险程度,对不同施工阶段、不同岗位的职业病危害因素进行识别、检测和评价,确定重点职业病危害因素和关键控制点。当施工设备、材料、工艺或操作堆积发生改变时,并可能引起职业病危害因素的种类、性质、浓度(或强度)发生变化时,或者法律及其职业卫生要求变更时,项目经理部应重新组织进行职业病危害因素的识别、检测和评价。

(2)粉尘。建筑行业在施工过程中产生多种粉尘,主要包括矽尘、水泥尘、电焊尘、石棉尘以及其他粉尘等。产生这些粉尘的作业主要有:

1)矽尘:挖土机、推土机、刮土机、铺路机、压路机、打桩机、钻孔机、凿岩机、碎石设备作业;挖方工程、土方工程、地下工程、竖井和隧道掘进作业;爆破作业;喷砂除锈作业;旧建筑物的拆除和翻修作业。

2)水泥尘:水泥运输、储存和使用。

3)电焊尘:电焊作业。

4)石棉尘:保温工程、防腐工程、绝缘工程作业;旧建筑物的拆除和翻修作业。

5)其他粉尘:木材加工产生木尘;钢筋、铝合金切割产生金属尘;炸药运输、贮存和使用产生三硝基甲苯粉尘;装饰作业使用腻子粉产生混合粉尘;使用石棉代用品产生人造玻璃纤维、岩棉、渣棉粉尘。

(3)噪声。建筑行业在施工过程中产生噪声,主要是机械性噪声和空气动力性噪声。产生噪声的作业主要有:

1)机械性噪声:凿岩机、钻孔机、打桩机、挖土机、推土机、刮土机、自卸车、挖泥船、升降机、起重机、混凝土搅拌机、传输机等作业;混凝土破碎机、碎石机、压路机、铺路机,移动沥青铺设机和整面机等作业;混凝土振动棒、电动圆锯、刨板机、金属切割机、电钻、磨光机、射钉枪类工具等作业;构架、模板的装卸、安装、拆除、清理、修复以及建筑物拆除作业等。

2)空气动力性噪声:通风机、鼓风机、空气压缩机、铆枪、发电机等作业;爆破作业;管道吹扫作业等。

(4)高温。建筑施工活动多为露天作业,夏季受炎热气候影响较大,少数施工活动还存在热源(如沥青设备、焊接、预热等),因此,建筑施工活动存在不同程度的高温危害。

(5)振动。部分建筑施工活动存在局部振动和全身振动危害。产生局部振动的作业主要有:混凝土振动棒、凿岩机、风钻、射钉枪类、电钻、电锯、砂轮磨光机等手动工具作业。产生全身振动的作业主要有:挖土机、推土机、刮土机、移动沥青铺设机和整面机、铺路机、压路机、打桩机等施工机械以及运输车辆作业。

(6)密闭空间。许多建筑施工活动存在密闭空间作业,主要包括:

1)排水管、排水沟、螺旋桩、桩基井、桩井孔、地下管道、烟道、隧道、涵洞、地坑、箱体、密闭地下室等，以及其他通风不足的场所作业；

2)密闭储罐、反应塔(釜)、炉等设备的安装作业；

3)在船舱、槽车中作业。

(7)化学毒物。许多建筑施工活动可产生多种化学毒物，主要有：

1)爆破作业产生氮氧化物、一氧化碳等有毒气体；

2)油漆、防腐作业产生苯、甲苯、二甲苯、四氯化碳、酯类、汽油等有机蒸气，以及铅、汞、镉、铬等金属毒物，防腐作业，产生沥青烟；

3)涂料作业产生甲醛、苯、甲苯、二甲苯，游离甲苯二异氰酸酯以及铅、汞、镉、铬等金属毒物；

4)建筑物防水工程作业产生沥青烟、煤焦油、甲苯、二甲苯等有机溶剂，以及石棉、阴离子再生乳胶、聚氨酯、丙烯酸树脂、聚氯乙烯、环氧树脂、聚苯乙烯等化学品；

5)路面敷设沥青作业产生沥青烟等；

6)电焊作业产生锰、镁、铬、镍、铁等金属化合物、氮氧化物、一氧化碳、臭氧等；

7)地下储罐等地下工作场所作业产生硫化氢、甲烷和一氧化碳等。

(8)其他因素。许多建筑施工活动还存在紫外线作业、电离辐射作业、高气压作业、低气压作业、低温作业、高处作业和生物因素作业等。

1)紫外线作业主要有：电焊作业、高原作业等；

2)电离辐射作业主要有：挖掘工程、地下建筑以及在放射性元素本底高的区域作业，可能存在氡及其子体等电离辐射；X射线探伤、γ射线探伤时存在X射线、γ射线电离辐射；

3)高气压作业主要有：潜水作业、沉箱作业、隧道作业等；

4)低气压作业主要有：高原地区作业；

5)低温作业主要有：北方冬季作业；

6)高处作业主要有：吊臂起重机、塔式起重机、升降机作业等，脚手架和梯子作业等；

7)可能接触生物因素的作业主要有：旧建筑物和污染建筑物的拆除、疫区作业等可能存在炭疽、森林脑炎、布氏杆菌病、虫媒传染病和寄生虫病等。

(二)职业病危害因素的预防控制

项目经理部应根据施工现场职业病危害的特点，采取以下职业病危害防护措施：

(1)选择不产生或少产生职业病危害的建筑材料、施工设备和施工工艺；配备有效的职业病危害防护设施，使工作场所职业病危害因素的浓度(或强度)符合《工作场所有害因素职业接触限值 第1部分：化学有害因素》(GBZ 2.1—2007)和《工作场所有害因素职业接触限值 第2部分：物理因素》(GBZ 2.2—2007)的要求。职业病防护设施应进行经常性的维护、检修，确保其处于正常状态。

(2)配备有效的个人防护用品。个人防护用品必须保证选型正确、维护得当。建立健全个人防护用品的采购、验收、保管、发放、使用、更换、报废等管理制度，并建立发放台账。

(3)制定合理的劳动制度，加强施工过程职业卫生管理和教育培训。

(4)可能产生急性健康损害的施工现场设置检测报警装置、警示标识、紧急撤离通道和泄险区域等。

关键细节3 粉尘的防治

(1)技术革新。采取不产生或少产生粉尘的施工工艺、施工设备和工具,淘汰粉尘危害严重的施工工艺、施工设备和工具。

(2)采用无危害或危害较小的建筑材料。如不使用石棉或含有石棉的建筑材料。

(3)采用机械化、自动化或密闭隔离操作。如挖土机、推土机、刮土机、铺路机、压路机等施工机械的驾驶室或操作室密闭隔离,应在进风口设置滤尘装置。

(4)采取湿式作业。如凿岩作业采用湿式凿岩机;爆破采用水封爆破;喷射混凝土采用湿喷;钻孔采用湿式钻孔;隧道爆破作业后立即喷雾洒水;场地平整时,配备洒水车,定时喷水作业;拆除作业时采用湿法作业拆除、装卸和运输含有石棉的建筑材料。

(5)设置局部防尘设施和净化排放装置。如焊枪配置带有排风罩的小型烟尘净化器;凿岩机、钻孔机等设置捕尘器。

(6)劳动者作业时应在上风向操作。

(7)建筑物拆除和翻修作业时,在接触石棉的施工区域设置警示标识,禁止无关人员进入。

(8)根据粉尘的种类和浓度为劳动者配备合适的呼吸防护用品,并定期更换。呼吸防护用品的配备应符合《呼吸防护用品的选择、使用与维护》(GB/T 18664—2002)的要求,如在建筑物拆除作业中,可能接触含有石棉的物质(如石棉水泥板或石棉绝缘材料),为接触石棉的劳动者配备正压呼吸器、防护板;在罐内焊接作业时,劳动者应佩戴送风头盔或送风口罩;安装玻璃棉、消音及保温材料时,劳动者必须佩戴防尘口罩。

(9)粉尘接触人员特别是石棉粉尘接触人员应做好戒烟与控烟教育。

(10)石棉尘与石棉代用品的防护按照《石棉作业职业卫生管理规范》(GBZ/T 193—2007)执行。

关键细节4 噪声的治理

(1)尽量选用低噪声施工设备和施工工艺代替高噪声施工设备和施工工艺。如使用低噪声的混凝土振动棒、风机、电动空压机、电锯等;以液压代替锻压,焊接代替铆接;以液压和电气钻代替风钻和手提钻;物料运输中避免大落差和直接冲击。

(2)对高噪声施工设备采取隔声、消声、隔振降噪等措施,尽量将噪声源与劳动者隔开。如气动机械、混凝土破碎机安装消音器,施工设备的排风系统(如压缩空气排放管、内燃发动机废气排放管)安装消音器,机器运行时应关闭机盖(罩),相对固定的高噪声设施(如混凝土搅拌站)设置隔声控制室。

(3)尽可能减少高噪声设备作业点的密度。

(4)噪声超过85dB(A)的施工场所,应为劳动者配备有足够衰减值、佩戴舒适的护耳器,减少噪声作业,实施听力保护计划。

关键细节5 高温防暑降温措施

(1)夏季高温季节应合理调整作息时间,避开中午高温时间施工。严格控制劳动者加班,尽可能缩短工作时间,保证劳动者有充足的休息和睡眠时间。

(2)降低劳动者的劳动强度,采取轮流作业方式,增加工间休息次数和休息时间。如:实行小换班,增加工间休息次数,延长午休时间,尽量避开高温时段进行室外高温作业等。

(3)当气温高于37℃时,一般情况应当停止施工作业。

(4)各种机械和运输车辆的操作室和驾驶室应设置空调。

(5)在罐、釜等容器内作业时,应采取措施,做好通风和降温工作。

(6)在施工现场附近设置工间休息室和浴室,休息室内设置空调或电扇。

(7)夏季高温季节为劳动者提供含盐清凉饮料(含盐量为 0.1%~0.2%),饮料水温应低于15℃。

(8)高温作业劳动者应当定期进行职业健康检查,发现有职业禁忌证者应及时调离高温作业岗位。

关键细节6 局部振动防护措施

(1)应加强施工工艺、设备和工具的更新、改造。尽可能避免使用手持风动工具;采用自动、半自动操作装置,减少手及肢体直接接触振动体;用液压、焊接、粘接等代替风动工具的铆接;采用化学法除锈代替除锈机除锈等。

(2)风动工具的金属部件改用塑料或橡胶,或加用各种衬垫物,减少因撞击而产生的振动;提高工具把手的温度,改进压缩空气进出口方位,避免手部受冷风吹袭。

(3)手持振动工具(如风动凿岩机、混凝土破碎机、混凝土振动棒、风钻、喷砂机、电钻、钻孔机、铆钉机、铆打机等)应安装防振手柄,劳动者应戴防振手套。挖土机、推土机、刮土机、铺路机、压路机等驾驶室应设置减振设施。

(4)手持振动工具的重量,改善手持工具的作业体位,防止强迫体位,以减轻肌肉负荷和静力紧张;避免手臂上举姿势的振动作业。

(5)采取轮流作业方式,减少劳动者接触振动的时间,增加工间休息次数和休息时间。冬季还应注意保暖防寒。

关键细节7 化学毒物防护措施

(1)优先选用无毒建筑材料,用无毒材料替代有毒材料、低毒材料替代高毒材料。如尽可能选用无毒水性涂料;用锌钡白、钛钡白替代油漆中的铅白,用铁红替代防锈漆中的铅丹等;以低毒的低锰焊条替代毒性较大的高锰焊条;不得使用国家明令禁止使用或者不符合国家标准的有毒化学品,禁止使用含苯的涂料、稀释剂和溶剂。尽可能减少有毒物品的使用量。

(2)尽可能采用可降低工作场所化学毒物浓度的施工工艺和施工技术,使工作场所的化学毒物浓度符合《工作场所有害因素职业接触限值 第1部分:化学有害因素》(GBZ 2.1—2007)的要求,如涂料施工时用粉刷或辊刷替代喷涂。在高毒作业场所尽可能使用机械化、自动化或密闭隔离操作,使劳动者不接触或少接触高毒物品。

(3)设置有效通风装置。在使用有机溶剂、稀料、涂料或挥发性化学物质时,应当设置全面通风或局部通风设施;电焊作业时,设置局部通风防尘装置;所有挖方工程、竖井、土方工程、地下工程、隧道等密闭空间作业应当设置通风设施,保证足够的新风量。

(4)使用有毒化学品时,劳动者应正确使用施工工具,在作业点的上风向施工。分装和配制油漆、防腐、防水材料等挥发性有毒材料时,尽可能采用露天作业,并注意现场通风。工作完毕后,有机溶剂、容器应及时加盖封严,防止有机溶剂的挥发。使用过的有机溶剂和其他化学品应进行回收处理,防止乱丢乱弃。

(5)使用有毒物品的工作场所应设置黄色区域警示线、警示标识和中文警示说明。警示说明应载明产生职业中毒危害的种类、后果、预防以及应急救援措施等内容。使用高毒物品的工作场所应当设置红色区域警示线、警示标识和中文警示说明,并设置通讯报警设备,设置应急撤离通道和必要的泄险区。

(6)存在有毒化学品的施工现场附近应设置盥洗设备,配备个人专用更衣箱;使用高毒物品的工作场所还应设置淋浴间,其工作服、工作鞋帽必须存放在高毒作业区域内;接触经皮肤吸收及局部作用危险性大的毒物,应在工作岗位附近设置应急洗眼器和沐浴器。

(7)接触挥发性有毒化学品的劳动者,应当配备有效的防毒口罩(或防毒面具);接触经皮肤吸收或刺激性、腐蚀性的化学品,应配备有效的防护服、防护手套和防护眼镜。

(8)拆除使用防虫、防蛀、防腐、防潮等化学物(如有机氯666、汞等)的旧建筑物时,应采取有效的个人防护措施。

(9)应对接触有毒化学品的劳动者进行职业卫生培训,使劳动者了解所接触化学品的毒性、危害后果,以及防护措施。从事高毒物品作业的劳动者在培训考核合格后,方可上岗作业。

(10)劳动者应严格遵守职业卫生管理制度和安全生产操作规程,严禁在有毒有害工作场所进食和吸烟,饭前班后应及时洗手和更换衣服。

(11)项目经理部应定期对工作场所的重点化学毒物进行检测、评价。检测、评价结果存入施工企业职业卫生档案,并交施工现场所在地县级卫生行政部门备案再向劳动者公布。

(12)不得安排未成年工和孕期、哺乳期的女职工从事接触有毒化学品的作业。

◎关键细节8 紫外线防护措施

(1)采用自动或半自动焊接设备,加大劳动者与辐射源的距离。

(2)产生紫外线的施工现场应当使用不透明或半透明的挡板将该区域与其他施工区域分隔,禁止无关人员进入操作区域,避免紫外线对其他人员的影响。

(3)电焊工必须佩戴专用的面罩、防护眼镜,以及有效的防护服和手套。

(4)高原作业时,使用玻璃或塑料护目镜、风镜,穿长裤长袖衣服。

◎关键细节9 电离辐射防护措施

(1)不选用放射性水平超过国家标准限值的建筑材料,尽可能避免使用放射源或射线装置的施工工艺。

(2)合理设置电离辐射工作场所,并尽可能安排在固定的房间或围墙内;综合采取时间防护、距离防护、位置防护和屏蔽防护等措施,使受照射的人数和受照射的可能性均保持在可合理达到的尽量低的水平。

（3）按照《电离辐射防护与辐射源安全基本标准》（GB 18871—2002）的有关要求进行防护。将电离辐射工作场所划分为控制区和监督区，进行分区管理。在控制区的出入口或边界上设置醒目的电离辐射警告标志，在监督区边界上设置警戒绳、警灯、警铃和警告牌。必要时应设专人警戒。进行野外电离辐射作业时，应建立作业票制度，并尽可能安排在夜间进行。

（4）进行电离辐射作业时，劳动者必须佩戴个人剂量计与剂量报警仪。

（5）电离辐射作业的劳动者经过必要的专业知识和放射防护知识培训，考核合格后持证上岗。

（6）施工企业应建立电离辐射防护责任制，建立严格的操作规程、安全防护措施和应急救援预案，采取自主管理、委托管理与监督管理相结合的综合管理措施。严格执行放射源的运输、保管、交接和保养维修制度，做好放射源或射线装置的使用情况登记工作。

（7）隧道、地下工程施工场所存在氡及其子体危害或其他放射性物质危害，应加强通风和防止内照射的个人防护措施。

（8）工作场所的电离辐射水平应当符合国家有关职业卫生院标准。当劳动者受照射水平可能达到或超过国家标准时，应当进行放射作业危害评价，安排合适的工作时间和选择有效的个人防护用品。

关键细节 10 高气压作业防护措施

（1）应采用避免高气压作业的施工工艺和施工技术，如水下施工时采用管柱钻孔法替代潜涵作业，水上打桩替代沉箱作业等。

（2）水下劳动者应严格遵守潜水作业制度、减压规程和其他高气压施工安全操作规定。

关键细节 11 高原和低气压作业防护措施

（1）根据劳动者的身体状况确定劳动定额和劳动强度。初入高原的劳动者在适应期内应当降低劳动强度，并视适应情况逐步调整劳动量。

（2）劳动者应注意保暖，预防呼吸道感染、冻伤、雪盲等。

（3）进行上岗前职业健康检查，凡有中枢神经系统器质性疾病、器质性心脏病、高血压、慢性阻塞性肺病、慢性间质性肺病、伴肺功能损害的疾病、贫血、红细胞增多症等高原作业禁忌症的人员均不宜进入高原作业。

关键细节 12 低温作业防护措施

（1）避免或减少采用低温作业或冷水作业的施工工艺和技术。

（2）低温作业应当采取自动化、机械化工艺技术，尽可能减少低温、冷水作业时间。

（3）尽可能避免使用振动工具。

（4）做好防寒保暖措施，在施工现场附近设置取暖室、休息室等。劳动者应当配备防寒服（手套、鞋）等个人防护用品。

关键细节 13 高处作业防护措施

（1）重视气象预警信息，当遇到大风、大雪、大雨、暴雨、大雾等恶劣天气时，禁止进行露天高处作业。

(2)劳动者应进行严格的上岗前职业健康检查,有高血压、恐高症、癫痫病、晕厥史、梅尼埃病、心脏病及心电图明显异常(心律失常)、四肢骨关节及运动功能障碍等职业禁忌病的劳动者禁止从事高处作业。

(3)妇女禁忌从事脚手架的组装和拆除作业,怀孕期间禁忌从事高处作业。

🎯 关键细节 14 生物因素防护措施

(1)施工企业在施工前应当进行施工场所是否为疫源地、疫区、污染区的识别,尽可能避免在疫源地、疫区和污染区施工。

(2)劳动者进入疫源地、疫区作业时,应当接种相应疫苗。

(3)在呼吸道传染病疫区、污染区作业时,应当采取有效的消毒措施,劳动者应当配备防护口罩、防护面罩。

(4)在虫媒传染病疫区作业时,应当采取有效的杀灭或驱赶病媒措施,劳动者应当配备有效的防护服、防护帽,宿舍配备有效的防虫媒进入的门帘、窗纱和蚊帐等。

(5)在介水传染病疫区作业时,劳动者应当避免接触疫水作业,并配备有效的防护服、防护鞋和防护手套。

(6)在消化道传染病疫区作业时,采取"五管一灭一消毒"措施(管传染源、管水、管食品、管粪便、管垃圾,消灭病媒,饮用水、工作场所和生活环境消毒)。

(7)加强健康教育,使劳动者掌握传染病防治的相关知识,提高卫生防病知识。

(8)根据施工现场具体情况,配备必要的传染病防治人员。

(三)职业病危害事故应急救援

(1)项目经理部应建立应急救援机构或组织。

(2)项目经理部应根据不同施工阶段可能发生的各种职业病危害事故制定相应的应急救援预案,并定期组织演练,及时修订应急救援预案。

(3)按照应急救援预案要求,合理配备快速检测设备、急救药品、通讯工具、交通工具、照明装置、个人防护用品等应急救援装备。

(4)可能突然泄漏大量有毒化学品或者易造成急性中毒的施工现场(如接触酸、碱、有机溶剂、危险性物品的工作场所等),应设置自动检测报警装置、事故通风设施、冲洗设备(沐浴器、洗眼器和洗手池)、应急撤离通道和必要的泄险区。除为劳动者配备常规个人防护用品外,还应在施工现场醒目位置放置必需的防毒用具,以备逃生、抢救时应急使用,并有专人管理和维护,保证其处于良好待用状态。应急撤离通道应保持通畅。

(5)施工现场应配备受过专业训练的急救员,配备急救箱、担架、毯子和其他急救用品,急救箱内应有明了的使用说明,并由受过急救培训的人员进行定期检查和更换。超过200人的施工工地应配备急救室。

(6)应根据施工现场可能发生的各种职业病危害事故对全体劳动者进行有针对性的应急救援培训,使劳动者掌握事故预防和自救互救等应急处理能力,避免盲目救治。

(7)应与就近医疗机构建立合作关系,以便发生急性职业病危害事故时能够及时获得医疗援助。

第二节　劳动保护

一、劳动保护的定义、内容及任务

劳动保护是指为保护劳动者在生产工作中的安全与健康,根据国家法律、法规在改善劳动条件、预防工伤事故和职业病、实现劳逸结合和对女工及未成年工的特殊保护等方面所采取的各种组织措施和技术措施。

关键细节 15　劳动保护的内容

(1)劳动保护的立法和监督。主要包括生产行政管理的制度和生产技术管理的制度。

(2)劳动保护的管理与宣传。企业劳动保护工作由安全技术部门负责组织实施。

(3)安全技术。为了消除生产中引起伤亡事故的潜在因素,保证工人在生产中的安全、在技术上采取的各种措施,主要解决防止和消除突发事故对于职工安全的威胁问题。

(4)工业卫生。为了改善劳动条件,避免有毒有害物质危害职业健康,防止职业中毒和职业病,在生产中所采取的技术组织措施的总和,它主要解决威胁职工健康的问题实现文明生产。

(5)工作时间与休假制度。

(6)女职工与未成年工的特殊保护。不包括劳动权利和劳动报酬等方面内容。

关键细节 16　劳动保护的任务

劳动保护的任务,概括起来说,就是国家、企业对劳动者在劳动生产过程中的生命安全和身体健康的保护,消除生产中的不安全、不卫生因素,防止伤亡事故和职业病的发生,从而保证生产的顺利进行和人的安全与健康,它的具体任务可归纳为以下四个方面:

(1)最大限度地减少或消灭工伤事故,保障工人安全生产。

(2)努力预防和消灭职业病,保障工人身体健康。

(3)搞好劳逸结合,保证劳动者有适当的学习和休息时间,使工人经常保持精力充沛。

(4)认真做好对女工和未成年工人的特殊保护。

二、女工保护

保护女工在生产过程中的安全和健康,是劳动保护工作的一项重要内容。女工保护在生产活动中具有十分重要的意义,主要表现为:

(1)女工的生理特点,决定了必须给予特殊保护,如果劳动条件不适合女工生理机能的正常状态,就会有害女工的健康。

(2)进行女工劳动保护,关系到下一代的聪明健康,关系到中华民族优秀体质的延续。

(3)关心和做好女工劳动保护,体现了社会主义制度的优越性。

职业危害因素对女性体格和生理功能方面的影响,可以分为以下几种类型:

(1)对妇女某些生理功能的影响。主要指妇女负重作业、长时间定位作业和从事有毒作业对妇女生理功能的影响。

(2)对月经功能的影响。主要是化学物质(苯、二甲苯、铅、无机汞、三氯乙烯等)对女性生殖系统的影响。

(3)对生育功能的影响。主要指化学物的诱变、致畸、致癌作用而影响胚胎。

(4)对新生儿和哺乳儿的影响。通过母乳而进入乳儿体内,已获得证明的有铅、汞、砷、二硫化碳和其他有机溶剂。

关键细节 17　女工职业危害的预防措施

(1)贯彻执行国家的妇女劳动保护政策,合理安排妇女的劳动和休息,维护妇女的合法权益。

(2)做好妇女经期、孕期、产期、哺乳期及更年期的五期保护。这五期保护应通过劳动保护、工会女工保护和劳动卫生等密切协作进行。要培训工会干部和卫生人员,使其懂得妇女劳动保护的重要性,大力宣传并切实落实妇女劳动保护的各项措施。

(3)妇女劳动卫生应和妇幼卫生工作密切结合,因为这不仅是妇女的健康问题,而且关系到下一代的健康问题。

关键细节 18　女职工的"四期"保护

女职工的"四期"保护是指女职工的经期、孕期、产期、哺乳期的保护。

(1)经期保护。女职工在月经期间,不得安排其从事高空、低温、冷水和国家规定的第Ⅲ级体力劳动强度的劳动。如食品冷库内及冷水等低温作业。

(2)孕期保护。不得在正常劳动日以外延长劳动时间;怀孕7个月以上(含7个月)不得安排其从事夜班劳动,在劳动时间内还应安排一定的休息时间;在劳动时间内进行产前检查,应当算作劳动时间。

(3)产期保护。女职工产假定为98天,其中产前休息15天;难产的,增加15天;多胞胎生育的,每多生育一个婴儿,增加15天;女职工怀孕不满4个月流产的,其所在单位应根据医务部门的证明,给予15天产假;怀孕满4个月以上流产时,给予42天产假;产假期间工资照发。

(4)哺乳期保护。对哺乳未满1周岁婴儿的女职工,用人单位不得延长其劳动时间;不得安排其从事夜班劳动;在每天的劳动时间内安排1小时哺乳时间;多胞胎生育的,每多哺乳一个婴儿,哺乳时间每天增加1小时。

关键细节 19　女职工禁忌从事的劳动范围

女职工禁忌从事的劳动包括:

(1)矿山井下作业。

(2)《体力劳动强度分级》标准中第Ⅳ级体力劳动强度的作业。

(3)连续负重(指每小时负重次数在6次以上)、每次负重超过20kg,或者间断负重、每次负重超过25kg的作业。

关键细节 20　女职工在月经期间禁忌从事的劳动范围

女职工在月经期间禁忌从事的劳动包括:

(1)《冷水作业分级》标准中规定的第Ⅱ级、第Ⅲ级、第Ⅳ级冷水作业。

(2)《低油温作业分级》标准中规定的第Ⅱ级、第Ⅲ级、第Ⅳ级低温作业。

(3)《体力劳动强度分级》标准中第Ⅲ级、第Ⅳ级体力劳动强度的作业。

(4)《高处作业分级》标准中第Ⅲ级、第Ⅳ级高处作业。

⊙关键细节 21　怀孕女职工禁忌从事的劳动

怀孕女职工禁忌从事的劳动包括:

(1)作业场所空气中铅及其化合物、汞及其化合物、苯、镉、铍、砷、氰化物、氮氧化物、一氧化碳、二硫化碳、氯、己内酰胺、氯丁二烯、氯乙烯、环氧乙烷、苯胺、甲醛等有毒物质浓度超过国家卫生标准的作业。

(2)从事抗癌药物、己烯雌酚生产,接触麻醉剂气体的作业。

(3)非密封源放射性物质的操作,核事故与放射事故的应急处置。

(4)《高处作业分级》标准中规定的高处作业。

(5)《冷水作业分级》标准中规定的冷水作业。

(6)《低温作业分级》标准中规定的低温作业。

(7)《高温作业分级》标准中规定的第Ⅲ级、第Ⅳ级的作业。

(8)《噪声作业分级》标准中规定的第Ⅲ级、第Ⅳ级的作业。

(9)《体力劳动强度分级》标准中规定的第Ⅲ级、第Ⅳ级体力劳动强度的作业。

(10)在密闭空间、高压室作业或者潜水作业,伴有强烈振动的作业,或者需要频繁弯腰、攀高、下蹲的作业。

⊙关键细节 22　哺乳期女职工禁忌从事的劳动

哺乳期是指从婴儿出生到1周岁需要哺乳的时期。凡哺乳(包括人工喂养)一周岁以内婴儿的女职工,除了禁忌从事孕期从事的上述"关键细节21"中(1)、(3)、(9)项规定的作业外,还禁忌从事作业场所空气中锰、氟、溴、甲醇、有机磷化合物、有机氯化合物等有毒物质浓度超过国家职业卫生标准的作业。

参考文献

[1] 国家标准.GB/T 50326—2006 建设工程项目管理规范[S].北京:中国建筑工业出版社,2006.

[2] 行业标准.JGJ 130—2011 建筑施工扣件式钢管脚手架安全技术规范[S].北京:中国建筑工业出版社,2011.

[3] 行业标准.JGJ 128—2010 建筑施工门式钢管脚手架安全技术规范[S].北京:中国建筑工业出版社,2010.

[4] 行业标准.JGJ 80—1991 建筑施工高处作业安全技术规范[S].北京:中国建筑工业出版社,1991.

[5] 行业标准.JGJ 147—2004 建筑拆除工程安全技术规范[S].北京:中国建筑工业出版社,2004.

[6] 行业标准.JGJ 33—2001 建筑机械使用安全技术规范[S].北京:中国建筑工业出版社,2001.

[7] 行业标准.JGJ 46—2005 施工现场临时用电安全技术规范[S].北京:中国建筑工业出版社,2005.

[8] 行业标准.JGJ 146—2004 建筑施工现场环境与卫生标准[S].北京:中国建筑工业出版社,2004.

[9] 行业标准.JGJ 59—2011 建筑施工安全检查标准[S].北京:中国建筑工业出版社,2011.

[10] 张晓艳.安全员岗位实务知识[M].北京:中国建筑工业出版社,2007.

[11] 刘军,姜敏.安全员必读[M].2版.北京:中国建筑工业出版社,2005.

[12] 杨文柱.建筑安全工程[M].北京:机械工业出版社,2004.

[13] 孙建平.建筑施工安全事故警示录[M].北京:中国建筑工业出版社,2003.

[14] 潘全祥.怎样当好安全员[M].2版.北京:中国建筑工业出版社,2010.